GEBÄUDE- UND GESTALTUNGS-LEHRE 2

BEHERBERGUNG VERWALTUNG HANDEL GEWERBE INDUSTRIE

von

Arch. Dipl.-Ing. Dr. techn. Christof Riccabona

Beratung und Mitarbeit bei der 2. Auflage von

Arch. Dipl.-Ing. Werner Schüttmayr
Professor an der Camillo-Sitte-Lehranstalt, Wien 3

Arch. Dipl.-Ing. Angelika Zeininger
Professorin an der Camillo-Sitte-Lehranstalt, Wien 3

2. Auflage

Wien 2004

MANZ VERLAG SCHULBUCH
www.manzschulbuch.at

in Verlagsgemeinschaft mit öbv & hpt

Liebe Schülerin, lieber Schüler!

Sie bekommen dieses Schulbuch von der Republik Österreich für Ihre Ausbildung. Bücher helfen nicht nur beim Lernen, sondern sind auch Freunde für das Leben.

Das vorliegende Unterrichtsmittel wurde vom Bundesministerium für Unterricht und kulturelle Angelegenheiten mit Erlass vom 1. Juli 1997, Zahl 43.634/1–V/2/97, für den Unterricht an höheren technischen und gewerblichen Lehranstalten, Fachrichtung Bautechnik–Hochbau, IV. Jahrgang, im Unterrichtsgegenstand Gebäude- und Gestaltungslehre für geeignet erklärt.

Buch-Nr. 1630

Die auszugsweise Veröffentlichung von ÖNORMEN erfolgt mit freundlicher Genehmigung des Österreichischen Normungsinstitutes.

ÖNORMEN sind ausschließlich beim Österreichischen Normungsinstitut, 1021 Wien, Heinestraße 38, erhältlich.

Dieses Schulbuch wurde auf der Grundlage eines Rahmenlehrplans erstellt.
Die Auswahl und die Gewichtung der Inhalte erfolgen durch die Lehrerinnen und Lehrer.

Printed in Austria

ISBN 3-7068-1847-7

Das vorliegende Buch wurde auf chlorfrei gebleichtem Papier gedruckt.

Druck: Manz Crossmedia GmbH & Co KG

Inhaltsverzeichnis

Einleitung 5
Arbeitnehmerschutz 5

1. Teil: Hotels

Literatur und Bildquellen: Hotels und Restaurants 12
Einteilung und Daten 13
Entwicklung des Hotelbaues 14
Hotelklassifizierung 21
Betriebsgrößen 22
Bereiche 23
Hotelzimmer 24
Der Bettentrakt 28
Funktion 32
Hotelhalle 33
Beispiele 40
Bauten für den Fremdenverkehr im alpenländischen Raum 48
Verkehrsbauten im Hochgebirge 54

2. Teil: Restaurants

Typen von Restaurants 59
Gastraum 59
Nebenräume 61
Platzbedarf 61
Beispiele für Bestuhlung und Raumatmosphäre 63
Der Produktionsbereich (Küche) 67
Beispiele 74

3. Teil: Läden

Literatur und Bildquellen 80
Geschichtliche Entwicklung 81
Das Schaufenster 84
Beleuchtung 85
Eingang und Fassade 88
Raumverteilung 88
Gestaltungselemente 90
Beispiele 92
Passagen 101
Großmärkte, Supermärkte 105

4. Teil: Bauten für die Verwaltung

Literatur und Bildquellen 114
Historische Entwicklung 115
Typologie 120
Der Büroarbeitsplatz 125
Sitzmöbel 125
Büromöbel 126
Anforderungen 127
Bürozellen 128
Optimale Beleuchtung 131

Erschließungsformen . . . 136
Konstruktion . . . 138
Haustechnik . . . 139
Sitzungszimmer . . . 143
Räume für Publikumsverkehr, Schalter- und Kassenhallen . . . 145
Bankfilialen . . . 145
Postämter . . . 148
Beispiele Zellenbüros . . . 151
Beispiele Großraumbüros . . . 152
Beispiele Kombibüros . . . 153
Beispiele Innovative Büroformen . . . 154

5. Teil: Gewerbe und Industrie

Literatur und Bildquellen . . . 158
Geschichtliche Entwicklung . . . 159
Gestaltung der Arbeitsplätze . . . 166
Interne Verkehrswege . . . 167
Verkehr auf dem Grundstück . . . 167
Lagertechnik . . . 171
Bautypen . . . 174
Tragwerksformen für Hallen . . . 176
Äußere Form und Gestaltung . . . 185
Klima und Beleuchtung . . . 188
Sozialräume . . . 191
Beispiele Industriebetriebe . . . 192
Beispiele Lagerhallen . . . 200
Beispiele Gewerbebetriebe . . . 203

Einleitung

Arbeitnehmerschutz

Für sämtliche Gebäude, in denen Dienstnehmer beschäftigt werden, gelten neben den Vorschriften der Landesbauordnungen noch bundesweit einheitlich die Vorschriften für den Arbeitnehmerschutz. Deren Erfüllung wird schon bei der Bauverhandlung durch den Arbeitsinspektor sichergestellt. Außerdem ist noch eine Betriebsanlagengenehmigung durch die Gebäudebehörde erforderlich. Die Vorschriften des Arbeitnehmerschutzes zielen in erster Linie auf eine Verminderung der Unfallgefahr am Arbeitsplatz sowie auf Einhaltung hygienischer und sozialer Standards. Deshalb sind auch in jedem Betrieb Sicherheitsvertrauenspersonen zu bestimmen, die die Einhaltung der Vorschriften überwachen und auf besondere Gefahrenquellen hinweisen sollen.

Hinsichtlich der Planung von Betriebsgebäuden gelten etwa folgende Vorschriften:

Arbeitsräume

sind Räume, in denen mindestens ein ständiger Arbeitsplatz eingerichtet ist (Arbeit an mind. 30 Tagen im Jahr oder mind. 4 Stunden täglich).

Luftraum von mind.

12 m³ je Arbeitnehmer für geringe körperliche Beanspruchung

15 m³ je Arbeitnehmer für normale körperliche Beanspruchung

18 m³ je Arbeitnehmer bei starker körperlicher Beanspruchung

Luftraum für jeden Besucher (Gast) zusätzlich 10 m³ pro Person

Bodenfläche mind. 2 m² je Arbeitnehmer

Lichte Höhe mind.

2,50 m bei max. 100 m² Fläche und geringer körperlicher Beanspruchung

2,80 m bei 100 bis 500 m² Fläche und geringer körperlicher Beanspruchung

darüber 3,00 m

Belichtung:

1/10 der Bodenfläche

1/20 der Bodenfläche in Augenhöhe mit Sichtverbindung ins Freie, in zwingenden Fällen kann die natürliche Belichtung durch eine künstliche ersetzt werden.

Beleuchtung: mind. 100 lx

Notbeleuchtung für Orientierung mind. 1/100 der Beleuchtungsstärke

Klima:

19 bis 25°, Luftzug kleiner 0,10 m/s bei geringer körperlicher Beanspruchung

18 bis 24°, Luftzug kleiner 0,20 m/s bei normaler Beanspruchung

> 12°, bei starker Beanspruchung

Luftfeuchte 30 bis 70%

Lüftung:

Bei Räumen tiefer als 10 m Querlüftung 1/50 der Bodenfläche

Eingeschoßige Hallen über 500 m² zusätzlich Lüftungsaufsätze am Dach, sonst Lüftungs- oder Klimaanlagen mit mind. 35 m³/h je Person Frischluft bei geringer, 50 m³ bei normaler und 70 m³ bei starker körperlicher Beanspruchung.

Sonstige Betriebsräume

sind Räume, in denen vorübergehend Arbeiten verrichtet werden.

Lagerräume:

Lichte Raumhöhe mind. 2 m

Vorschriften für Sicherheit:

Ausgänge:

mind. 80 cm breit

mind. 100 cm breit bei 5 bis 20 Personen, in Fluchtrichtung aufgehend

mind. 120 cm breit bei 61 bis 120 Personen, in Fluchtrichtung aufgehend

mind. 240 cm breit bei 121 bis 200 Personen, in Fluchtrichtung aufgehend

Darüber je weitere 200 Personen 60 cm

Räume über 200 m² Bodenfläche und mehr als 20 Arbeitnehmer mind. 2 Ausgänge

Räume über 500 m² Bodenfläche 2 Ausgänge nach verschiedenen Seiten

Flügeltüren oder automatische Schiebetüren

Zwischen Tür und Stiegen ein Podest mind. in Flügelbreite

Hub-, Kipp- und Schiebetore über 10 m² Fläche nur mit Gehtüre im Blatt

Sanitäre Vorkehrungen:

Waschräume bei mind. 12 Arbeitnehmern, bei Erfordernis aufgrund der Art der Arbeit Trennung nach Geschlecht, wenn jedem Geschlecht mind. 5 Arbeitnehmer angehören.

Umkleideräume:

Kleiderkasten versperrbar je Arbeitnehmer und 0,60 m² freie Bodenfläche je Arbeitnehmer. Vor jedem Kasten Sitzgelegenheit.

Aborte:

Je 20 männliche und je 15 weibliche Arbeitnehmer 1 Zelle durch entlüftbare Vorräume mit Waschgelegenheiten von Arbeits- und Umkleideräumen getrennt.

Je 15 männliche Arbeitnehmer 1 Pissstand

Trennung von Kunden-WC!

Sozialräume:

mind. 1 m^2 Bodenfläche je Arbeitnehmer

mind. 3,5 m^3 Luftraum je Arbeitnehmer

mind. 2,50 m lichte Höhe

lüftbar

Verkehrswege:

Hauptverkehrswege:

mind. 120 cm breit

200 cm hoch

Nebenverkehrswege:

Durchgänge zwischen Lagerungen mind. 60 cm breit

Rampen: max. 1 : 10

Laufstege:

über 1 m über Boden mit Geländer

über 2 m über Boden mit Geländer mit Fußleiste

Stiegen, Gänge:

Stiegen alle 40 m

Stiegenhaus durch T30, R30, abgeschlossen, ins Freie lüftbar

Stiegen: gerade oder gewinkelt, F90

Breite:

mind. 120 cm bis 60 Personen

mind. 180 cm von 61 bis 120 Personen

mind. 240 cm von 121 bis 200 Personen

darüber mehr Stiegen anordnen

Nebenstiegen und unter max. 5 Arbeitnehmer mind. 100 cm

Stiegenverhältnis:

h max. 18 cm (Nebenstiegen und < max. 5 Arbeitnehmer: 20 cm)

b mind. 26 cm

Bei gewendelten Laufteilen Spitzstufe mind. 15 cm.

Nach 20 Stufen Zwischenpodest von mind. 1.20 cm Tiefe.

Handlauf:

Bei mehr als 4 Stufen auf 1 Seite,

bei mehr als 120 cm Breite auf 2 Seiten,

bei mehr als 240 cm Breite durch Mittelhandläufe teilen.

GARDEROBEN FÜR PERSONAL

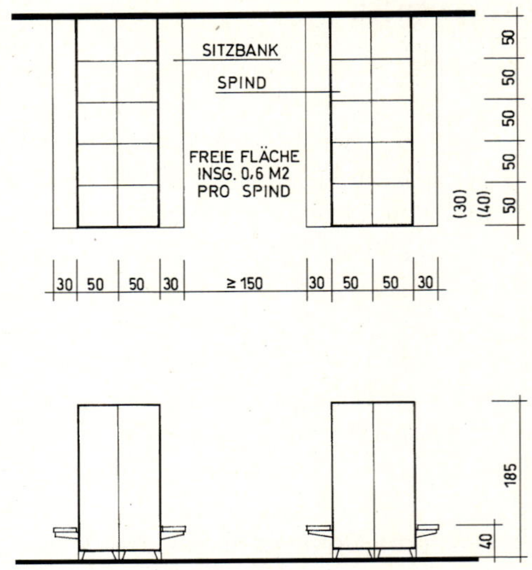

Beispiel für eine WC-Anlage im öffentlichen Bereich
(Fa. Geberit)

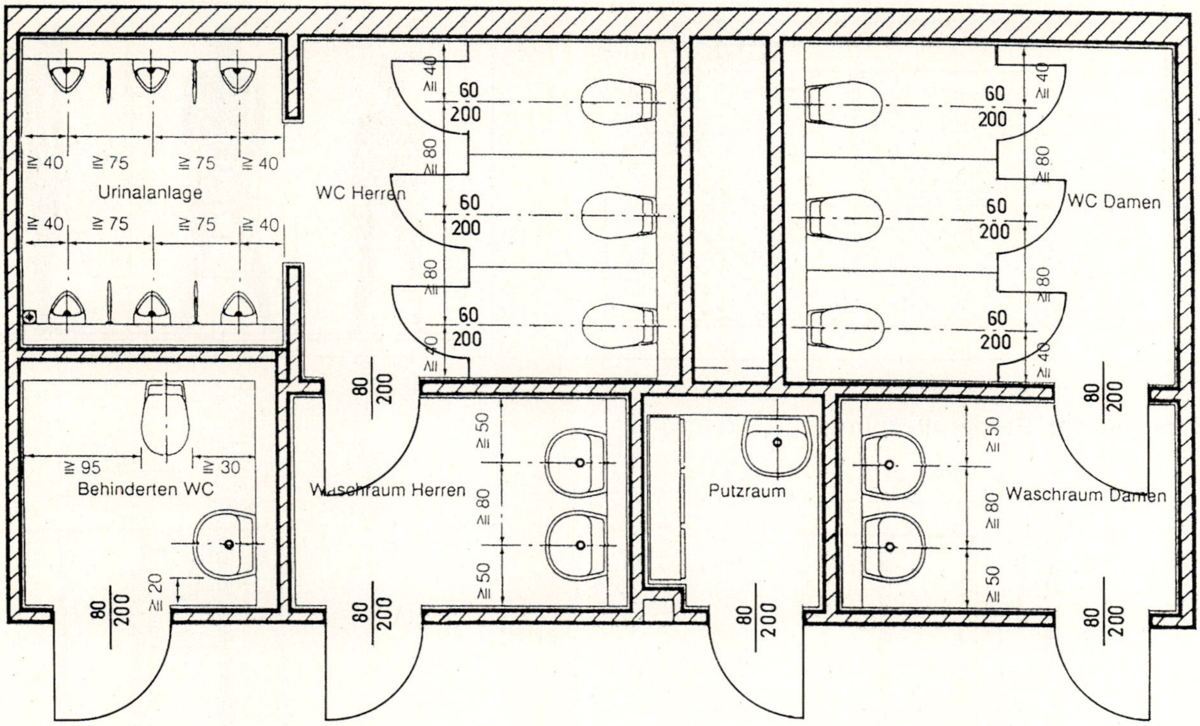

Beispiel für Behinderten-WC
aus ÖNORM B 1601

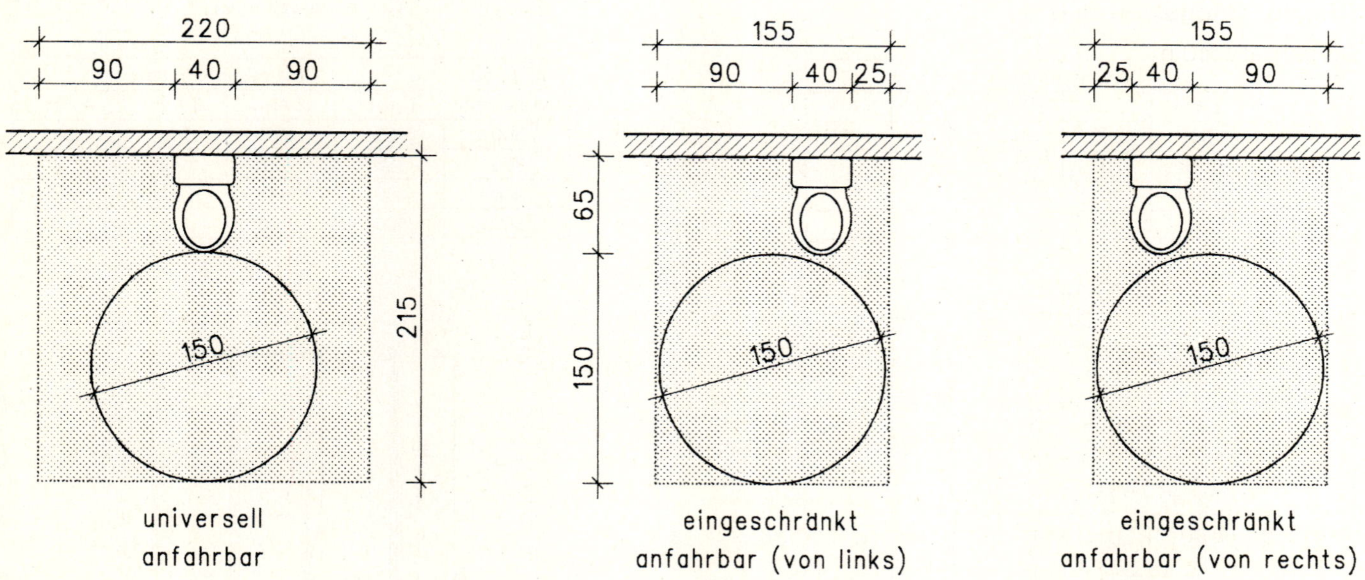

WC-Raum für behinderte Personen, Raumgrößen

Maße und Höhen für Urinale (Fa. Geberit)

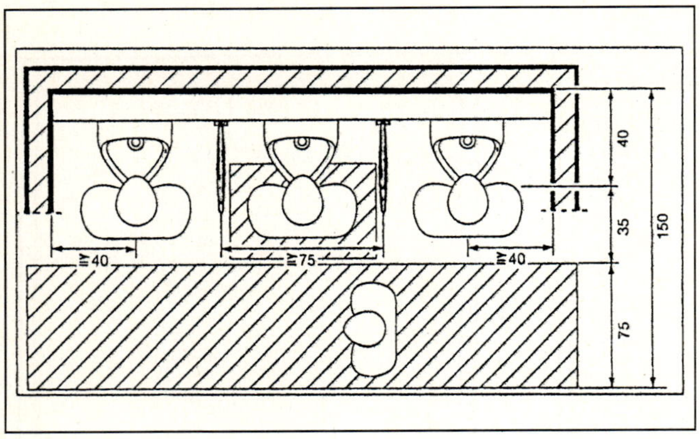

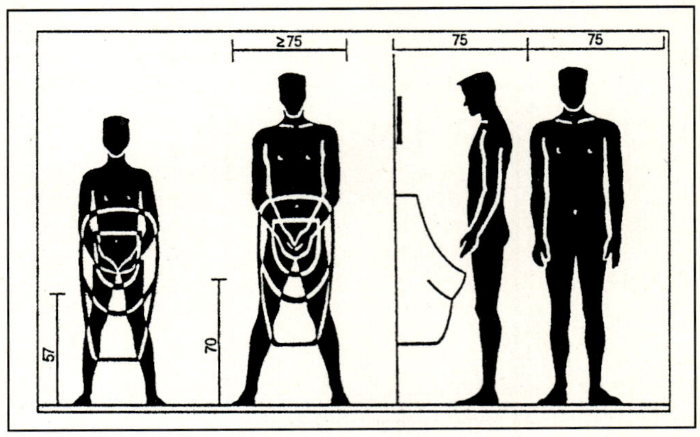

Beispiele für Garderobespinde (Fa. Kromag)

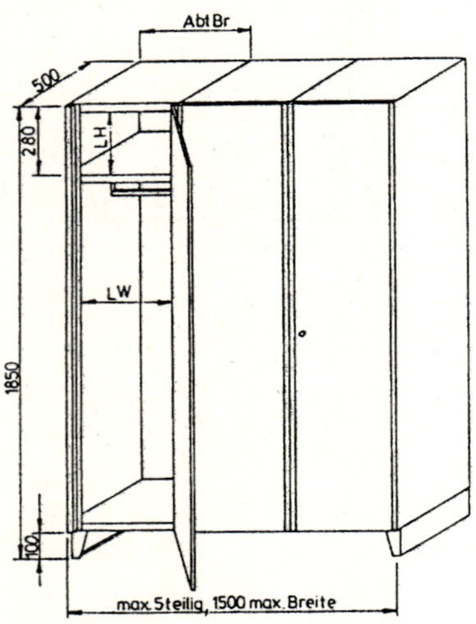

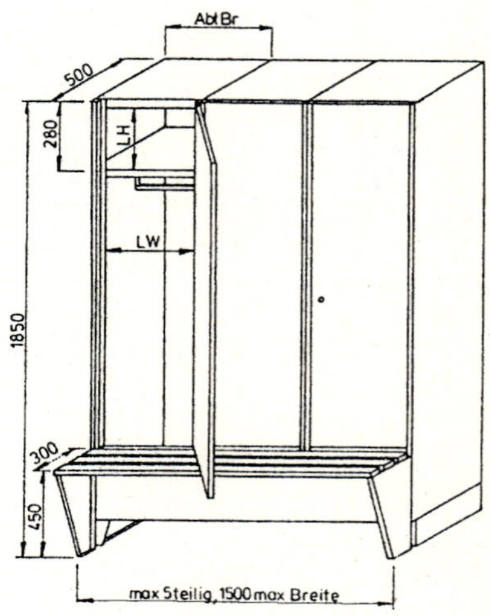

TYP G	Gesamtbreite in mm				
Abteilbreite	1 Abt.	2 Abt.	3 Abt.	4 Abt.	5 Abt.
300	300	600	900	1200	1500
350	350	700	1050	1400	
400	400	800	1200		
500	500	1000	1500		

TYP G-SB	Gesamtbreite in mm			
Abteilbreite	1 Abt.	2 Abt.	3 Abt.	4 Abt.
300	300	600	900	1200
350	350	700	1050	
400	400	800	1200	
500	500	1000		

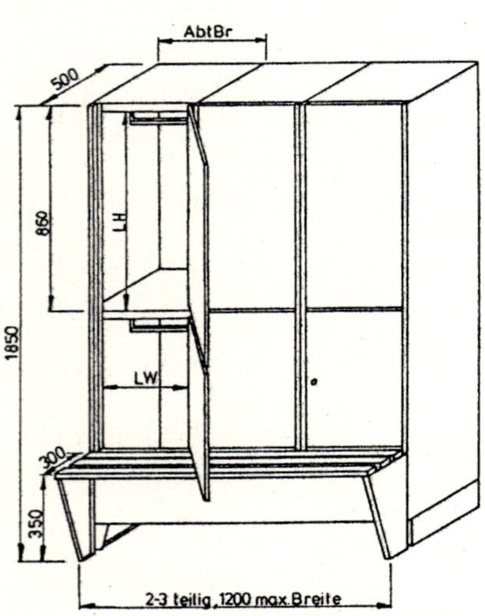

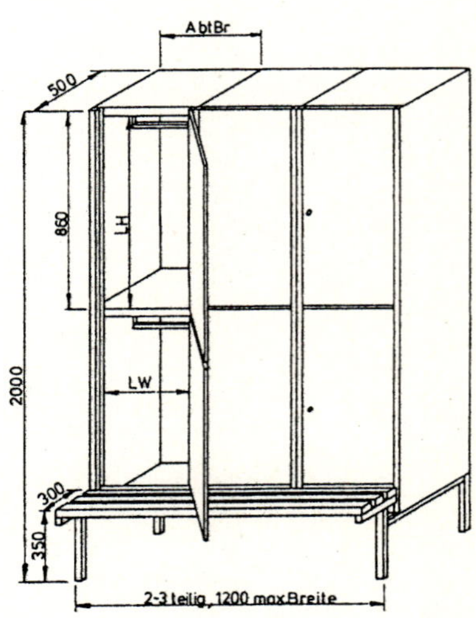

TYP GK2-SB	Gesamtbreite in mm		
Abteilbreite	1 Abt.	2 Abt.	3 Abt.
300	300	600	900
350	350	700	1050
400	400	800	1200
500	500	1000	

TYP GK2U-SB	Gesamtbreite in mm		
Abteilbreite	1 Abt.	2 Abt.	3 Abt.
300	300	600	900
350	350	700	1050
400	400	800	1200
500	500	1000	

Bedarfszahlen für Sanitärgegenstände nach Hugo Feurich „Sanitärtechnik", 5. Auflage

	Richtwerte für	Waschstellen	WCs	Urinale
WC-Räume	**Gaststätten/Kaffeehäuser** Frauen (je 100 m² Raum)	1	1–2	—
	Männer (je 100 m² Raum)	1	1	2–3
	Hotels			
WC-Räume	Frauen Männer	1 (auf 5 WCs) 1 (auf 5 WCs)	1 (auf 10 Betten) 1 (auf 15 Betten)	— 1–2 (auf 15 Betten)
Baderäume		1–2	1	—
je Einzelzimmer		1	1	—
je Doppelzimmer		1–2	1	—
WC-Räume	**Büro/Verwaltung** Frauen, je 40–50	1–2	4–5	—
	Männer, je 50–75	1–2	5	5
WC-Räume	**Arbeitsstätten/Betriebe** Frauen, je 10	1	1	—
	Frauen, je 100	2	7	—
	Männer, je 10	1	1	1
	Männer, je 100	1–2	5	5
WC-Räume Besucher	**Krankenhäuser** Frauen, je Station	1	2	—
	Männer, je Station	1	1	1–2
WC-Räume Patienten	je 16–20 Betten	1 je Raum	1–2	1
WC-Räume Personal	Frauen, je 20	1	2	—
	Männer, je 20	1	2	2
WC-Räume	**Schulen** Knaben, je 40	1	2	4
	Mädchen, je 40	1	4	4
	Lehrer, je 20	1	1	2
	Lehrerinnen, je 20	1	2	—
WC-Räume	**Kindergärten (Alter 3–6 Jahre)** je 30–40 Kinder	1	6–8	—
Waschräume	je 30–40 Kinder	10–20	—	—
Wasch- und Duschräume	**Turnhallen**	20 Hand- und Fußwaschstellen		
WC-Räume		2–3	4–6	2–6
WC-Räume	**Freibäder** Frauen, je 50 Aufbewahrungseinheiten	1	1	—
	Männer je 100 Aufbewahrungseinheiten	1	1	1
WC-Räume	**Hallenbäder** Frauen, je 40–50 Aufbewahrungseinheiten	1	2–3	—
	Männer, je 40–50 Aufbewahrungseinheiten	1	1	1
WC-Besucher	**Theater** Frauen, je 40–75	1	1	—
	Männer, je 60–100	1	1	2
WC-Personal	Frauen, je 15	4	1	—
	Männer, je 20	5	1	2
	Kasernen je 15–20 Mann	15–20	1	1

1. Teil

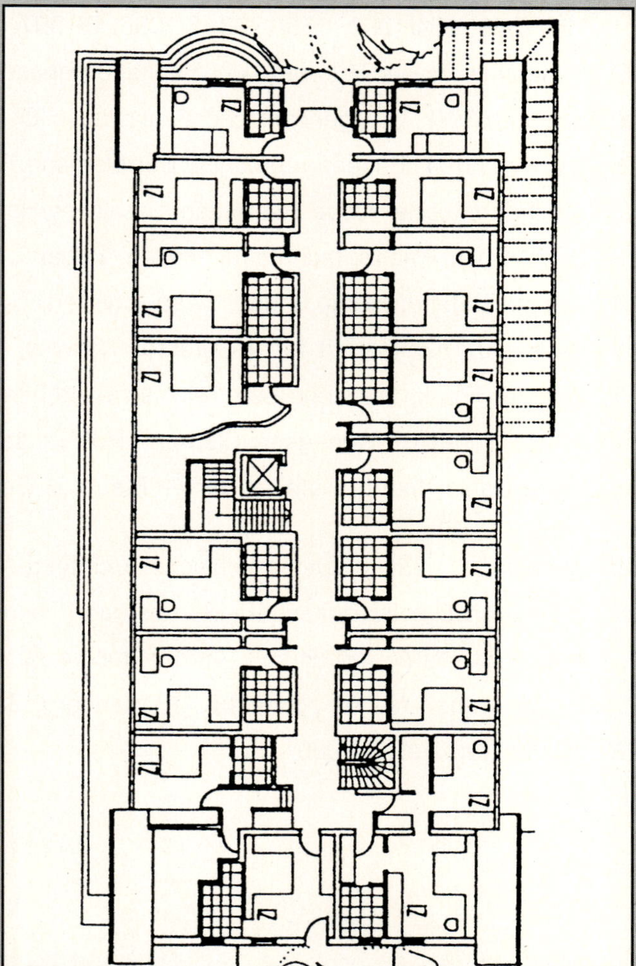

Hotels

Literatur und Bildquellen: Hotels und Restaurants

01 Berufsvereinigung der bildenden Künstler Vorarlbergs (Hrsg.), Architektur in Vorarlberg seit 1960, Wilhelm Ruß Verlag, Bregenz 1993

02 El Croquis, Jean Nouvel 1987–94, Madrid 1994

03 Knirsch Jürgen, Hotels, Planen und Gestalten, A. Koch, Leinfelden — Echterdingen 1992

04 Moroder/Peter, Hotelarchitektur, Haymon-Verlag, Innsbruck 1993

05 Riewoldt/Bangert, Internationales Hoteldesign, Bangert-Verlag, München 1993

06 Keck Herbert, Hotels, Stadthotels, Institut für Wohnbau, TU Wien 1995

07 Architektur aktuell, Springer, Wien, Heft 153/1992, 168/1994, 181–182/1995, 183/1995, 198/1996, 6/2002, 11/2003

08 Bauforum, später Architektur und Bauforum, Österreichischer Wirtschaftsverlag, Wien, Heft 131/1989, 133/1989, 154/1993, 155/1993, 2/1996, 5/1997

09 Habitation Space, Volume 1+2, Habitation space international S.N.C., Mailand 1979/80

10 Laggner/Klöckl, Zeitgenössische Baukunst in Österreich, Bd. 1–3, Universal-Verlag, Graz 1982–1983

11 Neufert Ernst, Bauentwurfslehre, Bertelsmann Fachverlag, Düsseldorf 1973

12 Dahinden/Kühne, Neue Restaurants, Callwey/Hatje, München/Stuttgart 1973

13 Der Aufbau, Fachzeitschrift für Planen, Bauen und Umweltschutz, Hrsg. Stadtbauamt Wien, Heft 8/9 1975

14 Bianca Stefano, Hofhaus und Paradiesgarten, C. H. Beck, München 1991

15 Baumeister, Zeitschrift für Architektur, Callwey, München, Heft 1/1996

16 Dimster Frank, Die neue österreichische Architektur, Kohlhammer, Stuttgart 1995

17 Muck/Mladek/Greisenegger: Clemens Holzmeister. Bergland Verlag, Salzburg

18 Wenz-Gahler Ingrid: Café — Bar — Bistro 2, Design und Gastlichkeit, A. Koch, Leinfelden — Echterdingen 1999

19 Achleitner Friedrich: Österreichische Architektur im 20. Jh., Bd. III/1, Residenz, Salzburg 1995

20 DBZ Deutsche Bauzeitschrift, Bertelsmann Fachzeitschriften, Heft 8/96, 10/95

21 Becker/Steiner/Wang (Hrsg.), Architektur im 20. Jahrhundert, Bd. 1: Österreich, Prestel, München 1995

22 Sayah Amber, Neue Architektur in Vorarlberg, Bauten der neunziger Jahre, Callwey, München 1997

23 Architektur, Heft 1/2000

Hotels

Einteilung und Daten

Prinzipiell fällt unter die Kategorie „Hotel" jede Übernachtung gegen Entgelt. Hinsichtlich Kategorie, Angebot und Zielgruppe lassen sich jedoch Hotels nach verschiedenen Gesichtspunkten einteilen.

Unterscheidung nach Kategorie

Schutzhütten:

Einfache Übernachtung, Matratzenlager

Jugendherbergen:

Billigquartiere: Selbstarbeit beim Kochen und Reinigen

Gasthäuser:

Einfache Zimmer zum Übernachten

Pensionen:

Häuser für längeren Aufenthalt von einfach bis komfortabel

Hotels:

Große Häuser je nach Kategorie

Die Hotelkategorien unterscheiden sich nach 1-Stern-, 2-Stern-, 3-Stern-, 4-Stern- und 5-Stern-Hotel.

Katalogisierung nach Angebot

Hotel garni:

Bietet nur Übernachtung und Frühstück

Hotel-Pension:

Übernachtung mit voller Verpflegung

Appartementhäuser:

Wohnhotels für längere Verweildauer, meist mit Küche ausgestattet zum Selbstverpflegen.

Unterteilung nach Zielgruppe

Reise- und Stadthotel (Airporthotel):

Zentrale Lage, kurze Verweildauer, überwiegend Geschäftsreisende, vielfach mit Kongress- und Tagungsräumen ausgestattet.

Kurhotel:

Ruhelage, lange Verweildauer, größere Zimmer, umfangreiche Nebenräume und Aufenthaltsräume, medizinische Einrichtungen.

Ferienhotel, Sporthotel:

Lange Verweildauer, große Zimmer, gute Lage in der Landschaft (See, Meer, Schipisten) mit entsprechend umfangreichen Aufenthaltsräumen.

Motel:

An Straßen oder Autobahnen, kurze Verweildauer, Zimmer direkt beim Pkw.

Suitenhotel:

Überwiegend oder ausschließlich Suiten in verschiedenen Größen und Kategorien für lange Verweildauer, in denen der Gast seine Freunde empfangen und bewirten kann.

Familienhotel:

Urlaubshotel mit besonderem Angebot für Kinder.

Es gibt eine Reihe weiterer Unterscheidungen vom Kunsthotel über das Appartementhotel, Atriumhotel, Grandhotel, Pavillonhotel bis zum Rollenden Hotel.

Hotelmanagement

Aufgabe des Managements ist die Erhöhung der Auslastung, die Steigerung der Qualität des Services und das Lukrieren von Nebeneinnahmen. Dies wird erzielt durch:

Personaleinsatzplanung, Personalführung und Motivation, Optimierung der Arbeitsabläufe.

Statistische Daten

In den letzten 10 Jahren ist ein deutlicher Trend zur Qualitätssteigerung im Hotelwesen zu bemerken. Dies wird durch alle statistischen Daten belegt und es kann vorausgesagt werden, dass der Einbruch im Fremdenverkehr überwiegend Billigkategorien und Privatquartiere treffen wird.

Deviseneinnahmen pro Ausländernächtigung:

2002: 164,68 €　　insgesamt: 14 128 Mio. €

Durchschnittliche Aufenthaltsdauer pro Gast:

4,27 Tage (Ausnahme Kuraufenthalte)

Anzahl der Gäste:

60% in gewerblichen Betrieben (2002 waren dies 73,5 Mio.), der Rest in Privatquartieren, Erholungsheimen, Gästehäusern, Schutzhütten, Campingplätzen etc. Insgesamt wurden 2002 116 Mio. Übernachtungen gezählt, davon 75% Ausländer.

Mit 18,2 Mio. Ankünften liegt Österreich weltweit an 10. Stelle der Fremdenverkehrsländer. Mit 11 Gästenächtigungen je Einwohner allerdings an 1. Stelle.

In Österreich stehen an Fremdenbetten zur Verfügung:

1 057 000 im Winter　　1 150 000 im Sommer

Davon in Hotels:

580 000 im Winter　　597 000 im Sommer

Anzahl der Beherbergungsbetriebe (Hotels):

13 780, davon 15% 4- und 5-Stern-Betriebe, 39% 3-Stern-Betriebe, 46% 1- und 2-Stern-Betriebe.

Anzahl der Betten (2002):

596 000, davon

33,4% in 4- und 5-Stern-Betrieben

39,6% in 3-Stern-Betrieben

27% in 1- und 2-Stern-Betrieben

Auslastung der Betten (2002):

Durchschnittlich 30,2%, davon

46% in 4- und 5-Stern-Betrieben

31% in 3-Stern-Betrieben

21% in 1- und 2-Stern-Betrieben

Im Hotelgewerbe waren im Juli 2002 173 643 Dienstnehmer beschäftigt, davon 48 563 Ausländer.

Entwicklung des Hotelbaues

Solange es Reisende gibt, gibt es auch Hotels. Die ältesten uns heute bekannten Hotels sind sicher die Karawansereien und Fonduks entlang der Seidenstraße sowie die antiken und mittelalterlichen Klosterherbergen und Poststationen. Diese Hotels wiesen einen großen Innenhof auf, in dem Pferde und Wagen des Nachts sicher untergebracht werden konnten und rund um diesen, meist unter Arkaden, die einzelnen Zimmer angeordnet waren.

Den ersten großen Aufschwung nahm der Hotelbau zu Beginn des 19. Jh., als der Erholungswert der Landschaft insbesondere in stadtnahen Regionen (z.B. Semmering bei Wien) entdeckt wurde. In den Städten entstanden die Grandhotels mit prunkvoller Architektur, welche die gesellschaftlichen Bedürfnisse des Adels und des gehobenen Bürgertums zu befriedigen vermochten. Hierzu gehörten prunkvolle Hallen, um zu sehen und gesehen zu werden, Ballsäle, große und gediegene Speisesäle. Typische Beispiele dieser Zeit sind das Hotel „Imperial" in Wien, Hotel „Waldorf Astoria" in New York sowie die Luxushotels der Côte d'Azur, wie das „Carlton" in Cannes, das „Hotel de Paris" in Monte Carlo oder das „Negresco" in Nizza. Ferner auch die vielen Kolonialhotels in Asien, die uns aus den Erzählungen von Sumerset Maugham bekannt sind (z.B das „Raffles" in Singapur 1886). Sie zeugen zum Teil noch heute als begehbare Denkmäler vom Prunk dieser Zeit, deren Sucht nach Luxus alles zu übertreffen suchte.

Die mamelukische Karawanserei des Sultans al Ghouri in Kairo
um 1500
(Lit.: 14)

Innenhof mit Arkaden und Stallungen, in den Obergeschoßen Maisonette-Wohnungen

Hotel Drei Mohren
Augsburg 1722
(Lit.: 6)

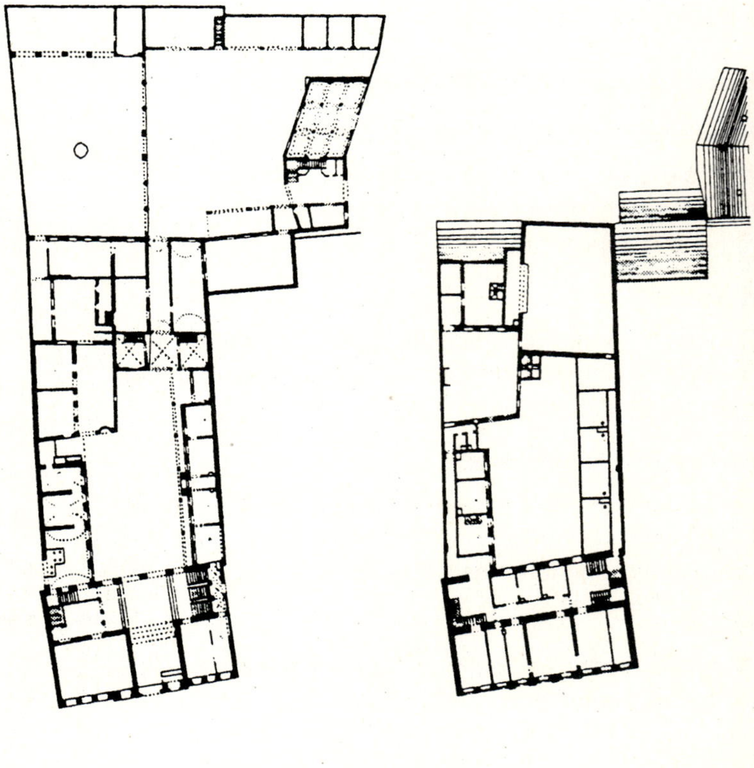

Die Grandhotels des 19. Jahrhunderts

Hotel Imperial, Wien 1873

Ansicht (Foto d. Verf.)

Suite (Hotelprospekt)

Halle (Foto d. Verf.)

Hotel ANA Grand, Wien 1870
(Lit.: Das Ana Grand Hotel in Wien)

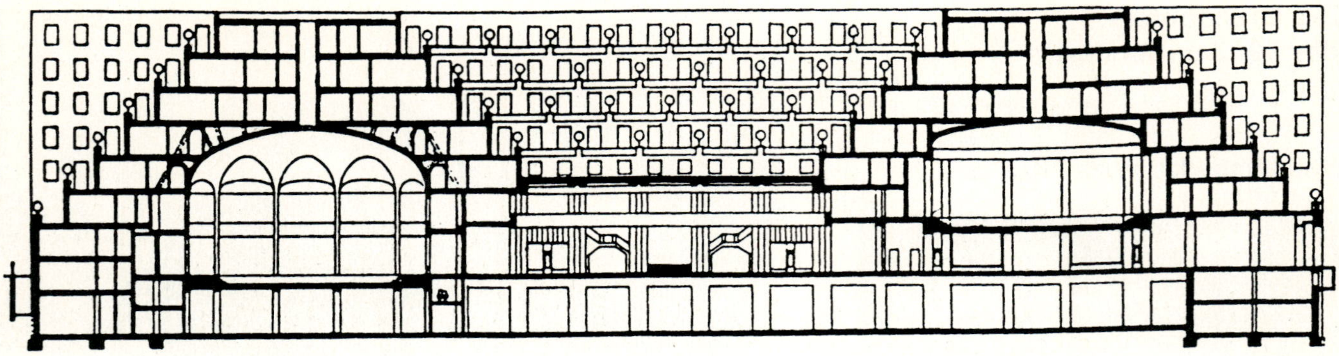

Grandhotel Babylon (Projekt)
Arch. Adolf Loos 1923
(Lit.: 6)

Ein totales Abgehen von dieser Prunksucht, eine vollständige Hinwendung auf ästhetische Werte und funktionelle Vorgaben sowie eine Vorwegnahme der heutigen touristischen Trends bildete der Entwurf von Adolf Loos für sein faszinierendes Terrassenhotel „Babylon" 1923. Die übergroße Hotelhalle, die beiden Festsäle und die Zimmer, welche alle eigene Terrassen aufwiesen und Ausblick boten, würden noch heute einem Hotel in der Karibik alle Ehre machen. Auch die Ausmaße von 110 x 150 m und 30 m Höhe entsprechen mit seinen geplanten 1000 Betten durchaus der Größe von heutigen Luxus-Ferienhotels.

Die größten und fortschrittlichsten Hotels wurden jedoch in den Vereinigten Staaten gebaut. Schon in der 1. Hälfte des 20. Jh. wurden in Amerika die Motels entwickelt, von denen es 1939 bereits über 10 000 gab. Schon in den 20er-Jahren des vorigen Jh. hatte der Designer und Innendekorateur Lapidus die Idee, dass ein Hotelbetrieb ohne Erfüllung des touristischen Publikumsgeschmackes erfolglos sein müsste (Herbert Keck, Lit. 6). Er erkannte auch, dass „das Hotel eines der komplexesten Probleme für einen Architekten ist, nur von Spitälern übertroffen. Nur mit dem Unterschied, dass der Patient meist im Spital bleiben muss, auch wenn es ihm nicht gefällt, während der Hotelgast ausziehen kann".

Stevens Hotel, Chikago, USA
Arch. J. A. Holabird 1927
(Lit.: 6)

Mit 3000 Zimmern lange Zeit das größte Hotel der Welt.

So entstanden bald die typischen Breitfußtypen mit turmartigen Bettentrakten und öffentlichen Räumen sowie Servicebereichen im Breitfuß.

Bald wurde man jedoch mit der bloßen Erfüllung eines perfekt funktionierenden Mechanismus unzufrieden, und wieder war es ein Amerikaner, John Portman, der seine Hotels zu integrierten urbanen Lebens-, Erholungs- und Unterhaltungsräumen ausbaute. Er war der Erfinder der bis zu 50 Geschoße hohen Atriumhotels, wie das „Hyatt Regency" in San Francisco mit seiner gigantischen Halle, oder der aus einem Breitfuß wachsenden gläsernen Türme, wie das „Los Angeles Buonaventura".

Hilton Istanbul

Architekten Skidmore, Owings u. Merill 1955
(Lit.: 6)

300 Zimmer in einem zweihüftigen Bettentrakt auf einem Breitfuß mit Halle, Läden und Verwaltung um einen Innenhof.

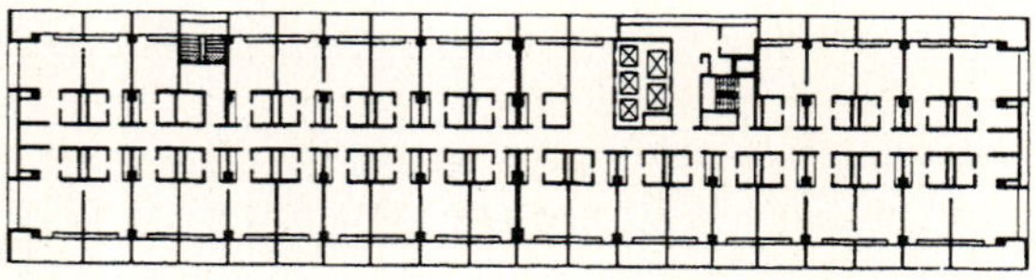

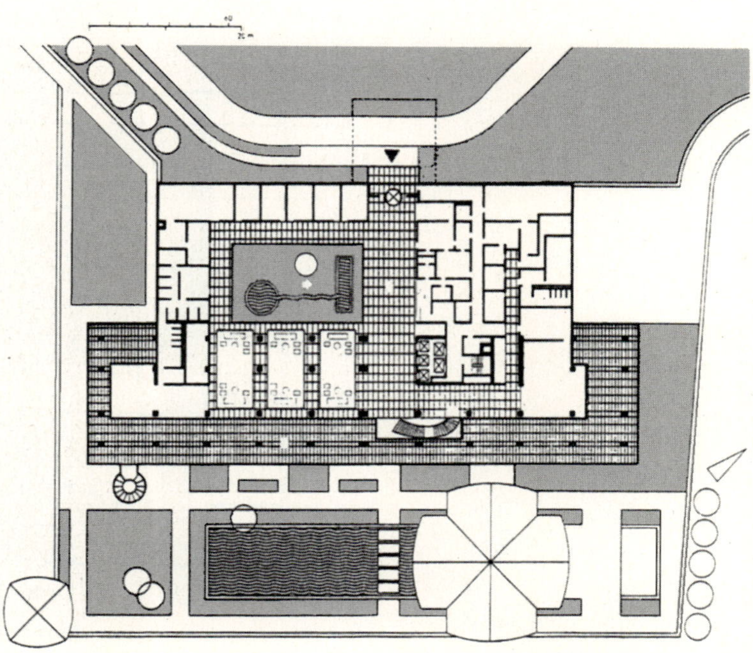

Hilton Wien

Arch. F. Pfeffer 1975

(Lit.: 13)

S-förmiger Bettentrakt mit Lifts in den Dunkelzonen der Innenecken, zweigeschoßiger Breitfuß mit Halle, Geschäften, Restaurants und Konferenzräumen.

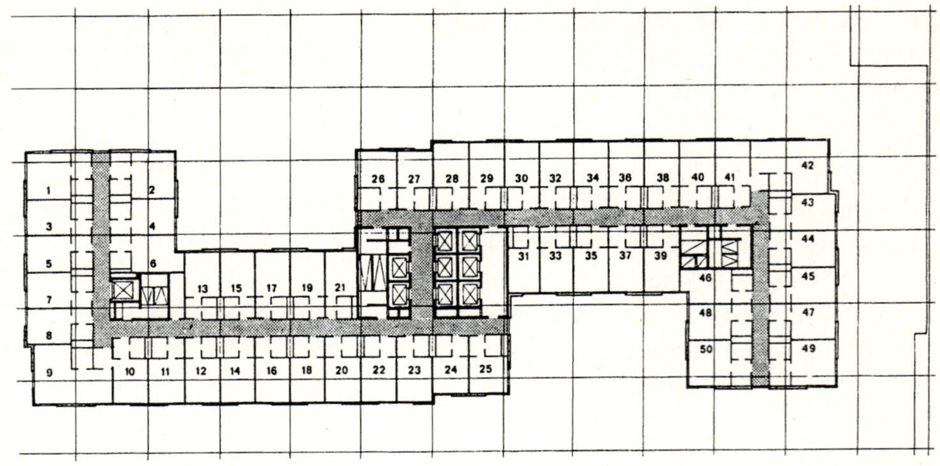

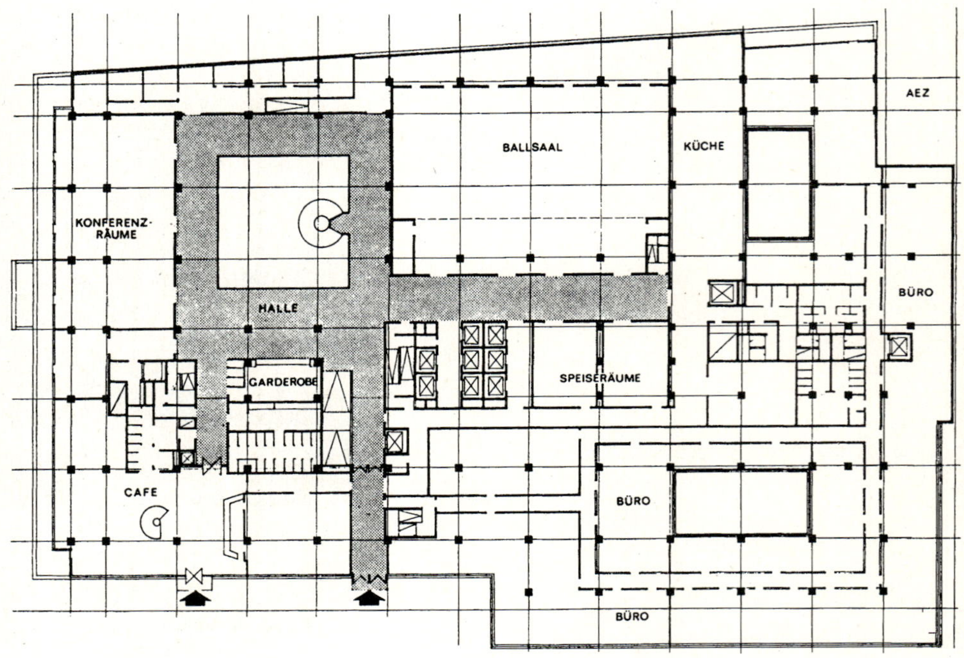

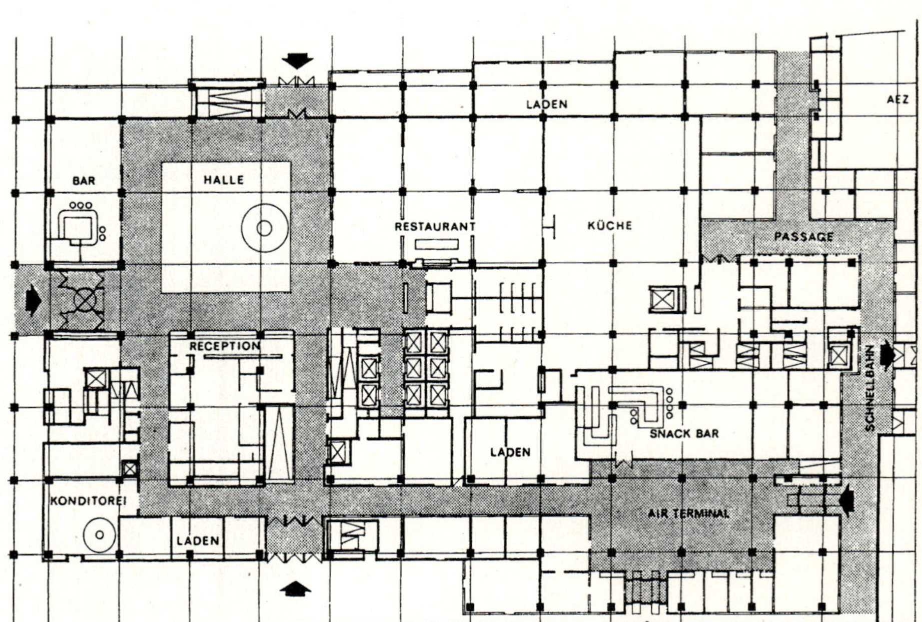

Hotel Buonaventura, Los Angeles, USA
Arch. John Portman 1977
(Lit.: 6, Foto Halle vom Verf.)

Mehrere gläserne Bettentürme durchstoßen mit ihren Stützen eine mehrgeschoßige Hallenlandschaft.

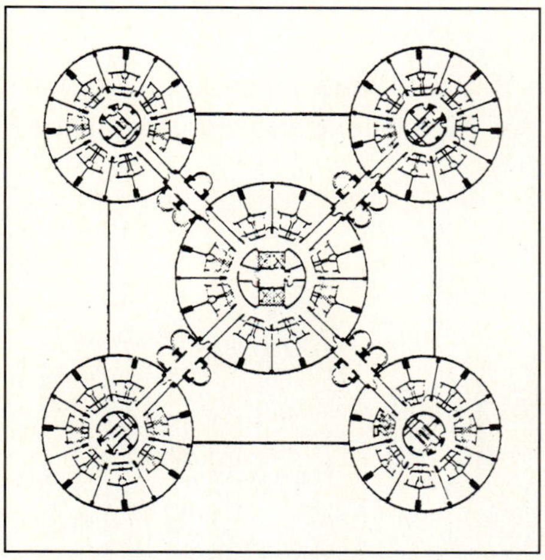

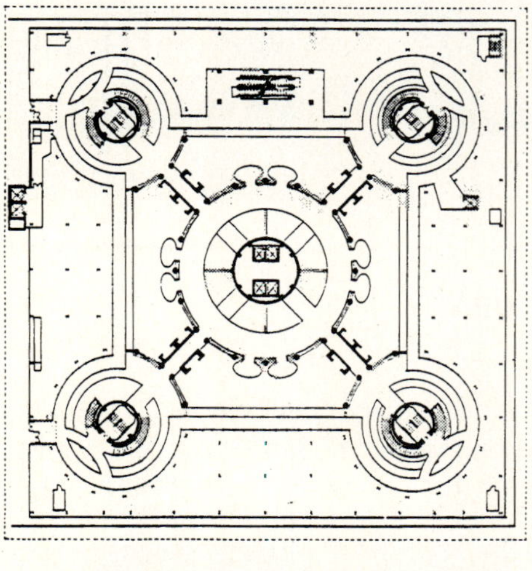

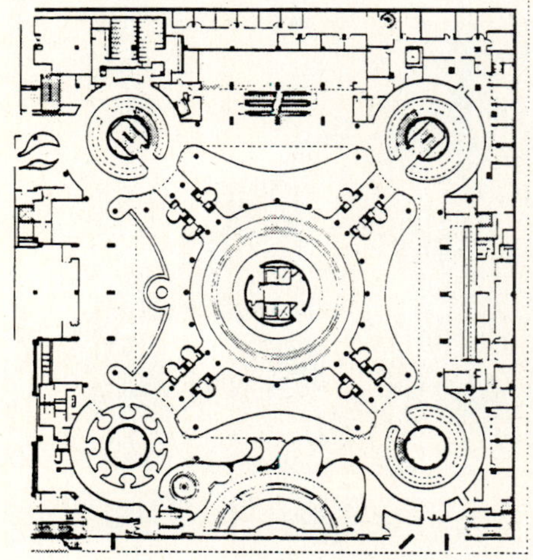

In Zeiten des explodierenden Tourismus und des ständig steigenden Überangebotes von Hotels wird der Konkurrenzkampf am Platz immer größer, außerdem wächst der Wunsch des Gastes, im Urlaub oder auf Geschäftsreise seinen Alltag möglichst hinter sich zu lassen und in eine völlig abgehobene neue Welt einzutreten. Dem tragen die Beherbergungsbetriebe nicht nur durch ein immer ausgedehnteres Angebot an Nebeneinrichtungen und Feizeitprogrammen Rechnung, sondern auch durch einen Stil und ein Ambiente, das den Besucher in eine realitätsfremde Traumwelt zu versetzen imstande ist.

Besonders typisch ist diese Entwicklung in Amerika, insbesondere in Las Vegas und ähnlichen Städten abzulesen, weil sich dort das Rad der Stile und Geschmäcker besonders rasch dreht und Hotels, die 10 Jahre alt sind und nicht dem neuesten Trend entsprechen, hoffnungslos abgeschlagen und außer Konkurrenz sind. Hier wird der Gast in eine ferne Vergangenheit, in eine Zukunft, in eine Märchenwelt oder in andere Erdteile versetzt, um die Ferien- und Freizeitillusion vollständig zu machen.

Neben diesen Dinosauriern des Tourismus werden, vor allem als Business-Hotels in den Städten, kleinere, aber exquisite Hotels von überschaubarer Größe an Bedeutung gewinnen.

Hotel Excalibur, Las Vegas
1990

Die zwischen zwei riesigen Bettentürmen liegenden Allgemeinräume wurden im Stile einer mittelalterlichen Burg gestaltet.

Hotel Luxor, Las Vegas, USA
1991

Der Bettentrakt in Form einer riesigen schwarzen Pyramide umschließt die innen liegende vielgeschoßige Halle. Die Sphinx beinhaltet die Vorfahrt.

Hotelklassifizierung

Bereich	* und **	***	****	*****
Allgemeine Definition	zweckmäßig und ausreichend, bescheidener Komfort	gediegene Ausstattung wohnlicher Charakter, dekorative Elemente, gute Erhaltung	erstklassige Ausstattung, zeitgemäße Technik, komfortabel, harmonisch, sehr gute Erhaltung	exklusive, luxuriöse Ausstattung, beste Werkstelle und Qualität, unverwechselbarer Charakter, makellose Erhaltung
Zimmer:				
Zimmergröße	Doppel 15 m^2 Einzel 9 m^2	Doppel 16 m^2 (statt 15) Einzel 11 m^2 (statt 10)	Doppel 19 m^2 (statt 17) Einzel 13 m^2 (statt 12)	Doppel 22 m^2 (statt 20) Einzel 16 m^2 (statt 14)
Ausstattung	heizbar	Zentralheizung, Wertpapierdepot, Telefon	Zentralheizung mit Raumthermostat, Wertpapierdepot oder Zimmersafe, Telefon, Radio, 50% Farb-TV, Minibar	Klimatisierung, Wertpapierdepot und Zimmersafe, Telefon, Radio, Farb-TV, Minibar
Bad, WC	Waschbecken, 30% der Zimmer mit Bad oder Dusche, 20% mit WC	Bad oder Dusche/WC Bad 3 m^2, WC 1,5 m^2	30% Bad (sonst Dusche), WC bei 2-Bett-Zimmern getrennt, Bad 4 m^2, WC 1,5 m^2	70% Bad (Rest Dusche), getrenntes WC, Bad 6 m^2, WC 1,8 m^2, Doppelwaschbecken, Bidet
Gästeartikel	Papierkorb, Kleiderbügel, Handtuch, Badetuch, WC-Papier	Papierkorb, Kleiderbügel, Seife, 2 Handtücher, Badetuch, WC-Reserverolle, Vorleger	Papierkorb, Kleiderbügel, Seife, 2 Handtücher, Badetuch, WC-Reserverolle, Vorleger, Schaumbad, Tissues, Schreibmappe, Nähzeug	Papierkorb, Kleiderbügel, Seife, 2 Handtücher, Badetuch, Bademantel, WC-Reserverolle, Abfallbehälter, Vorleger, Schaumbad, Tissues, Shampoo, Haarföhn, Waage, Rasierspiegel, Schreibmappe, Nähzeug, Bettvorleger, Begrüßungspräsent
Gastronomie:				
Speisezimmer	Speisesaal und/oder Aufenthaltsraum	Speise- und Aufenthaltsräume, Sitzplätze = 50% der Betten (Saison: 100%) Garni: Frühstücksraum Sitze 50% der Betten (Saison: 80%)	Speisesaal: Tische 50% der Zimmer (Saisonbetrieb 80%), zusätzlich Aufenthaltsräume Garni: Frühstücksraum Tische 40% der Zimmer (Saison 80%), zusätzlich Aufenthaltsraum	mehrere exklusive Speiseräume, Tische 60% der Zimmer (Saison 100%) + zusätzliche Aufenthaltsräume, kein Garni
Speisen, Getränke Service	Speisen und Getränke 12–14^h, 18–21^h	Speisen 12–14^h, 18–22^h Imbisse bis 24^h Getränke 16 Std. am Tag	Speisen 12–14^h, 18–22^h Imbisse bis 24^h Getränke 16 Std. am Tag	Speisen 11–23^h, auch im Zimmer, Imbisse 24 Std. Getränke 18 Std. am Tag
Frühstück	im Frühstücksraum bis 9^h	Speiseraum bis 10^h	Frühstücksraum oder Zimmer bis 11^h, Karte oder Buffet	Frühstücksraum oder Zimmer, zeitlich unbeschränkt reichhaltige Karte oder Buffet
Speisenangebot Saisonbetrieb	3-gängiges Menü	3-gängiges Menü, 2 Wahlmöglichkeiten	4-gängiges Menü, 2 Wahlmöglichkeiten	4-gängiges Menü, 3 Wahlmöglichkeiten bei allen Gängen
Stadtbetrieb	kleines À-la-carte-Angebot	À-la-carte-Angebot	reichhaltiges À-la-carte-Angebot	internationales À-la-carte-Angebot
Weinkarte	4 Qualitätsweine	8 Qualitätsweine	15 Qualitätsweine	30 Qualitätsweine

Hotelklassifizierung

Bereich	* und **	***	****	*****
Service:				
Mitarbeiter zu Zimmern	1 : 10, Garni 1 : 15	1 : 6, Garni 1 : 12	1 : 3, Garni 1 : 6	1 : 2
Rezeption		16 Std., Sprachkenntnisse	16 Std., ausreichend Sprachkenntnisse	24 Std., sehr gute Sprachkenntnisse
Gepäcktransport	auf Verlangen	auf Verlangen	16 Std. am Tag	24 Std. am Tag
Bettwäsche Handtücher etc.	1x pro Woche jeden 2. Tag	2x pro Woche jeden 2. Tag	jeden 3. Tag jeden 2. Tag, auf Wunsch täglich	jeden 2. Tag jeden 2. Tag, auf Wunsch täglich
Garagen	lt. Bauordnung	lt. Bauordnung	lt. Bauordnung	hoteleigene Garagen Garagendienst
Telefon	—	—	je 30 Zimmer 1 Amtsleitung	je 20 Zimmer 1 Amtsleitung
Lift	—	bei mehr als 2 Stockw. je 60 Zimmer 1 Lift	bei mehr als 2 Stockw. je 60 Zimmer 1 Lift	bei mehr als 1 Stockw. je 60 Zimmer 1 Lift

Betriebsgrößen

Die optimalen Betriebsgrößen für Hotels sind abhängig von der Kategorie und von den erforderlichen Führungsebenen. Für jeweils 150 Zimmer ist eine Führungsebene erforderlich.

Für 150 bis 300 Zimmer zusätzlich 1 Abteilungsleiter,

ab 300 Zimmer ein Security Management.

Die optimale Betriebsgröße für ein 4-Stern-Hotel beträgt etwa 100 bis 150 Zimmer, wobei 70 m^2 Bruttogeschoßfläche je Zimmer angesetzt werden kann.

Anzahl der erforderlichen Mitarbeiter für ein 4-Stern-Hotel (mit etwa 100 Zimmern)

Bürokräfte:	1
Rezeption (inkl. Lohndiener und Nachtportier):	12
Etage je 15 Zimmer Stubenmädchen mit Etagendienst:	1
insgesamt Stubenmädchen und Reinigung:	13
Restaurant (Halbpension):	7
Restaurant (à la carte inkl. Bar):	20
Küche (Köche, Abwäscher):	3
Küche (Köche, Abwäscher, Café, Patisserie, à la carte):	24

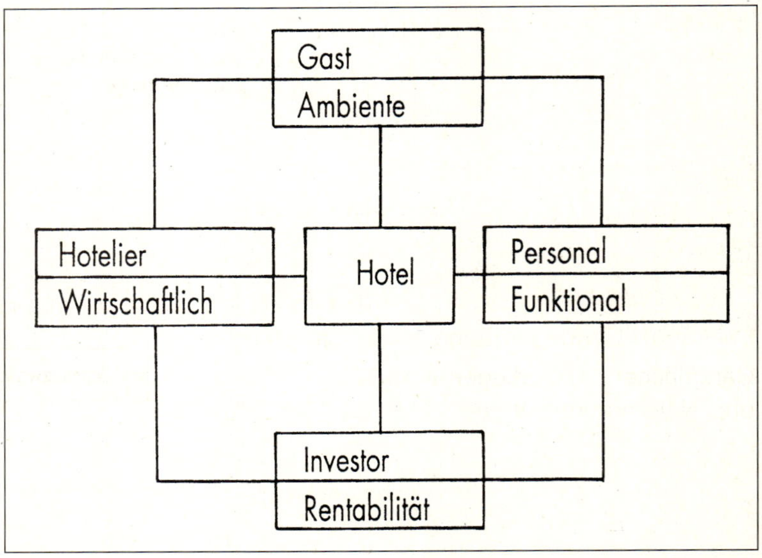

Bezug der Zielvorstellungen
(Lit.: 3)

Räumliche und verwaltungstechnische Bereiche im Hotel

(Annahme 4-Stern, 100 Betten)

Empfang:

Rezeption, Portier, Bellboy	ca. 30 m²
Kassa ca.	10 m²
Telefonzentrale	4–5 m²
Hotel-Büro	15–29 m²
Eingangshalle, Aufenthaltsraum	90–120 m²
Gästetoiletten	16 m²

Verwaltung:

Direktion, Personalbüro, Buchhaltung, Verrechnung, EDV, Einkauf, Verkaufsbüro, Marketing, PR insges.	ca. 20 m²
Lager mind.	ca. 20 m²

Housekeeping:

Hausdame, Zimmermädchen, Etagendienst, Reinigungspersonal, Hausdiener	20 m²
Werkstätten (meist ausgelagert), Wäschedepot	20 m²

Restaurant: siehe Restaurants

Gastbereich, Bettentrakt:

Einzelzimmer je	ca. 18–20 m²
Doppelzimmer je	ca. 18–25 m²
Frühstücksraum	ca. 70–80 m²
Putzraum, Geräte je Etage	ca. 10 m²
Gangflächen inkl. Stiegen und Nebenräume etwa der Zimmerfläche	27–30 %

Allfälliger Kongressbereich:

Eigener Eingang, Garderoben, Konferenzräume verschiedener Größen	ca. 400 m²
Stuhllager	ca. 40 m²
Bankettoffice	ca. 40 m²
Pausenräume	ca. 70 m²
Toiletten	ca. 40 m²
eventuell eigene Bankettküche	ca. 90 m²

Nebenbetriebe:

Wäscherei, Werkstätten, Haustechniker, Reinigungsdienst, Garage in einem Hotel bis zu 100 Betten weitgehend ausgelagert.

Technikbereich	ca. 100 m²
Müllraumentsorgung	ca. 20 m²
Personalzimmer, Personalgarderoben und WC	ca. 40–50 m²

Funktionsschemata

(Lit.: 3)

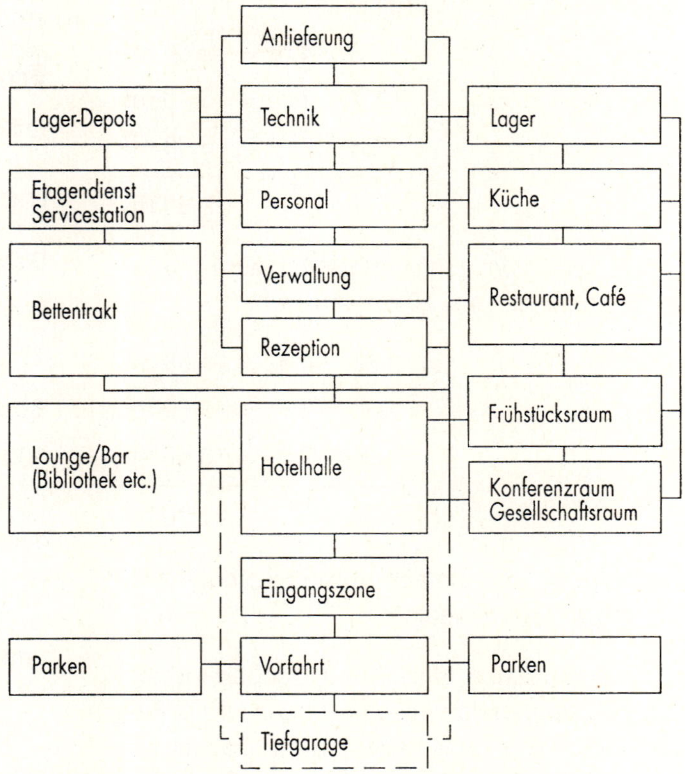

Funktionsschema zur Hotelkonzeption 30–80 Betten

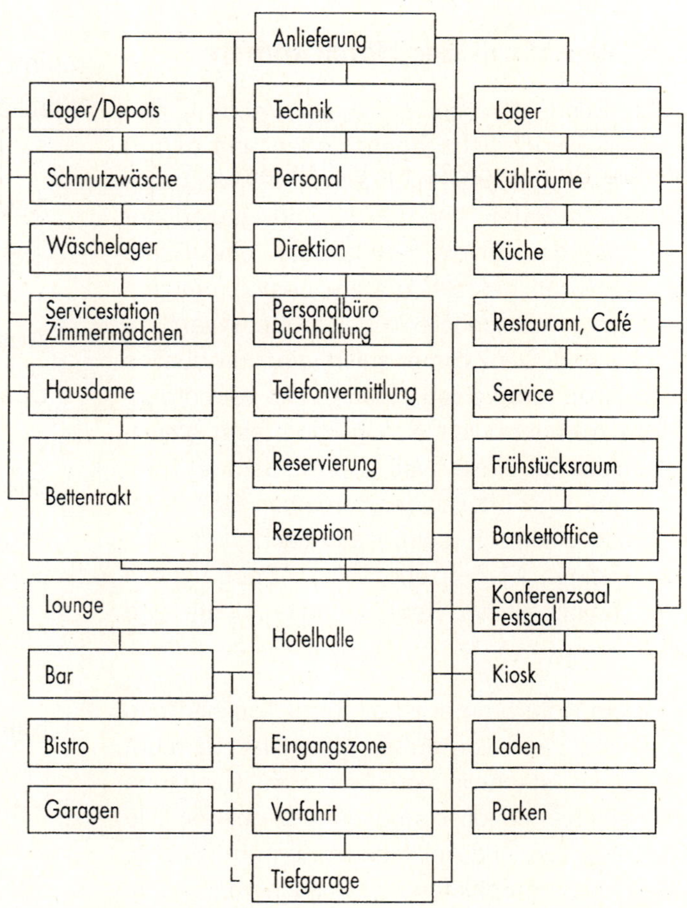

Funktionsschema zur Hotelkonzeption eines Großhotels

Hotelzimmer

Die Größe der Hotelzimmer variiert je nach Kategorie und Aufenthaltsdauer. Im Durchschnitt ist ein

Einzelzimmer	3 x 4 m =	12,00 m^2
Flur, Garderobe	1,7 x 2 m =	3,40 m^2
Bad, WC	1,8 x 2 m =	3,60 m^2
insges.		19,00 m^2

Diese Größe kann vom Einfachhotel bis zum Luxushotel zwischen 12 m^2 und 20 m^2 variieren.

Doppelzimmer	ca. 3,65 x 4 m =	14,60 m^2
Flur, Garderobe	1,80 x 2 m =	3,60 m^2
Bad, WC	1,80 x 2 m =	3,60 m^2
insges.		21,80 m^2

Diese Fläche kann vom Einfach- zum Luxushotel zwischen 15 m^2 und 32 m^2 variieren.

Das Verhältnis zwischen Einzel- und Doppelzimmern ist individuell. Stadthotels weisen oft bis zu 50% Einzelzimmer auf, Saisonhotels haben oft nur Doppelzimmer (mehr Flexibilität, bei Wunsch nach Einzelzimmer wird 1 Doppelzimmer für eine Einzelperson angeboten).

Funktion, Raumform des Hotelzimmers

Neben den Mindestgrößen an Quadratmetern, den erforderlichen Einrichtungsgegenständen und den in den Kategorisierungsbestimmungen nur schwer nachvollziehbaren Begriffen von Luxus und gediegener Ausführung werden an ein Hotelzimmer eine Reihe von Anforderungen gestellt, die am besten mit den Worten „private Atmosphäre in der großen Welt" zu umschreiben sind. Die Zimmer sollen ein individuelles Erscheinungsbild aufweisen, individuelle Geborgenheit in einer fremden Welt ermöglichen, aber gleichzeitig Anschluss an diese Welt bieten. Gerade Komfort und Luxus sind oft schwer vereinbar. Das Komfortable muss praktisch sein, ästhetisch und dem Menschen, seinen Maßen und seinen Bedürfnissen angepasst. Luxus ist oft Repräsentation, Kälte und Sterilität.

Wichtig für ein Hotelzimmer ist die gute Abschirmung gegen Einsicht, Lärm von außen, vom Nachbarraum und von der Haustechnik, vor allem vom Gang und es muss selbstverständlich und ohne Probleme alle Funktionen des Aus- und Ankleidens, Körperreinigens, Körperpflegens, des Schlafens, aber auch von Lesen, Musikhören, Fernsehen, Nachdenken, Schreiben, Telefonieren etc. erfüllen.

Ausstattung des Hotelzimmers

Fußboden:

am besten Textilbelag, schallabsorbierend, behaglich

Wände:

teilweise mit Holztäfelung, Textiltapeten (diese sind nicht sehr robust, besser Strukturtapeten und Farbanstrich)

Decke:

in Vorraum und Bad tiefer abgesenkt, darüber Haustechnik, Klimaanlage etc.

Betten:

100 x 200 cm, Doppelbett 200 x 200 cm

Doppelbetten sollen sich auseinander schieben lassen, die Matratzen jedoch dicht gestoßen sein.

Nachtkästchen ca. 60 x 40 cm mit Schubfächern, Einbauradio, Weckeruhr, Garderobenschrank für Hänge- und Legefächer mit Schrankinnenbeleuchtung und nicht entwendbaren Spezialkleiderbügeln, großer Wandspiegel, Kofferablage 50 x 80 cm bis 50 x 100 cm, im Doppelzimmer auch für 2 Koffer möglich.

Schreibtisch 60 x 80 cm bzw. 60 x 100 cm mit Stuhl, eventuell mit Spiegel und Beleuchtung auch als Frisiertisch verwendbar.

Minibar, evtl. integriert in Schreibtisch oder Garderobeschrank, absperrbar.

Fernseher vom Bett aus steuerbar und gut zu sehen.

Beleuchtung:

Stehleuchten, Wandleuchten, Tischleuchte, Bettleuchte

Ausstattung des Badezimmers:

Dusche 90 x 90 cm oder Badewanne 75 x 170 cm

Duschkabine mit Glastüre

Thermostatbatterie mit Einhandmischer

höhenverstellbare Handbrause

Fußbodenheizung

raumhoher Keramikbelag (Marmor)

Fußbodeneinlauf

Hänge-WC, evtl. Wandbidet bei ausreichender Größe

Waschtisch mind. 60 cm breit, am besten eingebaut mit breiten Ablageflächen beidseits des Waschtisches und beleuchtetem Spiegel (dient auch zur Raumvergrößerung).

Handtuchhalter, Handtuchstangen, Haarföhn, Rasiersteckdose, Kleiderhaken, Papierkorb etc.

Beispiele für Hotelzimmer

Lassalle-Hotel, Wien 2
Arch. Kofler
(Lit. Österr. Verkehrsbüro)

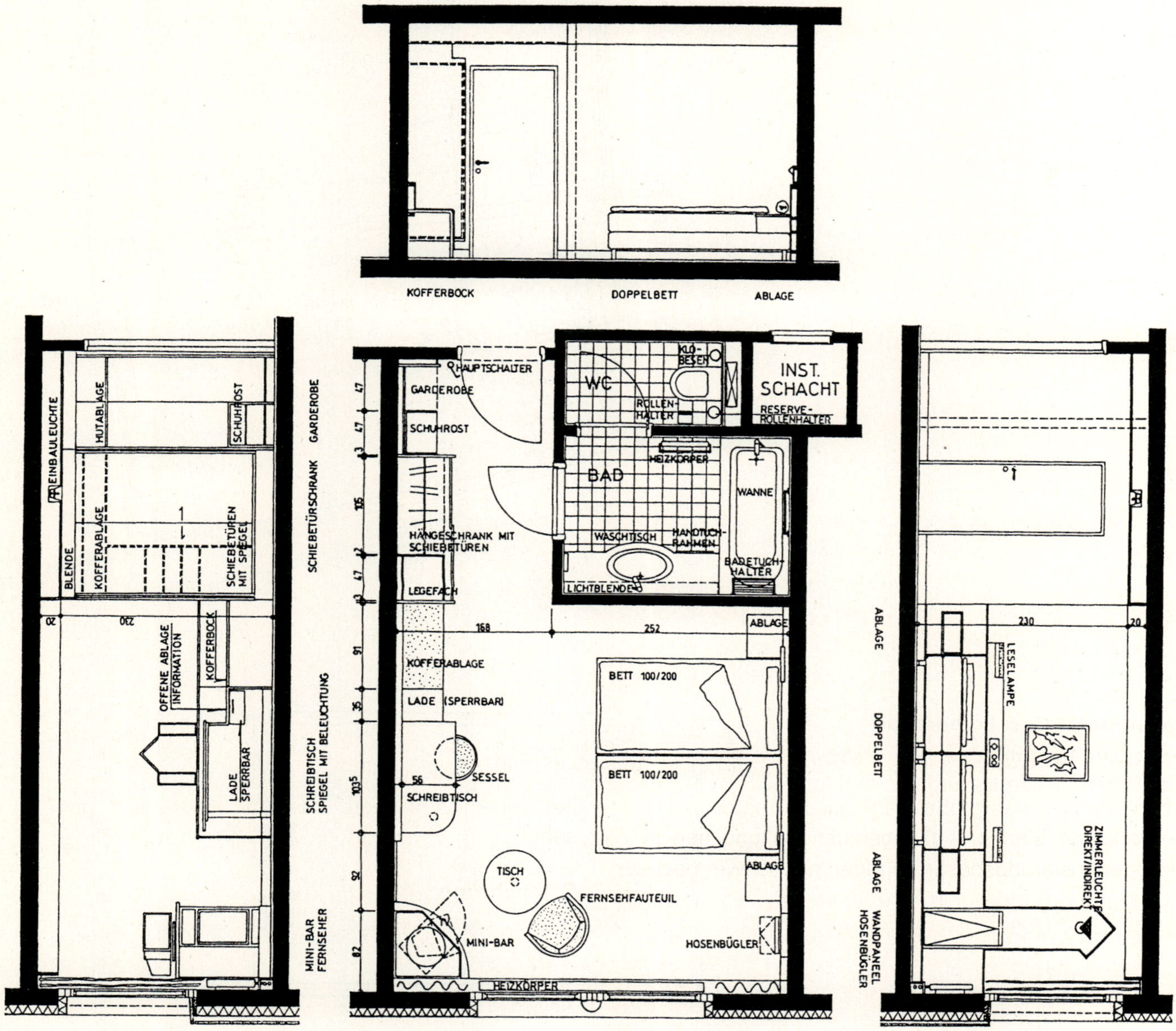

Strandhotel Rügen
Arch. Udo Podschadli, Dortmund 1996
(Lit.: 20)

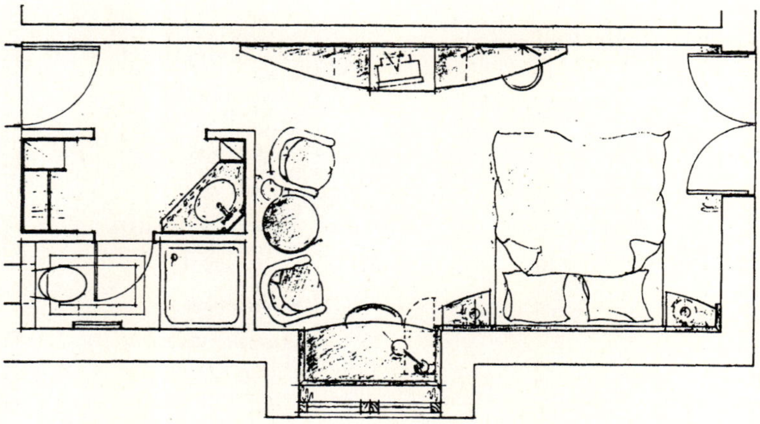

Atriumhotel Bad Loipersdorf
Arch. Simonyi 1995
(Lit. Österr. Verkehrsbüro)

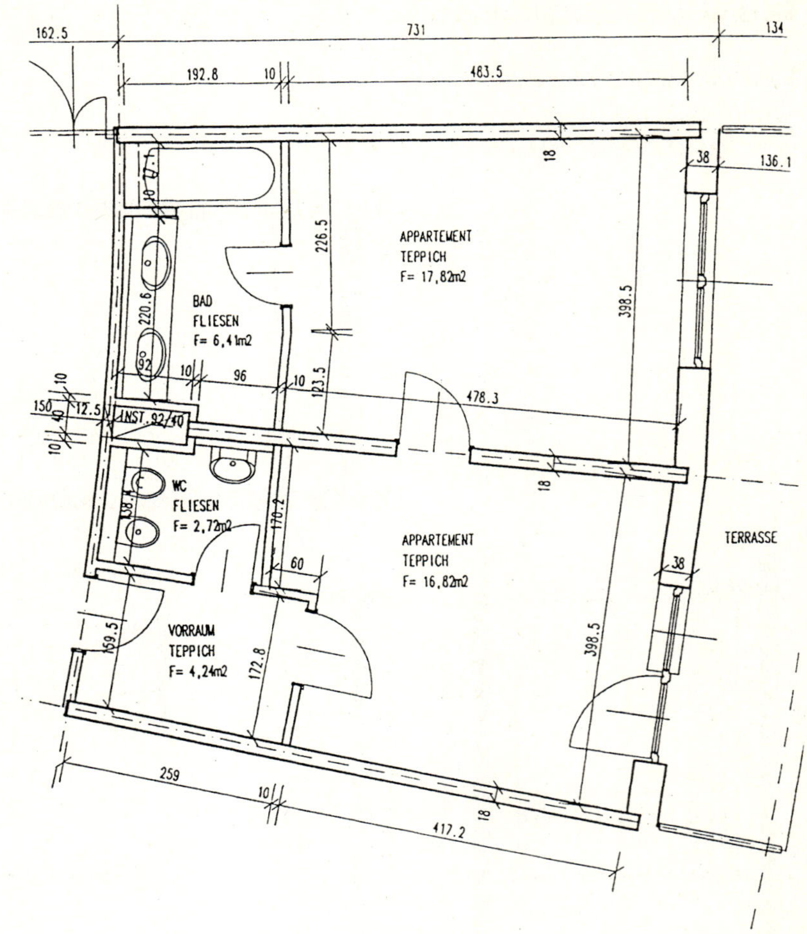

Atriumhotel Bad Loipersdorf
Arch. Simonyi 1995
(Lit. Österr. Verkehrsbüro)

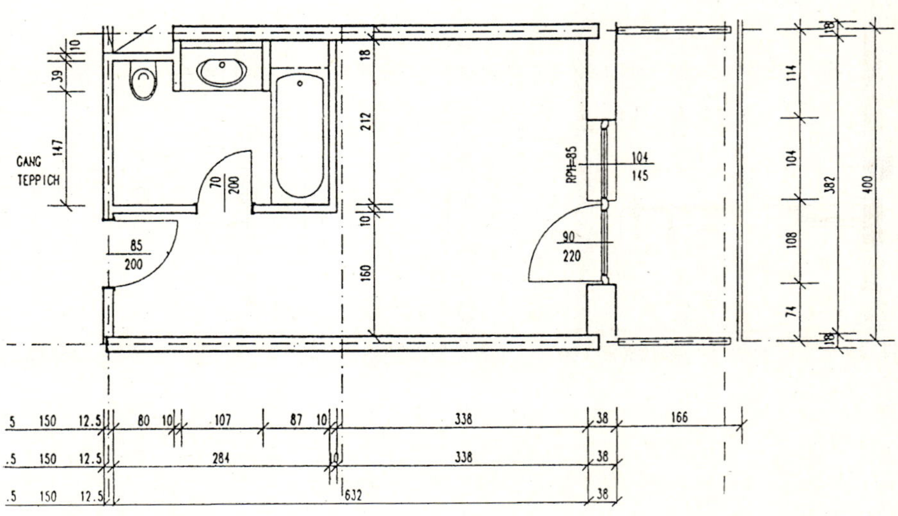

Seidler Hotel Pelikan
Hannover
Arch. Dieter Naikes,
Aachen 1996
(Lit.: 20)

1 Garderobe 100 x 18
2 Garderobe 90 x 60
3 Spiegel
4 Schrank 90 x 60
5 Bar 62⁵ x 55
6 TV 62⁵ x 50
7 Leuchte 62⁵ x 45
8 Stehleuchte
9 Sofa 160 x 90
10 Tisch
11 Ablage, 55 x 25, schwenkbar
12 Boxspringbett 160 210
13 Rolle 120 x 25
14 Ablage
15 Nachttischleuchte
16 Beistelltisch auf Rollen
17 Schreibtisch 110 x 70

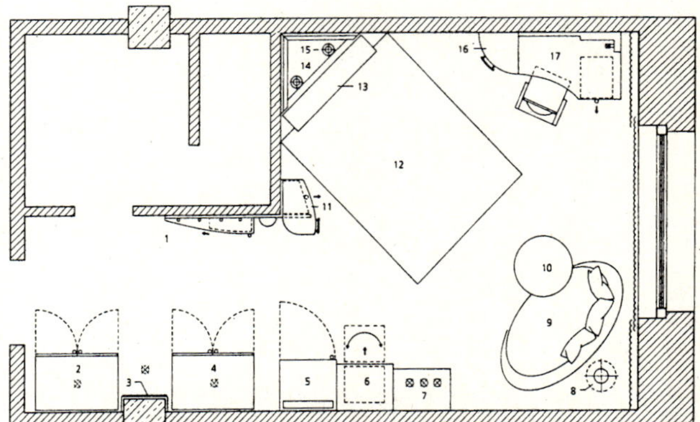

Grundrisse von Suiten

Grand Hotel Hyatt, Hongkong
Arch. Ng Chun Man u. Ass.
(Lit.: 5)

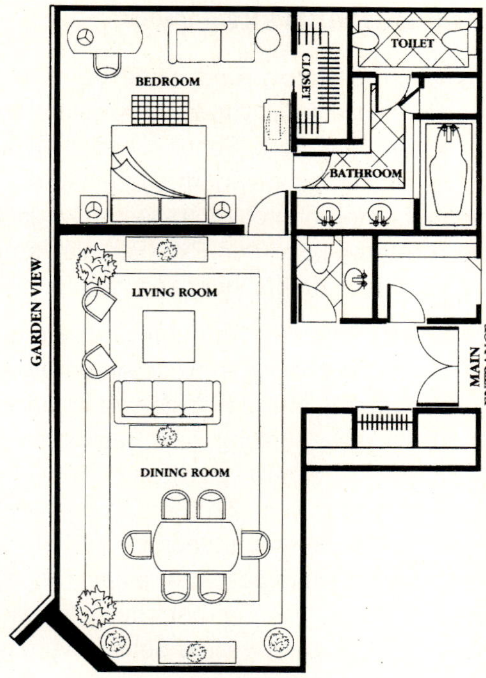

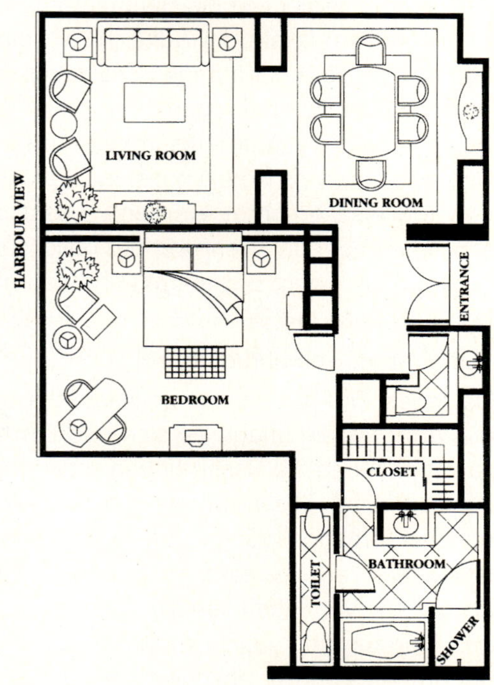

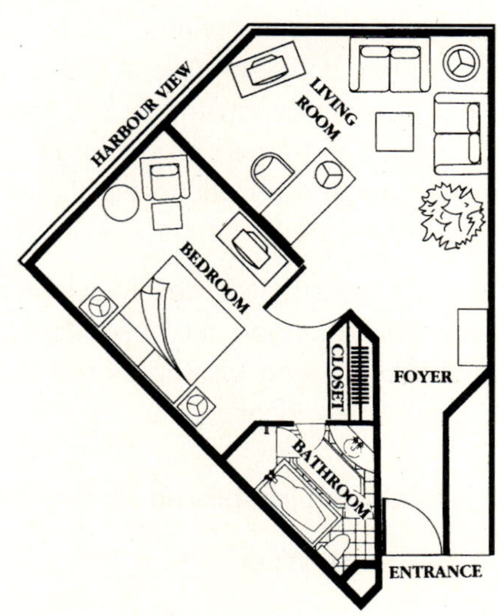

Appartementhotel Kaiser Franz Josef
Wien 19
Arch. Angerer
(Lit.: Arealbau Wien)

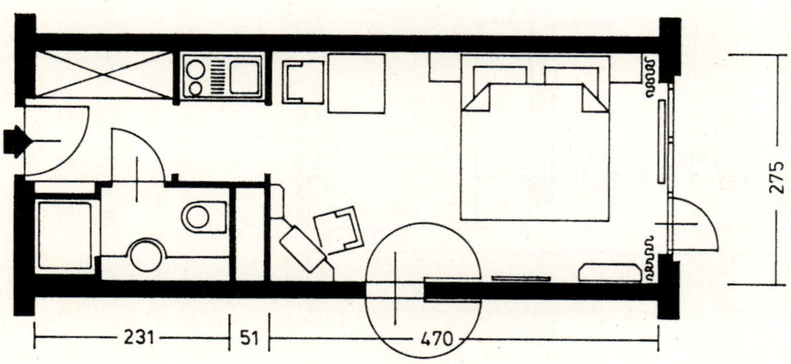

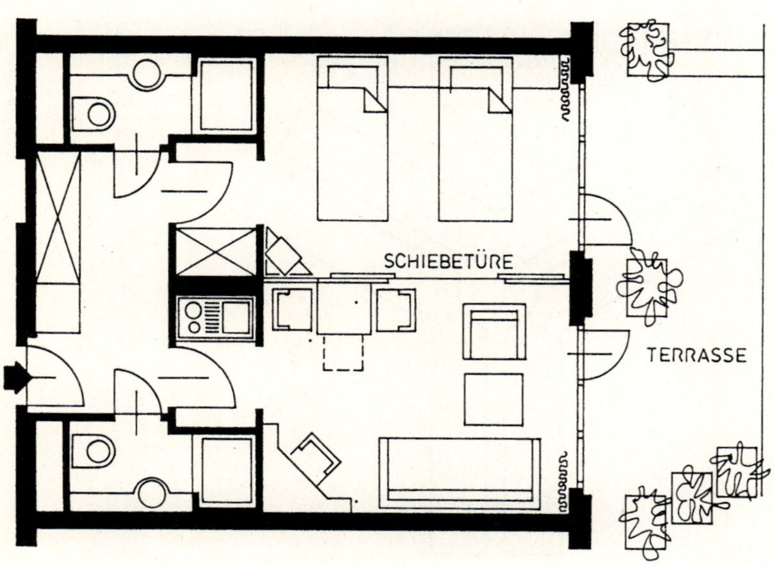

Der Bettentrakt

Je nach Standort und Hoteltyp soll der Bettentrakt auf die attraktive Aussicht orientiert sein (See, Park, Sehenswürdigkeit) oder ruhig, verkehrsabgewandt (Nebenstraße, Innenhof, Atriumhotel etc.). Keineswegs darf der Bettentrakt zu den Pkw-Parkplätzen und zum Wirtschaftshof orientiert sein.

Meist erfüllen nur 1-hüftige und damit unwirtschaftliche Anlagen diese Anforderungen 100-prozentig. Bei 2-hüftigen Anlagen kann durch Verschwenkung des Baukörpers die Aussicht in einem gewissen Winkel zur Fensterachse des Zimmers sichergestellt werden. Dadurch entstehen L-, Y-, T-, S- oder U-förmige Baukörper, um einer möglichst großen Anzahl von Zimmern das Prädikat der Aussicht auf die jeweilige Sehenswürdigkeit verleihen zu können.

Neben der Aussicht ist die Hauptanforderung an einen Bettentrakt die Ruhe im einzelnen Zimmer, es ist daher auf die Schalldämmung zwischen den Einzelzimmern bzw. gegen den Gang besondere Aufmerksamkeit zu legen. Dies bedingt, dass Hotels meist in Querscheibenbauweise errichtet werden, sodass die schalldämmenden Trennwände gleichzeitig die Tragfunktion im Bettentrakt übernehmen. Dadurch wird die Schauseite der Tragfunktion enthoben und kann frei gestaltet werden.

Da jedes Zimmer mit einer Nasszelle ausgestattet ist, empfiehlt es sich, die Zimmer zu koppeln und die Nassgruppen zusammenzulegen. Eine Zusammenlegung der Abfall- und Versorgungsstränge von je 2 Zimmern ist jedoch aus Schallschutzgründen nicht anzuraten. Vorteilhaft ist die Anordnung eines Vorraumes, welcher durch eine Türe gegen das Zimmer abschließbar ist (Schallschleuse), da die Eingangstüre gegen Lärmübertragung vom Gang den schwächsten Punkt darstellt. (Diese Belästigung ist nicht zu unterschätzen, da oft nachts noch Gruppen ankommen bzw. morgens die Reinigung durch das Hauspersonal durchgeführt wird.)

Bei Gleichwertigkeit der Aussicht bzw. der Himmelsrichtungen und besonders bei Hotelhochhäusern und großen Hotels sind heute 2 Typen gebräuchlich:

1. Hotels mit mehreren Bettentrakten

Vorteil: kurze Wege, interessante Baukörpergestaltung

ZWEIBÜNDIGE ZEILENFORM

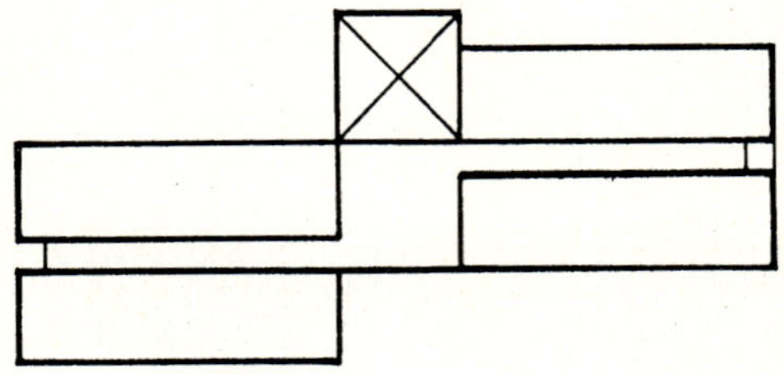

ZWEIBÜNDIGE WINKELFORM

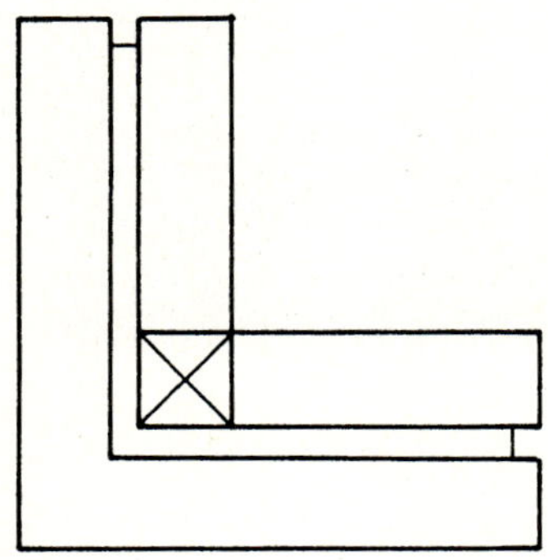

ZWEIBÜNDIGE T-FORM

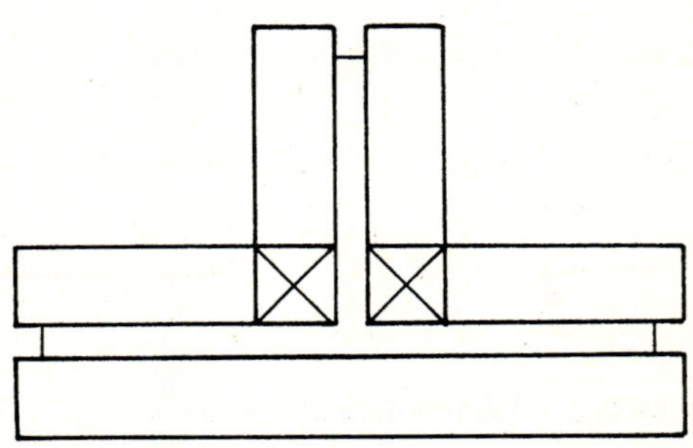

ZWEIBÜNDIGE Y-FORM

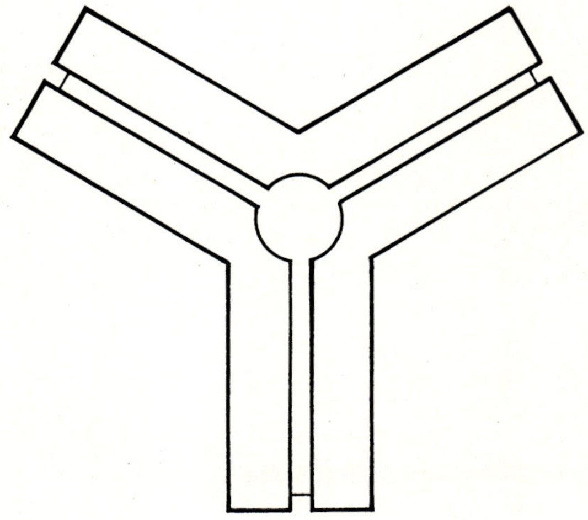

2. Atriumhotels mit hohem überdachtem Innenbereich

Diese Hotels werden mit und ohne überdachtem Atrium gebaut. Varianten mit überdachtem Atrium ergeben eine imposante Innenzone, die für Geschäfte, Restaurants und Halle genutzt werden kann und eine leichte Überschaubarkeit und Orientierbarkeit des Wegesystems mit sich bringt. So wird die Halle zum Imageträger und Markenzeichen des Hotels.

ZWEIHÜFTIGE BETTENTRAKTE VERSCHWENKTE ZIMMEREINHEITEN

DOPPELWINKELGRUNDRISS (HILTON WIEN)

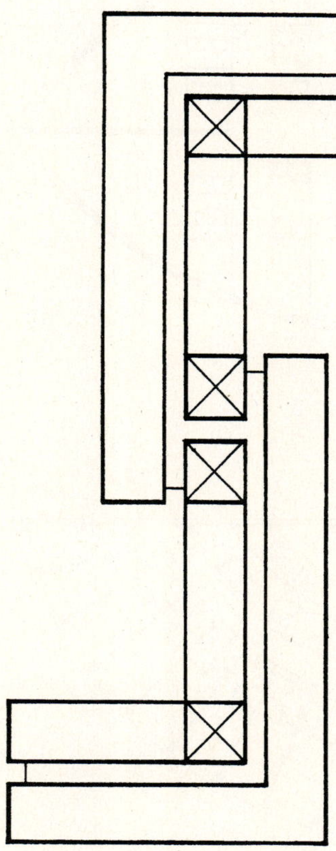

WINDMÜHLENFLÜGEL

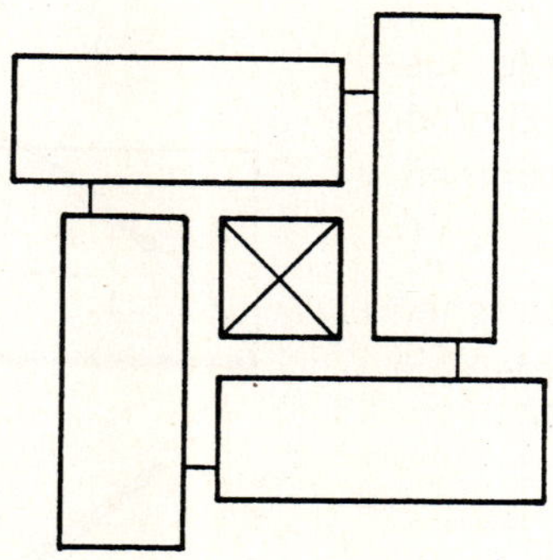

ATRIUMHOTEL

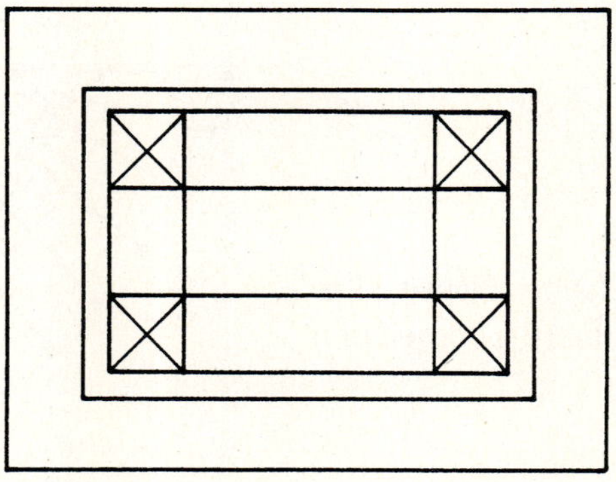

Bettentürme von Hotels

Pacific-Hotel Chigasaki
Japan
Arch. Kikutake 1966
(Lit.: 3)

An den Seiten eines siebeneckigen Turmes mit Stiegen, Gängen und Lifts werden je Geschoß 8 bis 10 Zimmer mit als Erker außen angefügten Bädern angegliedert.

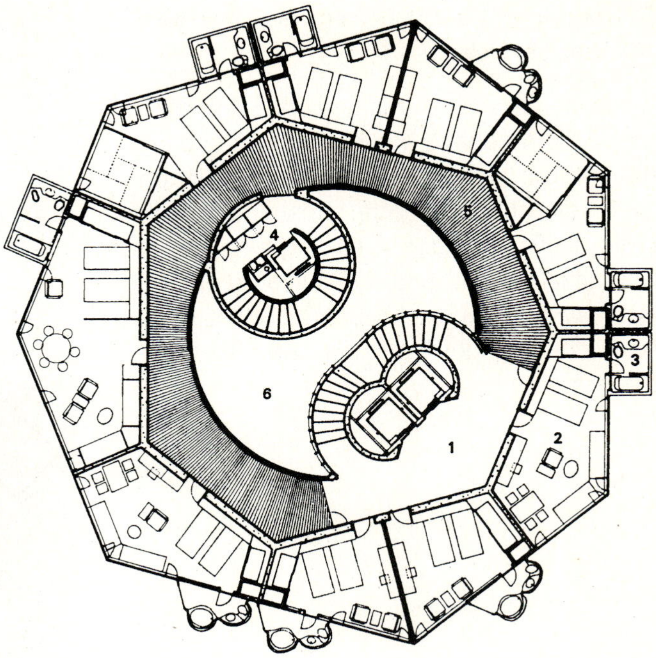

Hotel Kompaßnadel
Groningen, Niederlande
Arch. Kleihues 1991
(Lit.: 3)

In einem linsenförmigen Grundriss mit innen liegendem Erschließungskern werden je Stockwerk 12 Zimmer untergebracht.

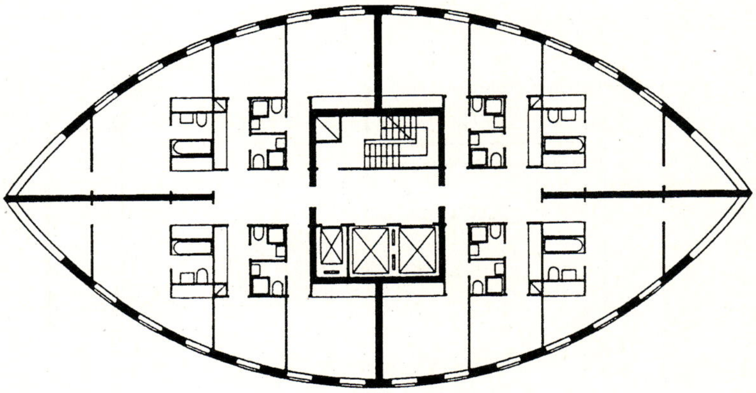

Ohtsu Prince Hotel
Shiga, Japan
Projekt Kenzo Tange
(Lit.: 3)

Der Grundriss ist eine halbe Ellipse. Die gerade Seite ist fensterlos, 16 Zimmer und 2 Suiten je Geschoß.

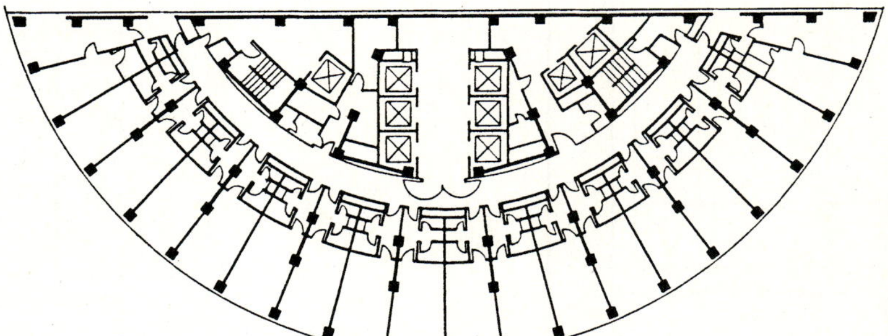

Zubau Bettentrakt zu einem bestehenden denkmalgeschützten Hotel

Zürich
Architekten Burkhalter, Sumi 1995
(Lit.: 7)

Die Zimmer sind höhenmäßig versetzt an einer der darunter liegenden Garagenrampe folgenden Erschließungsrampe angeordnet. Außen liegende Bäder

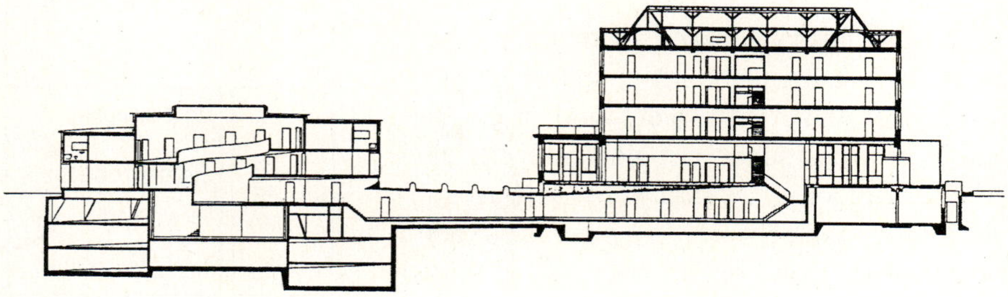

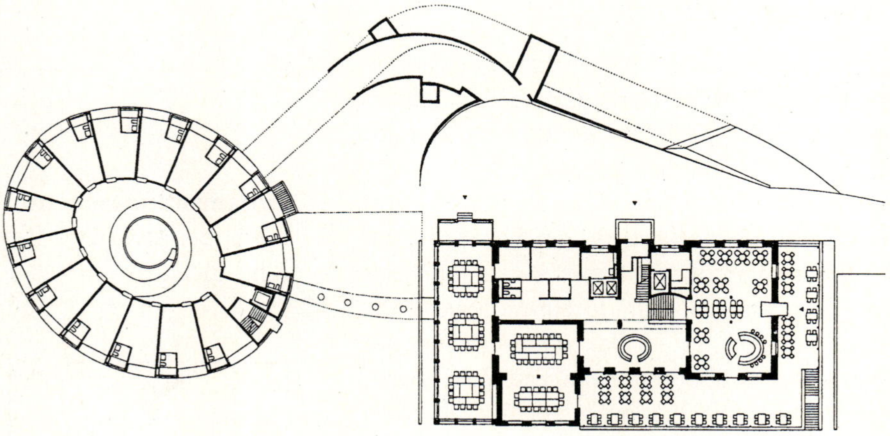

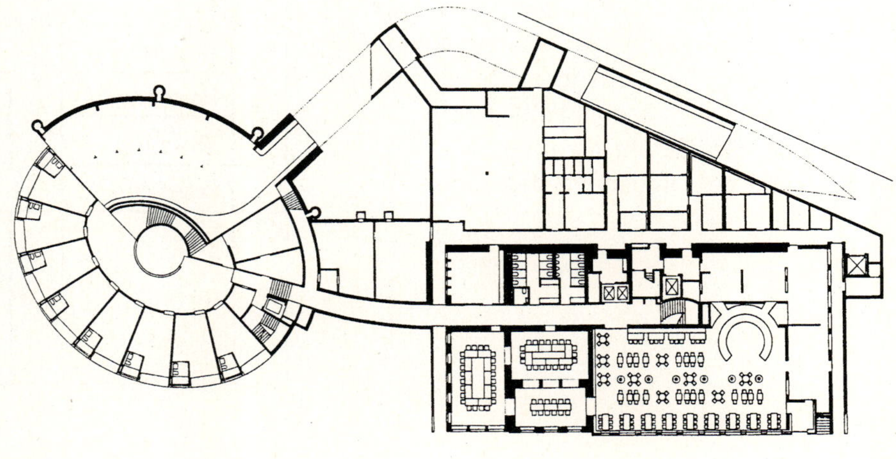

Funktion

Die funktionelle Schwierigkeit beim Hotel, insbesondere mit angegliedertem Restaurant- und Kongressbetrieb, ist die Ordnung bzw. Vermeidung von Überschneidungen der einzelnen Funktionen sowie die Gegenläufigkeit von Gäste- und Personalbetrieb.

Von der Hotelhalle aus erreichbar sind:

1. Bettentrakt
2. Restaurant
3. Seminarzentrum
4. allfällige Sport- oder Kuraktivitäten

Vom Personaleingang aus erreichbar sind:

1. die Küche
2. die Technikräume

Gäste- und Personalräume sollten sich möglichst niemals überschneiden, sodass ein reibungsloser Ablauf ermöglicht wird. In Luxushotels trifft das schon auf die Koffer zu, die in einem eigenen Aufzug vom Bellboy auf die Zimmer gebracht werden, ebenso auf den Etagenservice der Küche oder das Housekeeping.

Zufahrten

Die Hauptzufahrt für Gäste sollte zum Hoteleingang hin erfolgen, von dort sollte ein leicht auffindbarer Weg in die hoteleigene Garage führen. Nachdem die meisten Gäste heute Selbstfahrer sind, ist auch ein Einchecken von der Garage aus bzw. ein Erreichen der Rezeption von der Garage aus wichtig. Auch der Weg aus der Garage zur Hotelvorfahrt, zum Einladen der Koffer und Abholen der Dame sollte überlegt sein. Die Zulieferung für Küche und Ökonomie sollte strikt vom Hoteleingang getrennt sein, tunlichst über einen eigenen Wirtschaftshof, über den auch der Abtransport von Leergut und Müll erfolgt. Ein vom Hotelbetrieb getrennter, eigener Restauranteingang vermindert die Schwellenangst mancher Restaurantbesucher und bringt dem Restaurant oft mehr Auswärtskunden aus der Umgebung des Hotels.

Organisationsschema Hotelhalle und Funktionszuordnung kleines Hotel bis etwa 80 Betten
(Lit.: 3)

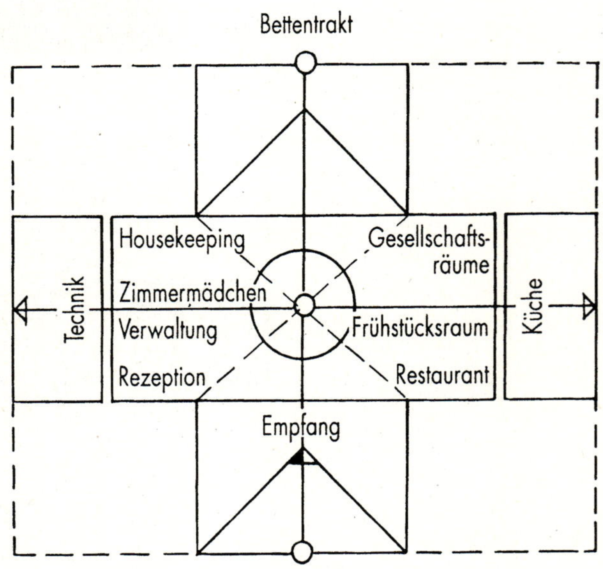

Organisationsschema Hotelhalle und Funktionszuordnung Hotel bis etwa 200 Betten
(Lit.: 3)

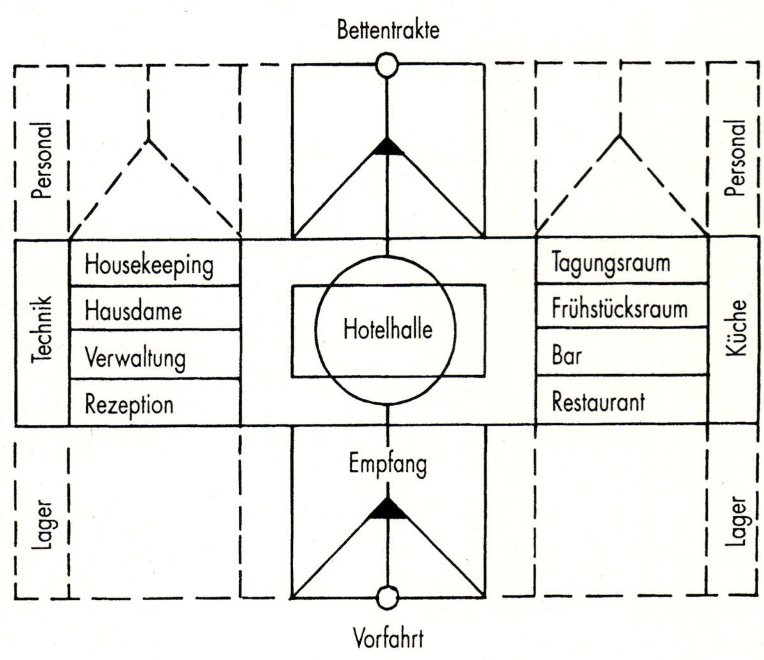

Hotelhalle

Der funktionelle Knoten, über den alles läuft, ist die Hotelhalle, gleichzeitig der Empfangsbereich und die Visitenkarte des Hotels. Hier ist Orientierbarkeit und Übersichtlichkeit wichtigster Grundsatz zusammen mit einem gewissen Repräsentationsbedürfnis und dem Wunsch, den Stil, das Image des Hotels an den Gast zu vermitteln.

Wichtigster Funktionsteil ist die Rezeption, der Empfang der Gäste, mit ihren angeschlossenen Funktionen, wie Reservierung, Kassa, Telefonvermittlung, Bellboy etc. Hinter diesen im so genannten „front office" untergebrachten Bereichen je nach Größe des Hotels ein mehr oder weniger umfangreicher Verwaltungsbereich sowie die so genannte Halle oder Lobby, Lounge, in der Gäste warten (auf ein Taxi, auf Abtransport, auf Freunde und Geschäftspartner etc.). Diese Halle muss übersichtlich sein, sodass man jeden sieht und gesehen werden kann, ausgestattet mit Telefonzellen, Gepäcksraum, allenfalls Kiosken, bei großen Hotels mit einer Shoppingarkade und selbstverständlich mit einer Bar. Bei großen und namhaften Hotels wird die Halle zur Bühne, zur Inszenierung für das Leben der Gäste im Hotel (Jürgen Knirsch). Dies passiert insbesondere bei den Atriumhallen großer Hotels, die mit weitgespannten Glasdächern eine Ruhezone, einen Zauber einer anderen in sich geschlossenen Welt erzeugen. Diese mehrgeschoßigen Hallen mit integrierten Verteilerfunktionen, Aufzügen, Treppen und Stiegen haben außerdem eine sehr stark übersichtliche und auch repräsentative Funktion. Um die Halle angeordnet sind dann die verschiedenen Restaurants, Cafés, Läden, allfällige Kur- und Gesundheits- sowie Kongressbereiche.

Hotelhalle in einem Nobelhotel

Halle Hotel ANA Grand, Wien

Gegenüber dem Eingang Freitreppe zu den Restaurants, links die Rezeption, rechts die Hotelbar

Gegenüber dem Eingang der Concierge mit Schlüssel- und Postfächern für Auskünfte, Kartenbestellungen, Taxi etc.

Hotelhalle in einem Designer-Hotel

Hotel Paramount, New York
Arch. Philipe Starck 1990
(Lit.: 3)

Theatralisch gestaltete, bunte Lobby mit Freitreppe zum Galerie-Restaurant. Rezeption und Kundenschalter treten zurück gegenüber der Inszenierung der Halle selbst.

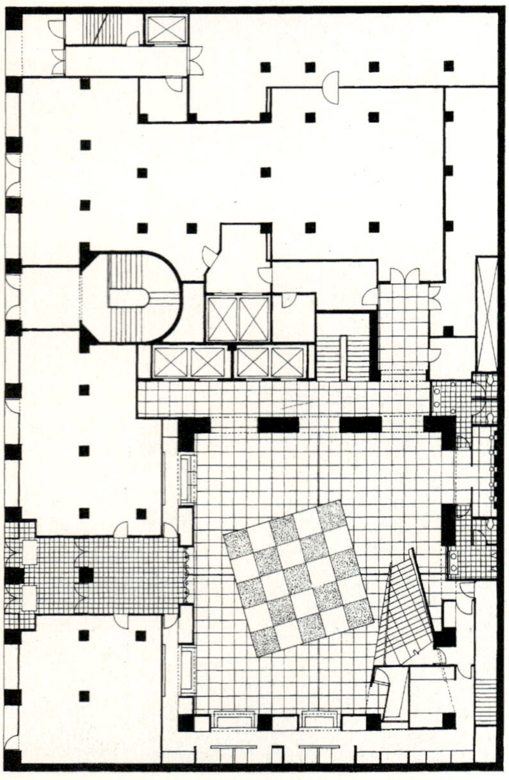

Halle Hotel Embarcadero Hyatt
San Francisco (John Portman 1974)

50 m hohe Innenhalle mit Galerien der einzelnen Zimmergeschoße

Halle Hotel Luxor, Las Vegas

Vielgeschoßige Halle im Inneren der Pyramide, als orientalische Stadtlandschaft mit verschiedenen „Freilicht"-Restaurants und Ladenstraßen konzipiert.

Halle Hotel Cesars Palace, Las Vegas

Aufwendige Flucht von Hallen im Stil der römischen Kaiserzeit, vollgefüllt mit Spielautomaten

Hotelhalle eines kleinen Dreisternhotels

Wien
Gestaltung Arch. Riccabona

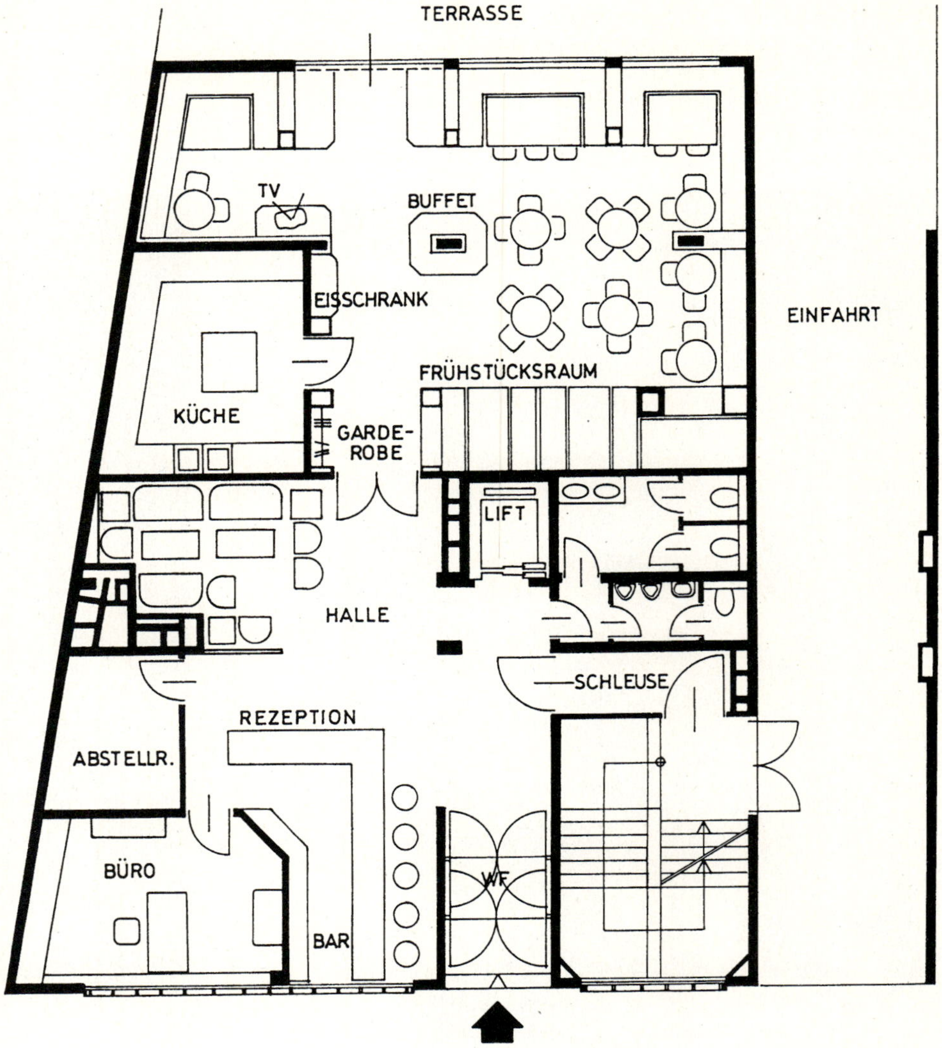

Hotelhalle eines kleinen Viersternhotels

Hotel Bleibtreu, Berlin
Architekten Osburg, Pelzeker, Weinand
1995 (Umbau)
(Lit.: 20)

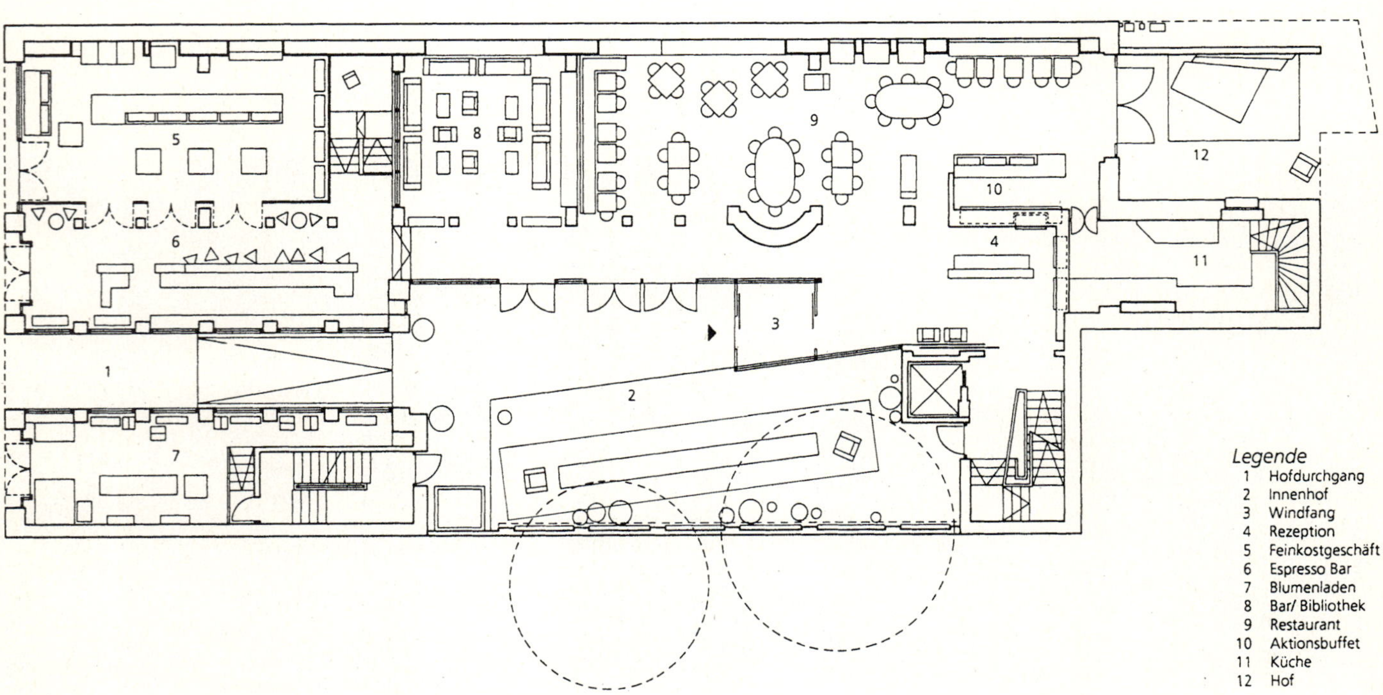

Funktionszuordnung im EG
bei einem Hotel-Restaurant (Kurhotel)

Atriumhotel Bad Loipersdorf
Arch. Simonyi
(Lit. Österr. Verkehrsbüro)

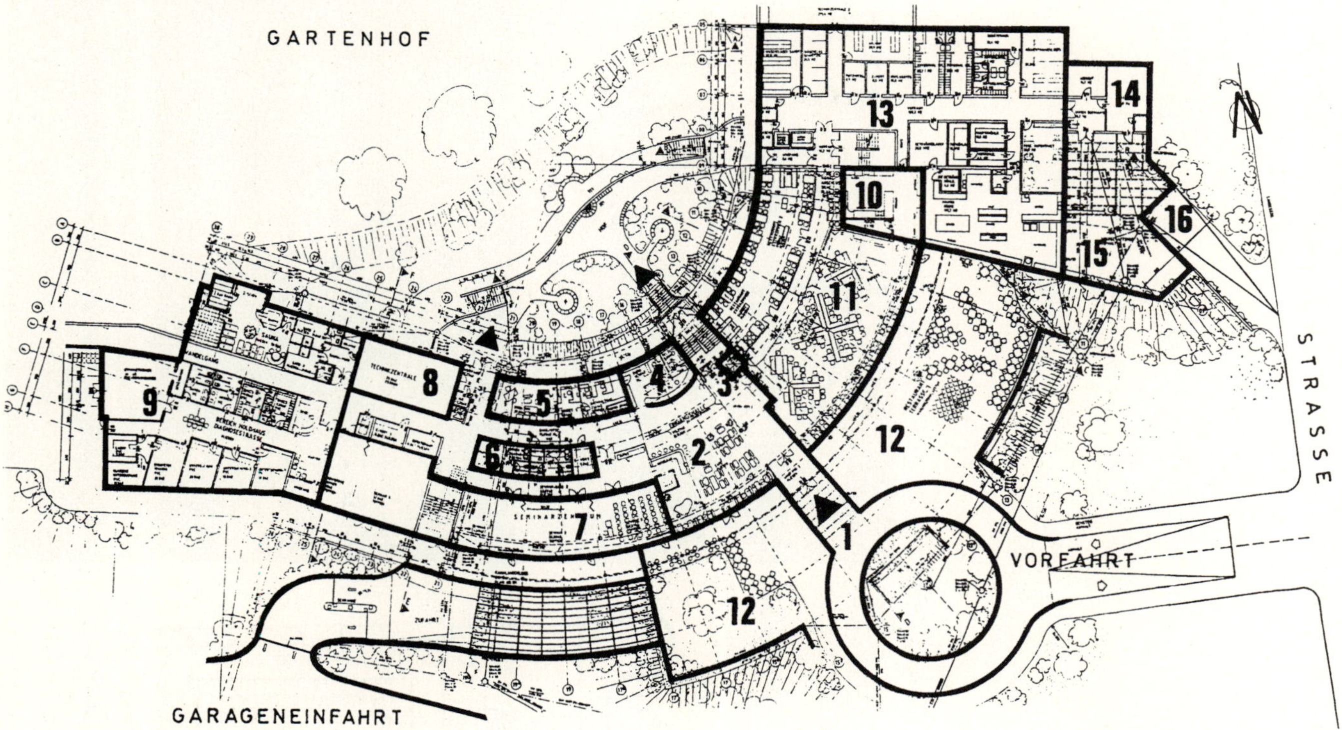

1 HAUPTEINGANG
2 HALLE / CAFEHAUS
3 LIFT ZU DEN ZIMMERN
4 REZEPTION
5 VERWALTUNG
6 WC-GRUPPE
7 SEMINARRÄUME
8 TECHNIK
9 KUR-U. FITNESSBEREICH
10 OFFICE
11 RESTAURANT
12 RESTAURANT TERRASSE
13 KÜCHE
14 MÜLL/LEERGUT
15 WIRTSCHAFTSHOF
16 ANLIEFERUNG

Funktionszuordnung im EG
bei einem Appartementhotel

Hotel Kaiser Franz Josef
Wien 19
Arch. Angerer
(Lit.: Arealbau Wien)

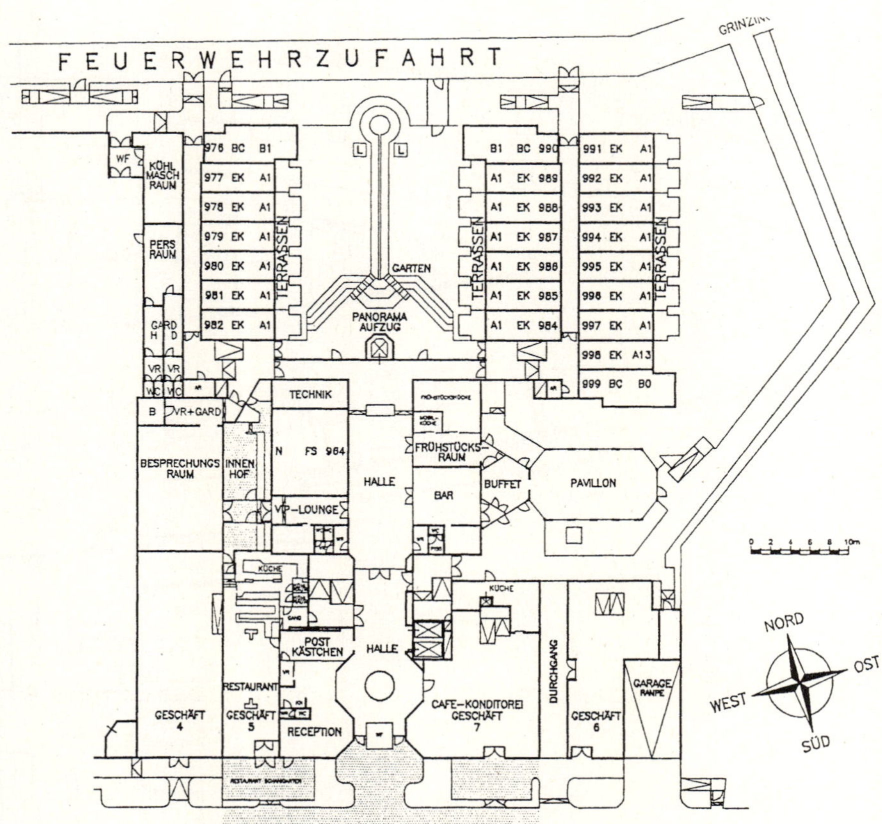

Sheraton Hotel Roissy
Frankreich
Arch. P. Andreu 1995
(Lit.: 20)

Eingangsbereich und
Gestaltung der Halle
mit Bar und Restaurants

Legende
1 Hotelhalle
2 Reception
3 Laden
4 Büroraum
5 Sekretariat
6 Brasserie "Les Saisons"
7 Restaurant "Les Etoiles"
8 Bar

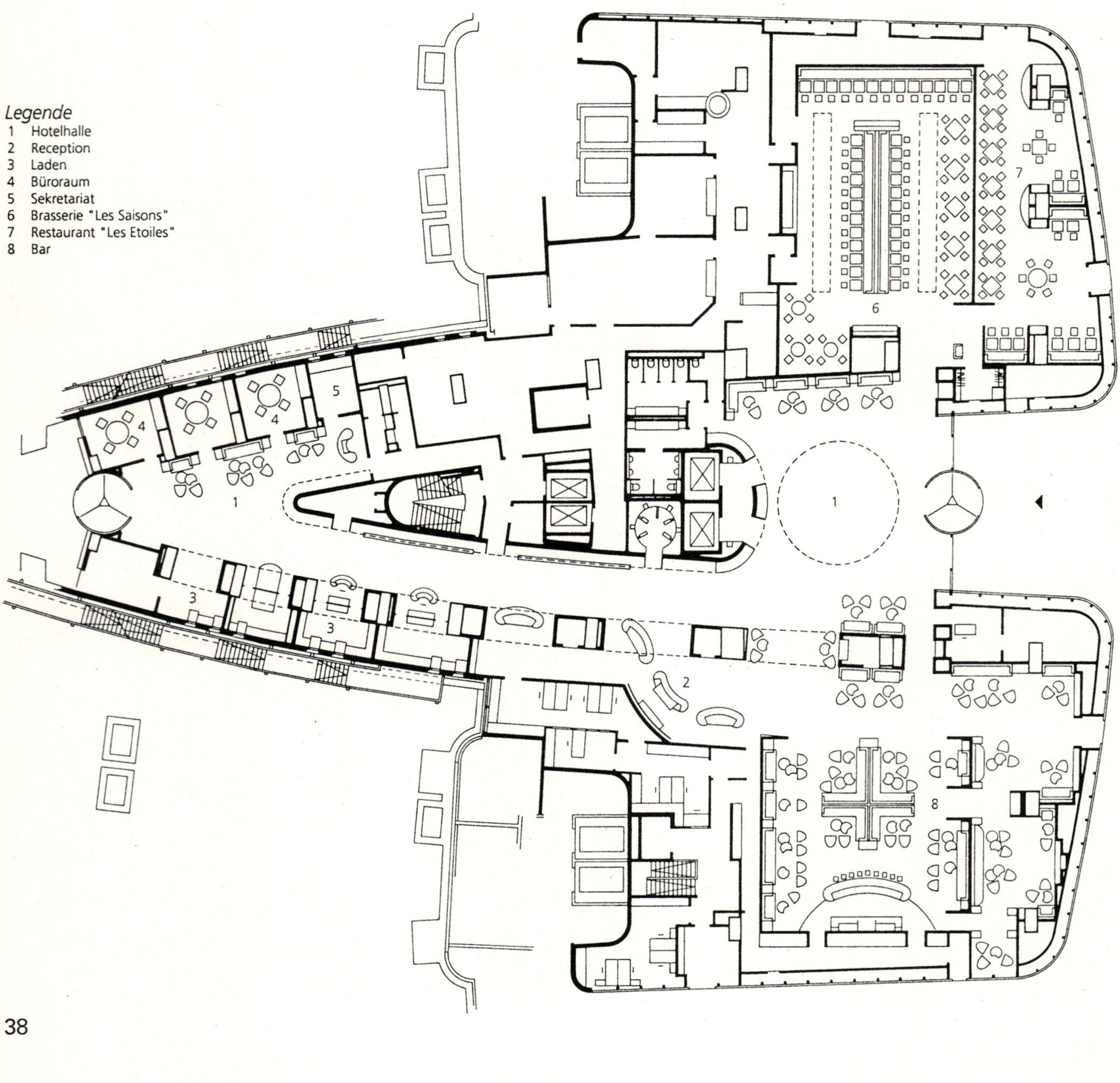

Hotelbar Seidler Hotel Pelikan
Hannover
Arch. Heikes 1995
(Lit.: 20)

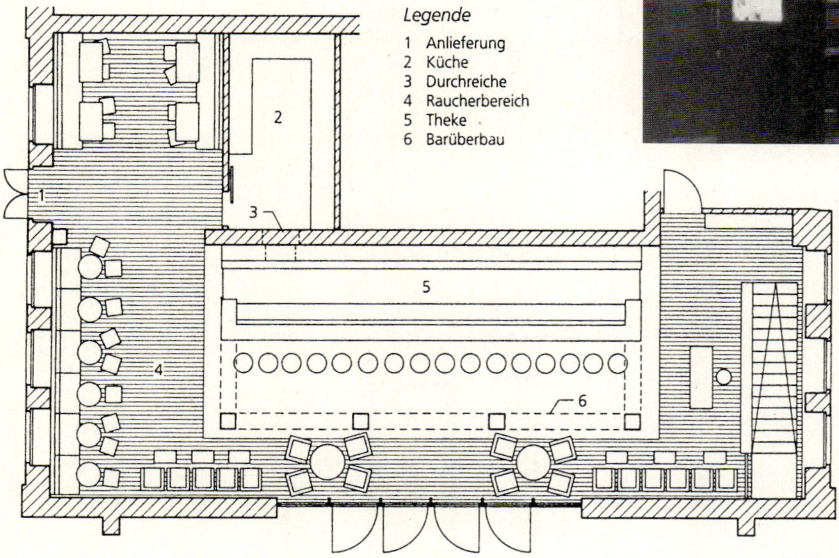

Hotelbar Hotel Rolandsburg
Düsseldorf
Arch. Döring 1988
(Lit.: 5)

Beispiele

Neubau eines kleinen Hotels
Krems, NÖ
Arch. Neururer 1996
(Lit.: 7)

Schlichtes, funktionelles Stadthotel mit 25 Betten in der ersten Ausbaustufe, plus Besitzerwohnung. Innenhof über dem Frühstücksraum, belichtete Gänge.

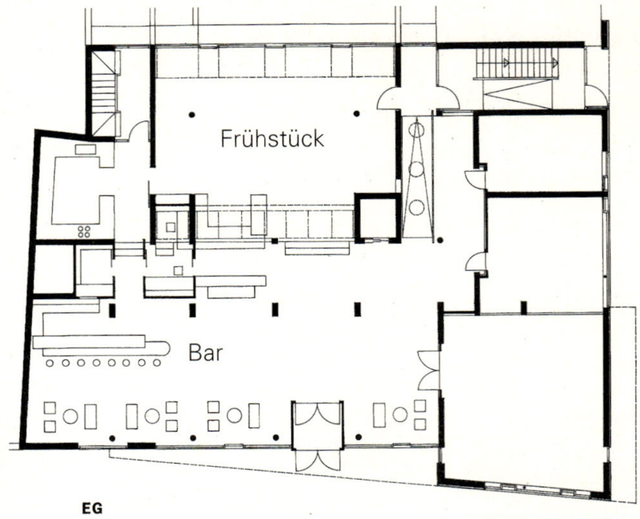

EG

1. OG

Außenansicht

Hotelbar

Frühstücksraum

Kelly's Hotel, Bensheim
Deutschland
Architekten R. + J. Zimmermann
1992
(Lit.: 7)

Große mehrgeschoßige Halle mit Schrägverglasung als Erschließung des über Eck geführten, 2-hüftigen Bettentraktes.

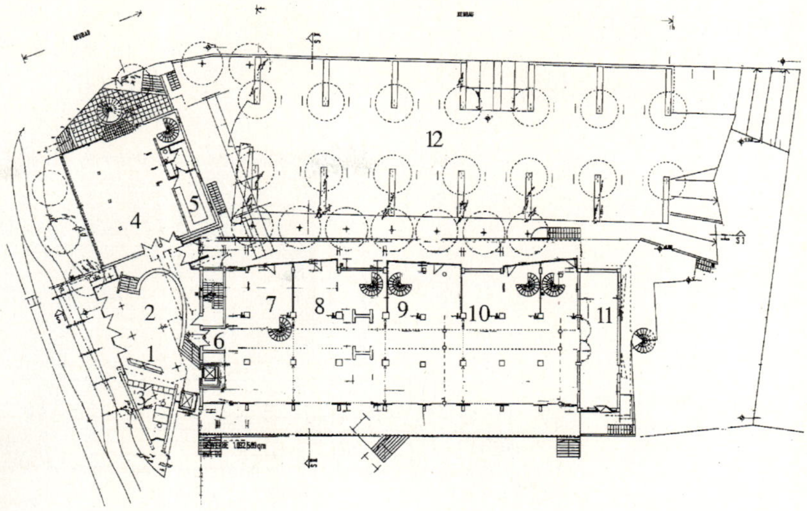

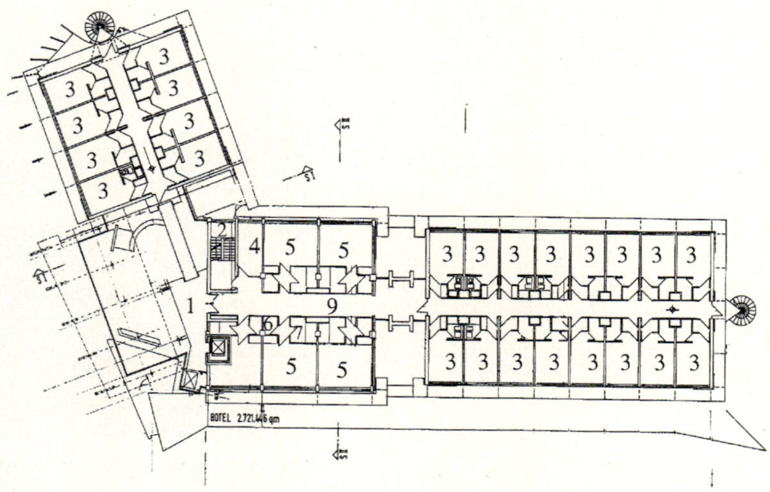

Legende:

EG

1	Rezeption
2	Foyer
3	Büro
4	Gastraum
5	Küche
7–11	Läden
12	Parkplätze

1. OG

1	Galerie (mehrgeschoßige Halle)
3	1-Bett-Zimmer
5	2-Bett-Zimmer

Hotel Les Thermes
Dax, Frankreich
Arch. Jean Nouvel 1992
(Lit.: 2, 7)

Atriumhotel um einen gedeckten Innenhof

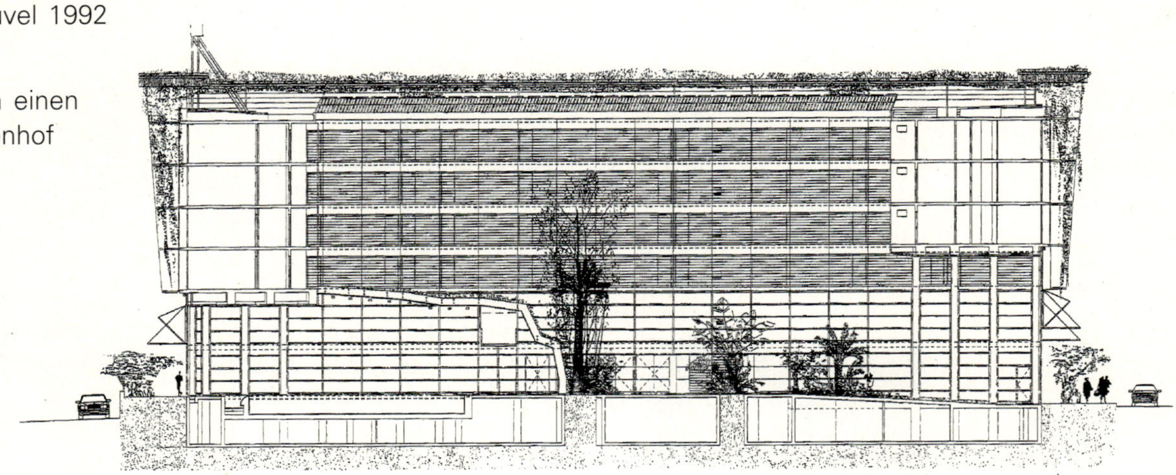

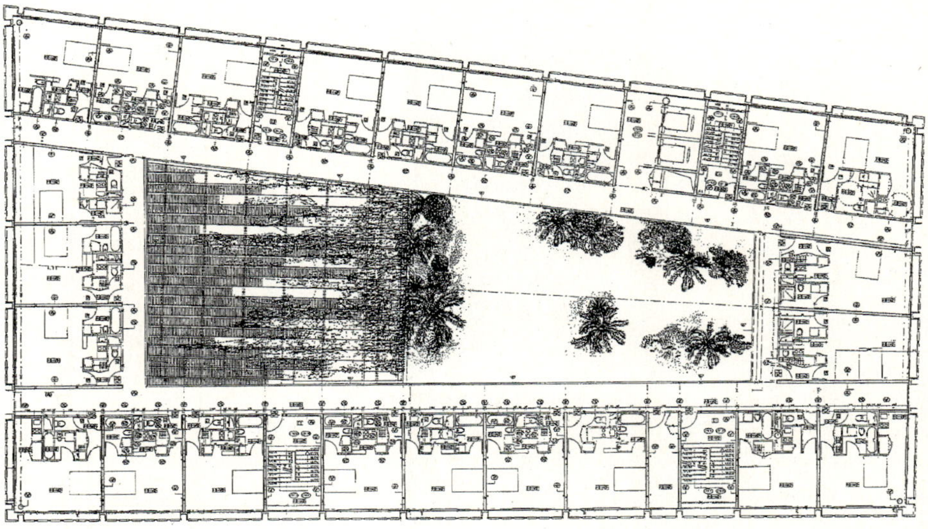

Hotel Rosenberger
Salzburg
Arch. Schwaighofer 1989
(Lit.: 8)

Viersternhotel mit
120 Zimmern, Restaurant
und Konferenzräumen

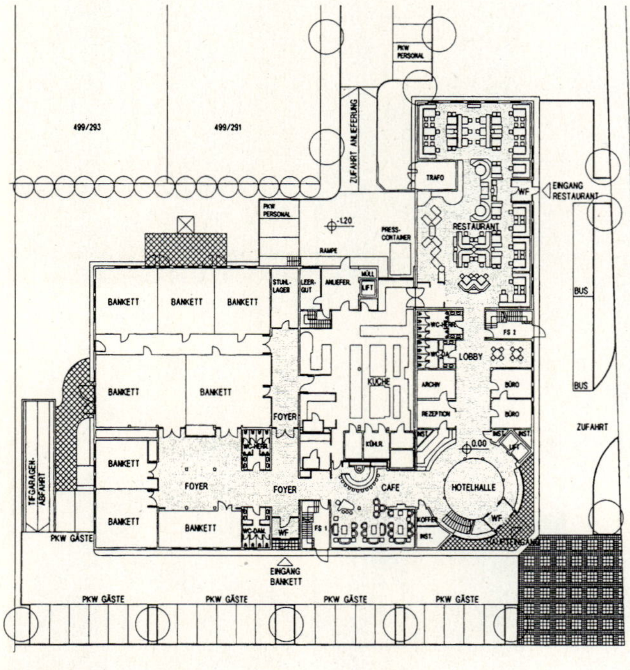

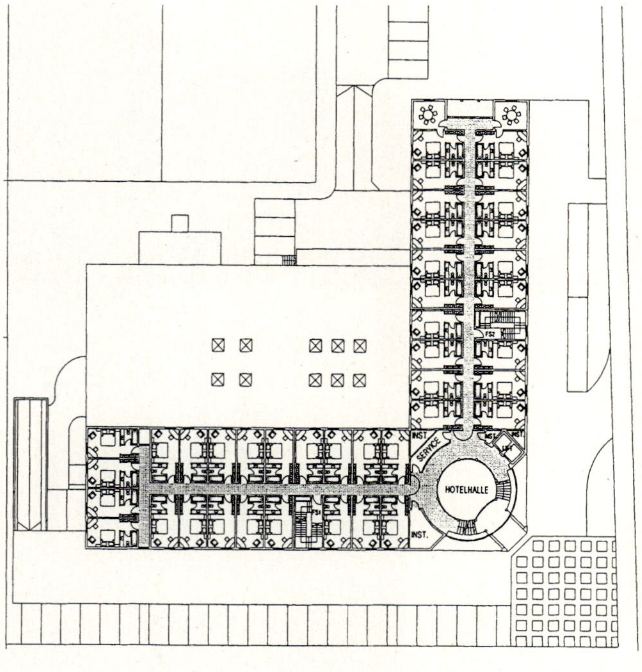

Erdgeschoß

Regelgeschoß

Hotel Dorint
Salzburg
Arch. Spalt 1989
(Lit.: 8, Nr. 133)

Viersternhotel mit Restaurant
und Tiefgarage

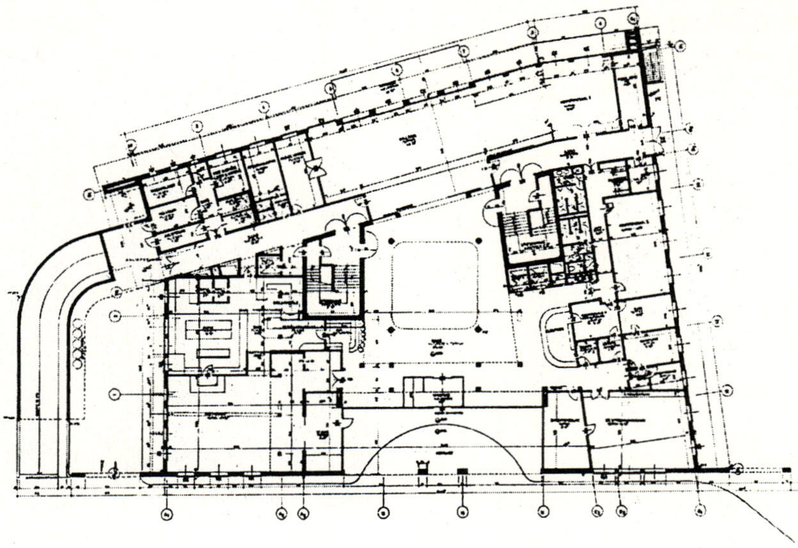

△ Erdgeschoß

Regelgeschoß ▽

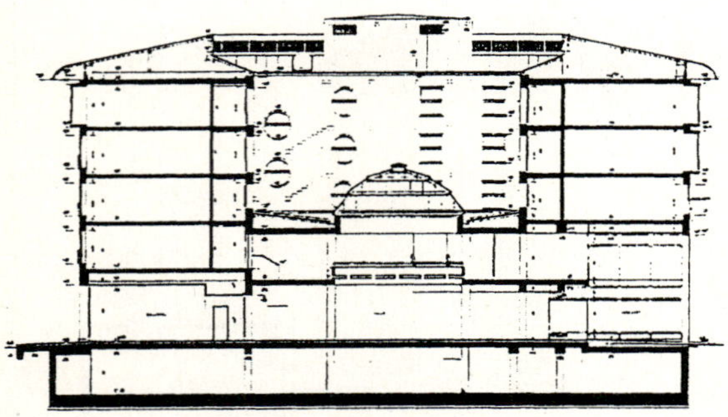

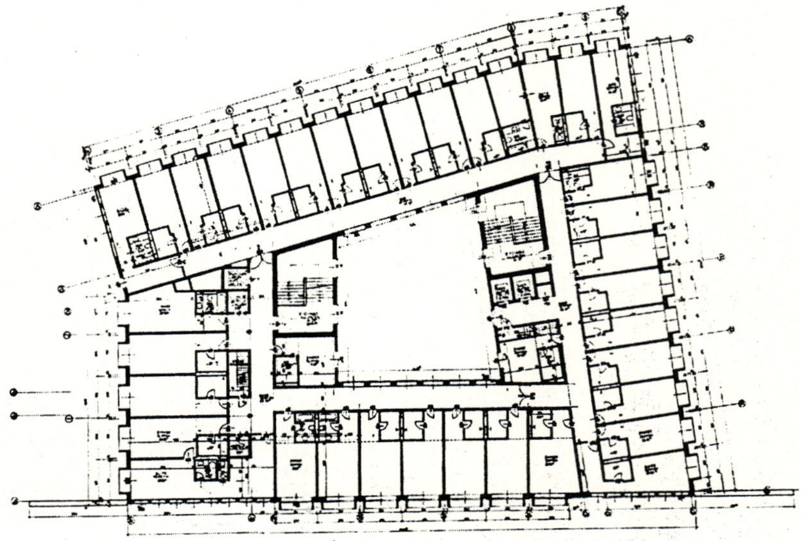

Hotel Martinspark
Dornbirn, Vorarlberg
Architekten Baumschlager, Eberle
1995
(Lit.: 15)

Viersterne-Stadthotel mit Restaurant mit Geschäften, Kaufhaus und Konferenzräumen

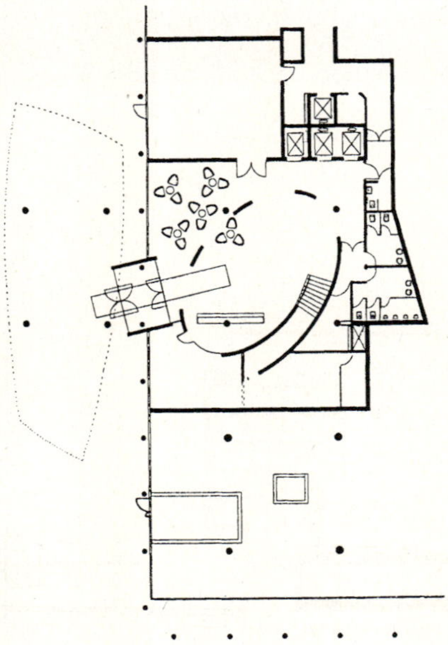

Hotellobby (EG)

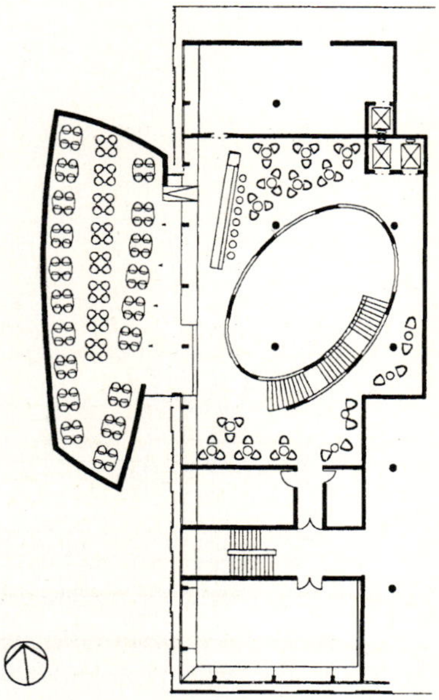

Restaurant (1. OG)

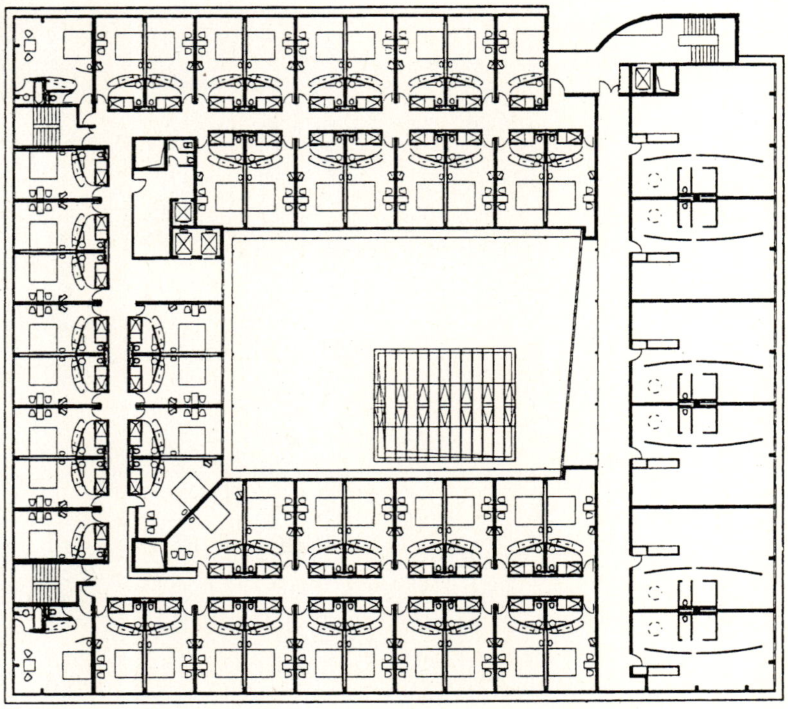

Maxx Hotel
Linz
Architekten
L. und M. Ortner
1995
(Lit.: 7)

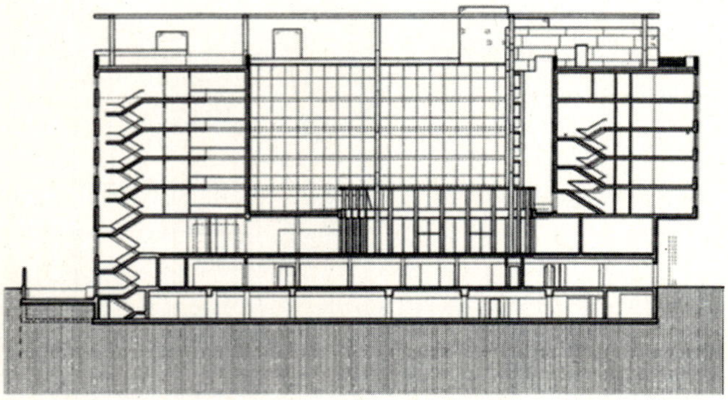

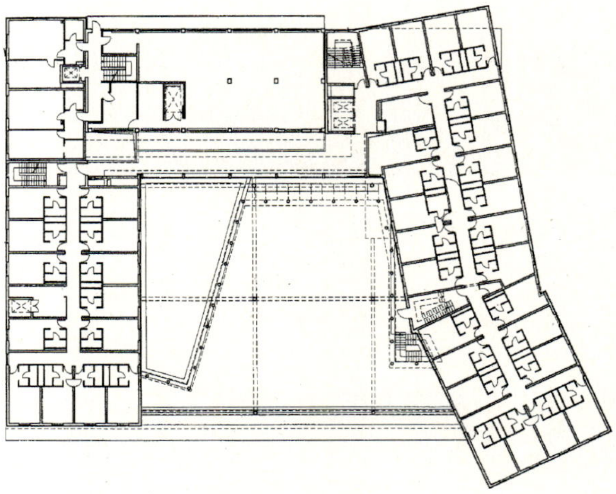

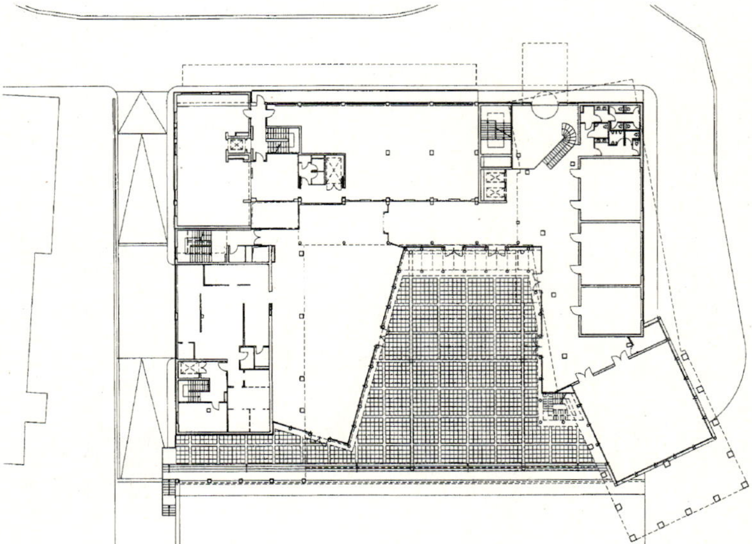

Hotel Mercure
Salzburg
Architekten Cziharz, Meixner 1988
(Lit.: 8)

Ca. 80 Zimmer, Restaurant, Tiefgarage

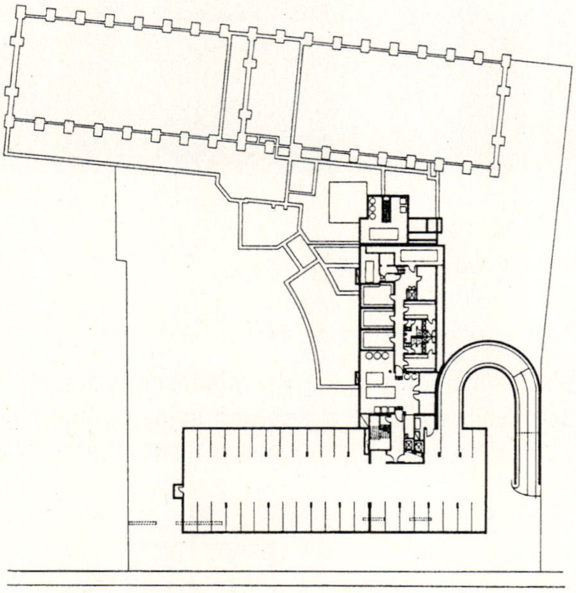

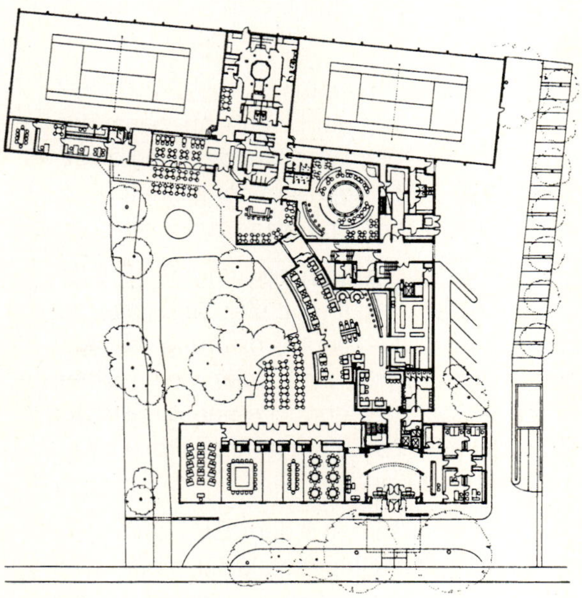

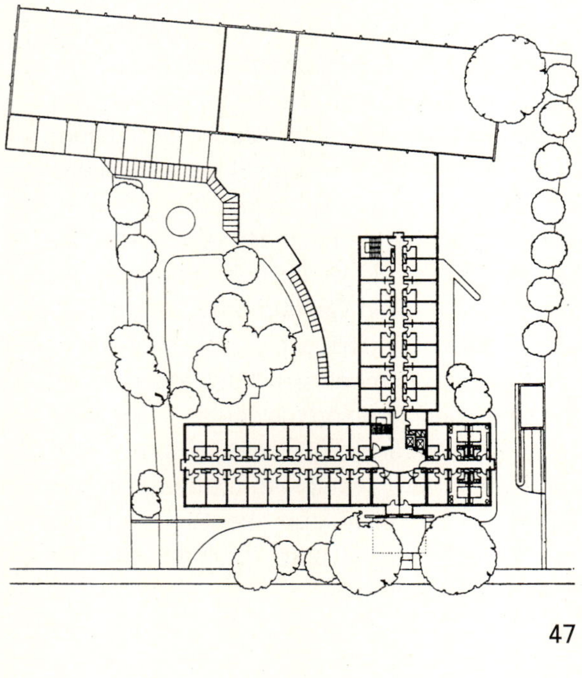

Bauten für den Fremdenverkehr im alpenländischen Raum

(in Anlehnung an Lit. 4 und einen Text von Arch. Zeininger)

Seit es Städte gibt mit ihren unausbleiblichen Beengungen, Verschmutzungen und gegenseitigen Störungen, keimt im Menschen der Wunsch, zumindest einen Teil seiner Zeit in noch unberührter Natur zu verbringen. Bereits Horaz lobte mit den geflügelten Worten „beatus ille, qui procul negotiis" (glücklich jener, der fern der Geschäfte) die Idylle des Landlebens.

Nachfahren der Römer auch auf diesem Gebiet waren die Adligen der Renaissance, die sich ihre Villen und Landsitze in Venetien und der Toscana errichteten, um die Schönheit und Harmonie der Landschaft zu genießen, aber ihr städtisches Leben auf das Land projizierten und nicht gewillt waren, Stil und Lebensweise der Landbevölkerung zu übernehmen.

Mit Beginn der Industrialisierung, vor allem mit der Einführung der Eisenbahn, begannen die Bürger der rasch wachsenden Städte wieder die Schönheit vor allem der alpinen Bergwelt zu entdecken und diese zu idealisieren.

Schon zur Zeit der Romantik und des Biedermeier wurden nicht nur die Landschaften, sondern auch die Landbevölkerung, ja sogar gerade ihre Armut, zum Sujet vieler Bilder, Romane und Theaterstücke und die Städter strömten aufs Land, um in ihrer Freizeit diesen Zauber zu erleben.

Was lag also näher, als dem Gast den Komfort städtischer Grandhotels zu bieten und das Ganze in eine Hülle mit bodenständigen Accessoires und Architekturelementen zu kleiden. So wurden Elemente aus der bäuerlichen Architektur mit dieser der Burgen und Schlösser vermengt, um auch dem Landschaftsschutz seine entsprechende Referenz zu erweisen. Da aber die Betriebsgrößen immer anstiegen, entstanden jene historisierenden Klötze, die heute noch Fremdenverkehrsorte wie Bad Gastein oder Semmering zieren. Vom Schulhaus bis zur Seilbahnstation wurden die modernen Nutzbauten in das Gewand der Tradition gekleidet, und zwar nicht in ihrer archetypischen Urform, sondern oft in ihrer verspielten dilettantischen Variante. So bevölkern heute unzählige „Schweizer Chalets" oder „Tirolerhäuser" die gesamte Alpenregion.

Villa Capra „La Rotonda"
bei Vicenza, Venetien
Arch. Palladio 1570

Nicht aus der Landschaft und für das Landleben entwickelt, sondern als Bekrönung der Landschaft quasi als „Tempel der Kultur" in diese hineingesetzt.

Villa Emo
in Fanzolo, Treviso
Arch. Andrea Palladio 1570

Stilistische Verbindung der städtisch herrschaftlichen Villa mit dem Stil des Landhauses und seiner Betriebsgebäude.
(Aus: Ville Venete von Muraro u. Marton, Hirmer 1987)

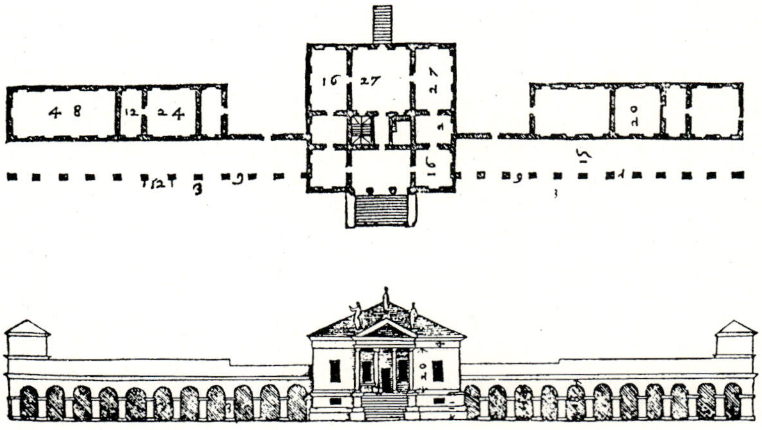

1857 wurde der erste Alpenverein gegründet und es entstanden die ersten Hütten zur Übernachtung der Bergsteiger. Mit der Industrialisierung und Mechanisierung des Fremdenverkehrs stand nicht mehr der Genuss der Natur, sondern die sportliche Betätigung im Vordergrund und wurden immer mehr Regionen dem Massentourismus erschlossen. So setzte nach dem 1. Weltkrieg eine Entwicklung vom Gesellschafts- und Erholungstourismus zum Sporttourismus ein, welcher bald stark expandierte und eine andere, nüchternere Gesellschaftsschicht ansprach. Die Funktionalität und Nüchternheit der internationalen Moderne hielt auch in die Alpenregionen Einzug, vielfach jedoch verbrämt und kombiniert mit dem schweren traditionellen Stil- und Materialrepertoire, wie am besten die Arbeiten Clemens Holzmeisters zeigen. Doch schon sein Kollege und Rivale Lois Welzenbacher zeigt Ansätze kompromissloser Moderne, die die Schönheit der Bergwelt noch erhöht ohne sie zu verunglimpfen oder in ihr unterzugehen.

In der Folge werden die Baukörper leichter und ungezwungener. Der traditionelle Baustoff Holz wird weiterverwendet, jedoch nicht mehr in so schwerer und massiver Form. Die Fassaden werden geöffnet und dem Gast großzügig der Blick in die Natur freigegeben.

Ab der Mitte der 70er-Jahre des vorigen Jh. nahm die Zerstörung der ländlichen Umwelt solche Ausmaße an, dass ein langsames Umdenken der Verantwortlichen einsetzte und eine Reduktion der Menge verbunden mit einem Ansteigen der Qualität der Tourismusbauten festzustellen war.

Hotel Post, St. Anton, Tirol
Arch. Cl. Holzmeister 1927/28
(Lit.: 17)

Hotel 3 Mohren, Ötz, Tirol
Hotelbau des 19. Jh.
(Lit.: 4)

Hotel Tre Cime, Sexten, Moos
Arch. Cl. Holzmeister 1926
(Lit.: 17)

Hotel Hochfirst, Obergurgl
Arch. Franz Baumann 1933
(abi 1/85)

Hotel Seeber
Hall, Tirol
Arch. Lois Welzenbacher 1930
(Lit.: 4)

Bergstation Patscherkofelbahn
Innsbruck, Igls
Arch. Feßler 1927/28
(Lit.: 4)

Feßler ist Schüler von Clemens Holzmeister. Der Bau zeichnet sich durch einfache, klare Konzeption und Zurückhaltung in den Einzelmotiven aus. Er liegt parallel zu den Höhenschichtlinien und beinhaltet die technischen Anlagen der Seilbahn, ein Hotel und ein Restaurant.

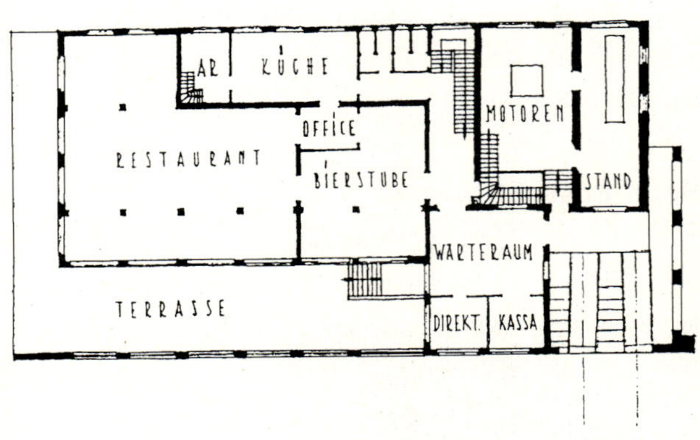

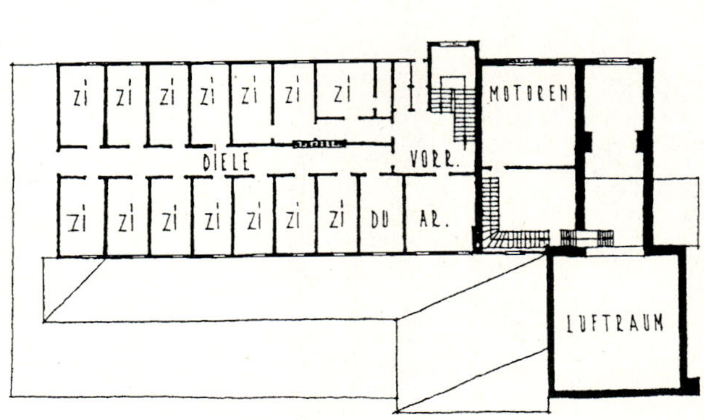

Silvrettahaus Gaschurn

Architekten Untertrifaller, Höburger 1992
(Lit.: 1, 21)

Starke Anlehnung an die Tiroler Alpenhotels der Dreißigerjahre des vorigen Jh., klare Formen, zweckmäßige Baukörper, alpine Formensprache ohne alpenländischem Beiwerk.

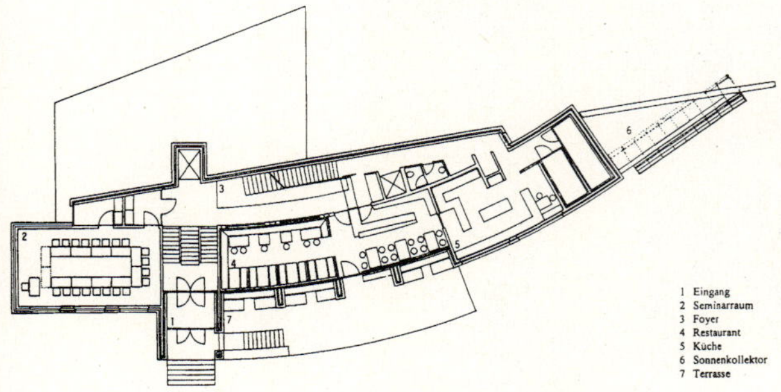

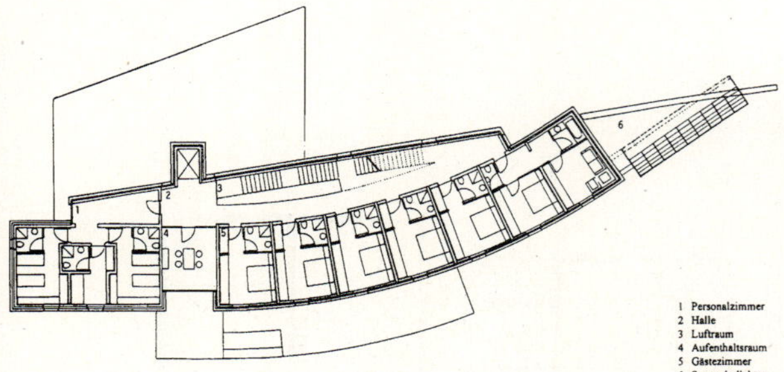

Hotel Vier Jahreszeiten

Mandarfen, Tirol
Architekten A. und E. Neururer 1991
(Lit.: 7)

Teil eines neuen Dorfteiles des Fremdenverkehrsortes inmitten herrlicher Bergkulisse, welcher abseits der Klischees eine zeitgemäße Architektur im hochalpinen Raum verwirklichen soll.

Loggien und verglaste Veranden statt der umlaufenden Balkons werden dem Klima besser gerecht, das flach geneigte Dach stellt sich der Bergkulisse entgegen und fängt die maximale Sonne ein.

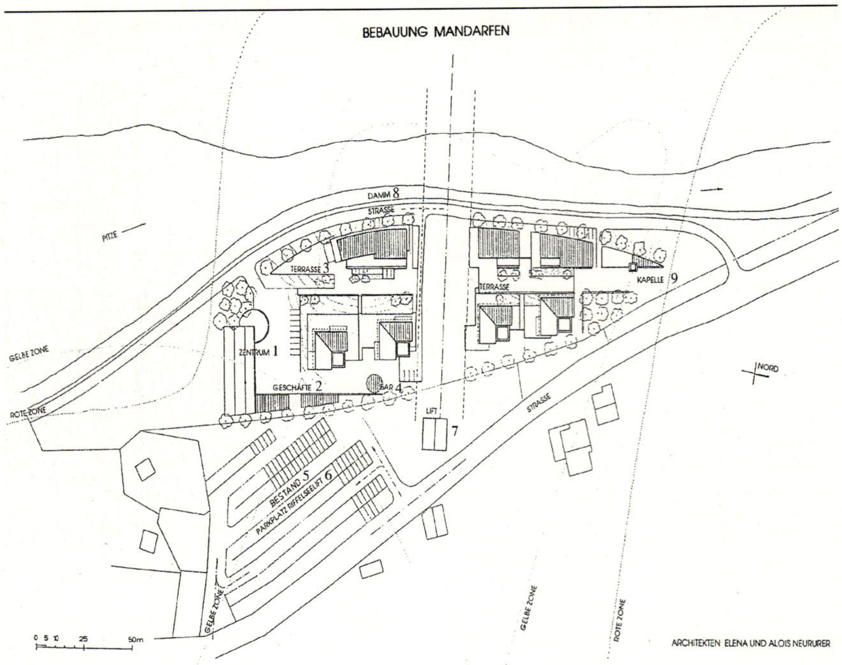

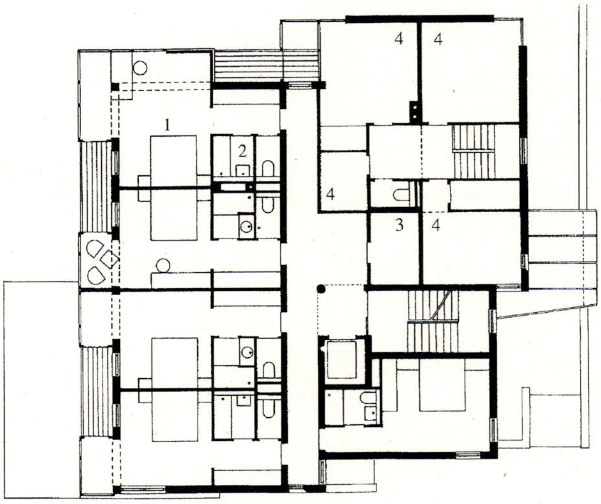

1. Obergeschoß: 1 Gästezimmer, 2 Nasseinheiten, 3 Wäschelager, 4 Privatwohnung

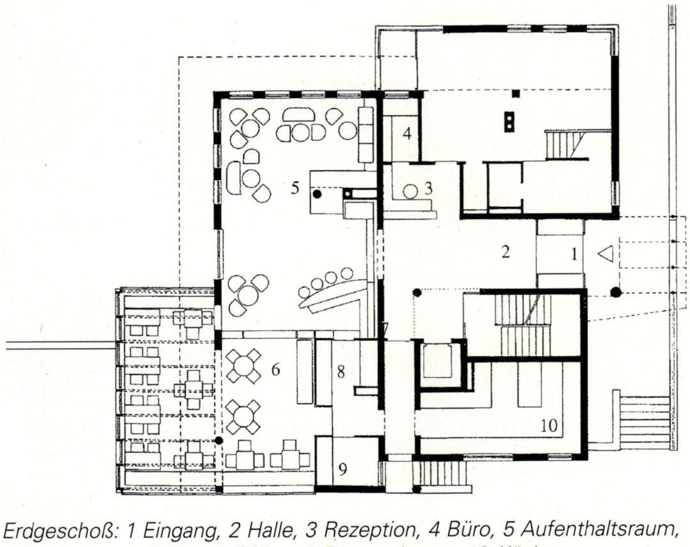

Erdgeschoß: 1 Eingang, 2 Halle, 3 Rezeption, 4 Büro, 5 Aufenthaltsraum, 6 Speiseraum, 7 Bar, 8 Office, 9 Personalraum, 10 Küche

Hotelzubau in Bezau, Vorarlberg
Arch. Kaufmann 96 Ges.m.b.H., 1998
(Lit.: 10)

Hotelbau mit vorgefertigten Modulen in einer Bauzeit von nur 4 Wochen (Module und Dach in 2 Tagen).

Raumzellen mit Holztragwerk, beidseitig mit GFK- bzw. OSB-Platten verkleidet, voll vorinstalliert. Unterbau aus Stahlbeton mit Veranstaltungssaal, darüber 2 x 5 Doppelzimmer mit Balkon.

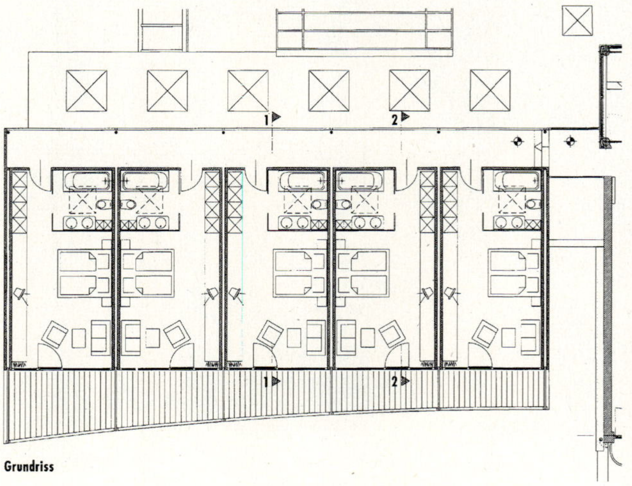

Grundriss

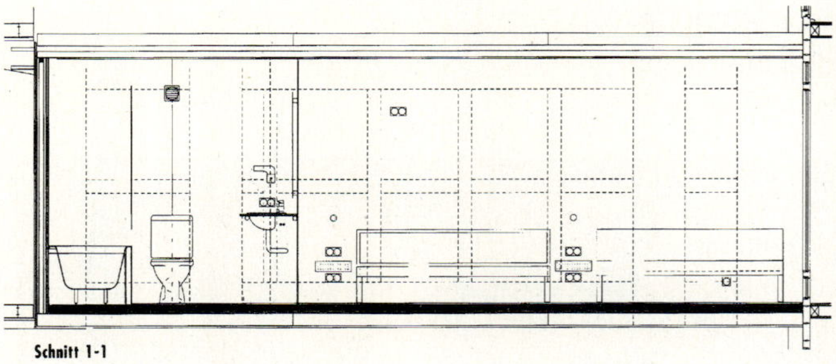

Schnitt 1-1

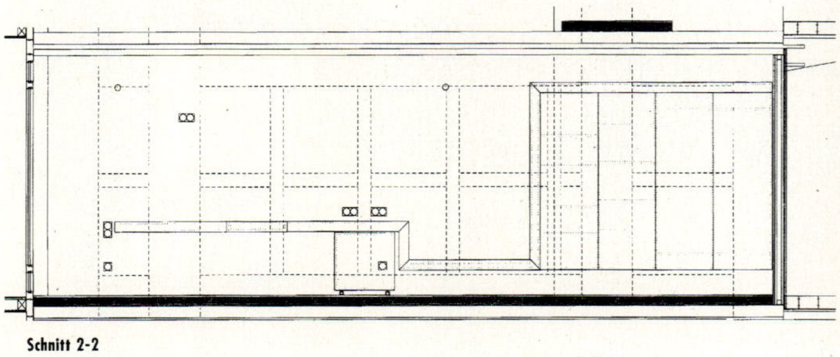

Schnitt 2-2

Verkehrsbauten im Hochgebirge

Die Erschließung der Bergwelt Österreichs mit Seilbahnen begann in den 20er-Jahren des vorigen Jh. (Rax-Bahn 1926, Hahnenkamm 1926, Nordkette und Patscherkofel-Bahn 1927 bis 1928). Während die Gondeln und die Stützen der Seilbahnen als unabänderbare technische Notwendigkeiten rein nach dem Gesichtspunkt der Ingenieurbaukunst errichtet wurden, wurden die Berg- und Talstationen meist in größere Gebäudekomplexe, Hotels, Restaurants etc. integriert. Die Ein- und Ausfahrschächte der Gondeln mit ihrer dem Berghang entsprechenden Schräge gaben diesen Gebäuden jedoch ein typisches Aussehen. Mit ihren zum Hang parallel laufenden Pultdächern stützten sie sich quasi gegen den Berg, um nicht von der Zugkraft des Seiles hinuntergerissen zu werden.

Inzwischen hat sich einiges in der Technik der Seilbahnen geändert. Die kleinen Kabinen werden erst nach dem Einsteigen der Fahrgäste beschleunigt und in das Zugseil eingeklinkt. Dadurch entstehen relativ große eingehauste Wagenbahnhöfe und auch das Ein- und Ausfahren geschieht nicht mehr in der Schräge der Bergneigung, sondern waagrecht. So werden diese Gebäude heute meist ähnlich wie die gesamte übrige Struktur der Seilbahnen als bloße Umhüllung einer notwendigen Technik sichtbar gemacht, die möglichst klar und abgegrenzt in der Landschaft steht. Dabei wird auf verbindliche Formensprache und Einbindung völlig verzichtet. (Sinngemäß entnommen dem Artikel „Sportgerät Berg" von Roman Höllbacher, Architektur und Bauform 2/96.)

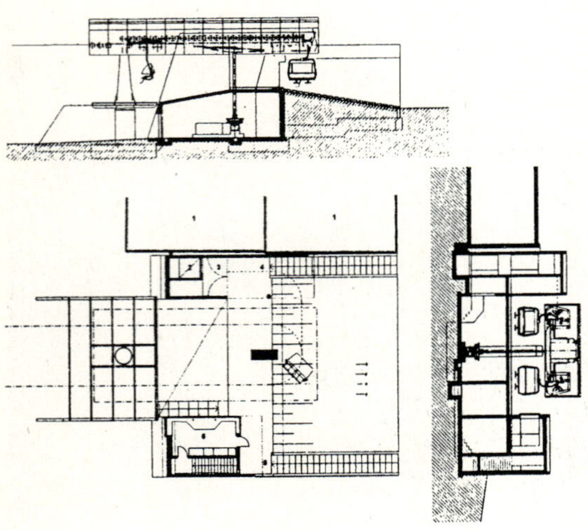

Bergstation Vierersesselbahn Weibermahd, Lech
Arch. Riemelmoser 1985
(Lit.: 1)

Bergstation Doppelsesselbahn Zugerberg, Lech
Arch. Riemelmoser 1988
(Lit.: 1)

Bergstation Hochkar
Arch. Höllbacher 1995
(Lit.: 8)

Berglift Stuhleck

Architekten Fitzek, Fracaro, Gitschtaler
1992
(Lit.: 8, Heft 155/1993)

Transparenz und Ablesbarkeit durch Baukörper als lichtdurchlässige Hülle für die Seilbahntechnik auf massivem Unterbau.

Zwischenstation

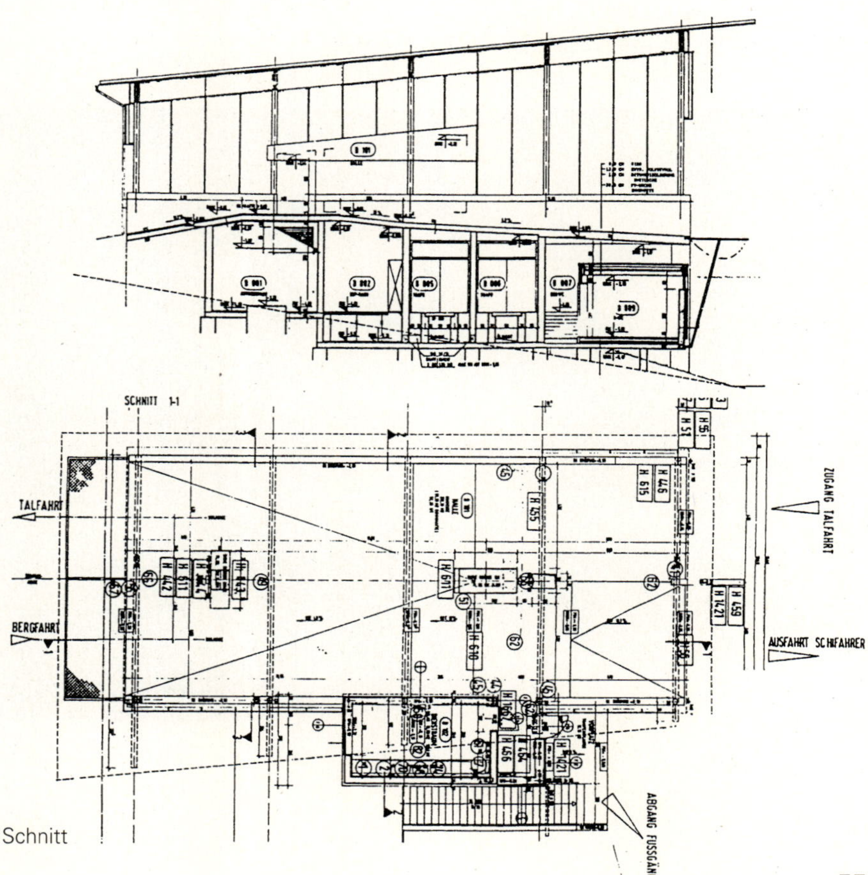

Bergstation, Grundriss und Schnitt

Golmerbahn im Montafon, Vorarlberg
Arch. Kaufmann 1995
(Lit.: 22)

Die feingliedrige Stahlkonstruktion mit dünner Schuppenverglasung wirkt leicht und wird dem technischen Charakter der Anlage gerecht. Der Einfahrtsteil mit der Seilrolle kragt dramatisch über einen Steilhang.

Talstation

Untersicht

Mittelstation

2. Teil

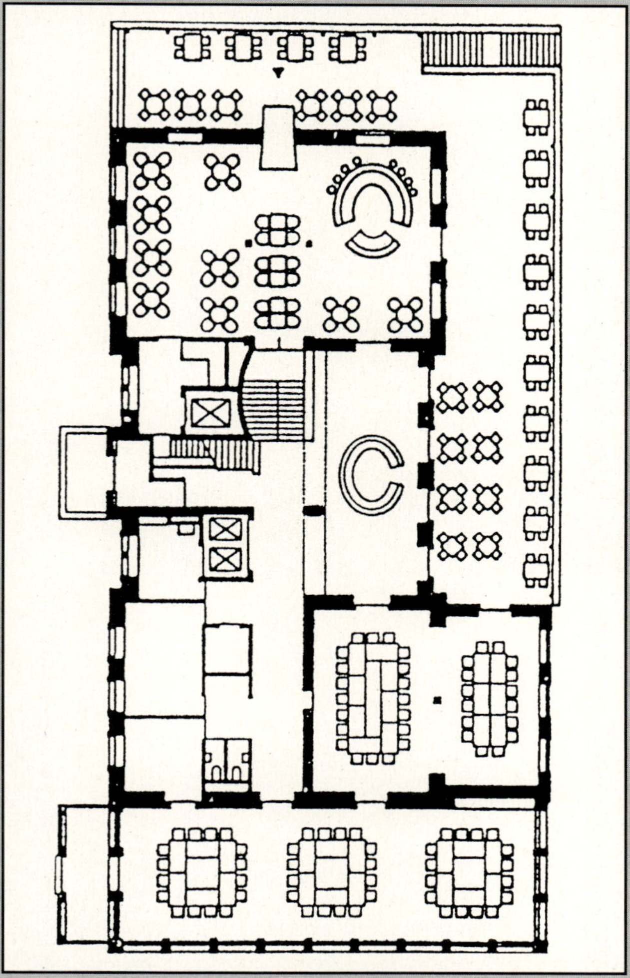

Restaurants

Restaurants

Stets steigende und immer differenzierter werdende Kundenwünsche einerseits und Personalkosten und Zwang zur Rationalisierung andererseits lassen das große und gediegene Allroundrestaurant nur mehr als Non-Profit-Anhängsel größerer Hotels überleben. Nur große Hotelketten können es sich noch leisten, dem Gast houte cuisine womöglich rund um die Uhr oder in verschiedenen Geschmacks- und Kulturrichtungen anzubieten.

Für das selbständige Restaurant ist eine überschaubare Betriebsgröße und die Spezialisierung auf einen möglichst engen Sektor bei Wahrung von ausgezeichneter Qualität die einzige Überlebenschance, wobei Typen mit geringerem Küchenbedarf (Steakhäuser, Salat- oder Suppenrestaurants) hier noch eher punkten können.

Typen von Restaurants

1. Das Gasthaus

Das einfache Gasthaus (in Frankreich Bistro, in Italien Locanda, in Deutschland Kneipe, in Wien Beisl), das dem Publikumsgeschmack nach bodenständiger Küche entspricht und vor allem Kunden aus der unmittelbaren Nachbarschaft anspricht, ist noch immer am meisten verbreitet. Es bietet meist eine kleine stets gleich bleibende Speisekarte an und kommt daher mit geringem Personalaufwand aus.

2. Schnellrestaurant

Diese Restaurants sind auf große Stückzahlen von meist normierten kleinen Gerichten spezialisiert, die nach genau festgelegten Rezepten in kürzester Zeit zubereitet werden. Vielfach werden vorgefertigte Komponenten angeliefert und nur die Endzubereitung in der Restaurantküche durchgeführt.

3. Selbstbedienungsrestaurant

Entstanden in den Kantinen von größeren Betrieben oder Mensen an Universitäten wird dieser Restauranttyp heute von größeren Bevölkerungsschichten angenommen und vermag auch mit sehr eingeschränkter Auswahl große Kundenkreise anzuziehen (z.B. McDonald's). Meist einfache Ausstattung, geringer Personalaufwand.

4. Café

Cafés, Café-Konditoreien, Espressi bieten meist nur Getränke und kleinere Speisen an, wobei je nach Typ eine unterschiedliche Verweildauer angenommen werden muss.

Das klassische Wiener Kaffeehaus ist Treffpunkt für private und geschäftliche Verabredungen, Ruhepol im städtischen Stress, lebt von seiner gemütlichen Atmosphäre und der Höflichkeit des Bedienungspersonals.

Das Espresso, heute wieder etwas rückläufig, bedient den schnellen Kunden bei kurzer Verweildauer mit Snacks, Brötchen, Toast etc. Für diese Restauranttypen sind kleinere Tische möglich (die berühmten Marmortische der Wiener Kaffeehäuser), in manchen Betrieben ist auch eine enge Sitzanordnung und ein gewisses Gedränge vom Gast durchaus erwünscht.

5. Spezialitätenrestaurant

Zu dieser Gruppe gehören sämtliche internationalen Küchen, wie Pizzerien, ungarische Restaurants, französische, chinesische oder sonstige exotische Küchen sowie Restaurants, die nur eine bestimmte Auswahl von Speisen anbieten (z.B. Fischrestaurants, Steakhäuser etc.). Auch diese Restauranttypen retten sich über ein sehr eingegrenztes Angebot an Speisen und damit durch einen überschaubaren Aufwand. Diese Restaurants leben jedoch nicht vom Laufkunden, vielleicht mit Ausnahme der Pizzerien, nicht von der Bevölkerung der Umgebung, sondern von der Werbung. Je besser der Ruf des Restaurants, umso längere Anfahrtswege nimmt der Gast in Kauf, verlangt jedoch höchste Qualität an Speisen und Bedienung.

6. Hotelrestaurant

Hotelrestaurants benötigen nicht nur eine repräsentative und gediegene Atmosphäre, sondern zeichnen sich auch durch eine große Speisekarte bzw. durch ein Nebeneinander verschiedener auf das Hotelpublikum abgestimmter Restaurationstypen zu möglichst langen Verabreichungszeiten und durch hohen Personalaufwand aus. Sie sind meist für sich selbst nicht lebensfähig.

Gastraum

Gerade bei Restaurants ist es wichtig, dem Gast ein räumliches Ambiente zu bieten, in dem er Geborgenheit, Behaglichkeit und Entspannung empfinden kann. Er sucht ein Lokal mit Atmosphäre, die sich aus Raumform, Möblierung, Farbgestaltung und Lichtführung zusammensetzt, wobei der Gast wohl Abgegrenztheit und Rückendeckung sucht, andererseits aber durchaus Sichtkontakt zu anderen Gästen oder sogar zur Speisenzubereitung. Niemand sitzt gerne in einem leeren Lokal, daher sind die Räume so zu dimensionieren, dass sie auch bei wenig Gästen den Eindruck der Frequentiertheit erwecken und eine gewisse Tuchfühlung mit den anderen Benutzern erlauben. Bei all diesen Überlegungen spielt vor allem auch die Beleuchtung eine Rolle, wobei eine möglichst geringe Allgemeinbeleuchtung und punktförmig auf die Tischfläche gerichtetes Licht das Gefühl erweckt, unter sich zu sein. Der Extremfall dieser Lichtführung ist das Kerzenlicht am Tisch. Hell beleuchtete Räume mit Deckenlicht wirken meist kühl und ungemütlich. Auch ein gewisser Geräuschpegel wird vom Gast durchaus gewünscht, er vertreibt den Eindruck der Leere und bringt das Gefühl, dass nicht jeder zuhört, wenn man selbst ein Gespräch führt.

Hinsichtlich der Möblierung mit runden oder eckigen Tischen, Bänken oder Stühlen wird die Einrichtung vom Typ des Restaurants abhängen, wahrscheinlich wird aber eine Mischung dieser Formen am ehesten zum Ziel führen (abwechslungsreiche Möblierung und Raumerlebnisse, Gruppenbildungen für verschiedene Personenanzahlen etc.). Auf jeden Fall sollten zu viele Tische, die frei in der Raummitte stehen, vermieden werden, da diese Tische immer als letzte besetzt werden.

Beispiel für ein Hotelrestaurant mit verschiedenen Speisesälen, unterschiedlich in Atmosphäre und Möblierung, rund um die zentrale Küche angeordnet.

Restaurant Four Seasons, New York
Arch. Philipp Johnson
(Lit.: 12)

Legende:

1 Hotelhalle
2 Restaurantlobby
3 Küche
4 Großer Speisesaal
5 Extrazimmer
6 Grillrestaurant
7 Bar
8 Stiege zu den Toiletten

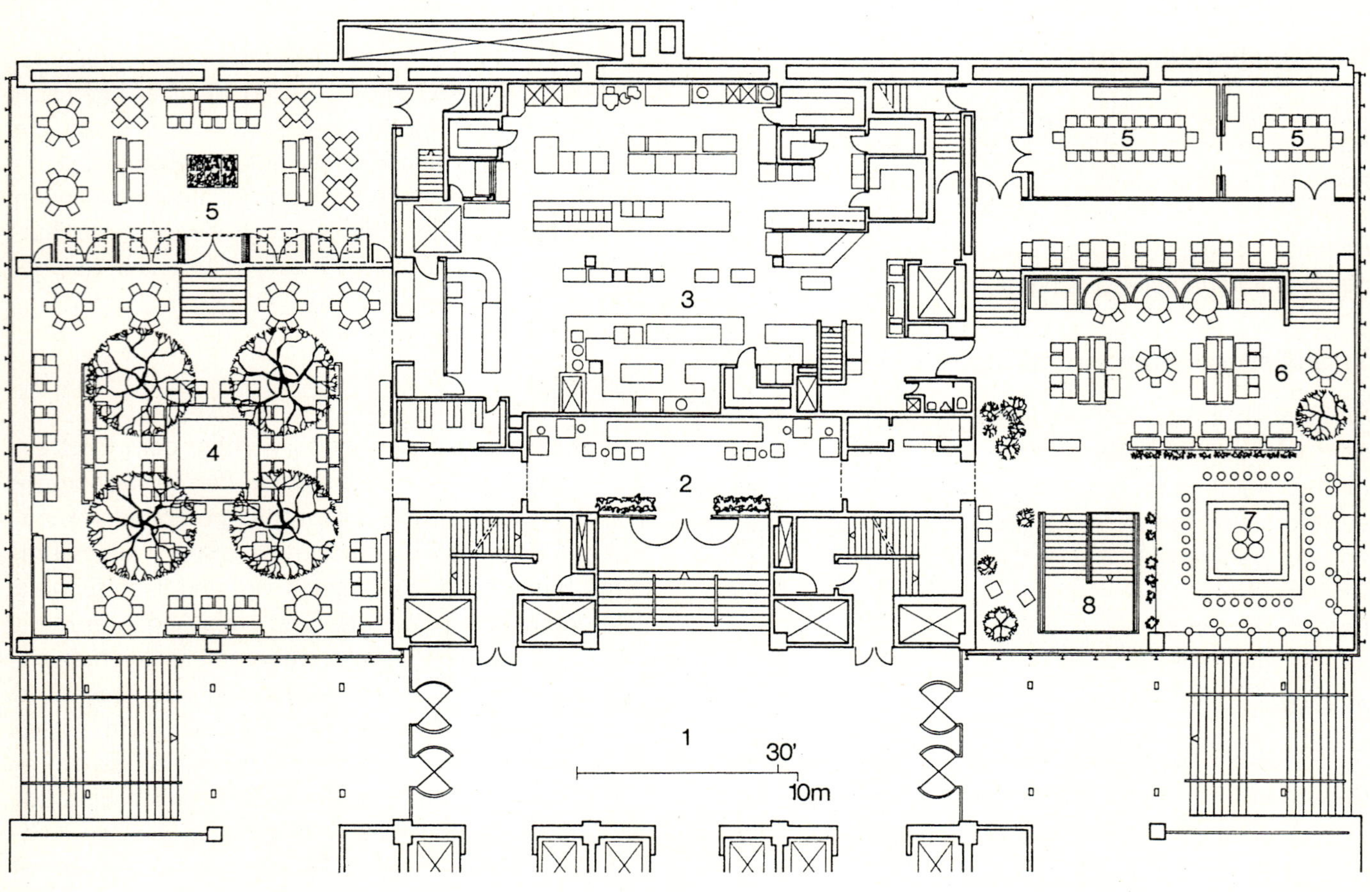

Nebenräume

Eingangsbereich

Der Eingang mit Windfang sollte so zentral gelegen sein, dass ein kurzer Überblick über das Restaurant vom Eingang aus möglich ist. Nur im angelsächsischen Raum und in Frankreich wartet man am Restauranteingang, bis einem vom Kellner ein Platz zugewiesen wird.

Garderoben

In vornehmen Restaurants eigene Garderobe mit Personal beim Eingang, kombiniert mit Toiletten. Pultlänge 1 m für 100 Personen, bei Stoßbetrieb 3 m (Veranstaltungen), Pulthöhe 90 cm, Tiefe 60 cm, ansonsten möglichst nahe beim Esstisch. Garderoben, die vom Gast nicht einsehbar sind, werden meist nicht angenommen.

WCs

Leicht zu finden, jedoch nicht sofort sichtbar. Entweder beim Eingang oder von einer Rückwand des Lokals zugänglich. Bei großen Restaurants und Schnellimbissstuben auch im Keller möglich. Zugang für Geschlechter getrennt (kein gemeinsamer Vorraum), Vorraum mit Waschbecken, Seifenspender, Händetrockner, Spiegel.

Anzahl:

etwa 1 Abort und 2 Pissstände für Herren sowie 2 Aborte für Frauen für je 100 Plätze.

Kellnergang

Hier ist auf eine saubere Trennung zwischen den Wegen des Gastes und den Wegen des Kellners zu achten, Überschneidungen der Wege sind zu vermeiden.

Platzbedarf

Der Platzbedarf je Gast hängt von der Anzahl der Plätze, der Art der Möblierung und der Raumform ab, beträgt aber bei Einrechnung der Kellnerwege etc. zwischen 0,75 m² bei Cafés und Schnellimbissrestaurants bis zu 2 m² oder 2,5 m² bei vornehmen Restaurants. In Frühstücksräumen etwa 1,5 m² je Gast.

GARDEROBE

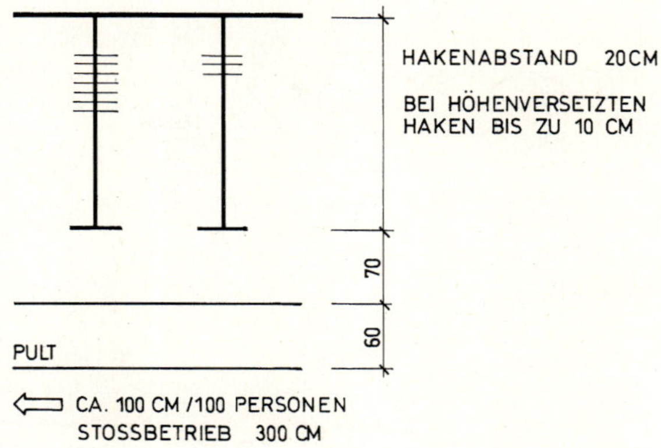

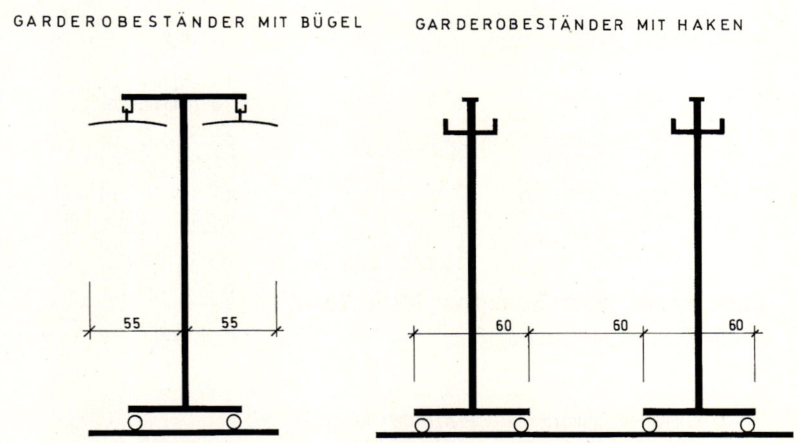

BEISPIEL FÜR EINE WC-GRUPPE
FÜR 100-150 RESTAURANTPLÄTZE

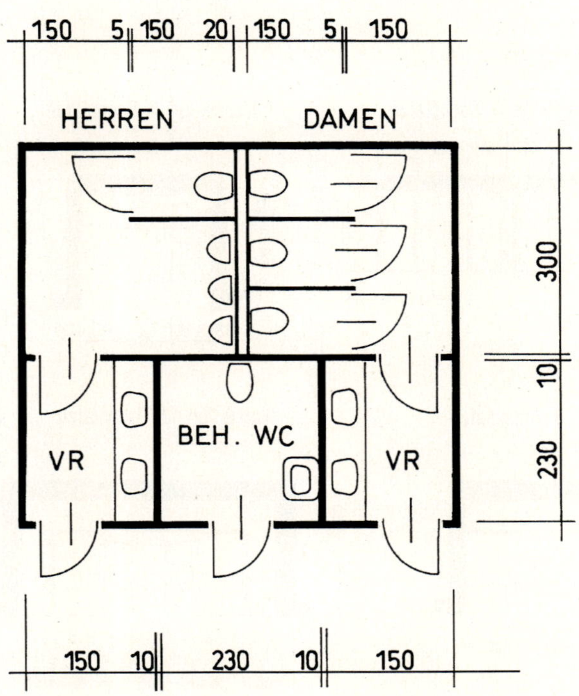

Platzbedarf für verschiedene Tisch- und Bestuhlungsformen

aus: Neufert, Bauentwurfslehre (Lit.: 11)

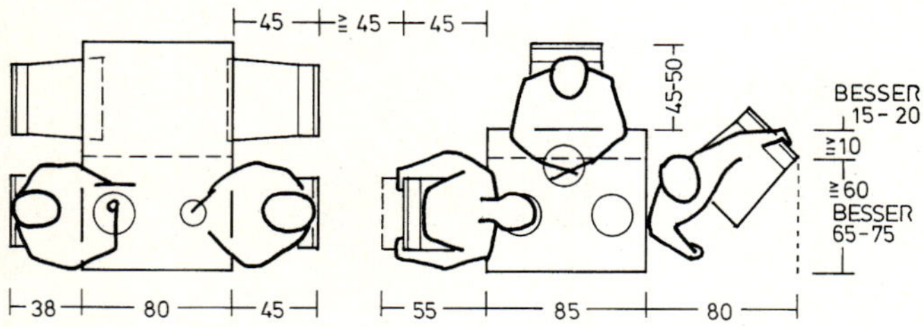

Übliche runde Speisetische:

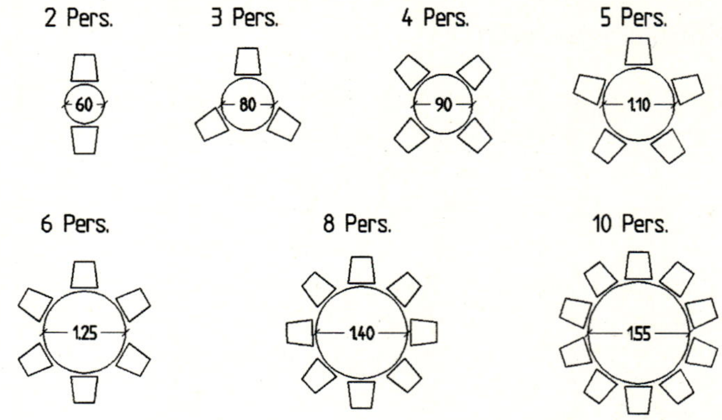

Übliche Tischlängen mit Kopfsitzen:

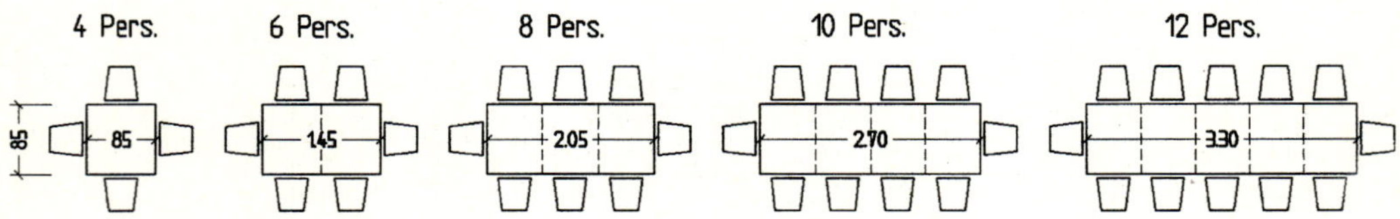

Platzbedarf frei stehender Tische

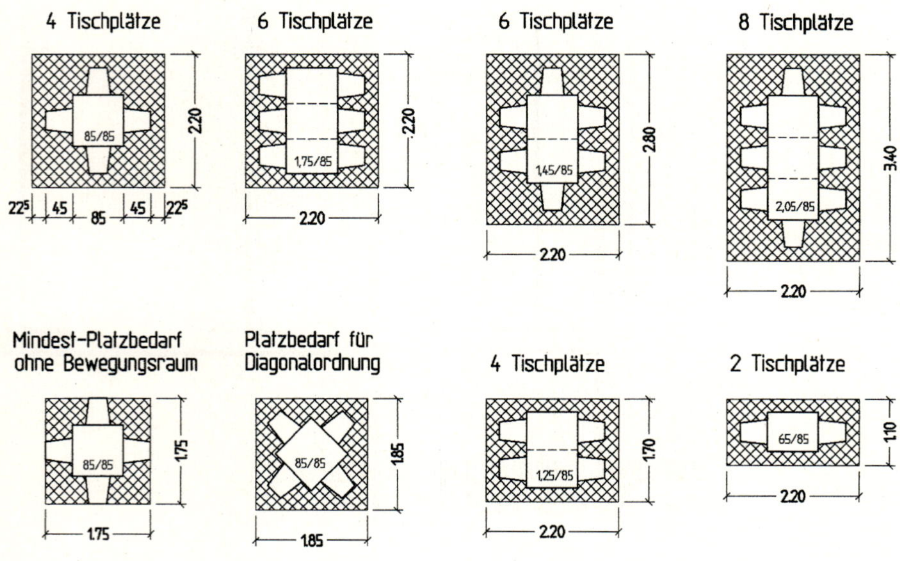

Platzbedarf bei Nischentischen

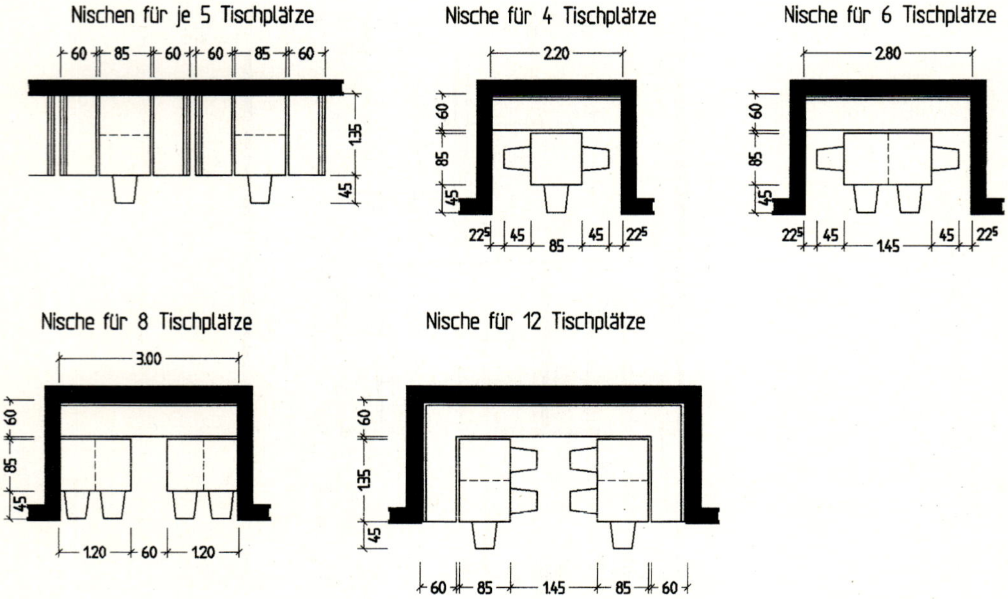

Beispiele für Bestuhlung und Raumatmosphäre für verschiedene Restaurantformen:

Schnellimbissstube

Beispiel Zum Zum, New York
Arch. Pahlmann
(Lit.: 12)

Form einer Snackbar mit langer Theke und mittenliegender kleiner Küche. Zweckmäßige, eher kühle Ausstattung.

Legende:

1 Straße
2 Eingang
3 Küche
4, 5 Esstheke
6 Räucherkammer
7 Zapfsäulen

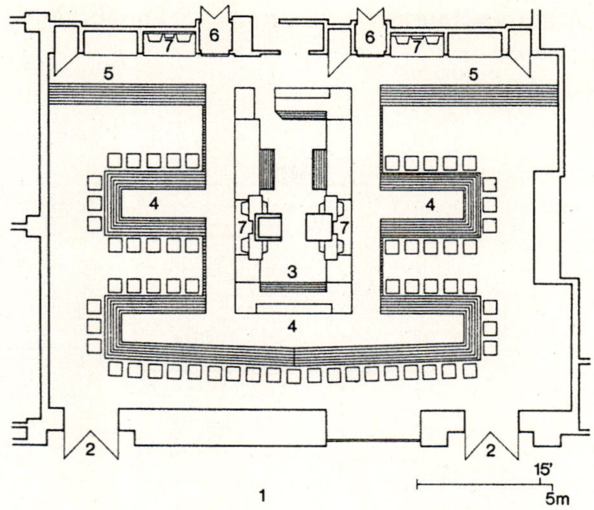

Grillrestaurant

Beispiel Primula, Helsinki
Arch. Pajamies
(Lit.: 12)

Tische für verschiedene Gruppengrößen ausschließlich in Form von Wandnischen, mittenliegende Küche mit zum Gastraum offenem Grill.

Legende:

1 Lobby
2 Grillküche offen
3 Essbereich

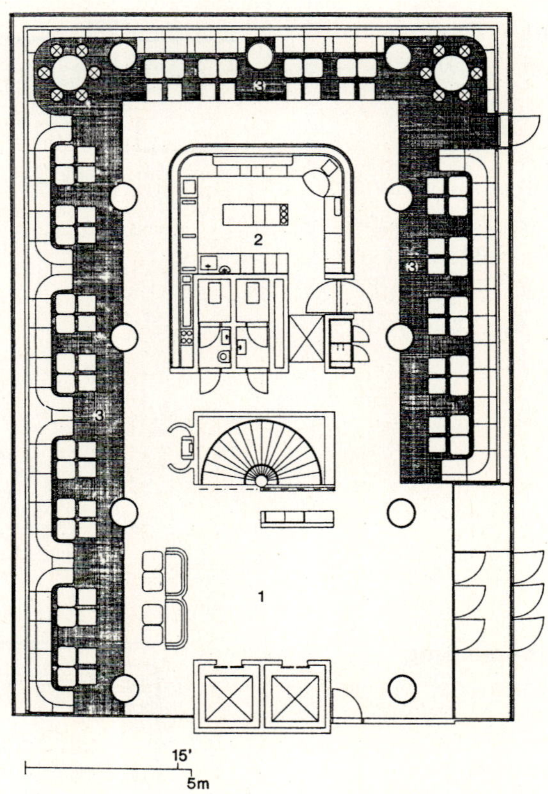

Pizzeria

Beispiel Santa Lucia, Stuttgart
Arch. Hirche
(Lit.: 12)

Typisch italienische, eher kühle Einrichtung (Steinboden, weiße Wände, tief hängende Tischbeleuchtung) ergibt die gemütliche Atmosphäre.

Legende:

1 Eingang
2 Garderobe
3 Vitrine
4 Abgang zu den Toiletten
5 Küche
6 Pizzaherstellung und Ofen
7 Stiege zu den Vorratsräumen
8 Kellnerausgabe
9 Bartheke
10 Schiebewand

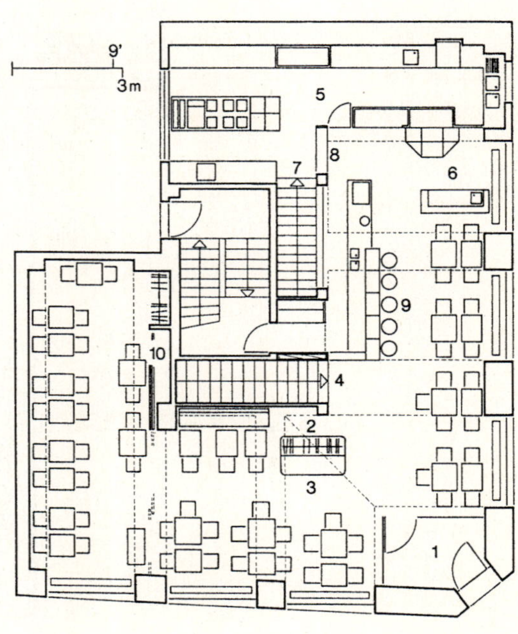

Kleines Spezialitätenrestaurant
Beispiel Belgo, London
Arch. Ron Arad + Ass.
(Lit.: 20)

Individuelle Gestaltung, zwei verschiedene Möblierungstypen, schmale Parzelle

Legende:

1 Restaurant	4 Kellnergang	7 Gassenverkauf
2 Bar	5 Kühlraum	8 Eingang
3 Küche	6 Getränke	9 Anlieferung

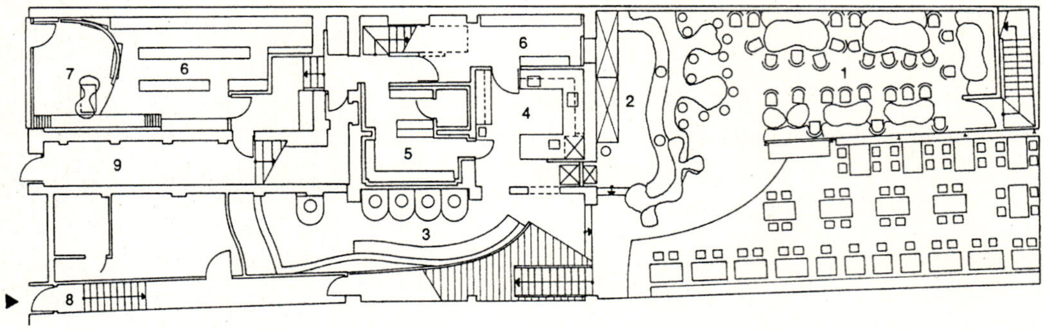

Ausflugsrestaurant
Beispiel Rigi-Kaltbad, Schweiz
Arch. Dahinden
(Lit.: 12)

Hotel-Restaurant mit verschiedenen Gasträumen: Bar (2), Selbstbedienungsrestaurant (7), Restaurant mit Kellnerbedienung (9), Extrazimmer, Seminarräume (6, 8, 11), Freiterrassen (12)

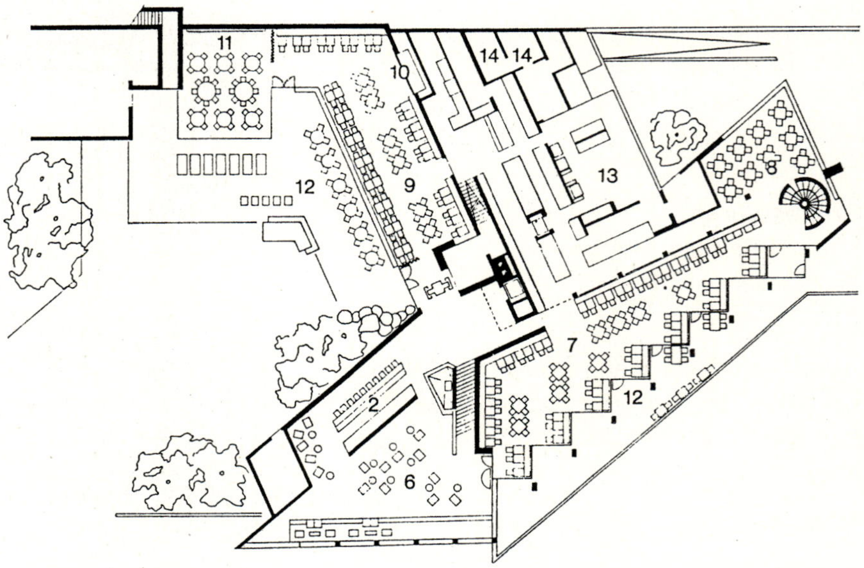

Mensa mit Selbstbedienung
Beispiel Mensa Rhodiatoce, Mailand
Arch. Colombo
(Lit.: 12)

600 Essen in zwei Durchgängen auf engem Raum, kleine Küche für Catering.

Legende:

1 Eingang
2, 3 Ausgabeschalter
4, 5 Speiseräume
6, 7 Küchenbereich

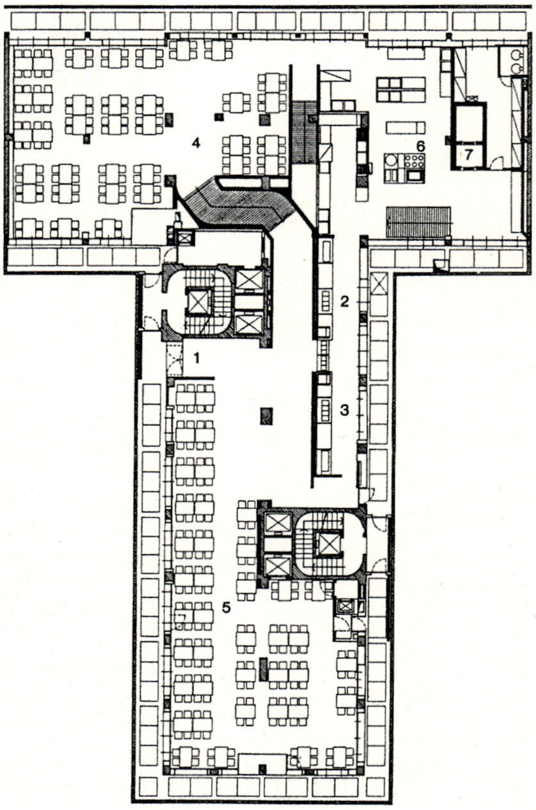

Autobahn-Raststätte

Beispiel Autobahn-Motel Mondsee
Architekten Lang, Cernin 1975
(Lit.: 13)

Etwa dreiecksförmiger Restaurantteil mit Aussicht auf den See, auf Hexagonalsystem aufgebaut, getrennter winkelförmiger Bettentrakt.

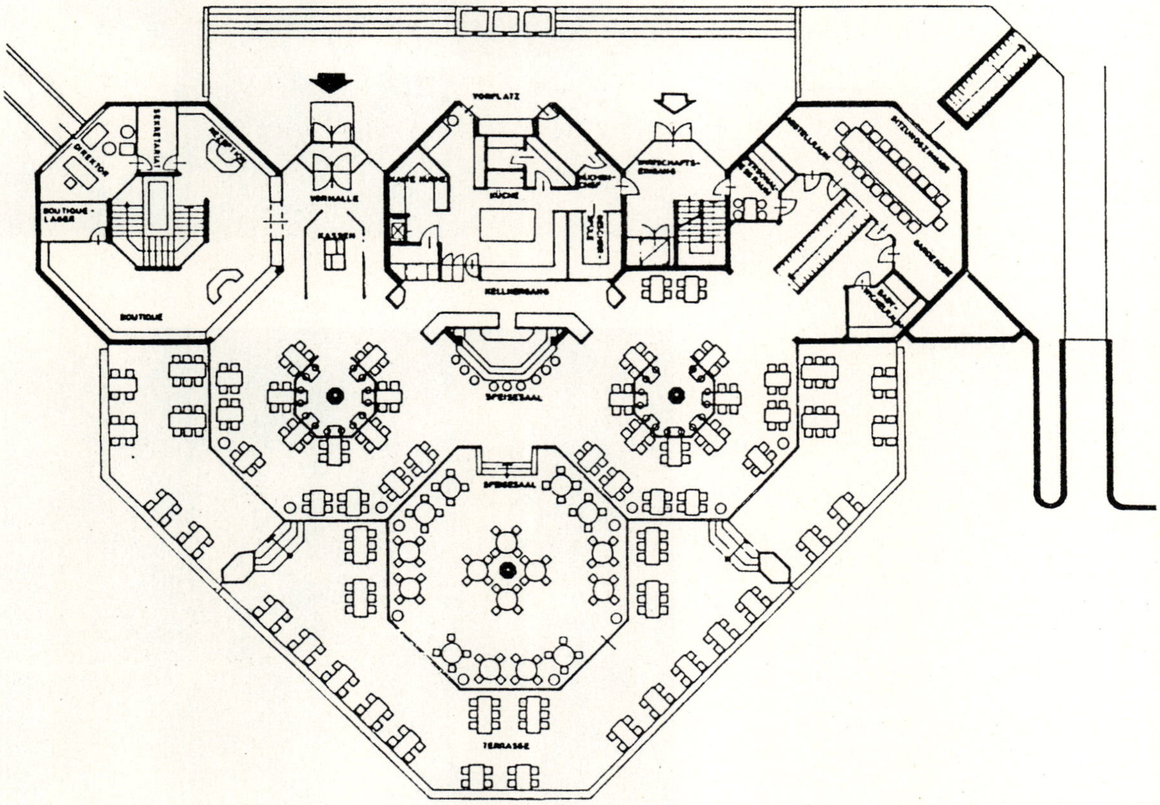

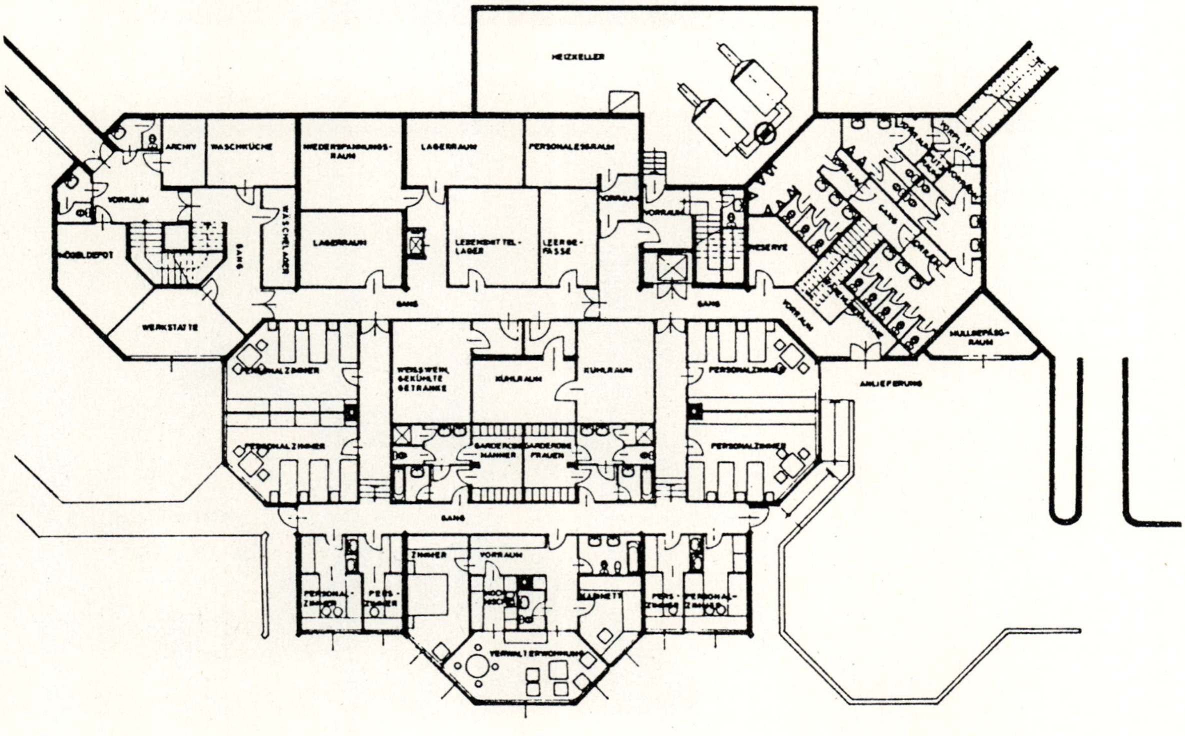

Beispiel Frühstücksraum
*** Hotel Alexander, Wien

Beispiel Kaffeehaus
Café Landmann, Wien

Beispiel Restaurant
Eingang mit Buffetvitrine
***** Hotel Ana Grand, Wien

Der Produktionsbereich (Küche)

Größe und Ausstattung der Küche ist von der Kategorie und Auslastung des Restaurants abhängig. Die kleinste Type ist die Frühstücksküche für Hotels garnis, gefolgt von der Kaffeehausküche und verschiedenen Spezialitätenküchen wie Pizzaküche oder Steakhouse. Den größten Umfang hat die Allroundküche für Hotels bzw. eine Küche, die mehrere Restaurantbereiche zu beliefern hat (Feinschmecker- und Spezialitätenrestaurant). Eine durchschnittliche Allroundküche benötigt etwa 0,5 bis 1 m^2 pro Sitzplatz. Dazu Lager- und Nebenraumflächen vom Eineinhalb- bis Zweifachen der Produktionsfläche. In jedem Fall ist der Produktionsablauf genau einzuhalten, welcher die nachfolgenden Bereiche beinhaltet.

1. Warenanlieferung

Am Lieferhof gelegen, mit Warenübernahme, Waage, Lastenaufzug zu den Lagerräumen, Hand- und Tageslagern, gegebenenfalls Fleischerei, Kühlräume. Im Anschluss an die Warenanlieferung für die Küche ist meistens der so genannte Ökonomiebereich angegliedert, welcher die Anlieferung und Verwaltung sämtlicher Non-Food-Materialien eines Hotels oder Restaurants beinhaltet, wie z.B. Wäsche, geringwertige Wirtschaftsgüter wie Glühbirnen, Toilettenpapier etc. bis zu Möbeln und die dazugehörigen Lagerflächen und die Lagerverwaltung.

2. Personalbereich

Über dem Wirtschaftseingang sind die Garderoben, Umkleideräume, Waschräume und Toiletten für das Personal sowie ein Sozialraum zugänglich. Größen laut Dienstnehmerschutzverordnung in der Einleitung. Auch der Eingang des Personals sollte gut überwachbar sein und der Weg zu den Garderoben und Sozialräumen nicht über den Produktionsbereich führen. Vom Personalbereich soll sowohl der Produktionsbereich als auch der Kellnerbereich und der Bettentrakt leicht erreichbar sein.

3. Produktionsbereich

Dieser gliedert sich wiederum in

Vorbereitung;

kalte Küche;

warme Küche (Koch-, Brat- und Backküche);

Getränke- und Spülküche.

Eine Abgrenzung der einzelnen Bereiche ist je nach Größe des Produktionsbereiches erforderlich. An erster Stelle wird eine Auslagerung der Patisserie anzuraten sein. Die Salatvorbereitung, die Spülküche und die Kühlräume können ebenfalls als eigene Bereiche konzipiert werden.

Das Zentrum des Produktionsbereiches bilden die frei stehenden Herdstellen, wobei bei großen Restaurants

- ein Arbeitsbereich für Fleisch,
- ein Arbeitsbereich für Fisch und
- ein Arbeitsbereich für Beilagen

senkrecht zur Ausgabe in den Kellnerbereich angeordnet werden. Entsprechend angeordnet auch die Bratöfen, Fritteusen, Griller etc.

Im Beilagenbereich werden in über Dunst stehenden Warmhalteschubern die verschiedenen fertigen Beilagen und Komponenten bereitgehalten.

Die Kühlräume sind getrennt nach Fleisch, Fisch, Gemüse, Getränken und kalter Küche bzw. Patisserie anzuordnen und den einzelnen Abteilungen zuzuordnen. Sie weisen optimal eine Breite von etwa 2 bis 2,50 m auf mit beidseitigen Gitterregalen. In der Mitte genügend Platz, um mit Korbwagen einzufahren.

4. Der Spülbereich

Die Spülbereiche unterteilen sich meist in die Weißspüle und die Schwarzspüle. Die Weißspüle für Porzellan, Teller, Besteck etc. muss vom Kellnerbereich zugänglich sein, welcher das gebrauchte Geschirr dort ablegt, bevor er neue Speisen aufnimmt. Die Schwarzspüle ist nur für den internen Küchenbereich und kann von der Weißspüle getrennt sein. Moderne gewerbliche Geschirrspüler sind etwa 80 cm breit und je nach erforderlichem Stauraum 2 bis 3 m lang.

5. Speisenausgabe (Kellnergang, Küchenpass)

In größeren Restaurants ist es nicht ratsam, die Kellner in den Küchenbereich eintreten zu lassen. Sie übernehmen im Kellnergang, der Schnittstelle zwischen dem Produktionsbereich und den Gasträumen, die von den Küchen angerichteten Speisen.

Im Kellnerbereich befindet sich ein Zugang zur Weißspüle oder eine Abgabemöglichkeit des gebrauchten Geschirrs, die Speisenausgabe, eine Getränkeausgabe, ein Kaffeeautomat, ein Schrank für frisches Geschirr und Besteck sowie eine Bonierungskassa, wo alle ausgehenden Speisen und Getränke registriert und boniert werden müssen.

6. Küchenchef

Vom kleinen Büro des Küchenchefs (4 bis 5 m^2) sollte man den gesamten Küchenbereich leicht überblicken, vor allem aber auch den Kellnerbereich. In kleineren Restaurants übernimmt der Küchenchef auch die Kontrolle der angelieferten Waren.

Die Planung des Produktionsbereiches ist am günstigsten im Zusammenhang mit Spezialfirmen durchzuführen, die sich auf die Konzipierung von gewerblichen Küchen spezialisiert haben. In jedem Fall sind das Arbeitsinspektorat und das Gesundheitsamt beizuziehen und zu konsultieren.

Bauliche Anforderungen:

Lichte Raumhöhe 3,00 m

Lüftungsanlage (12- bis 15facher LW)

Temperatur 22–26°, 65% Feuchte

Verfliesung bis 2,00 m Höhe, am Boden rutschfeste Fliesen

Hygienische Materialien: Nirosta

Im Folgenden wird das notwendige Know-how für die Küchenplanung anhand einiger Beispiele erläutert.

Funktionsschema einer größeren Anlage

Flächenbedarf für Küchen und Nebenräume in m²/Sitzplatz

Betriebsgröße Plätze (Gäste)	klein bis 100	mittel bis 250	groß ab 250
Anlieferung und Entsorgung (Warenannahme), Leergut, Abfall, Müll, Büro	0,15–0,21	0,14–0,20	0,13–0,20
Gekühlte Warenlagerung	0,04–0,08	0,18–0,25	0,15–0,25
Ungekühlte Warenlagerung Lebensmittel, Gemüse, Tagesvorräte	0,25–0,31	0,21–0,26	0,16–0,21
Küchenanlage (Vorbereitung + warme u. kalte Speisen, Büro, Küchenleiter)	0,60–0,80	0,50–0,70	0,40–0,60
Geschirrspüle	0,10–0,12	0,09–0,11	0,08–0,10
Anrichte, Office	0,06–0,08	0,08–0,10	0,10–0,15
Personalräume Wasch- u. WC-Anlage für Personal	0,40–0,50	0,30–0,40	0,28–0,30
insgesamt	1,60–2,10	1,50–2,00	1,30–1,80

Quelle: Hepperle, Gaststättenbau DVA Stuttgart 1981

Funktionsschema Küchenbereich
(Lit.: 3)

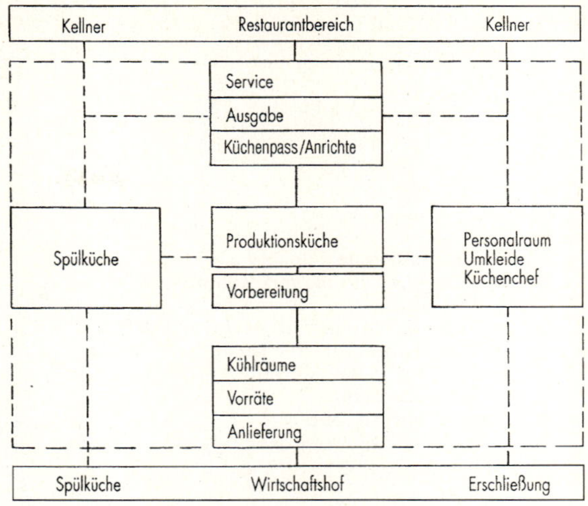

Frühstücksküche
1 : 100
eines Hotels garni
Appartementhotel
Kaiser Franz Josef
Wien 19
(Lit.: Arealbau)

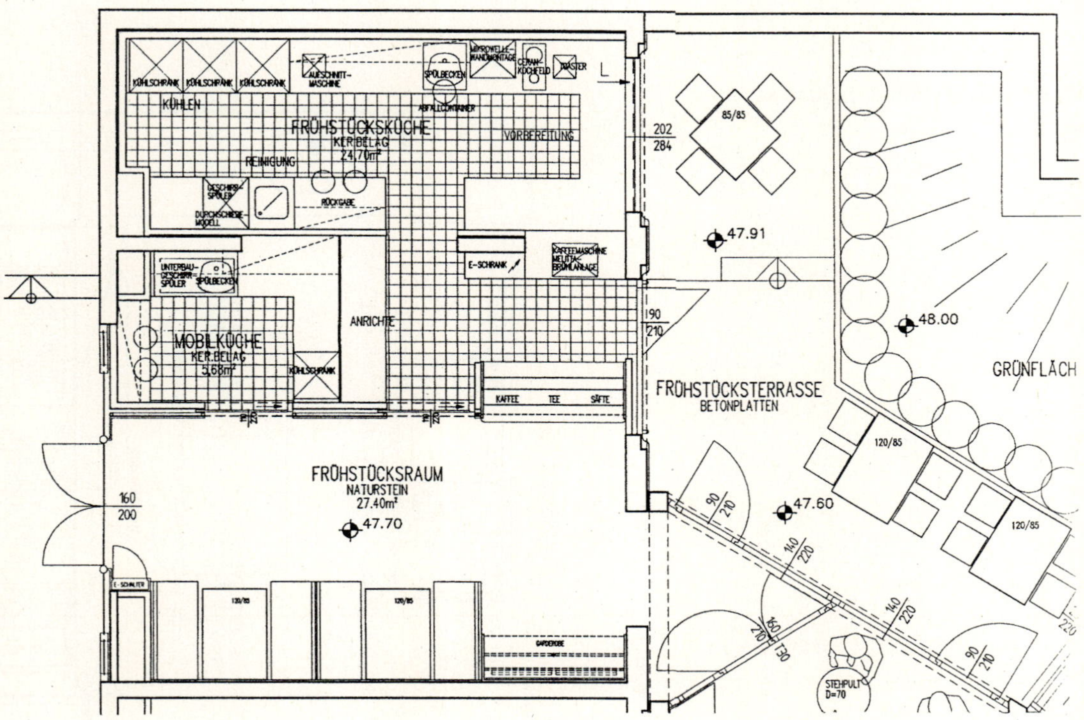

Frühstücksküche
1 : 100
mit anschließendem
Buffetaufbau im
Frühstücksraum
eines Hotels garni
(Lit.: Fa. Krefft)

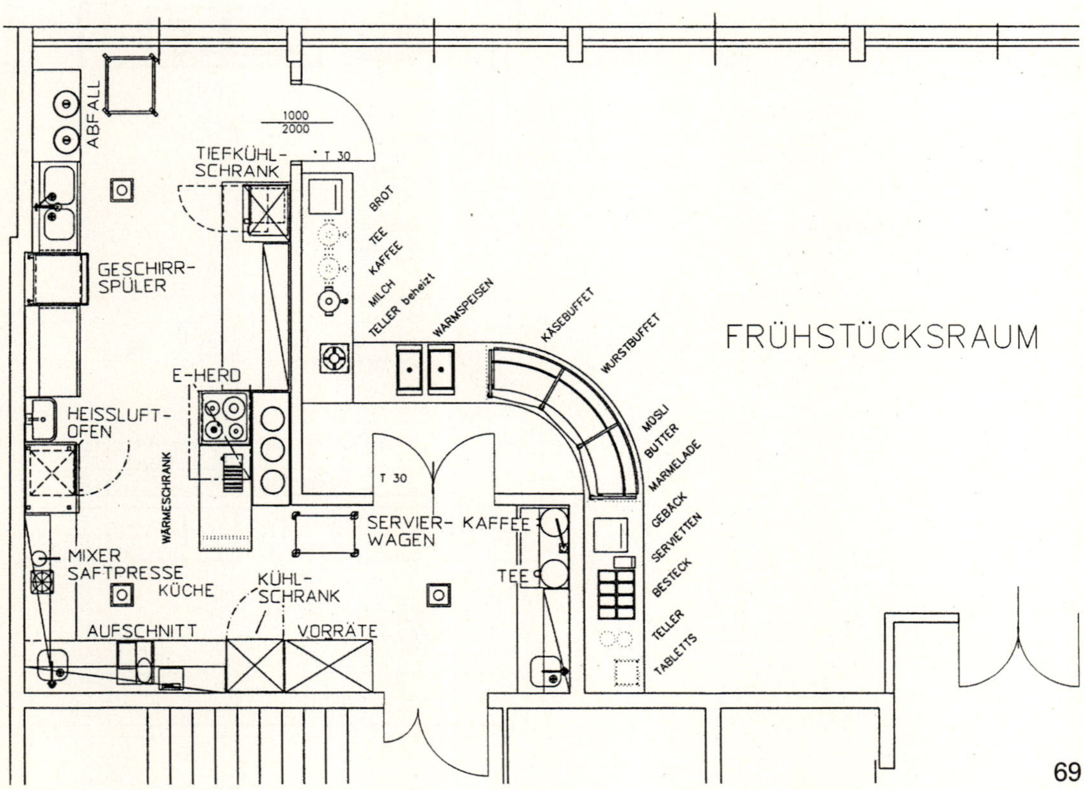

Buffet 1 : 50
(Lit.: Fa. Krefft)

LEGENDE

1) Aufsatzkühlvitrine
2) Kühlverbau
2A) Gläserregal
3) Kassa e n t f ä l l t
4) Tablettablage
5) Ausgabeschrank mit Kühlwanne 2/1
6) Arbeitsschrank
7) Arbeitsschrank mit Becken 500x500
8) Kaffeeautomat mit Mühle
9) Geschirrspülmaschine
10) Hängeschrank
11) Kühlschrank 550 l
12) Vorrats-Hochschrank
13) Vorderfront b a u s e i t s
14) Rollladen

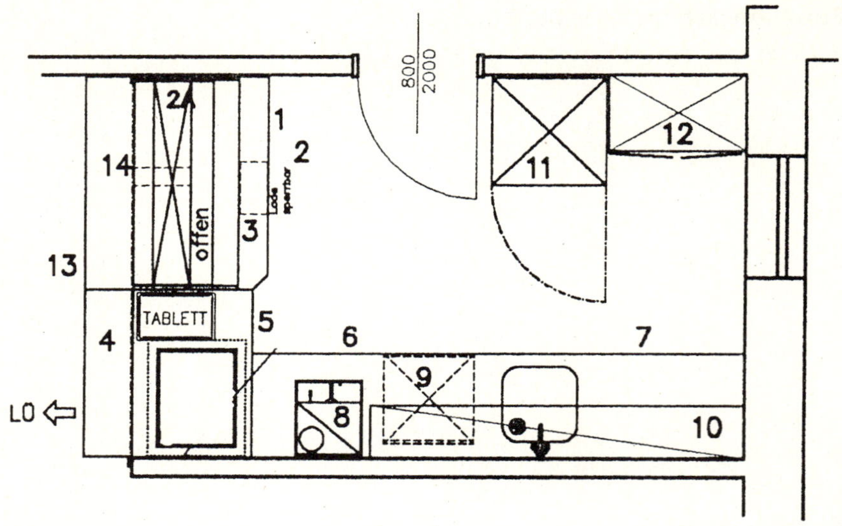

Heurigenbuffet 1 : 50
(Lit.: Fa. Krefft)

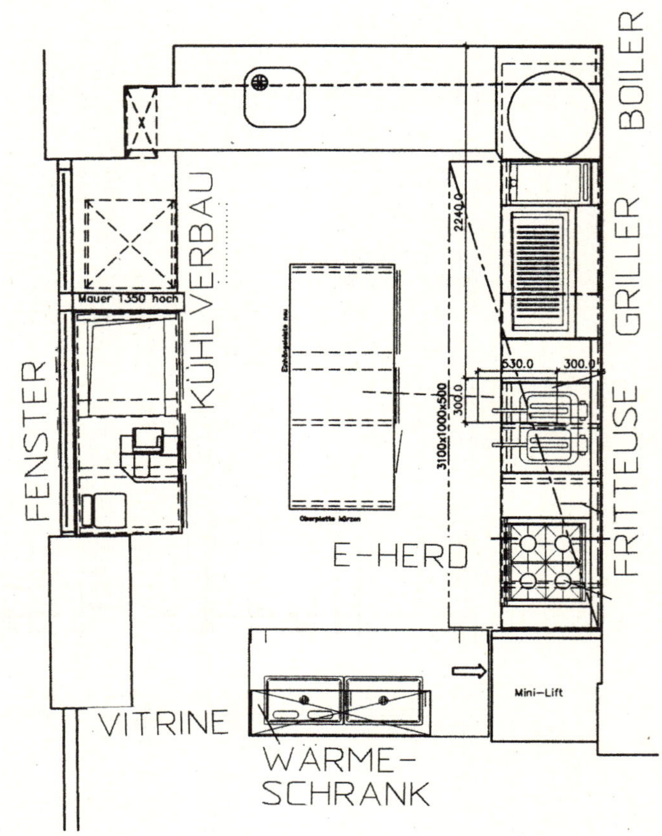

Küche für Cafeteria 1 : 100
(Lit.: Fa. Krefft)

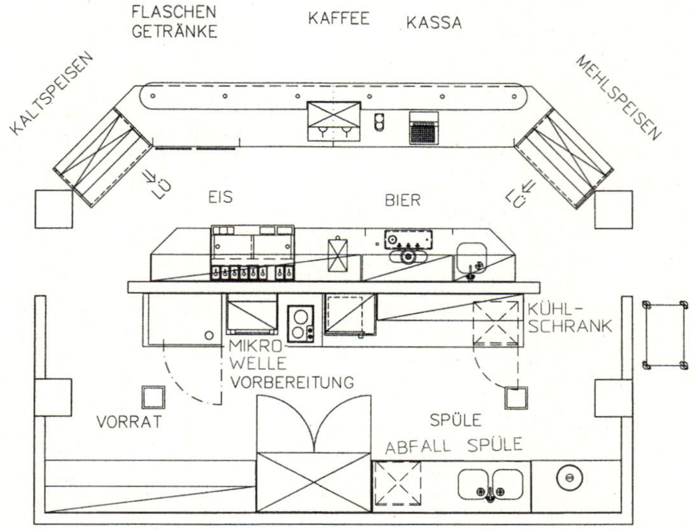

Restaurantküche 1 : 100
mit angeschlossener Getränkebar
Appartementhotel Kaiser Franz Josef
Wien 19
(Lit.: Fa. Arealbau)

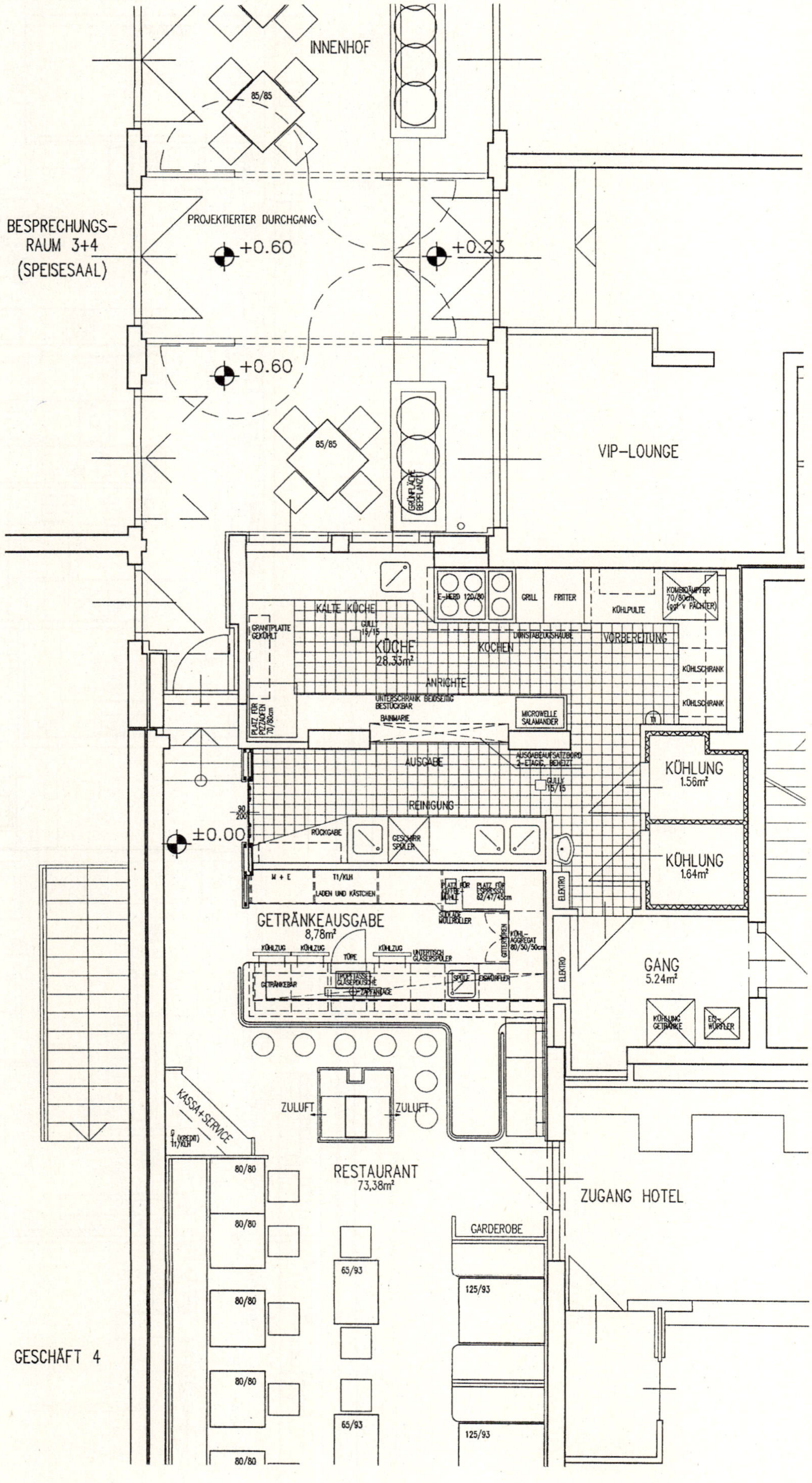

Restaurantküche
für 200 Essen à la carte
Wien
(Lit.: Fa. Krefft)

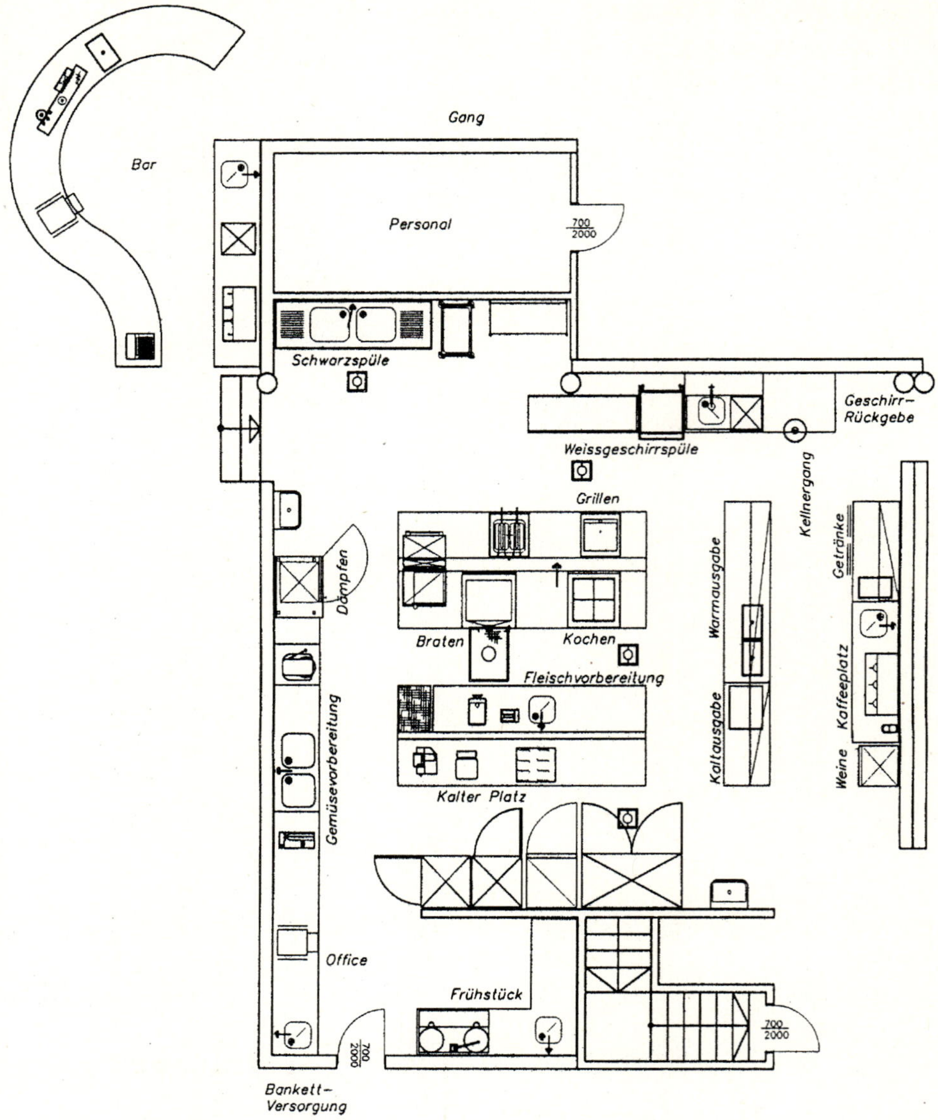

Pizzeria 1 : 100
(Lit.: Fa. Krefft)

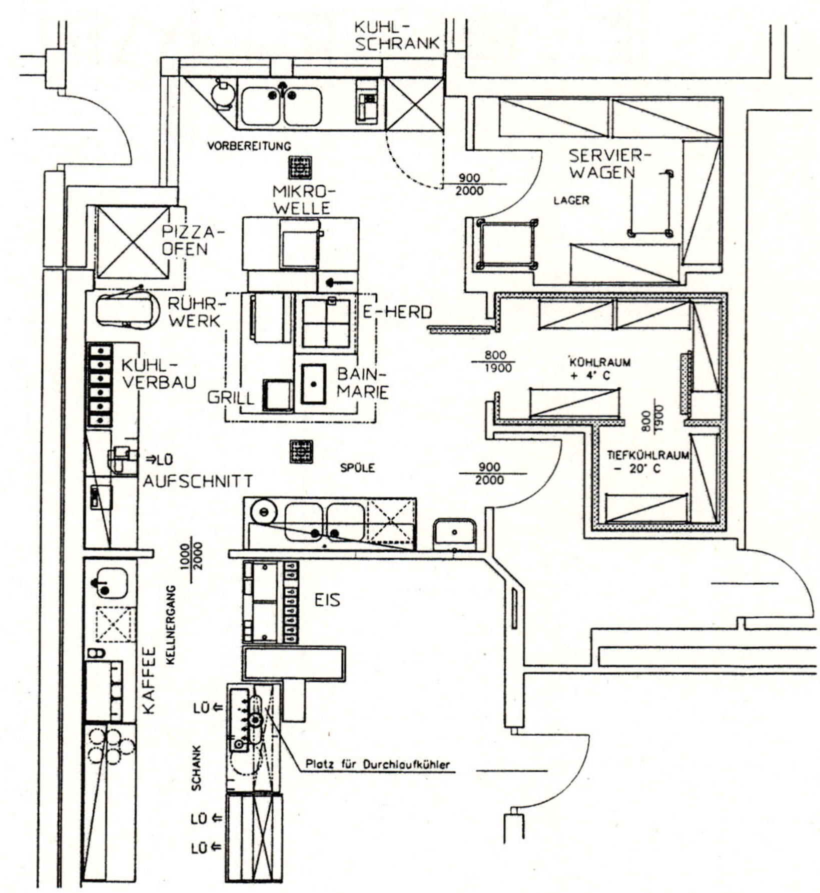

Werksküche mit Selbstbedienung 1 : 100

für Catering (Aufwärmen und Fertigstellen von angelieferten Essen)
(Lit.: Fa. Krefft)

Legende:

1) Tablett- und Besteckspender
2) Tablettrutsche
3) Vorderfrontverkleidung
4) Ausgabebord
5) Ausgabeaufsatz
6) 2 Stk. Tellerspender beheizt, fahrbar
7) 2 Stk. Bainmariewagen GN 3/1
8) Tiefkühl-Kühlkombination
9) Waage 3 kg
10) Aufschnittmaschine
11) Arbeitsschrank
12) Mikrowellenherd
13) Bord für Mikro
14) Handwaschbecken
15) Arbeitsschrank
16) Schnellkochkessel 80 l
17) Kippbratpfanne GN 2/1
18) Element
19) 4-Platten-E-Herd mit Backrohr
20) 6 Stk. Thermoport
21) Arbeitsschrank
22) Bodenwanne 800 x 400
23) Bodenwanne 800 x 500
24) Dunstabzugshaube
25) Hängeschrank
26) Arbeitstisch fahrbar
27) Arbeitstisch
28) Konvektomat
29) Rollbalken
30) Kaffee-Brühanlage mit 3 Stk. Servierwagen

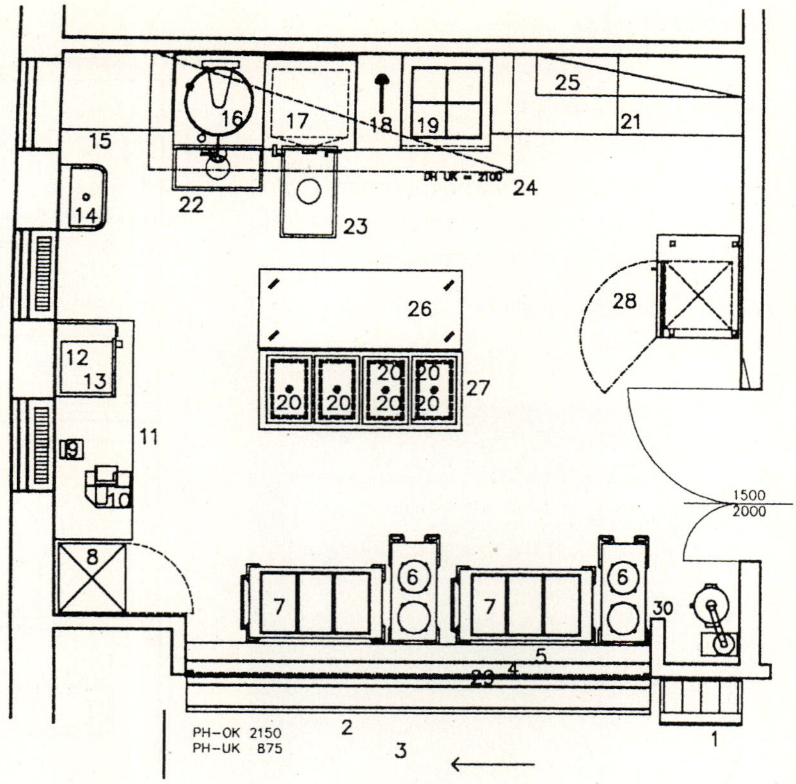

Betriebsküche mit Selbstbedienung 1 : 100

für 2 vor Ort hergestellte Wahlmenüs
(Lit.: Fa. Krefft)

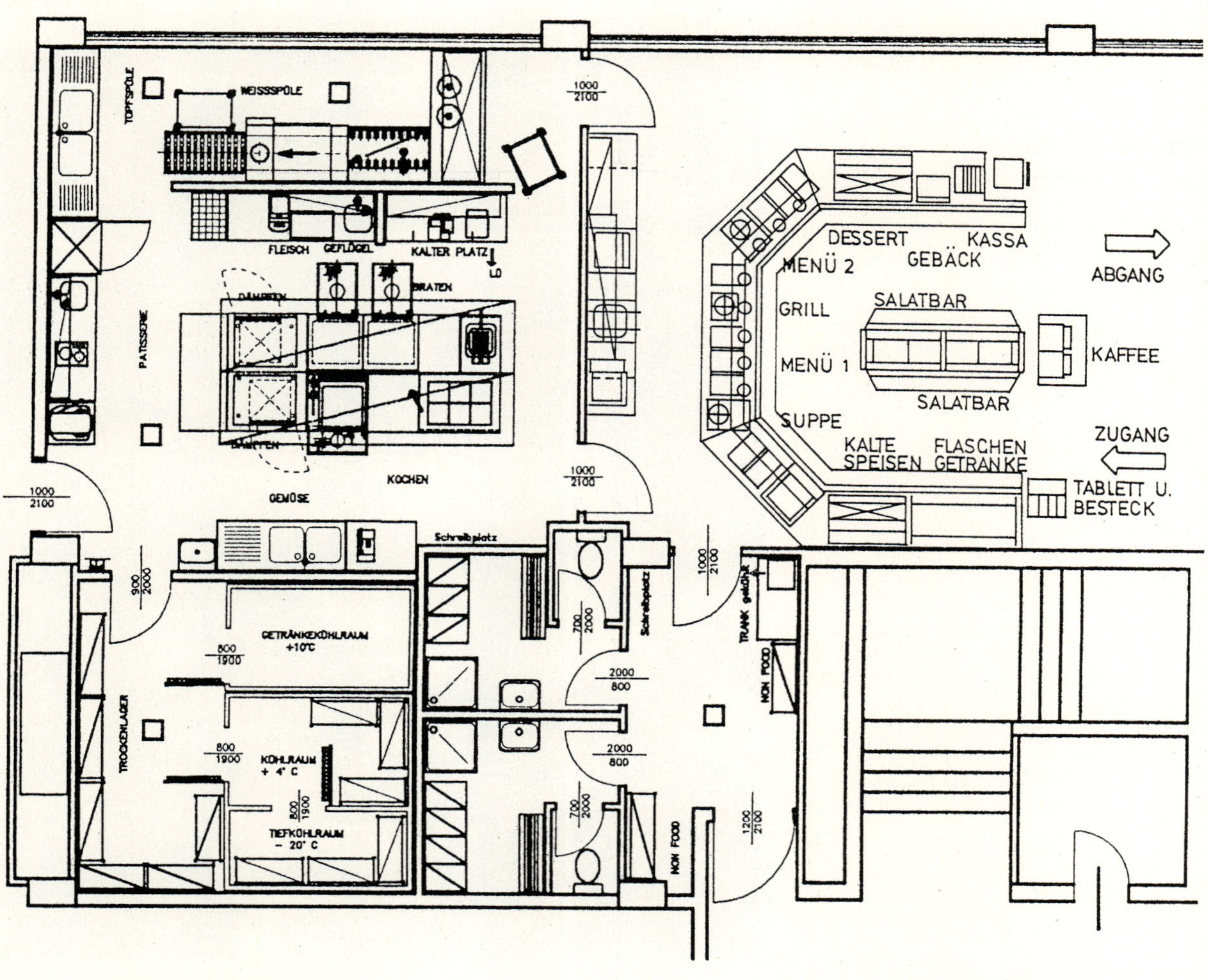

Beispiele

American Bar, Wien
Arch. Adolf Loos 1908

Meisterleistung der Raumökonomie. Durch schwere Kassettendecke und Verspiegelung von 3 Wänden optisch vergrößert.

Zeitlos und nach fast einem Jahrhundert noch immer vorbildlich.

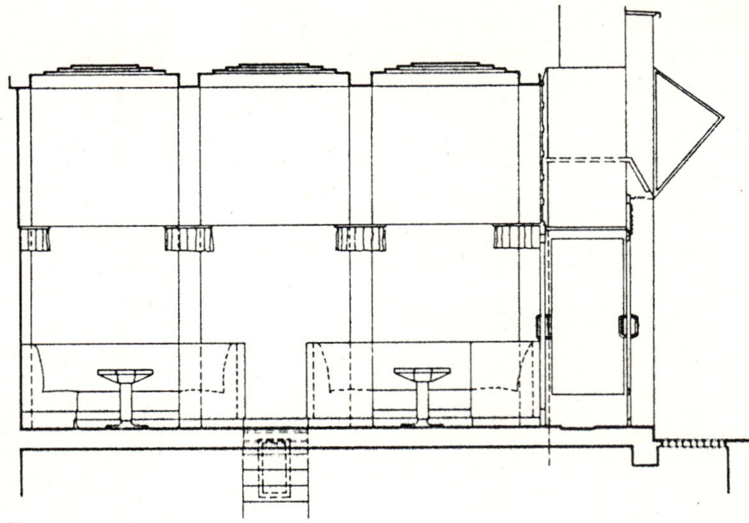

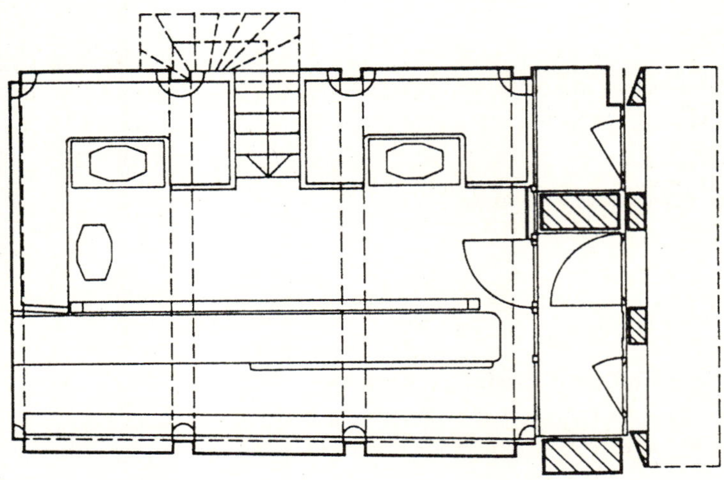

Dennstedt
Café, Bar, Restaurant, Wien 8
Architekten Larch, König 1997
(Lit.: 8)

Ein schmaler, rechteckiger Raum für das Restaurant, entlang der Straße und gegen diese öffenbar, ein trapezförmiger Raum beim Eingang für Café und Bar. Der Eingang liegt an der Zäsur zwischen den beiden Bereichen.

Sehr klare, kühle Atmosphäre, die erst am Abend und durch die Gäste zu ihrem vollen Leben kommt.

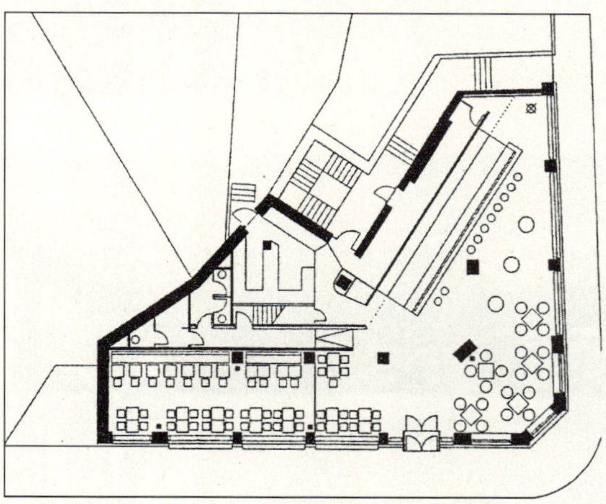

Bistro Blaue Ente, Zürich
Arch. AXYZ, Gerd Burla 1986

Restaurant mit 80 Sitzplätzen um eine alte Turbine gruppiert, innen liegende Küche mit langem Ausgabetresen, Bar und Stehbar.

Industrielook mit viel Chrom, frei liegenden Lüftungsrohren und Neonbeschriftungen.

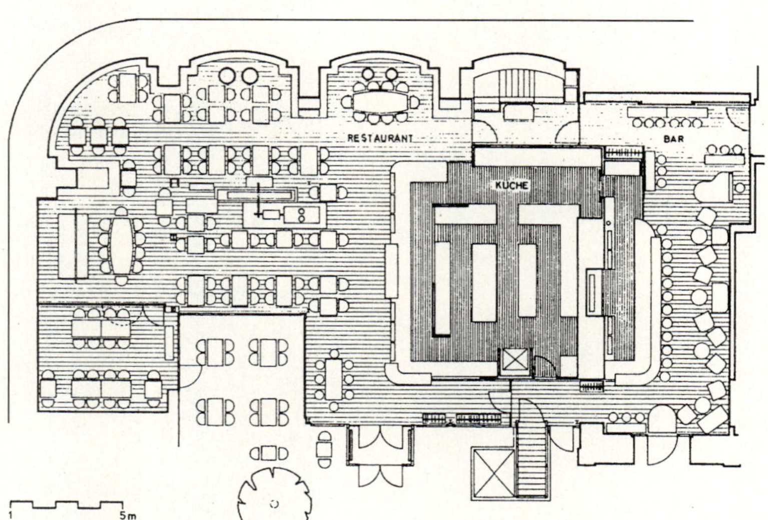

Expo-Cafe, Hannover
Architekten Pax und Hadamczik,
Hannover 1998
(Lit.: 18)

Coolness und Internationalität bestimmen die Atmosphäre dieses Cafes, geprägt von Aluminium, Glas und hellem Buchenholz. 12 m lange Bar, Galerie mit Veranstaltungsräumen.

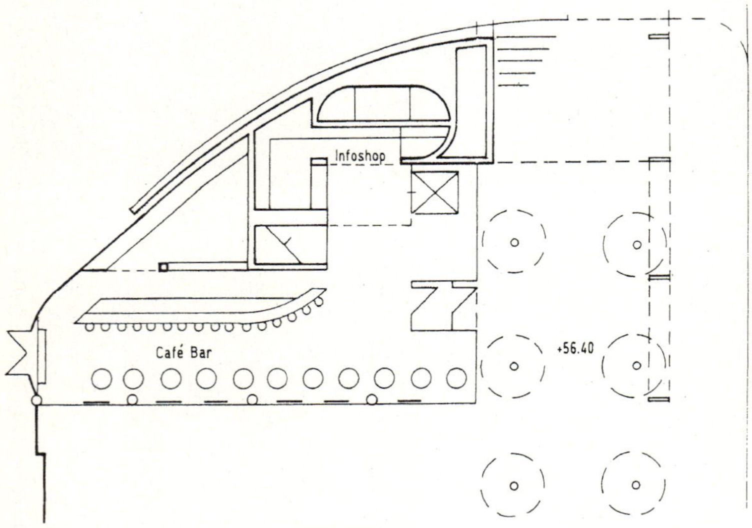

Restaurant Belgo Zuid, London
Architekten Farshid Moussavi und Alejandro Polo
1999
(Lit.: 23)

Interessante Schalenarchitektur mit verschiedenen Raumhöhen. Die langen geraden Tischreihen erinnern an Bierhallen und sind nicht geeignet, private Atmosphäre und Gemütlichkeit zu vermitteln.

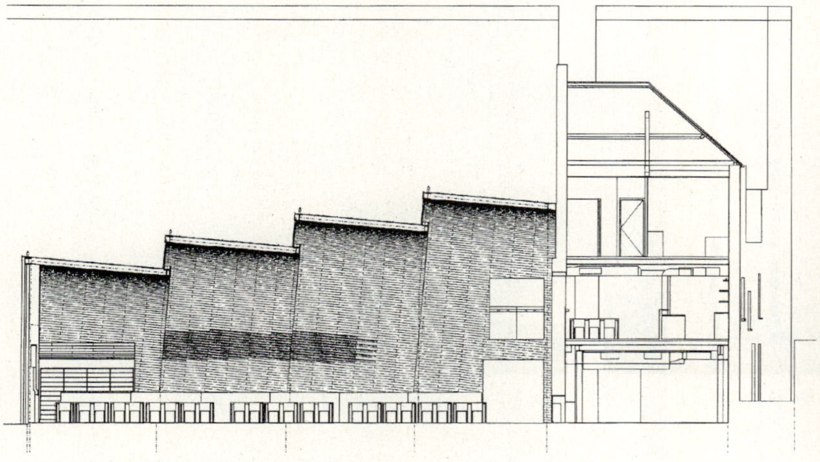

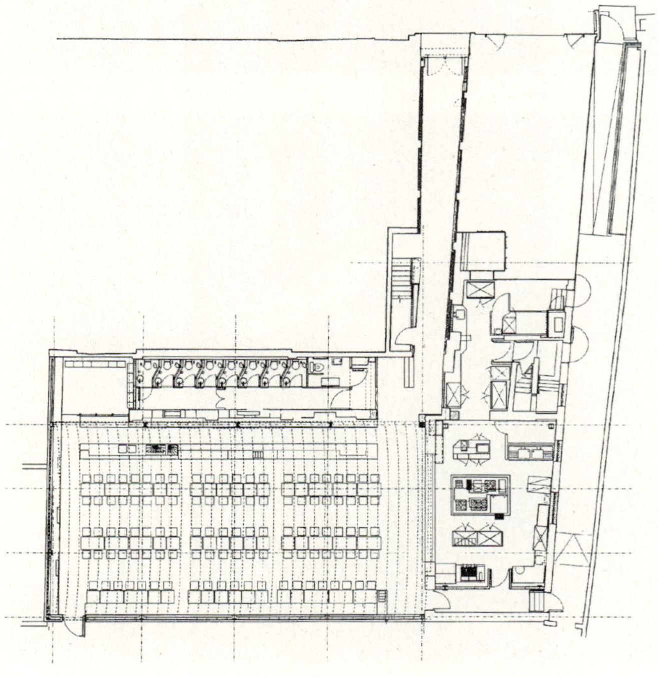

Restaurant in historischer Substanz, Krems
Arch. Eichinger oder Knechtl 2003
(Lit.: 7, Heft 11/2003)

In das aufgelassene und in der Zwischenzeit verschieden genutzte Kloster Und wurde ein Veranstaltungsraum mit Gastronomie eingebaut. Neue Zubauten in Form und Material klar abgegrenzt.

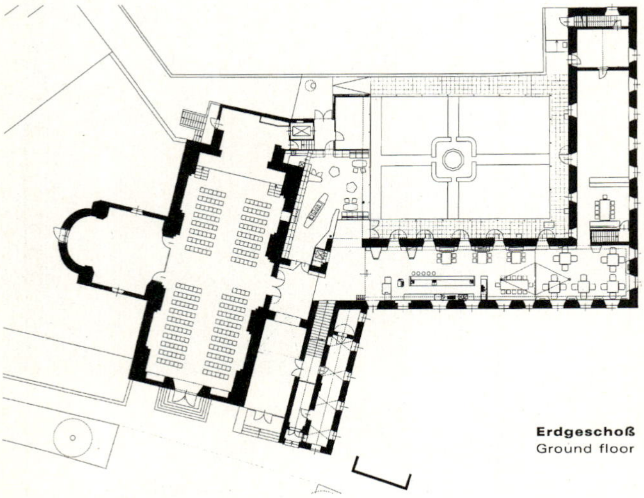

Erdgeschoß
Ground floor

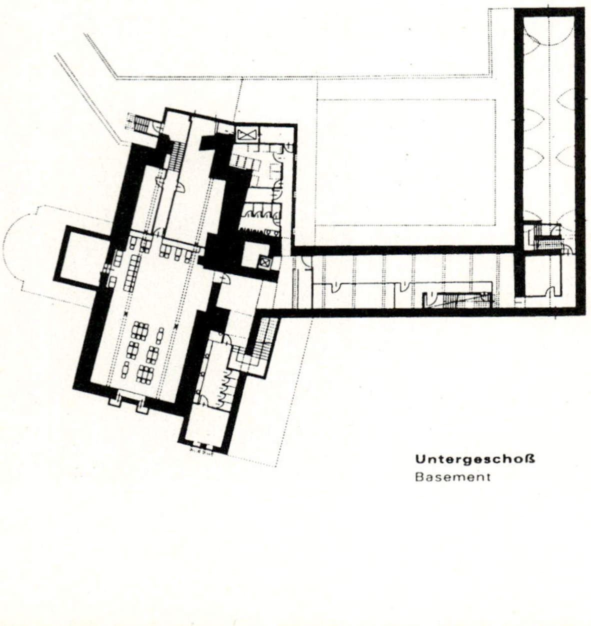

Untergeschoß
Basement

3. Teil

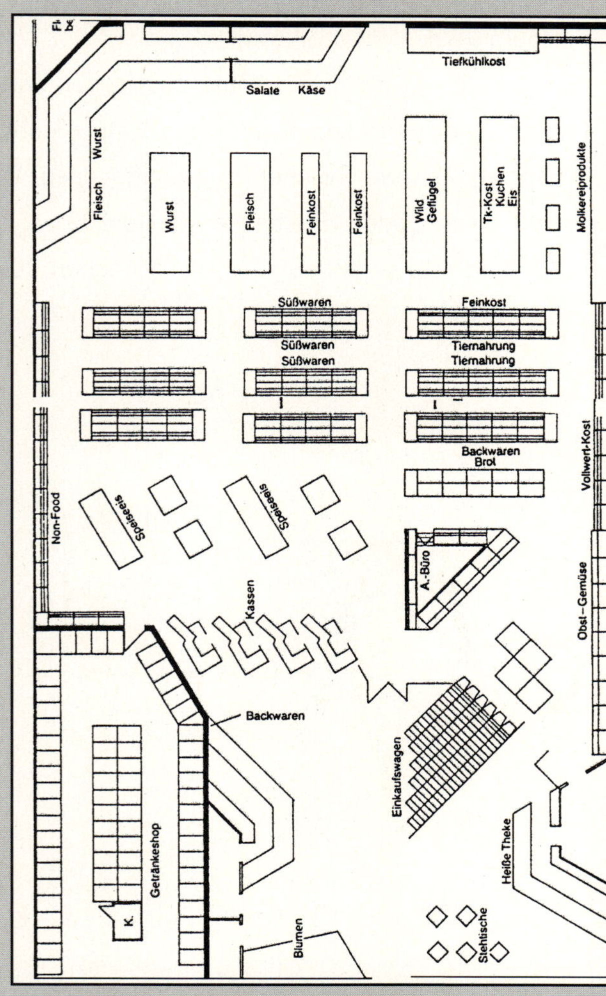
Tiefkühlkost
Salate Käse
Fleisch Wurst
Wurst
Fleisch
Feinkost
Feinkost
Wild Geflügel
Tk-Kost Kuchen Eis
Molkereiprodukte
Süßwaren
Feinkost
Süßwaren
Tiernahrung
Süßwaren
Tiernahrung
Backwaren Brot
Vollwert-Kost
Non-Food
Speiseeis
Speiseeis
A.-Büro
Obst-Gemüse
Kassen
Backwaren
Einkaufswagen
Getränkeshop
K.
Heiße Theke
Blumen
Stehtische

Läden

Literatur und Bildquellen: Läden

01 Mang Karl und Eva, Neue Läden, Hatje, Stuttgart 1981

02 Kief-Niederwöhrmeier Heidi/Niederwöhrmeier Hartmut, Neue Glaspassagen, A. Koch, Leinfelden — Echterdingen 1986

03 Pierotti-Cei Luisa, Das Leben in Italien während der Renaissance, Herbig, München — Berlin 1977

04 Neufert Ernst, Bauentwurfslehre, Bertelsmann Fachverlag, Düsseldorf 1973

05 Étienne Robert, Pompeji, Das Leben in einer antiken Stadt, Reclam, Stuttgart 1974

06 Architektur, Orac Zeitschriftenverlag, Wien, Heft Nov. 1995, Juni 1996, 3 (April) 1999

07 Architektur aktuell, Springer-Verlag, Wien, Heft 192/1996

08 Wenz-Gahler Ingrid, Gestaltete Läden, A. Koch, Leinfelden — Echterdingen 1987

09 Achleitner Friedrich, Österreichische Architektur im 20. Jahrhundert, Band III/1, Residenz Verlag, Salzburg 1995

10 Architektur und Bauforum, Österreichischer Wirtschaftsverlag, Wien, Heft 154/1993

11 Davies Colin, High-Tech-Architektur, Hatje, Stuttgart 1988

12 Bauforum, Österreichischer Wirtschaftsverlag, Wien, Heft 130/1988, 131/1989, 136/1990

13 Pracht Klaus, Läden, Birkhäuser, Basel 2001

14 Lenze/Luig, Gewerbebauten, DVA, München 2003

Ladenbau

Geschichtliche Entwicklung

Seit Beginn der arbeitsteiligen Gesellschaft müssen Waren mit oder ohne Umweg über den Geldwert ausgetauscht werden. Jeder Anbieter von Waren oder Dienstleistungen versucht einen Rahmen zu schaffen, dem Kunden diese zu präsentieren und ihn zum Kauf anzuregen. Die einfachste Form des Ladens war der Markt, auf dem die Verkäufer die Waren einfach vor sich auf den Boden breiteten und auf Kunden warteten.

Verkauft man nicht nur einmal in der Woche seine eigenen Erzeugnisse, sondern versucht seinen Kunden eine ständige Anwesenheit an einem bestimmten Platz zu bieten, so ergibt sich die Notwendigkeit, für einen Witterungsschutz und einen Schutz der Waren vor Diebstahl zu sorgen. Das erste Geschäft ist entstanden.

Bereits in der Antike gab es neben den Wochenmärkten fixe Ladenstraßen mit einem sehr spezialisierten Warenangebot, wobei schon damals versucht wurde, durch Öffnung des Ladens gegen die Straße den Kunden zum Eintreten zu bewegen oder zumindest die Waren von weither sichtbar zu machen. Schon damals wurden die Läden durch Abstellräume und kleine Werkstätten ergänzt. Im Mittelalter und im Orient wurden die Läden gleicher Zünfte in eigenen Straßen konzentriert, um die Konkurrenz für den Käufer überschaubarer zu machen. Schon in der Renaissance galten feste Öffnungszeiten, wobei Läden für den täglichen Bedarf auch an Feiertagen offen halten mussten. Die Ausstattung und Größe des Ladens richtete sich schon zu dieser Zeit nach dem Warenangebot und dem zu erwartenden Kundenstock. Nicht umsonst sind die ältesten noch heute original erhaltenen Ladeneinrichtungen die von Apotheken, denn für die Gesundheit war man schon immer bereit, viel Geld auszugeben.

Im 19. Jh. entwickelte sich vor allem in Wien eine typische Ladenarchitektur mit Holzportalen, welche mehr oder weniger sorgfältig verziert waren, mit Blechrollladen und darüber liegenden Beschriftungen. Bereits in dieser Zeit entstanden die ersten Geschäftspassagen, welche in durch Stahlglaskonstruktionen überdeckten Höfen eingebaut wurden und ein wettergeschütztes Einkaufen ermög-

Verkaufsstand in Bali, Indonesien
(Foto d. Verf.)

Esswarenladen in Pompeji
(Lit.: 1, Grundriss aus 5)

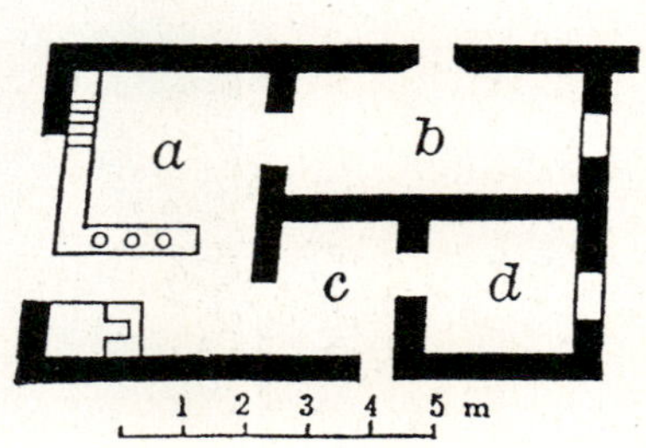

lichten. Fast in allen europäischen Städten entstanden solche Passagen, die erst von den Großkaufhäusern abgelöst wurden. Erst heute ist der Trend wieder rückläufig und geht von den Großkaufhäusern zu einem detaillierten Angebot verschiedener Kleingeschäfte innerhalb einer umbauten Hülle, wie die verschiedenen Shoppingcenter beweisen.

Durch die Notwendigkeit, die Aufmerksamkeit des Kunden auf das eigene Geschäft zu ziehen, sind Geschäfte und Portale einem schnelleren Wandel unterworfen als andere Bauten. Sie spielen eine Vorreiterrolle bei der Durchsetzung neuer Stilrichtungen und verwirklichen oft gewagtere und lautere architektonische Ideen als andere Bauten. Nicht umsonst konnten große Architekten wie Adolf Loos, Gerrit Ritfeld, Le Corbusier und auch Hans Hollein zum ersten Mal mit Läden und Geschäftsportalen ein größeres Publikum auf ihre Architektur aufmerksam machen.

Lebensmittelläden in Italien 15./16. Jahrhundert

Typische Geschäftsportale mit Rollbalken
Wien 19. Jh., Linke Wienzeile, Otto Wagner (Lit.: 1)

Herrenmodengeschäft Knize, Wien
Arch. Adolf Loos 1910/11
(Lit.: 1)

Depeschenbüro Die Zeit, Wien
Arch. Otto Wagner 1902
(Lit.: 1)

Juweliergeschäft Schullin, Wien
Arch. Hans Hollein
(Lit.: 1)

Nach dem 2. Weltkrieg setzte eine Spaltung in der Philosophie des Verkaufens ein. Während kleine Spezialitätengeschäfte weiterhin auf die Beratung des Kunden setzten und die **Ware an den Kunden** heranbrachten, entstanden große Geschäftsketten, vor allem für die Waren des täglichen Gebrauches, wo der **Kunde an die Ware** herangebracht wurde (Supermärkte). In diesen Warentypen wurde die Ware in großen Regalen dem Kunden zur Schau gestellt, wobei dieser ohne fachkundige Beratung durch Personal auswählte und dann an Sammelkassen seine Rechnung begleichen konnte. Durch den starken Konkurrenzkampf dieser Ketten wurde oft gerade durch das schmucklose und industriemäßige Äußere dieser Kaufhallen optisch angezeigt, dass man kein Geld für die Gestaltung vergeude, sondern eine möglichst große Spanne dem Kunden durch Verbilligung des Angebotes zukommen ließe.

Das Schaufenster

Ladengestaltung beginnt damit, das Warenangebot möglichst attraktiv und umfassend vor das Auge des Passanten zu bringen. Dies kann auf vielerlei Weise geschehen. Die meistverwendete und traditionelle Lösung ist das Schaufenster, in welches einige ausgewählte attraktive Waren gestellt werden. Es soll den Kunden anlocken und ihn veranlassen, möglichst mehr über das Angebot erfahren zu wollen und den Laden zu betreten. Statt der Anordnung eines Schaufensters kann auch die gesamte Frontseite des Ladens geöffnet werden, sodass der Kunde leichter in den Laden selbst eintreten kann, oder es entsteht durch Ausbuchten des Eingangsbereiches eine Art Passage, von der aus er in den Laden und sein Angebot Einblick hat. Für gewisse Arten von Geschäften kann es sogar attraktiv sein, das Schaufenster zu schließen und nur kleine Öffnungen offen zu halten, um den Kunden anzulocken, das Geheimnisvolle hinter diesen Öffnungen näher zu betrachten (dies gilt vor allem für Schmuckgeschäfte etc.). In der Regel aber soll die Ware werben und die formale Gestaltung tritt daher hinter die möglichst optimale Präsentation der zur Schau gestellten Stücke zurück.

Gestaltungsmöglichkeiten von Schaufenstern und Passagen
(Lit.: 4)

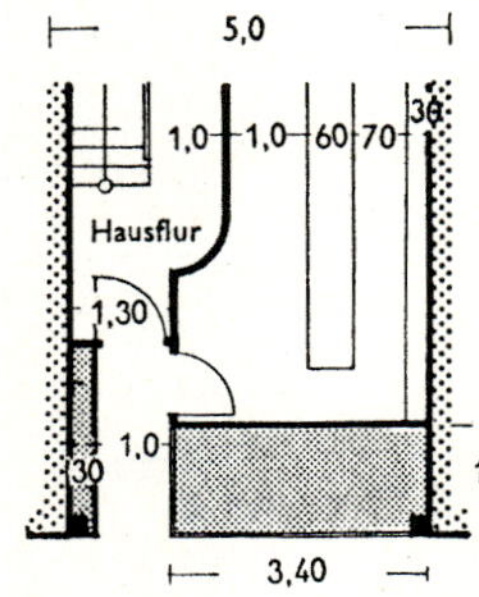

(1) Bei zurückliegender Treppe zu den oberen Geschossen wird Eingang zum Laden zugunsten der Schaufenster zurückverlegt. Innere Ladenmindestbreite 2,60 m

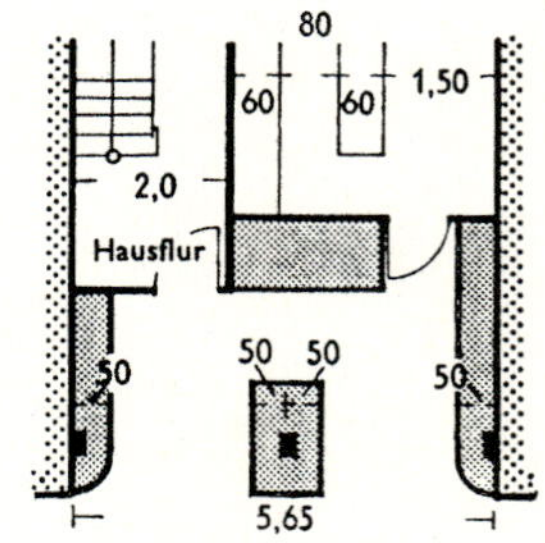

(2) Vor sehr tiefen Läden liegen, vor allem in sehr verkehrsreichen Straßen, offene Schauräume, die oft einen großen Eindruck ermöglichen, wenn auch nur ein schmaler Laden dahinterliegt

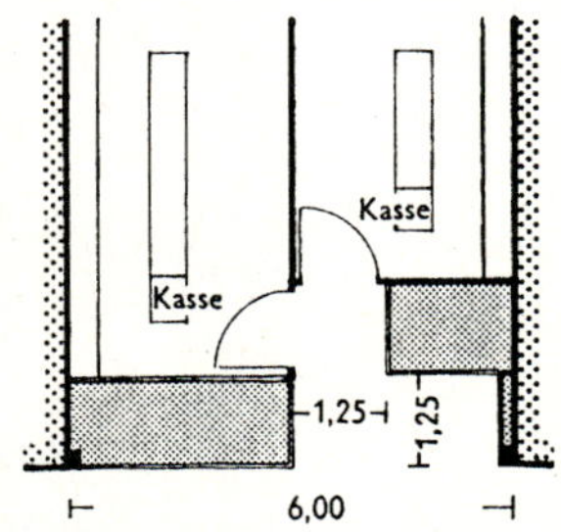

(3) Durch Versetzen der Eingänge und Zurückrücken des einen Schaufensters wird Vorplatz und viel Schaufensterfläche gewonnen bei einfacher, rechtwinkliger Baugestaltung

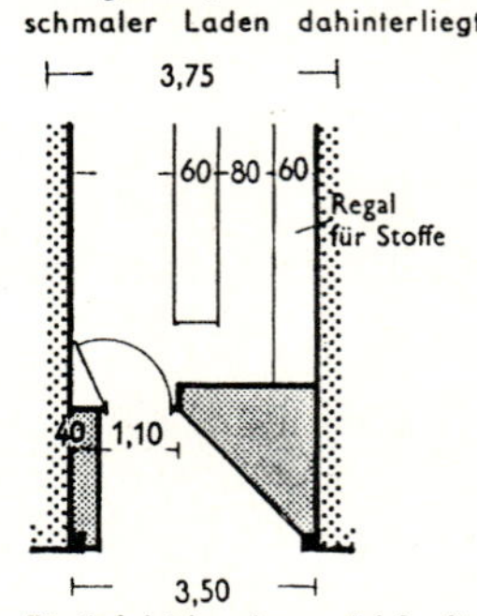

(4) Für tiefe Läden eignen sich breite Vorplätze mit schräg zum Eingang verlaufenden Schaufenstern, die den Besucher aus dem Straßengetriebe herauslösen

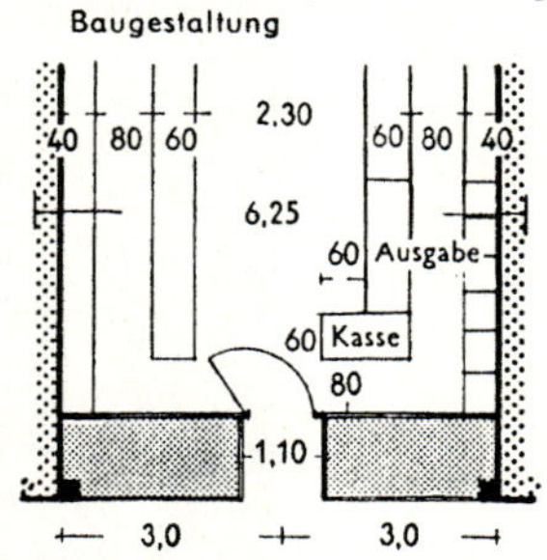

(5) Mitteleingänge sind angebracht bei Läden von ≧ 6,0–6,2 m Breite, die Ladentische an beiden Seiten ermöglicht. (Die Kasse und Ausgabe liegen immer am Eingang)

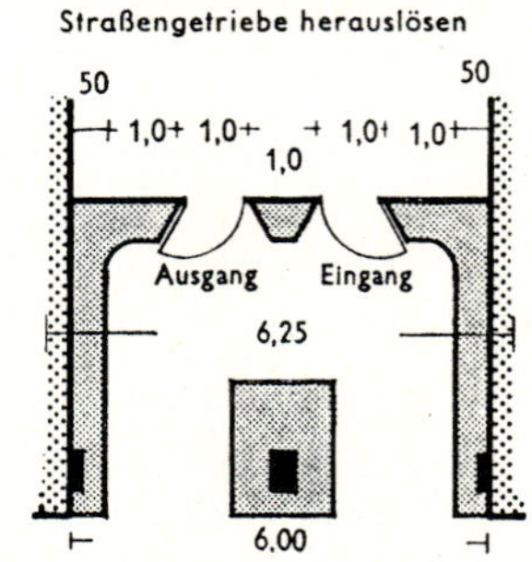

(6) Zu Läden mit viel Verkehr gehören getrennte Türen für Aus- u. Eingang. Sie können bei beengtem Raum nebeneinanderliegen, sonst ca. 1 m auseinander

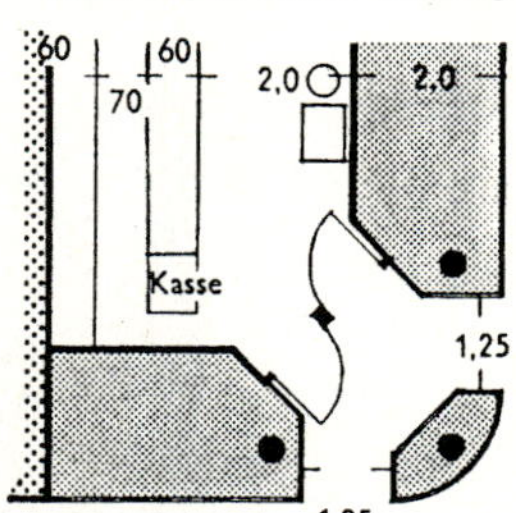

(7) Eingänge an der Ecke liegen besser hinter einem Schaufenster (Gutes Beispiel: Grünfeld, Berlin, Kurfürstendamm)

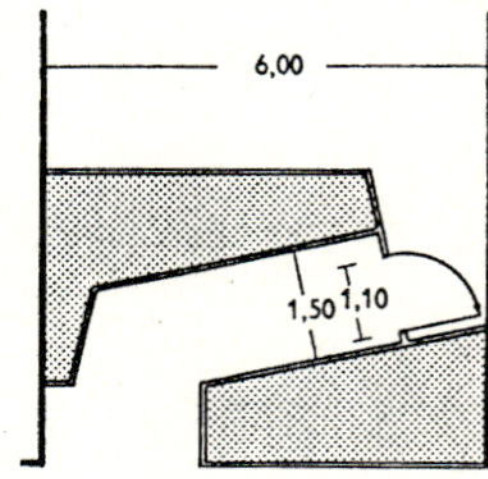

(8) Das vitrinenartig vorgebaute Schaufenster bietet zusätzliche Ausstellfläche

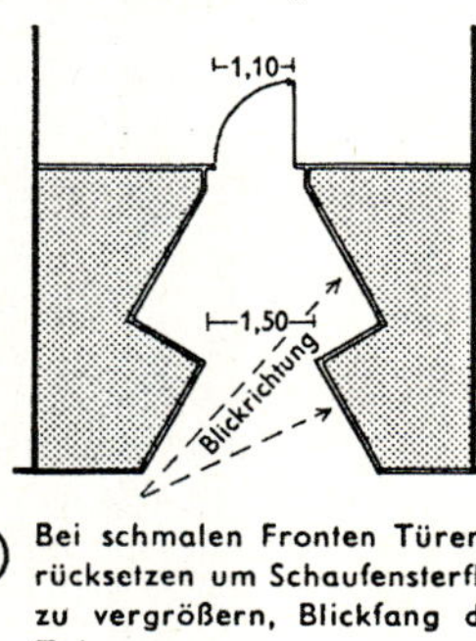

(9) Bei schmalen Fronten Türen zurücksetzen um Schaufensterfläche zu vergrößern, Blickfang durch Zahnung

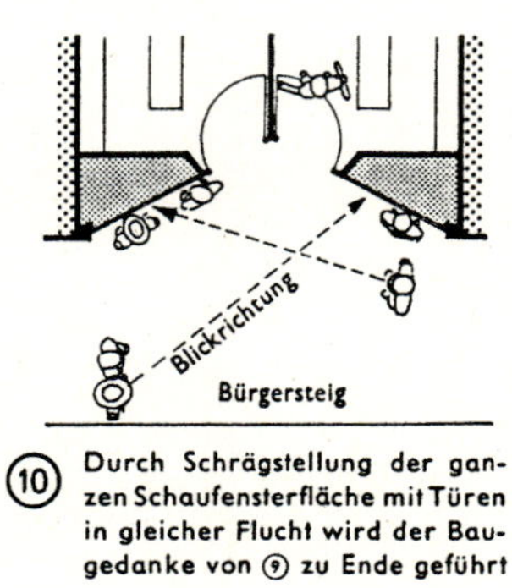

(10) Durch Schrägstellung der ganzen Schaufensterfläche mit Türen in gleicher Flucht wird der Baugedanke von (9) zu Ende geführt

Hiebei ist die Beleuchtung von besonderer Bedeutung. Diese richtet sich wiederum nach dem Warenangebot, sollte jedoch möglichst nur dieses und nicht seine Umgebung beleuchten (Spots, Niedervoltleuchten, Strahler, Scheinwerfer). Tiefstrahler bringen scharfe Kanten und Kontraste, während Breitstrahler sehr weiche Formen und wenig Schatten erzeugen. Die Farbtemperatur richtet sich ebenfalls nach dem Verwendungszweck der ausgestellten Ware. Autos, die bei Tageslicht gefahren werden, sowie Lebensmittel, deren farbrichtige Wiedergabe besonders wichtig ist, werden eine hohe Farbtemperatur erfordern (5000 bis 6000 Grad Kelvin = Tageslicht). Einen Smoking oder ein Abendkleid wird man bei 2500 bis 3000 Grad Kelvin (Kunstlicht) aussuchen. Die Lichtrichtung wird meist von oben erfolgen, da sie die gewohnte Lichtrichtung darstellt. Besondere Effekte können jedoch durch eine Änderung der Lichtrichtung erreicht werden (uplight).

Wichtig ist auf jeden Fall, eine Spiegelung sowohl künstlicher Lichtquellen als auch der Sonne oder des Tageslichtes zu verhindern. Dazu dienen tiefe Auslagen, Sonnenschutzvorkehrungen, Markisen, Vordächer, gewölbte Auslagenscheiben, spiegelfreie Gläser etc.

Beleuchtung

In Supermärkten und Selbstbedienungsläden sollten die Regale möglichst gleichmäßig beleuchtet sein, daher werden Leuchtstoffröhren mit speziell entwickelten Evolventenreflektoren verwendet. Auf Sonderangebote sollten zusätzlich Spots gerichtet werden, denn jeder schaut zuerst zum hellsten Punkt.

Der Eingangsbereich eines Geschäftes sollte immer besonders hell gehalten sein, damit die Schwellenangst beim Eintreten gemildert wird.

Lichtführung und Vermeidung von Spiegelungen bei Auslagen
(Lit.: 4)

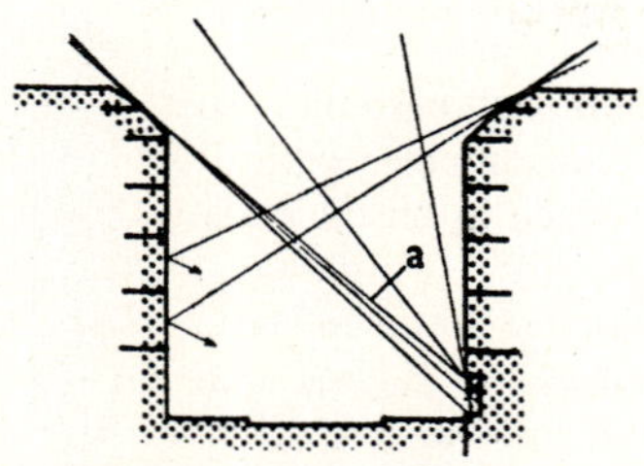

① Ungenügend von Tages- oder künstlichem Licht erleuchtete Schaufenster spiegeln die hellere Gegenfront oder den Betrachter

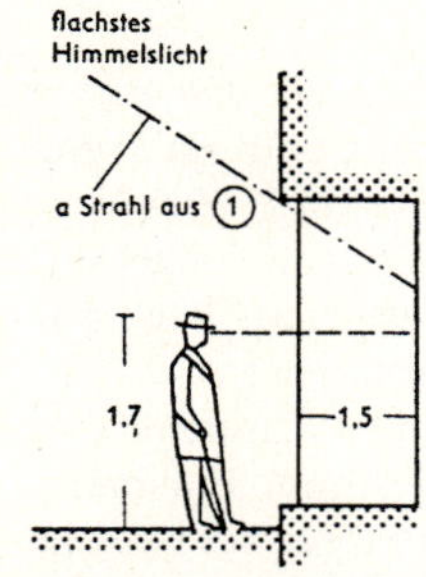

② Die Spiegelung wird wesentlich vermindert, wenn bei flachen Schaufenstern das unmittelbare Himmelslicht noch über der Augenhöhe des Betrachters die Rückwand trifft

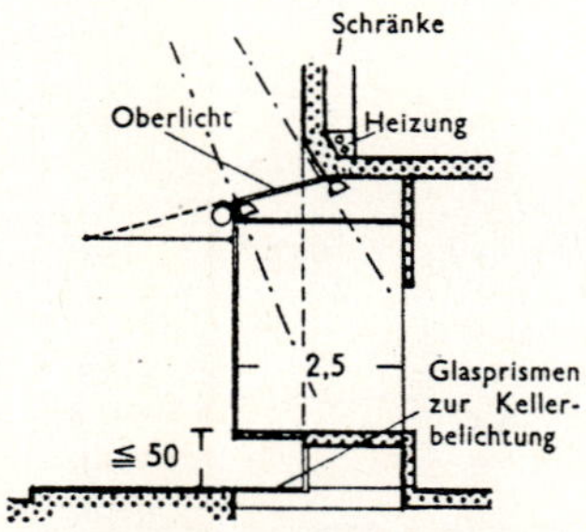

③ Bei tieferen Auslagen sollte möglichst der ganze Schaufensterkasten Oberlicht erhalten

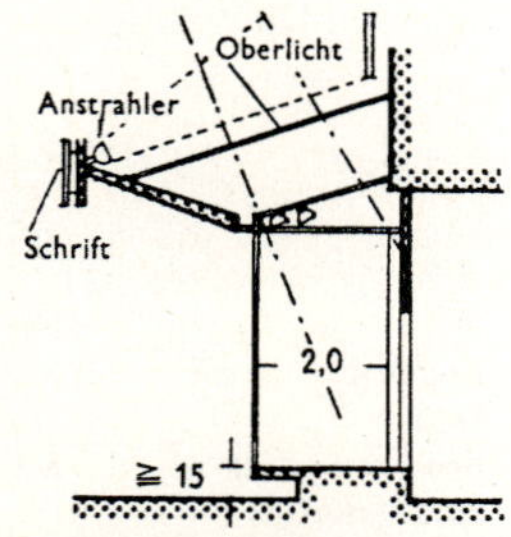

④ Bei weit vorstehendem, schattenspendendem Kragdach bekommt dann das Fenster eine eigenartig helle, anziehende Wirkung

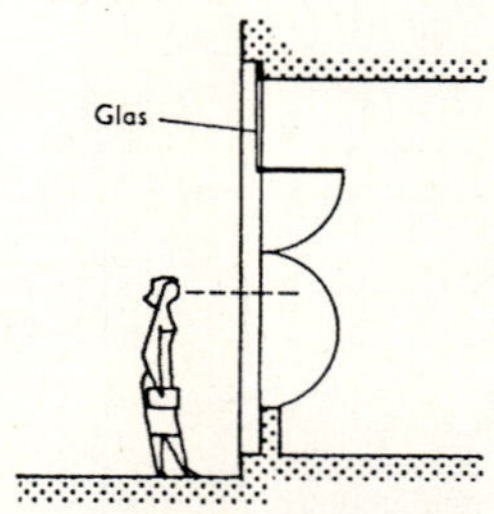

⑤ Der Engländer G. Brown erfand diese Schaufensterscheibenform, die jede Spiegelung vermeidet, so daß man glaubt, die Ware greifen zu können

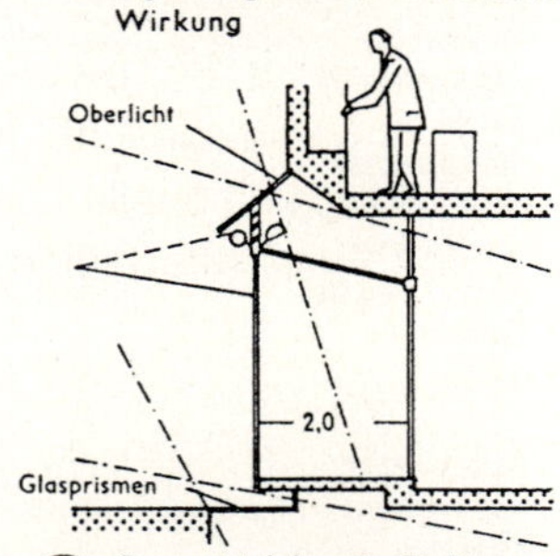

⑥ Besser ist daher die Einführung von hoch liegendem Licht, das vermehrt werden kann durch Rücksprünge im Obergeschoß

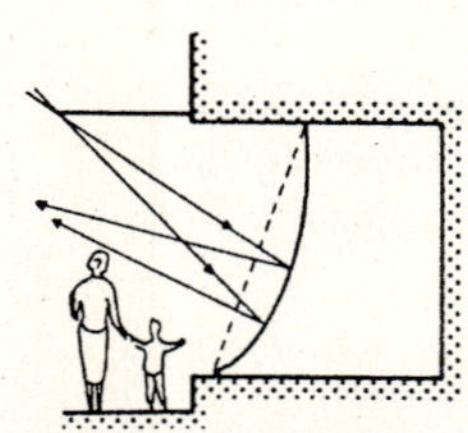

⑦ Zylindrische Glasform reflektiert einfallende Strahlen über Augenhöhe, so daß Spiegelung für Vorbeigehende unsichtbar. Nachteile: leichtes Verstauben der Glasfläche

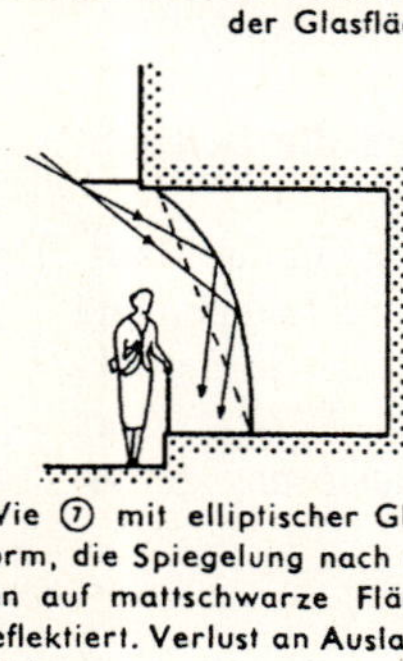

⑧ Wie ⑦ mit elliptischer Glasform, die Spiegelung nach unten auf mattschwarze Fläche reflektiert. Verlust an Auslagefläche

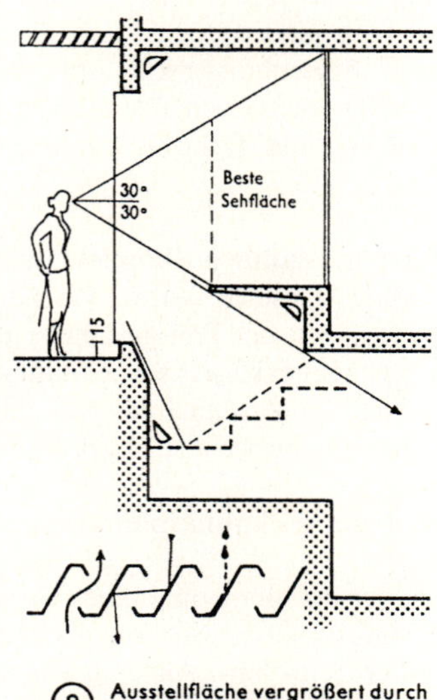

⑨ Ausstellfläche vergrößert durch Einbezug des Kellergeschosses. Architektonisch meist unbefriedigend. Vordach aus Lamellen, welche Luft und Wärme durchlassen, Sonnenstrahlen diffus streuen und Regen auffangen

Planung der grundlegenden Beleuchtungskonzepte für Geschäftslokale mit der von Philips entwickelten Eckpunktmethode

(aus Lit.: 6)

Die Funktionen Sortiment und Verkaufsstil sind horizontal, Preisgestaltung und Geschäftsstil sind vertikal aufgetragen.

Diese Zuordnung wurde überwiegend traditionell bestimmt. So wird z. B. ein kostbares Schmuckstück meistens in einer exklusiven Umgebung präsentiert; Waschmittel dagegen in einem funktionellen Billigpreismilieu.

Auch gibt es einen Zusammenhang zwischen Sortimentbreite und der Bedienungsform. Ein breites Sortiment z. B. läßt sich nicht einfach mit persönlicher Bedienung kombinieren.

Das Aktivitätsgebiet nahezu aller Einzelhandelsformen kann aus dem Diagramm entnommen werden.

Geht man davon aus, daß für jede Geschäftsstrategie eine bestimmte Beleuchtungsanlage erforderlich ist, dann sind die Auswahlkriterien für die Beleuchtung einfach festzustellen. Auf dieser Basis sind die folgenden Diagramme aufgebaut.

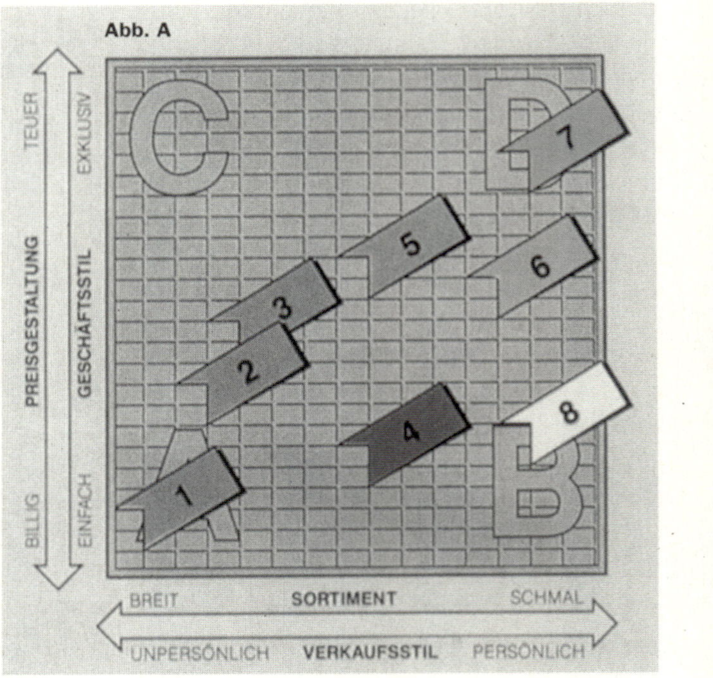

Typische Merkmale

	Kaufverhalten u. Kundenerwartung	Präsentationsform	Eckpunkt
Preisgestaltung	billig	Image: preisgünstig	A
Geschäftsstil	wöchentl. Einkauf	Massenpräsentation	
Sortiment	breit	große Zielgruppe	
Verkaufsstil	Bedienung wird nicht erwartet	Selbstbedienung	
Preisgestaltung	niedrig	Image: preiswert	B
Geschäftsstil	täglicher Einkauf	einfach	
Sortiment	begrenzt	Zielgruppe: nahe Umgebung	
Verkaufsstil	Bedienung u. Beratung wird erwartet	persönliche Bedienung	
Preisgestaltung	hoch	Image: Qualität	C
Geschäftsstil	Impulskäufe	hochwertig	
Sortiment	breit, qualitativ hochwertig	breite, qualitätsbewußte Zielgruppe	
Verkaufsstil	Bedienung bei Bedarf	„Shopping is Fun"	
Preisgestaltung	teuer	Image: Exklusivität	D
Geschäftsstil	gezielte Einkäufe	exklusive Atmosphäre	
Sortiment	ausgesucht	kleine, exklusive Zielgruppe	
Verkaufsstil	individuelle Bedienung wird gewünscht	ausgezeichnete Bedienung und Beratung	

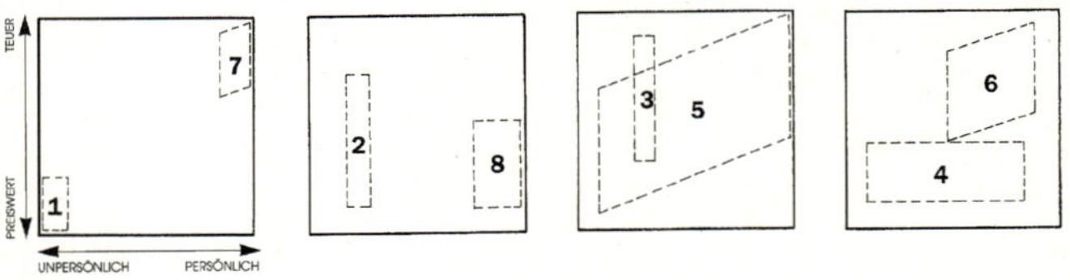

1 = Diskonter
7 = Exklusiv
2 = Supermarkt
8 = Nahversorger
3 = Warenhaus
5 = Modegeschäft
4 = Fachhandel
6 = Spezialgeschäft

Mit der von Philips entwickelten Eckpunktmethode kann die optimale Beleuchtung für jede Verkaufsstrategie eines Geschäftes rasch und sicher konzipiert werden.

Eine optimale Beleuchtung soll Aufmerksamkeit erwecken, Atmosphäre schaffen, der Geschäftseinrichtung entsprechen sowie flexibel an Strategie- und Trendveränderungen angepaßt werden können.

1. Die Eckpunktphilosophie positioniert das Geschäft:
Das zu beleuchtende Geschäft wird nach Kaufverhalten und Bedürfnissen abhängig von der Preisgestaltung (preiswert bis teuer), Geschäftsstil (einfach bis exklusiv) sowie Sortiment (breit bis schmal) und dem Verkaufsstil (unpersönlich bis persönlich) in eine Matrix in die Felder 1 bis 8 wie nebenstehend angeführt eingeordnet.

2. Entsprechend der Eckpunktphilosophie wird die Beleuchtung gestaltet:
Durch Einfügen der Positionierung eines Geschäftes in die Matrixen für Beleuchtungskriterien Allgemeinbeleuchtung, Lampen und Leuchten für Allgemein- bzw. Akzentbeleuchtung sowie Berücksichtigung der „K"-Bündelklassifikation und des Akzentfaktors kann für jedes Geschäft die optimale Beleuchtungslösung gefunden werden.

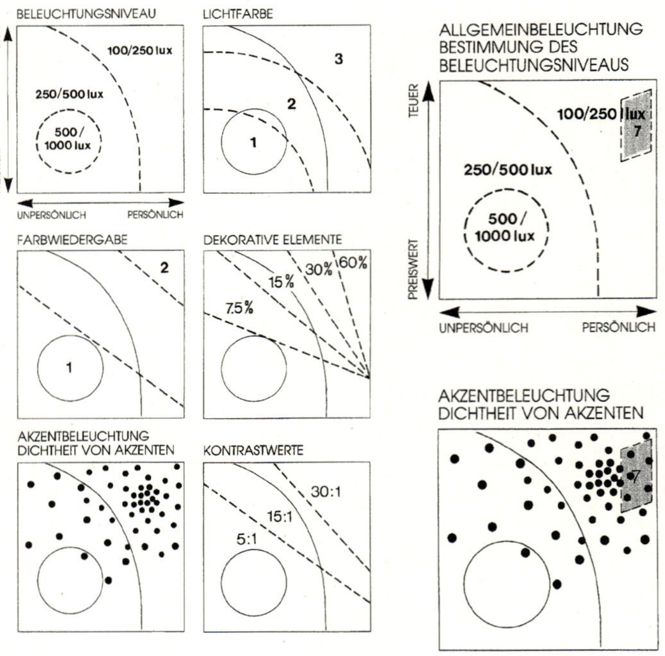

**Abbildung Lichtfarbe: 1 = Neutralweiß, 2 = warmweiß, 3 = extrawarmweiß.
Abbildung Farbwiedergabe: 1 = gute Farbwiedergabe, 2 = sehr gute Farbwiedergabe.
Abbildung Akzentbeleuchtung: Kleine Punkte bedeuten viele kleine Akzente; größere Punkte eine kleinere Anzahl starker Akzente.**

**Beispiel: Beleuchtungsniveau und Dichte von Akzenten für ein exklusives Geschäft (7).
Lösung: Beleuchtungsniveau 100 bis 250 Lux, viele kleine Akzente.**

Beispiele für Geschäftsbeleuchtungen
(Philips Lichtstudio, aus Lit.: 6)

1. **Supermarkt**

   Reduzierte Gesamtbeleuchtung in den Gassen, indirekte Beleuchtung der Regale. An den Stellen der Sonderangebote zusätzliche Triton-Strahler.

2. **Möbelhaus**

   Grundbeleuchtung in den Gehbereichen mittels Energiesparlampen, Objekte bestrahlt mit Strahlern (White SON-Lampen) ohne UV-Lichtabgabe, um ein Ausbleichen der Stoffe zu verhindern.

3. **Modehaus**

   Optische Führung durch Einbau-Downlights mit Kompaktleuchtstofflampen. Objekte mit schwenkbaren Metall-Halogenstrahlern beleuchtet, in den Vitrinen zusätzlich Niedervoltstrahler.

Eingang und Fassade als Visitenkarte

Schon beim so genannten Geschäftsportal teilt der Inhaber den Stil und Charakter seines Geschäftes mit und wen er als Kunden gerne anziehen möchte. Denn immer ist es das Äußere des Geschäftes, das den ersten Eindruck prägt und darüber entscheidet, ob der Passant als Kunde eintreten oder weitergehen will (Lit.: 8).

Je größer ein Unternehmen ist, umso mehr wird dabei auch Image, Identität und Corporate Identity hineinspielen. Nur ganz große und exklusive Firmen gehen dann wieder den umgekehrten Weg und überraschen durch ein außergewöhnliches und unkonventionelles, unerwartetes, progressives Projekt.

Heute will sich der Kunde auch in gehobenen Spezialgeschäften zuerst unverbindlich umschauen, das Warensortiment prüfen, bevor er sich einem Verkäufer anvertraut. Doch hier unterscheidet sich das Fachgeschäft vom Supermarkt, das Kombinationen von Waren zeigt, wie die Ware anwendbar und kombinierbar ist.

Beispiel: Sakko mit Hose, Schuhen, Hut, Mantel, aufeinander abgestimmt.

Oder: Möbel mit Bezugstoff, Pölstern, Decken, Fernsehern, damit der Kunde die gesamte Palette und Umwelt des gewünschten Gegenstandes erfassen kann und auch dazu angeregt wird, die entsprechenden Accessoires mitzukaufen.

Raumverteilung

Durch die Art der Möblierung kann man ebenso wie durch die Wahl von Farben und Materialien Qualitäten in der Kundenbetreuung zum Ausdruck bringen. Kleine Einzelberatungstische sowohl bei Banken als auch z.B. in Juweliergeschäften symbolisieren individuelle Beratung und Betreuung, lange Tische zum Auflegen der Waren ein großes Angebot. Hightech-Ausstattung steht für Fortschrittlichkeit und ein Lager am letzten technischen Stand, warme Farben, Kleinräumigkeit und viel Holz für wertvolle und persönliche Gegenstände, wie Antiquitäten etc.

Dies alles kann im Extremfall zu Inszenierungen führen, welche das Verkaufsprodukt in seiner ursprünglichen oder gewünschten

Kerzengeschäft Retti, Wien
Arch. Hollein (Lit.: 9)

Geschlossen, wertvoll, Neugierde erweckend.

Modegeschäft 1. August, New York
Arch. Ranalli (Lit.: 1)

Auffallend, transparent, Einblick gewährend (das Geschäft wird zur Auslage).

Umgebung zeigen oder den Käufer in das Herkunftsland der Produkte führt (z.B. chinesisches Ambiente in Demmers Teehaus).

Je weniger Ware präsentiert wird, desto mehr wird seine Umgebung als Bühne gestaltet, um diese in einer außergewöhnlichen Inszenierung zur Geltung zu bringen.

In diesem Sinne sind die nachfolgenden Beispiele zu sehen und zu interpretieren, da im Ladenbau alles unter dem Aspekt der Präsentation der Ware gesehen werden muss und nicht einmal die Höhe des Ladentisches mehr bindend ist.

Raumverteilung in einem kleinen Geschäft am Beispiel einer Tabaktrafik

Arch. Busch, Wien

Direkter Weg zum Ladentisch für schnelle Kunden, Ruhebereich für Verweilkunden, die ungestört Ware aussuchen möchten, Gestaltung von Auslage und Nachtverschluss des Ladeneingangs mittels einer Vitrine oder eines Automaten, Nebenraum (keine eigene WC-Anlage).

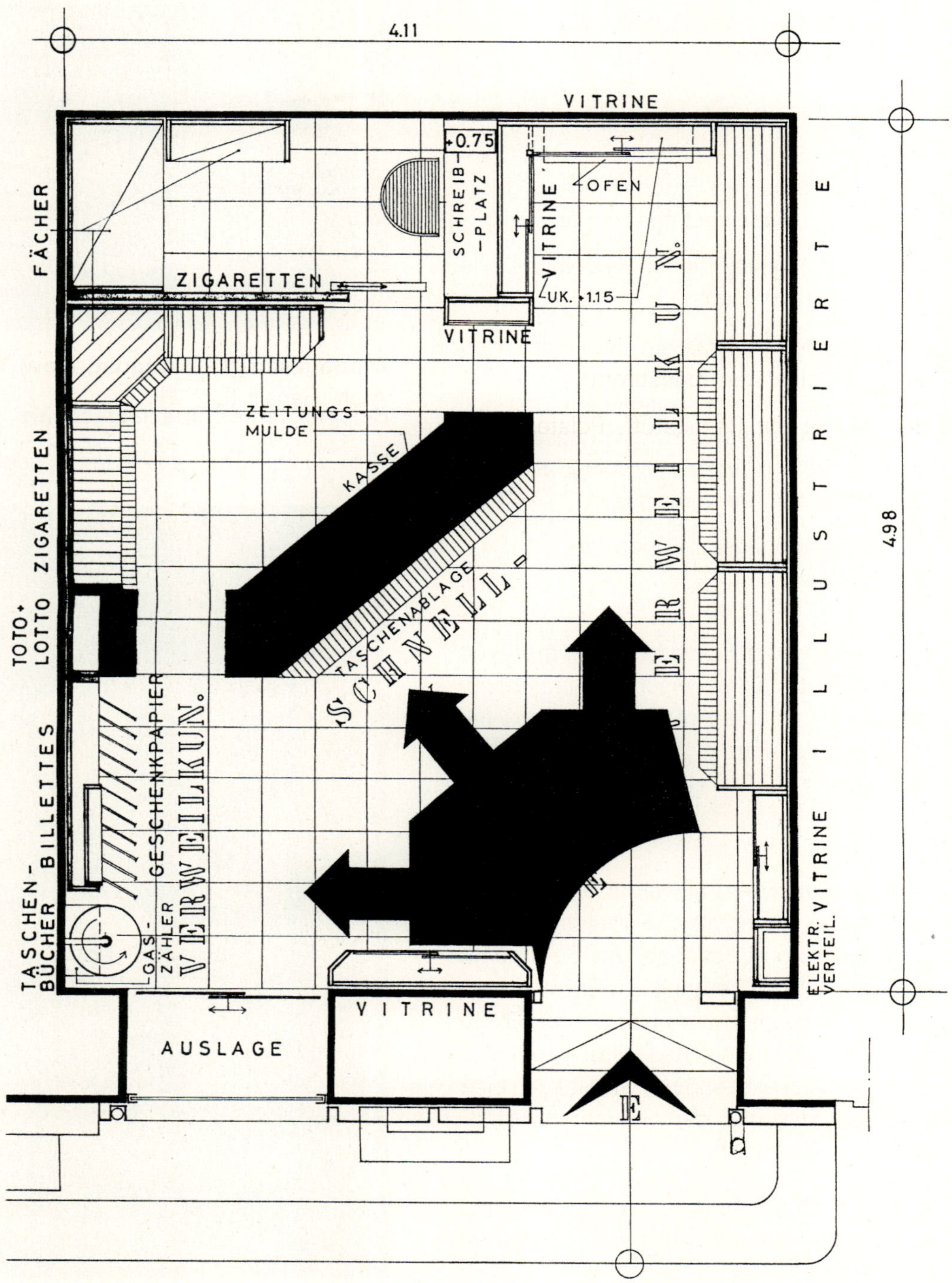

Gestaltungselemente

(Lit.: 13)

- Das leere Geschäft

Markenartikel, feine Fachgeschäfte und exquisite Ware brauchen keine Laufkundschaft, die erst kauft, wenn sie gesehen hat. Man vertraut auf Marke und Ruf des Geschäftes, ist Stammkunde. Die wenigen ausgestellten Stücke vermitteln Wert und Qualität des Gezeigten.

Beispiel: internationale Marken wie Gucci, Chanel etc.

> Große Warenmengen erwecken das Gefühl der Preiswürdigkeit, geringe Warenmengen das der Qualität.

- Das verdeckte Angebot

Nur wenige Stücke werden ausgestellt, Variationen in Farbe und Größe lagern verdeckt hinter glatten oder gestalteten Flächen.

Beispiel: Fachgeschäfte für Bekleidung wie Palmers, Woolford etc.

- Das volle Geschäft

Die gesamte Ware ist ausgestellt und soll dem Kunden sowohl Preiswürdigkeit wie auch Kompetenz vermitteln, ihn auch zu ungeplanten Käufen veranlassen.

Beispiel: Warenhäuser, Supermärkte

- Kombinierte Läden

Die Lockerung der Gewerbeordnung erlaubt auch Imbissstuben im Anschluss an Lebensmittelläden den „Ab-Hof-Verkauf" von Weinen und Lebensmitteln, den Verkauf verschiedener Waren an Tankstellen etc.

- Sortiment

Durch die Globalisierung werden immer mehr Läden immer mehr gleiche Waren angeboten. Daher kommt der Wahl des Sortiments immer größere Bedeutung zu. Es wird vom vorhandenen Lagerraum und von der Größe und Geschwindigkeit des Umsatzes verschiedener Artikel bestimmt. Sie ist auch eine Frage des Stils und der gesuchten Marktnische des Geschäfts.

Nur wenige Beispiele sollen den Unterschied der Darbietung für verschiedene Branchen verdeutlichen.

Beispiel Apotheke

Die verschlossene Ware schafft Vertrauen, nur die „Schnäppchen" und „Schnelldreher" sind sichtbar.

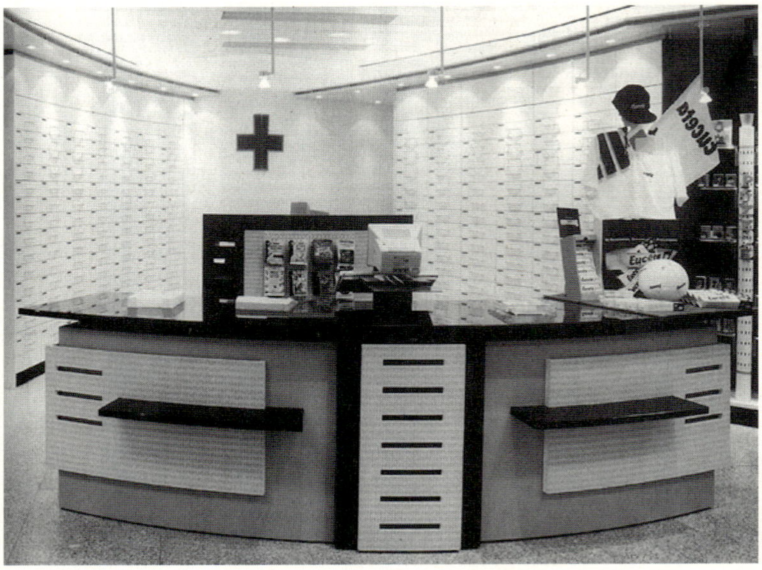

Beispiel feines Spezialgeschäft

Nur wenige Stücke werden ausgestellt und „inszeniert".

Beispiel Bücher, Papierwaren

Übersichtlichkeit und Warenfülle vermitteln Kompetenz.

Beispiel Warenhaus

Nutzung verschiedener Ebenen (Tisch, Ständer und Regal), um möglichst viel Ware ins Blickfeld zu rücken.

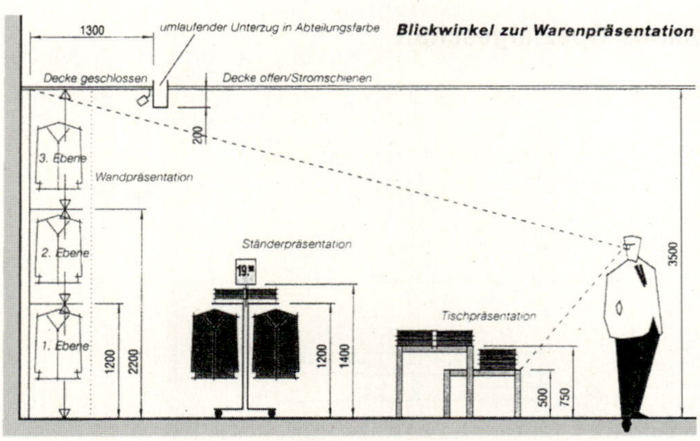

Beispiel kombinierter Laden

Sushi-Lokal am Wiener Naschmarkt (Lit.: 6)

Kleiner Imbissladen mit Innen- und Außenservice sowie Gassenverkauf. Siehe auch Beispiel auf Seite 94.

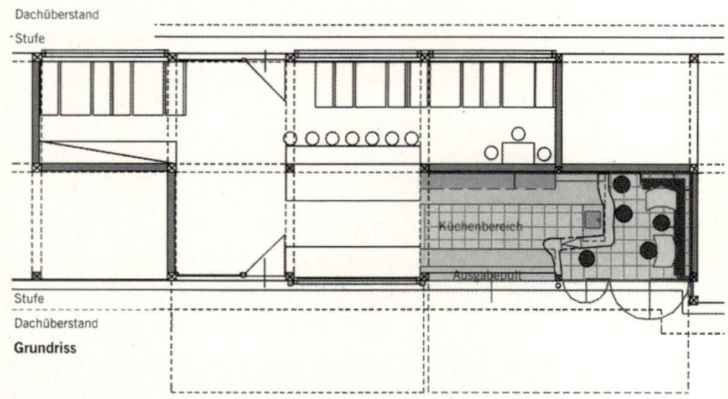

Beispiele

Apotheke in Gnigl

Arch. Wimmer-Repp 1993
(Lit.: Arch. Wimmer-Repp)

Die hellen Buchenmöbel und das zarte Grün der Malerei schaffen zusammen mit den leicht abgerundeten Formen eine entspannte Atmosphäre.

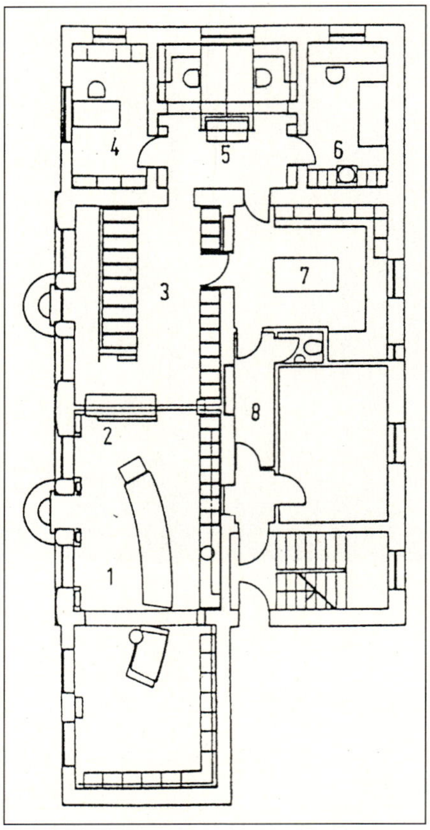

Grundriss:

1: Offizin, 2: Rezeptur, 3: Medikamententunnel, 4: Büro, 5: Materialkammer, 6: Dienstzimmer, 7: Labor, 8: Schleuse

Apotheke in Anif

Arch. Wimmer-Repp 1993
(Lit.: Arch. Wimmer-Repp)

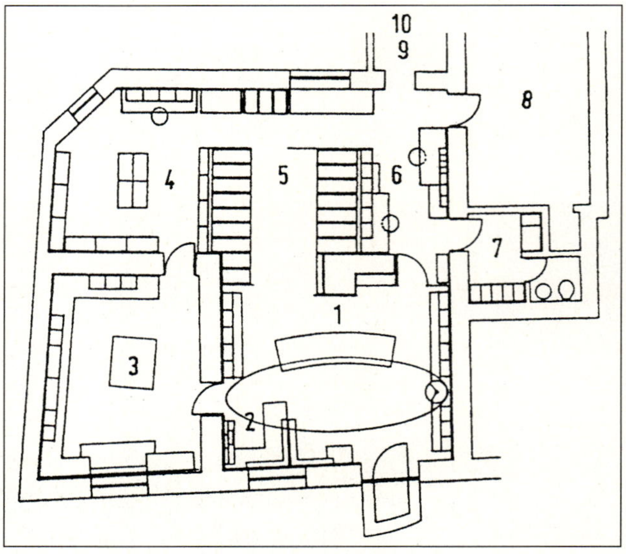

Grundriss:

1: Offizin, 2: Rezeptur, 3: Labor, 4: Materialkammer, 5: Medikamententunnel, 6: Büro, 7: Garderobe, 8: Arzneikeller, 9: Schleuse, 10: Dienstzimmer

Buchhandlung in Konstanz
Arch. Schaudt 1993
(Lit.: 6)

Im EG eines Altbaues und 3 Geschoße im dahinter liegenden Hof als Stahlkonstruktion mit viel Glas. Die Fassade zur Straße ganz aufgerissen, die Abfangungen aus Stahl sichtbar gelassen.

Die hellen und nüchternen Räume schaffen zusammen mit den Blumen und dem Ausblick in den begrünten Hof eine gemütliche Atmosphäre, die zum Schmökern einlädt. Die Buchrücken sind die einzigen bunten Flecken und werden so zum gestaltenden Element.

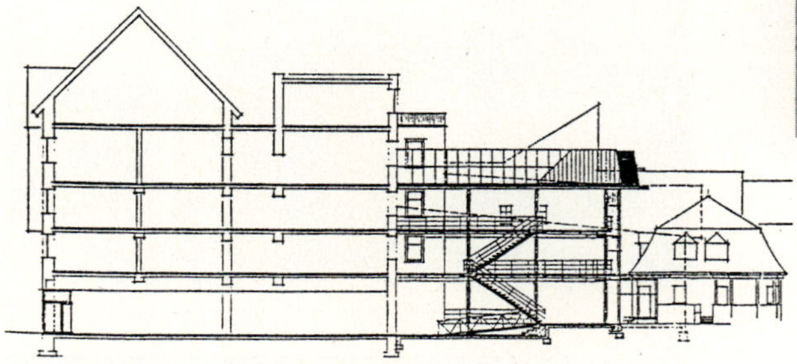

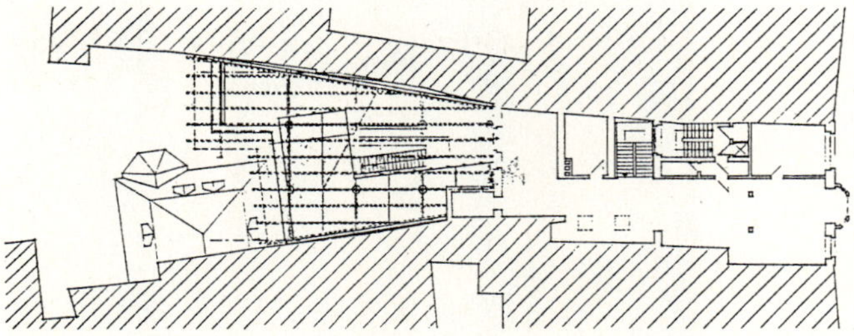

Ebene 3

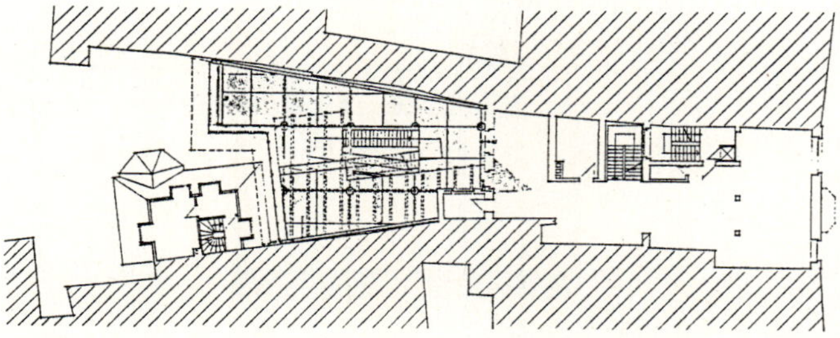

Ebene 2

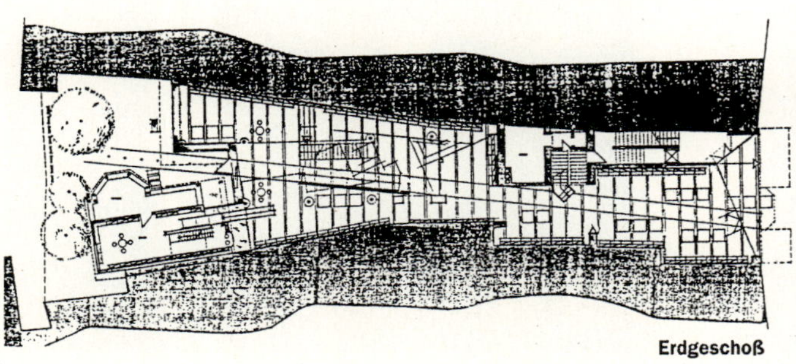

Erdgeschoß

Juwelierladen in Linz

Arch. (x architekten) 2001

(Lit.: 7, Heft 6/2002)

Einbau in einen alten Baubestand. Das bestehende Deckengewölbe wird verkleidet, Nischen mit Vitrinen scheinbar in die Wand eingebaut, das dunkle wertvolle Holz kontrastiert zu dem Weiß der Wände. Das Verkaufspult als Kunstwerk, wie ein Hebelsarm aus der Wand ragend.

Sushi-Lokal am Wiener Naschmarkt

Arch. Heidulf Gerngross 1999

(Lit.: 6)

Unauffällig gliedert sich das Lokal mit angeschlossenem Frischfischverkauf in die Reihe der Marktstände. Mit viel Transparenz und der Mischung aus Verkauf nach außen und „sit in" wird die traditionelle Naschmarktarchitektur fortgesetzt.

Ansicht

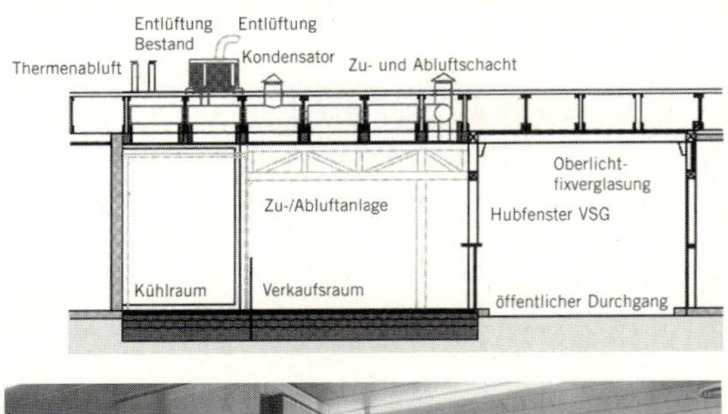

Schnitt

Innenansicht

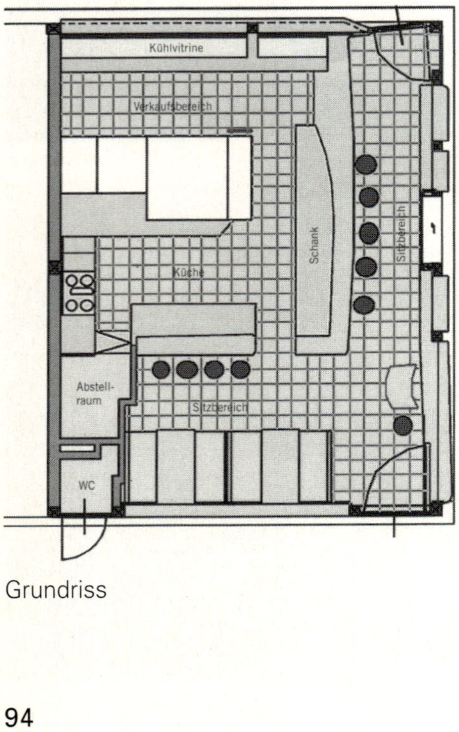

Grundriss

Porzellangeschäft in der Wiener Innenstadt

Architekten Hermann u. Vanentiny 1996 (Lit.: 7)

Durch die einladende Eingangszone wird der Kunde durch das offene Stiegenhaus und die gute Lichtführung in die unbelichteten Teile des Geschäfts und schließlich in die Untergeschoße gezogen, wobei er immer das Gefühl des unverbindlichen Schaufensterbummels beibehält. Die nur im Streiflicht liegenden dunklen Rückwände leiten die ganze Aufmerksamkeit der ausgestellten Ware zu.

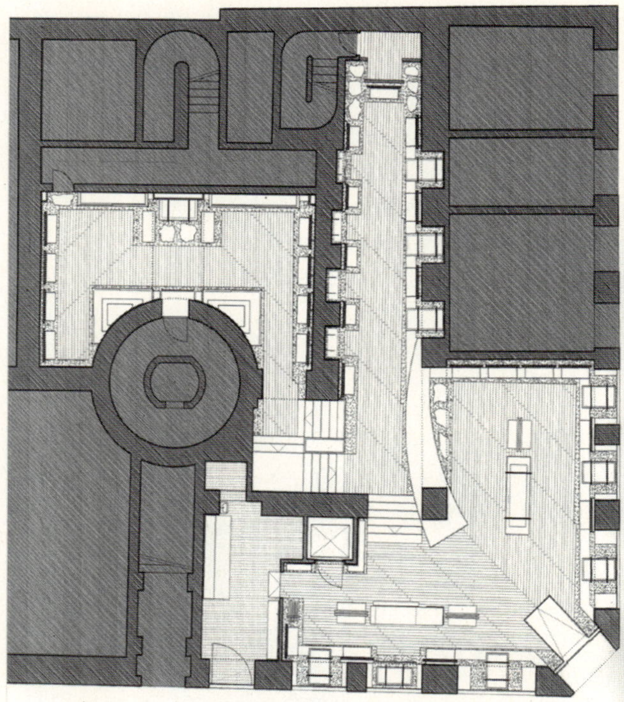

Exklusives Lederwarengeschäft, Wien

Architekten Krischanitz und Kapfinger 1984 (Lit.: 8)

Winziger, 36 m² großer Verkaufsraum mit bewusst erhaltenem und saniertem alten Holzportal. Die Exklusivität der Ware wird durch die wenigen zur Schau gestellten Stücke, durch die vornehmen Materialien wie Birnen- und Kirschholz, Chrom und Marmor ebenso dargestellt, wie durch die Anlehnungen an die verschiedenen Stilepochen, welche die Tradition des Hauses versinnbildlichen sollen.

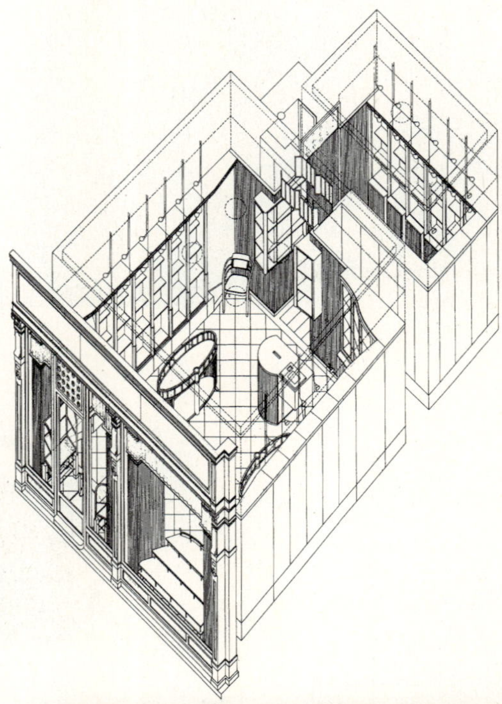

Demmers Teehaus, Wien
Arch. Blau 1981
(Lit.: 8)

Eingebaut in einer historischen Fassade sollte das Teehaus fernöstliches Flair vermitteln. Teakholz und rot lackiertes Sandelholz, runde Mondtorbögen tragen dazu ebenso bei wie die vielen zur Schau gestellten asiatischen Produkte.

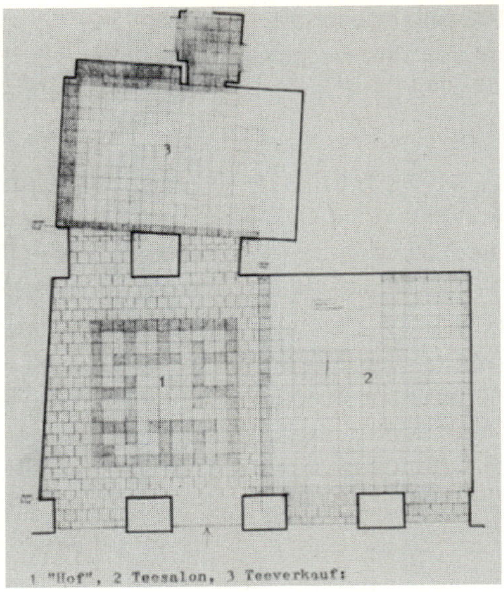

1 "Hof", 2 Teesalon, 3 Teeverkauf:

Juweliergeschäft Rolex, Athen

Architekten Ioannou und Sotiropoulos 1984 (Lit.: 8)

Die besondere Exklusivität des nur 24 m² großen Ladens kommt schon im Eingangsportal mit der antiken entfremdeten Tempelfront und dem vornehmen Material des Portugallo-Marmors zum Ausdruck. Die exklusiven kristallinen Vitrinen mit den Schaustücken sind gleichsam in einen geschichteten Berg aus Marmor hineingebaut. 4 kleine Stehpulte sind zum Auflegen der Ware frei im Raum aufgestellt.

Schnitt und Grundriss
1 Vordere Ausstellungsvitrinen
2 Säulenvitrinen
3 Verkaufstisch
4 WC
5 Tresor

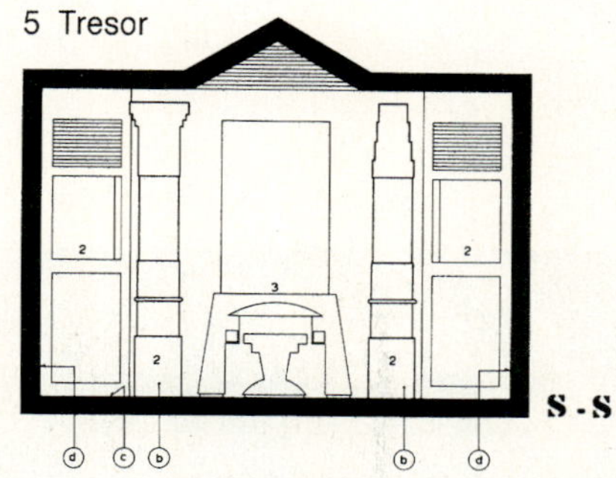

(a) Schaufenster (c) Teppichboden
(b) Marmor (d) Spiegel

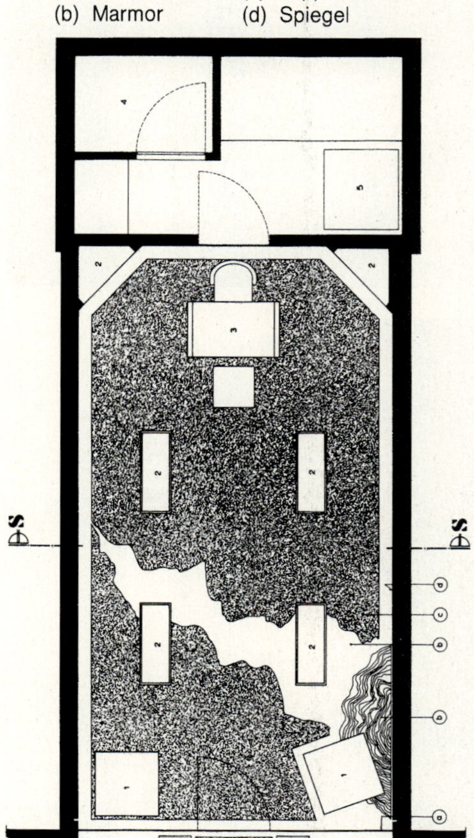

Weinverkauf und Weinverkostung, Steiermark

Arch. G2plus, Grabensteiner Architecture, Wien 2000
(Lit.: 10)

Zubau zu einem bestehenden Presshaus. Empfangsbereich, Direktverkauf mit Verkostung, Lager, Büro. Der Baukörper liegt in Fortsetzung des Weinberges mit einem begrünten Flachdach im Gelände.

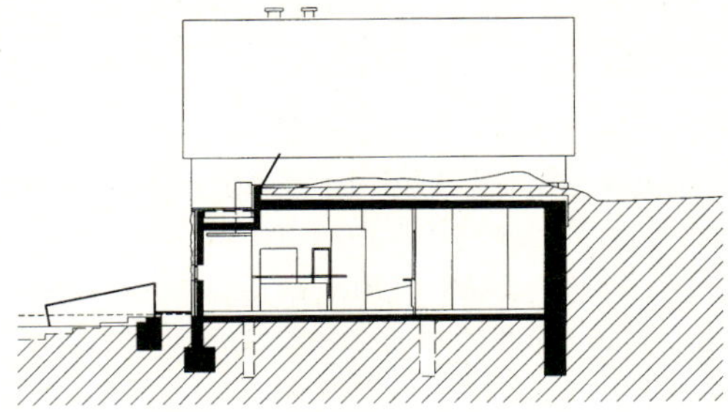

Schnitt, Gelände/Gebäude

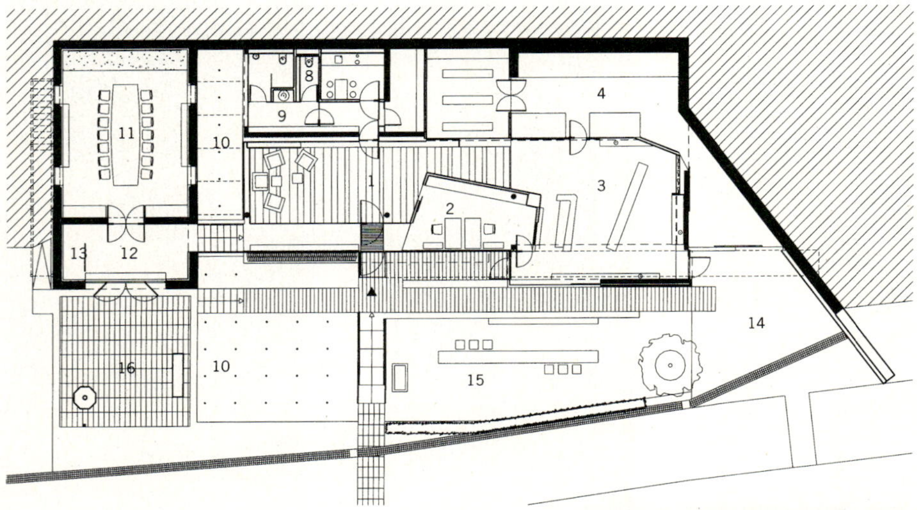

1 Empfang
2 Büro
3 Verkauf
4 Weinlager
5 Weinarchiv
6 Depot
7 Küche
8 WC
9 Vorraum
10 Weinberg
11 Kostraum
12 Vorraum
13 Garderobe
14 Anlieferung/Abholung
15 Verkostung im Freien
16 „Platzl" mit Brunnen

Grundriss

Ansicht

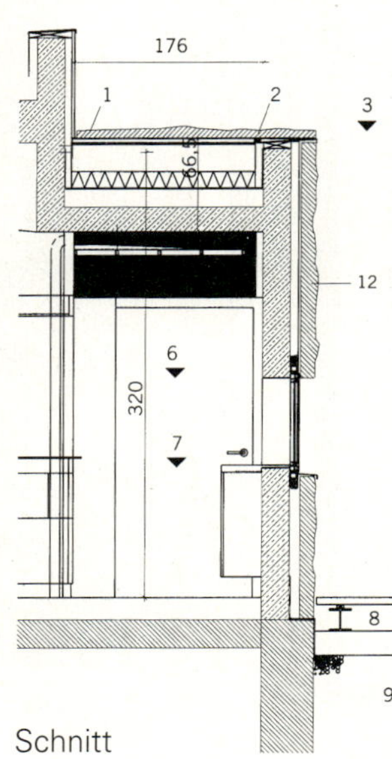

Schnitt

Schuhhaus Görtz, Hamburg
Arch. Haussmann 1984
(Lit.: 8)

Nachdem die Ware sich nicht auf den ersten Blick von der der Konkurrenz unterscheidet, wird versucht, „leadership" durch die Architektur in Form, Mode und Geschmack zu dokumentieren. Das Thema ist, wie können Schuhe anders als üblich präsentiert werden. Das Schuhgeschäft als Erlebnisraum.

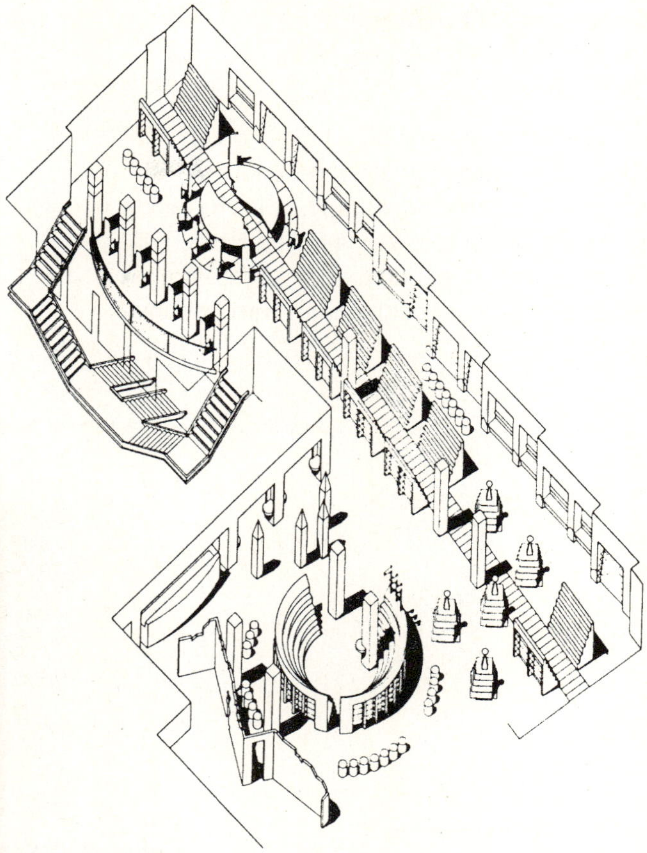

Kiosk Titanic, Berlin
Architekten Stüzebecher, Kenji, Tsuchija 1983
(Lit.: 8)

Ursprünglich als Informationskiosk für die Filmfestspiele gedacht, später als Schmuckgeschäft weiterverwendet, sollte die Durchdringung eines schrägen Glaskubus mit einem zerborstenen Granitkubus nur schockieren und Aufmerksamkeit erwecken. Im Zusammenhang mit dem Namen Titanic hat es außerdem einen hohen Aussagewert, der weit über den direkten Verkaufszweck hinausgeht.

Brillengeschäft in Berlin

Arch. plajer&franz studio 2002
(Lit.: 14)

Extrem lang gestrecktes Lokal, durch Einbauten von Lager und Sehtestraum an den Stirnseiten optisch verkürzt. Die Bereiche Sonnenbrillen und optische Brillen farblich unterschiedlich behandelt. Der Sehtestraum durch gestaffelte Lochblenden zum Erlebnisraum gestaltet.

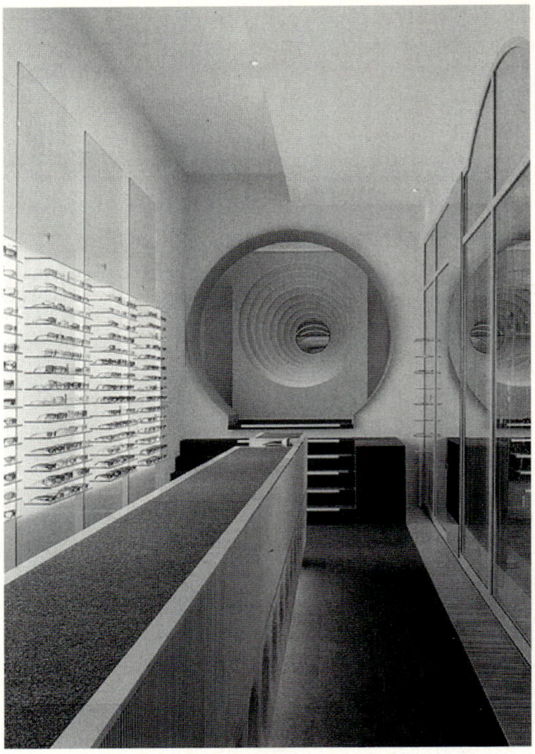

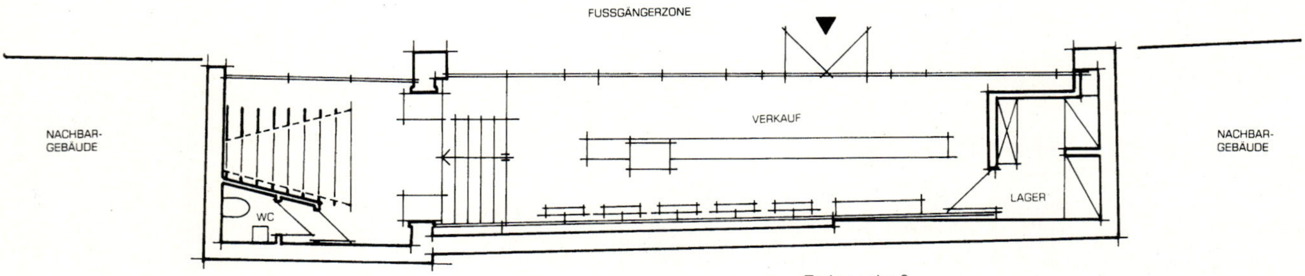

Erdgeschoß

Passagen

Nach dem Ausbau innerstädtischer Einkaufsbereiche zu Fußgängerzonen wird zunehmend die Möglichkeit genutzt, diese durch Verbindungswege innerhalb von Baublöcken zu erweitern bzw. um eine neue witterungsgeschützte und intimere Variante zu bereichern. Am günstigsten sind Passagen, die einen wichtigen Verbindungsweg darstellen oder sogar eine Abkürzung durch den Baublock ermöglichen. Sackgassen sollten vermieden werden. Im Wesentlichen kann zwischen 3 Arten von Passagen unterschieden werden.

1. Zugang durch einen erweiterten Hauseingang, Erhaltung der Blockrandbebauung, Gestaltung der Innen- oder Hinterhöfe.

2. Passagen, welche vom Straßenraum aus als solche erkennbar sind, also ein Portal zur Straße aufweisen.

3. Selbständige Passagen, die sich als eigener Baukörper klar zur Straße hin abzeichnen. Werden diese Passagen mehrgeschoßig ausgeführt, ergibt sich ein Übergang zu Einkaufszentren.

Um der Passage ihren unverwechselbaren Charakter zu geben, sollten die Läden in Gestaltung und Material aufeinander abgestimmt und mit der Gestaltung der Passage in Übereinstimmung sein. Besonders günstig ist es, wenn ruhige Sitzzonen, Cafés, Restaurants in diese Passagen eingebaut werden, die die Besucher zum Verweilen einladen und einen ruhigen Gegenpol zur Hektik der Straße bilden.

Einkaufspassage in Wien Mariahilf

Arch. Riccabona 1991

Durch den Hauseingang eines Wohn- und Bürohauses von der frequentierten Einkaufsstraße erschlossene Hofüberbauung mit Kaffeehaus und einem Kundenberatungszentrum als Magneten.

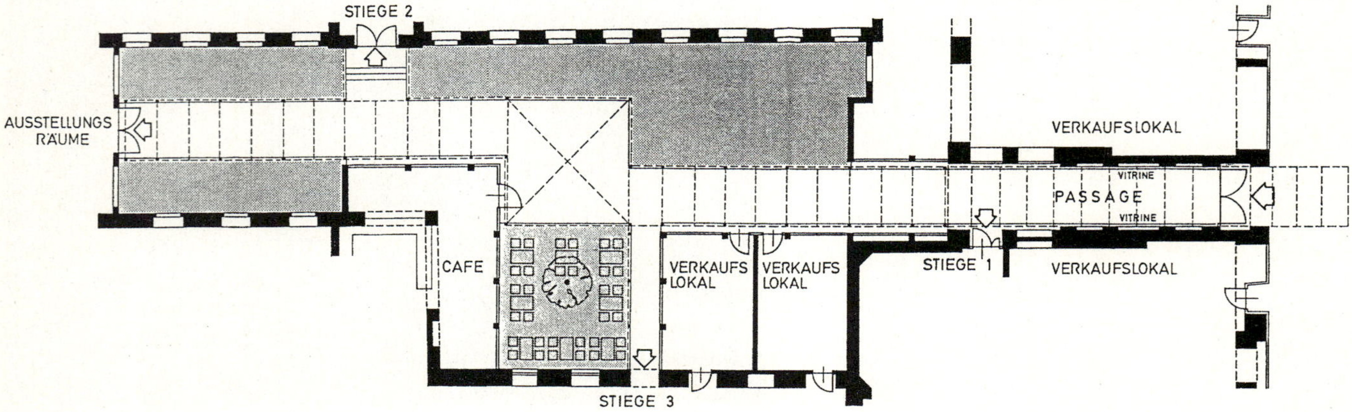

Linzer Arkade
Architekten Pertlwieser, Steinlechner, Reinberg, Trebersburg, Raith, Schönfeld 1993
(Lit.: 10)

Zweigeschoßige glasüberdachte Passage mit 3 Portalen. Einheitliche Gestaltung der Geschäfte.

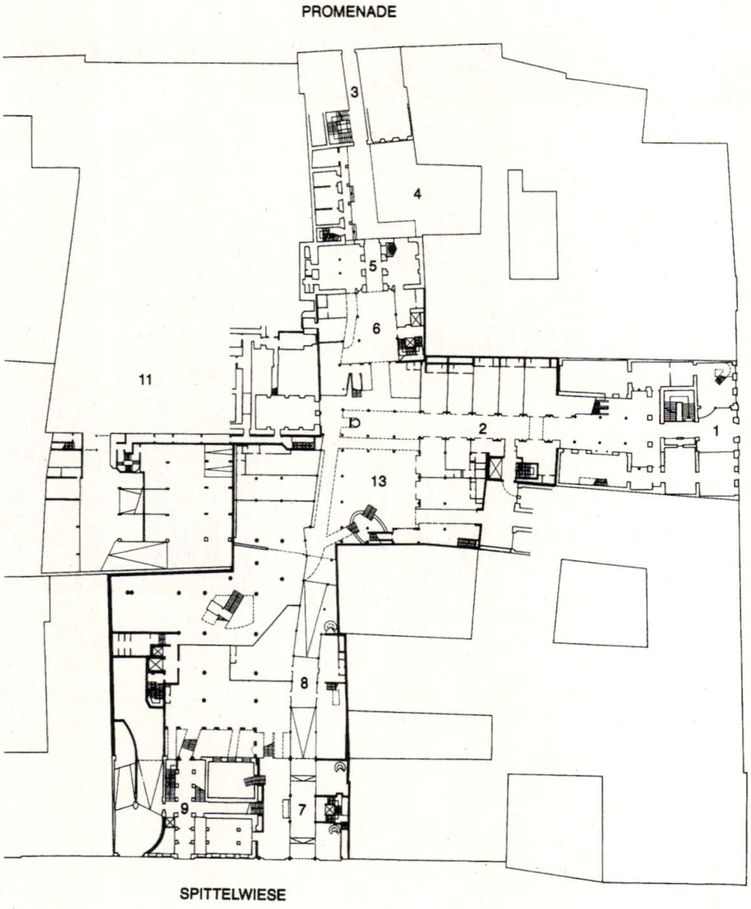

Calwerpassage, Stuttgart

Architekten Kammerer u. Belz 1978
(Lit.: 2)

Die erste deutsche Innenstadtpassage verläuft eingeschoßig parallel zu einer Fußgängerzone im Blockinneren und mündet bei einem U-Bahn-Abgang. 5 Eingänge, meist nur ebenerdig erlebbar.

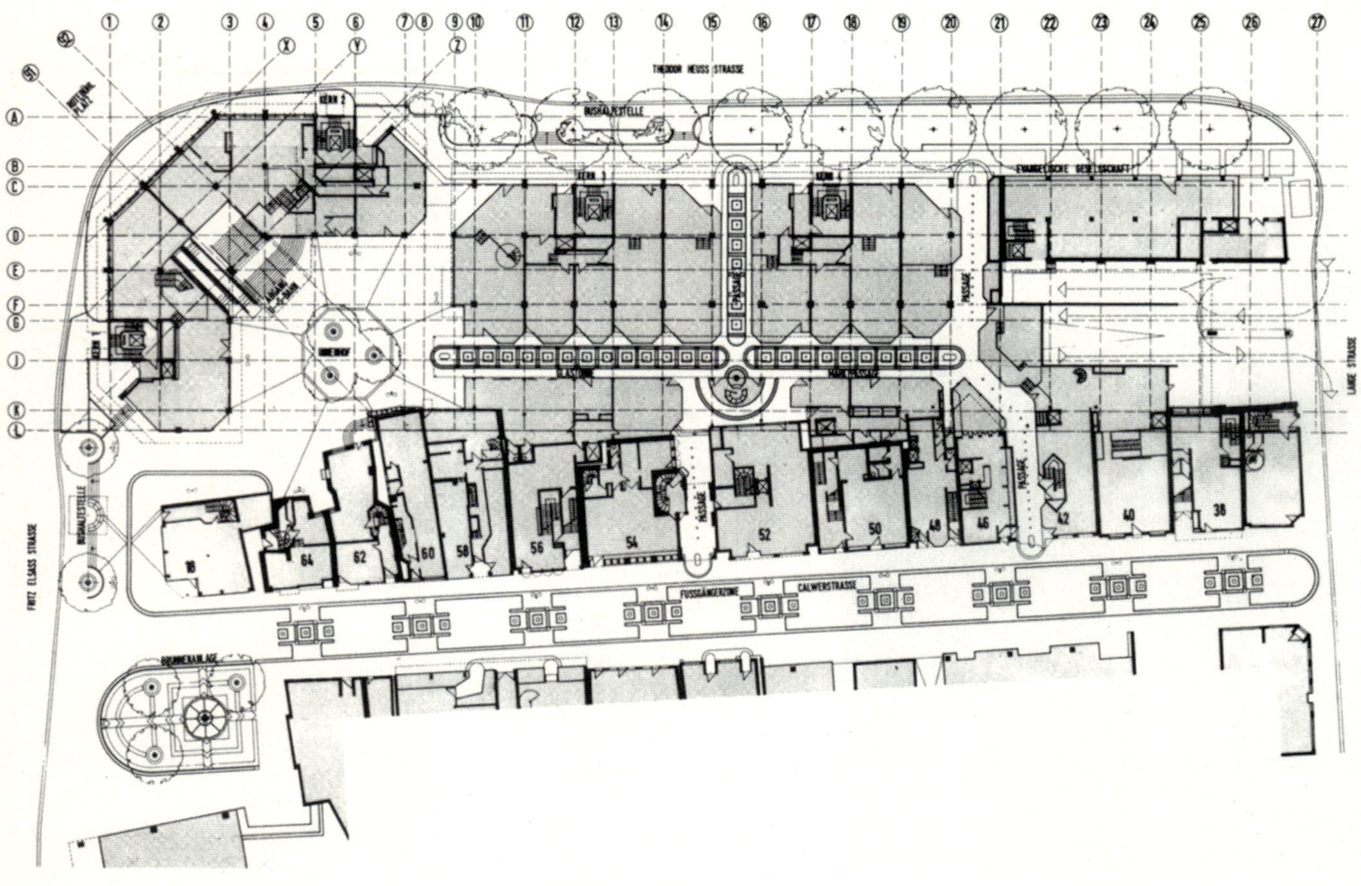

Großmärkte, Supermärkte

Bei Groß- und Supermärkten gilt das Prinzip der Selbstbedienung, das heisst, dass der Kunde an die Ware herangeführt wird.

Die Ware wird gut sichtbar ausgestellt, es findet kaum eine Beratung statt. Rentable Verkaufsflächen liegen zwischen 600 und etwa 2500 m^2, die Errichtung ist an besondere Widmungen der Raumordnung gebunden.

Am günstigsten ist die Errichtung als frei stehende Einzelgebäude mit entsprechend großen Parkplätzen (nach den jeweiligen Landesbauordnungen, in Wien 1 Stellplatz je 40 m^2 Aufenthaltsraum), im dicht verbauten Gebiet meist Einheiten an der unteren Flächengrenze im Erdgeschoß unter Einbeziehung von Höfen.

Neben dem Verkaufsraum sind noch entsprechende Lagerflächen, bei Lebensmitteln eine Kühlzelle und ein Kühlmaschinenraum für die Betreibung der Kühltruhen im Verkaufsbereich.

Außerdem ein Raum für Lieferungen während der Nacht.

Garderoben, Toiletten und Sozialräume für die Mitarbeiter.

Die Stellagentiefe ist durchschnittlich 75 cm, Nebenwege 120 cm breit, Hauptverbindungswege 180 bis 220 cm.

Entsprechender Stauraum vor den Kassen, ein Packtisch nach den Kassen und ein Parkplatz für die Einkaufswagen sind einzuplanen.

Kassenblock mit Varianten
(Lit.: 4)

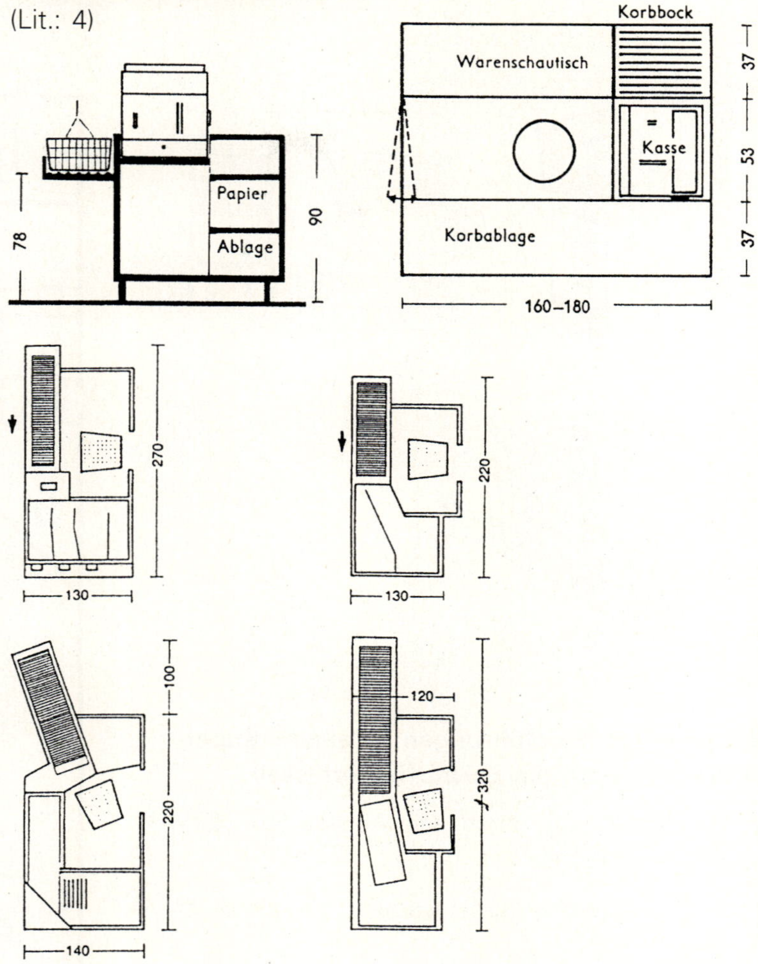

Beispiel für Abmessungen einer Kassa
(Firma Storebest für Löwa)

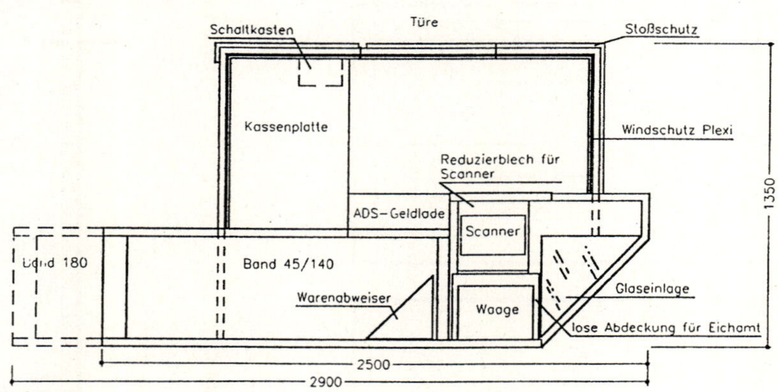

Beispiele für Wandregal für Flaschen, für Gemüse und für Beschickung über einen eigenen Nachfüllgang
(Lit.: 4)

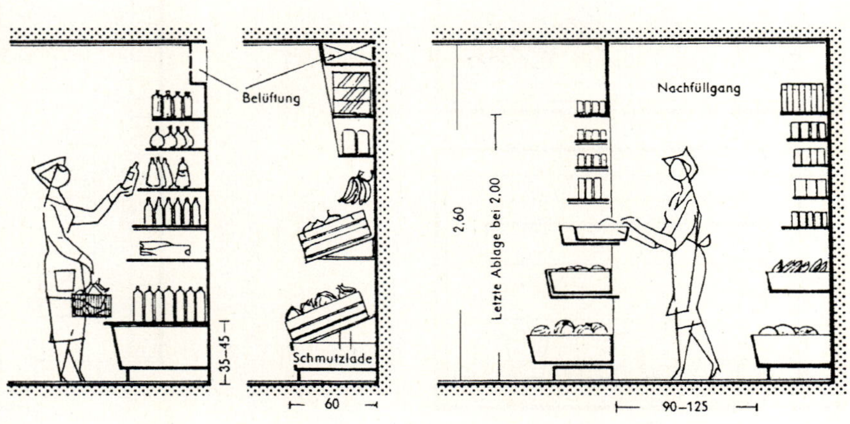

Maße eines Einkaufswagens
(Lit.: 4)

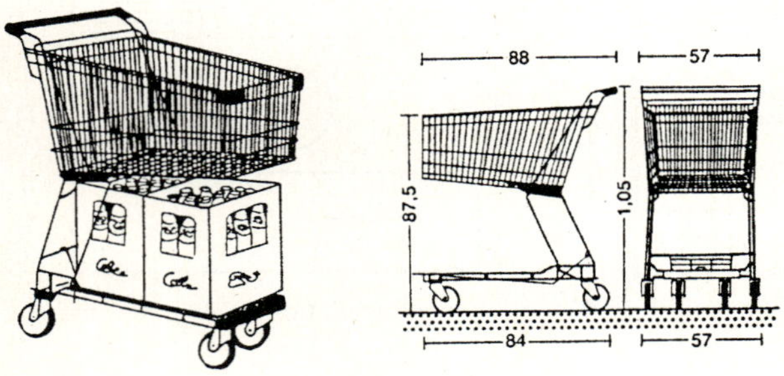

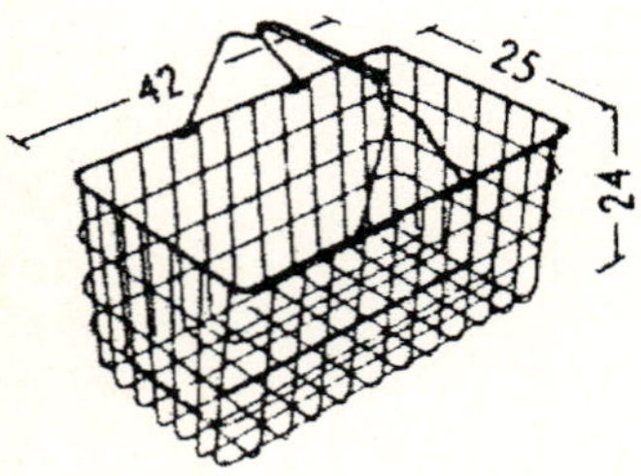

Beispiele für Wegführungen in einem Supermarkt, die auch die Eckpartien erfassen

a) Zwangsführung durch alle Abteilungen, Eingänge getrennt

b) Freie Wegwahl, gemeinsamer Ein- und Ausgang

c) Zwangsführung mit Wahlmöglichkeit des Zugangs zu den Einzelbuchten

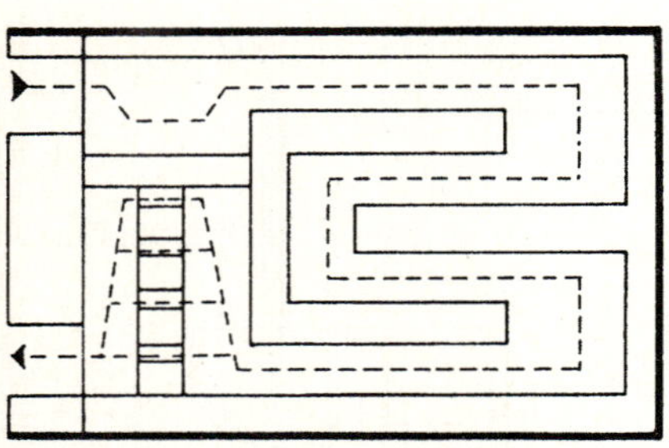

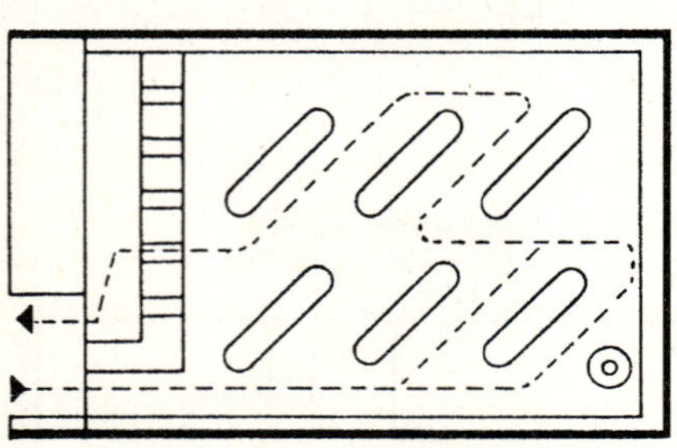

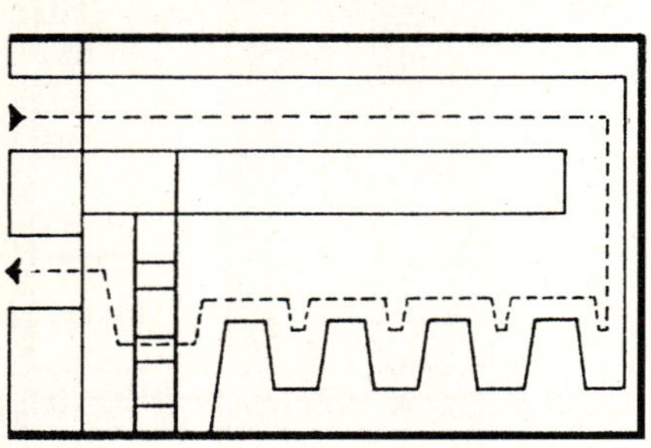

Beispiel für einen Supermarkt
(Lit.: 4)

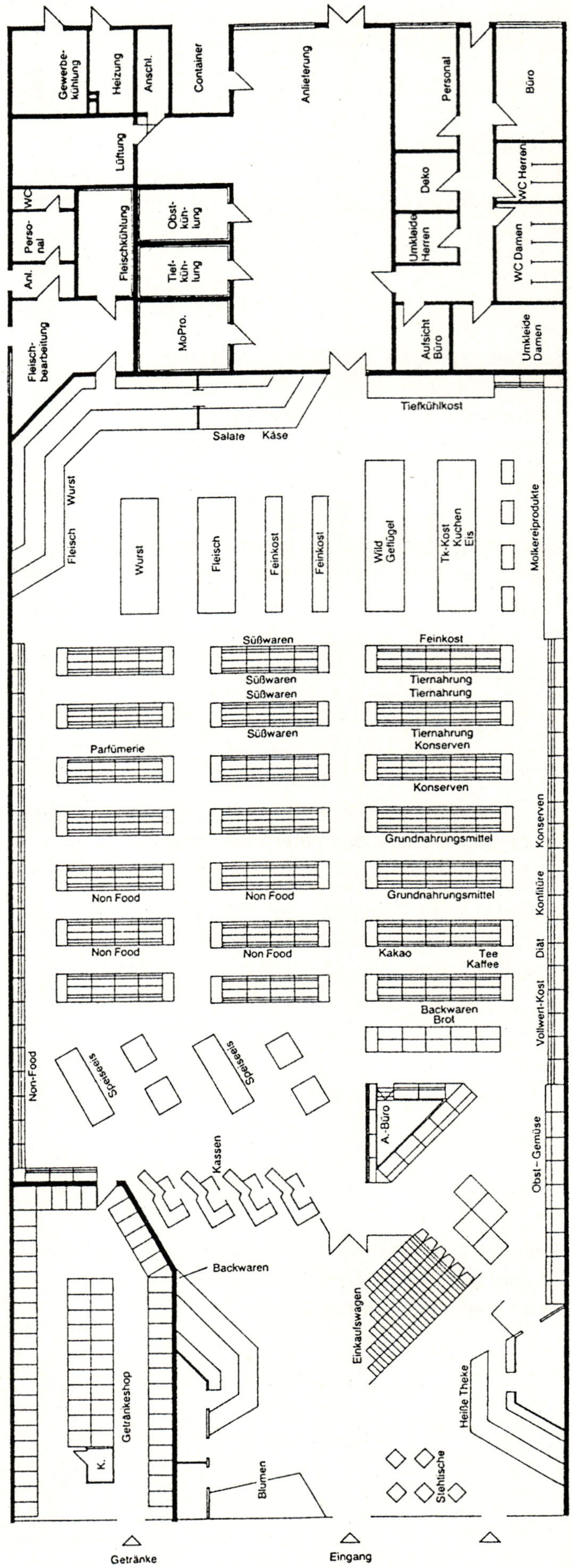

Teilweise sind in Supermärkten noch Bedienungstheken für einzelne Produkte vorgesehen (Fleisch, Käse, evtl. Gemüse). Der Trend geht jedoch zur zentralen Abpassung und Verpackung und zum Verkauf ausschließlich fertig abgepasster Ware in den Kühlregalen.

Supermarktverordnung für Wien

MA 36

(Verkaufsstätten mit Selbstbedienung und mehr als 200 m² Verkaufsfläche)

1) Nebenverkehrswege mind. 120 cm
2) Hauptverkehrswege 180 bzw. 220 cm, kein Weg länger als 10 m zu einem Hauptverkehrsweg, 40 m zu einem Ausgang
3) Drehkreuze etc. im Notfall leicht ausschwenkbar
4) Stiegen und Rampen mit max. 5% mit beidseitigen Handläufen
5) Oberster Regalboden max. 2,00 m über Boden
6) Ein Abstellplatz für Einkaufswagen ist vorzusehen.
7) Anlieferungszeiten werden im Einzelfall festgelegt.
8) Alle Dekorationsmaterialien mind. B1, Q1, Tr1
9) Leicht brennbare Stoffe mind. 50 cm von Leuchten entfernt
10) Bei mehr als 600 m² Verkaufsfläche Lautsprecheranlage für Warnungen im Gefahrenfall vorgeschrieben
11) Abfallbehälter getrennt vorzusehen für:
    Organische Abfälle
    Kunststoffe
    Altpapier
    Kartonagen
    Buntglas
    Weißglas
    Batterien
    Aludosen
    Joghurtbecher
12) Brennbare Abfälle sind täglich aus der Betriebsanlage zu entfernen.
13) Rauchabzugsöffnungen von 1% der Verkaufsfläche sind direkt ins Freie vorzusehen.

Schema Bedienungstheke im SB-Laden
(Lit.: 4)

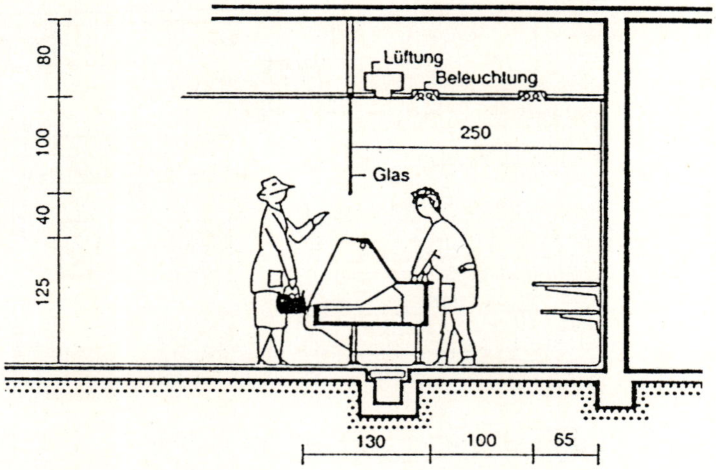

Übliche Kistengrößen für Gemüse

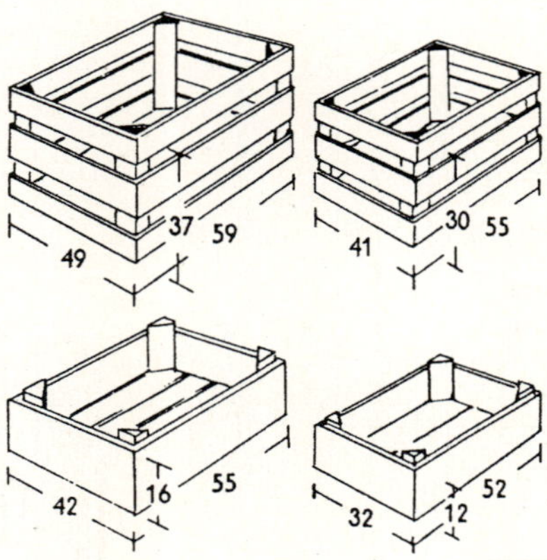

Beispiel für einen Flaschenrückgabeautomaten
(Fa. Tomra)

1 Flasche pro Sekunde, 7,5 Sek./Kiste
oben Flaschen unten Kisten
Selbstprogrammierung für 200 verschiedene Flaschen und 100 Kisten

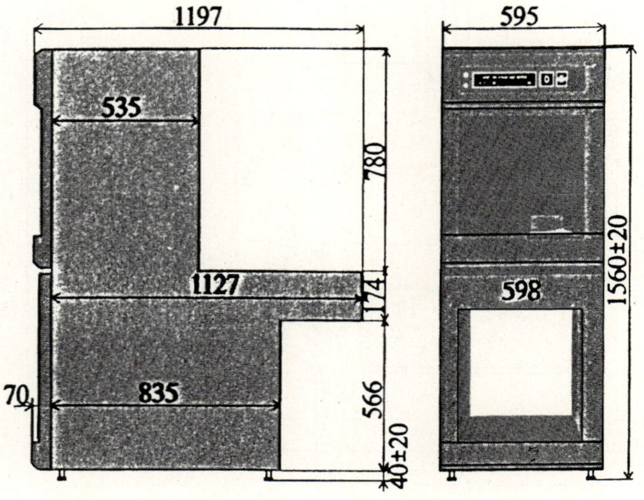

Aufteilungsschema für die Produkte in einem Supermarkt

(Beispiel Löwamarkt Wien 4, Arch. Thell)

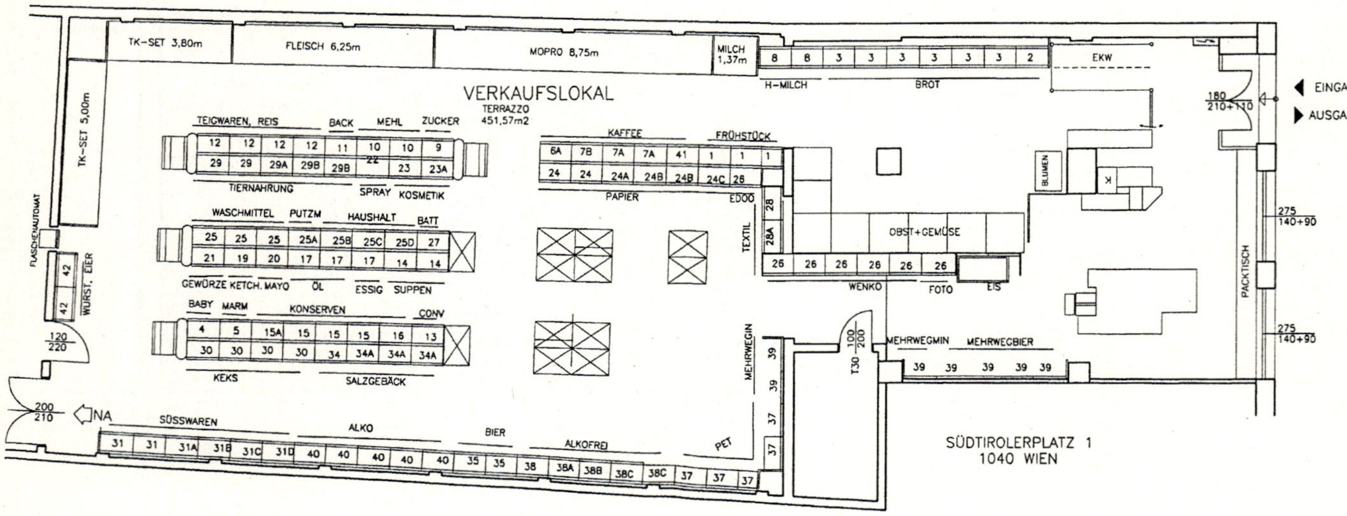

Beispiele für Kühltruhen

(Fa. arneg)

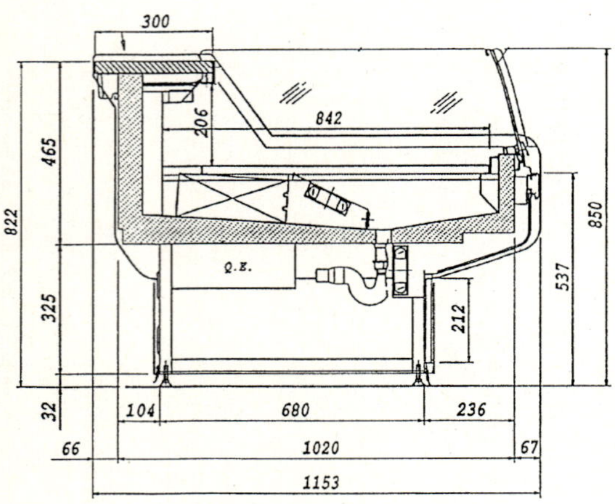

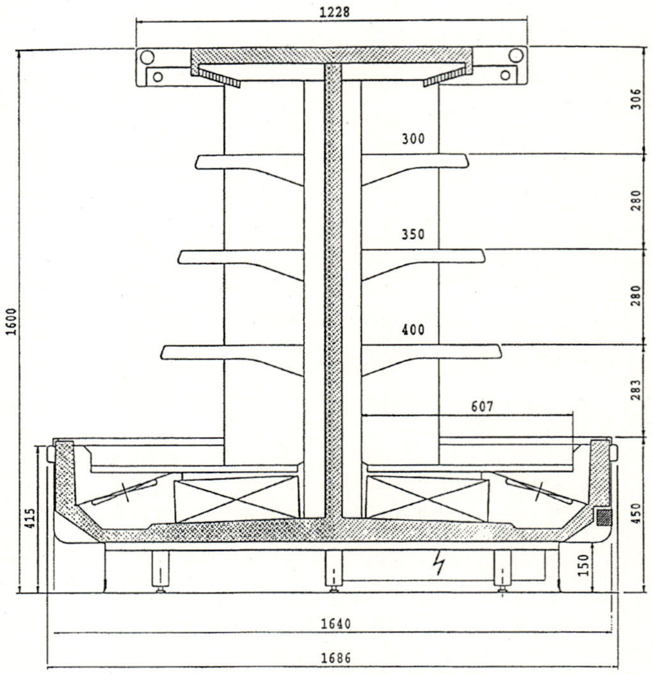

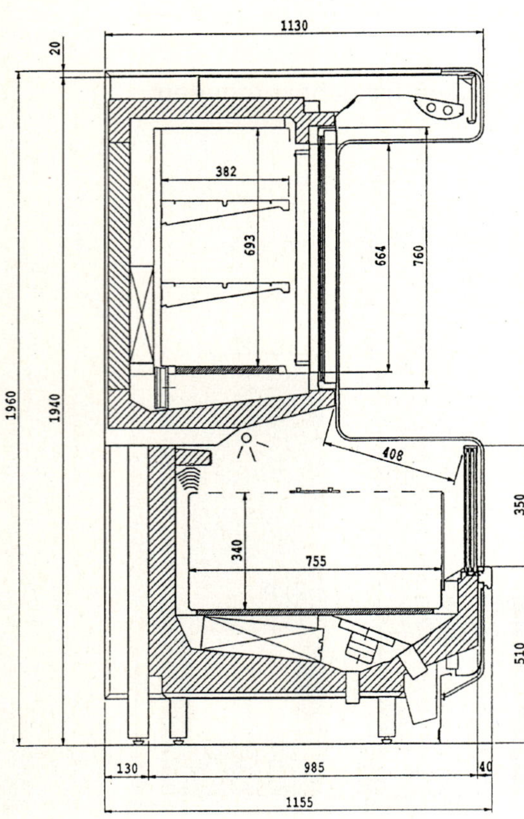

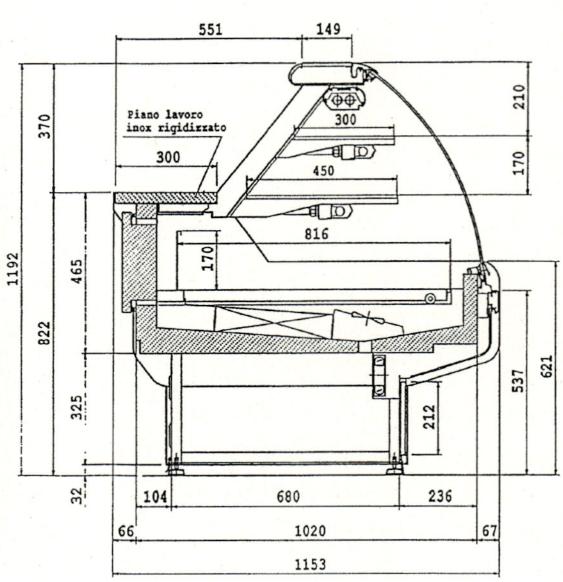

Supermarkt, Telfs, Tirol

Arch. Peter Lorenz, Innsbruck 2001
(Lit.: 14)

Der Markt als Siedlungszentrum, zwischen Straße und neuem Wohngebiet gelegen und von beiden Seiten erschlossen. Das gestalterische Element ist das „Möbius-Band", das ein unverwechselbares Aussehen gibt und den eindrucksvollen Blick auf die „Hohe Munde" freigibt. Dachkonstruktion aus Holz-Sandwichpaketen, Stahl-Glas-Fassade. Die Ostwand als Lawinenschutz in Beton.

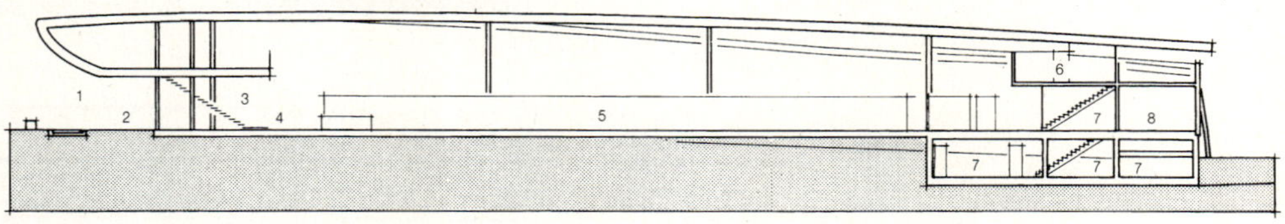

Schnitt

1 Wasserbecken
2 Vorplatz
3 Baguette
4 Einkaufsbereich
5 Verkauf
6 Personalbereich
7 Lager
8 Nachtlager
9 Nebenraum
10 Anlieferung

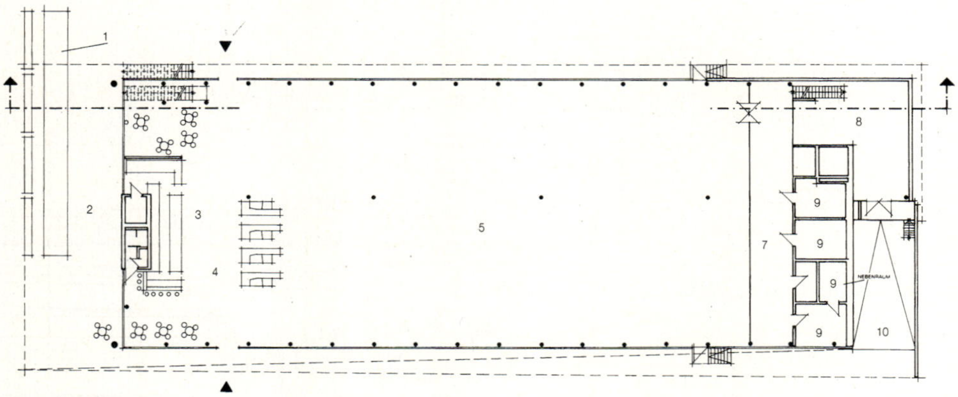

Supermarkt in Bad Vöslau
Arch. Wieser
(Lit.: 12)

Supermarkt („food" und „non-food"), 2400 m² Verkaufsfläche, umgeben von Einzelgeschäften und kleinem Kaffeehaus, im Obergeschoß Fitnessclub mit Tennishalle.

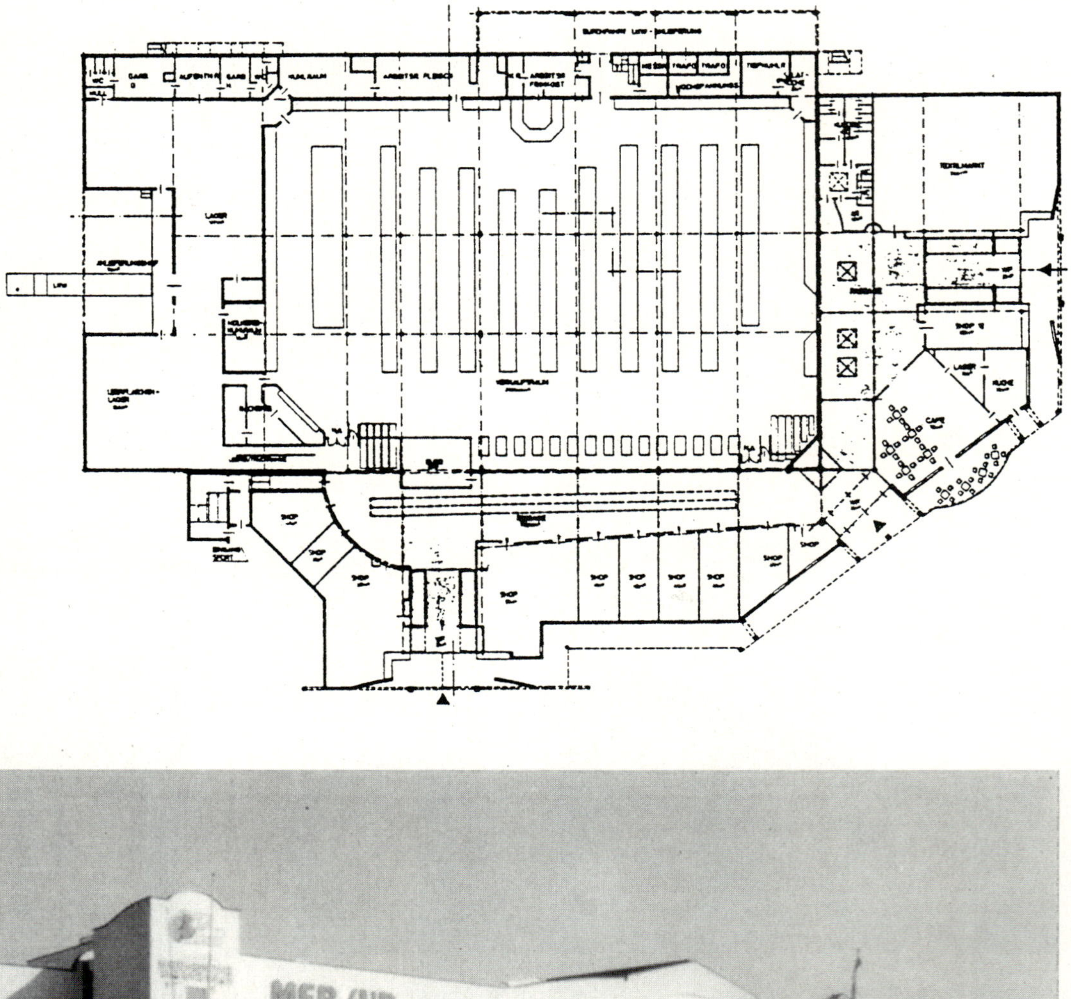

Supermarkt Sainsbury, Canterbury, England

Architekten Ahrends, Burton u. Koralek
1984
(Lit.: 11)

Von außen über vor der Fassade liegende Pylonen abgespannte freitragende Deckenkonstruktion, welche dem unscheinbaren niederen Baukörper die nötige werbewirksame Fernwirkung verleiht.

3 Verkaufsfläche
4 Lager und Vorbereitung
5 Laderampen für Anlieferung
6 Rangierfläche

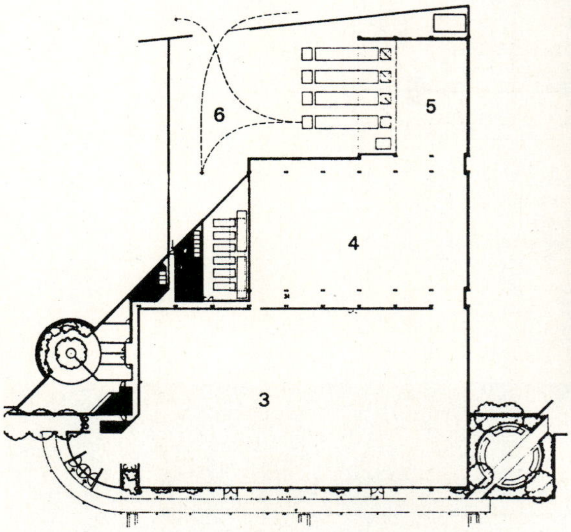

Lebensmittelmarkt in Zirl, Tirol
Arch. Moser, Kleon 1997
(Lit.: 6)

Flacher Baukörper, der sich gut in die Landschaft einfügt. Merkmal: schwere, rot gefärbte Betonträger mit Löchern über filigraner Fassade aus Holz und Glas. Großes Vordach. Klarer Baukörper.

Queransicht

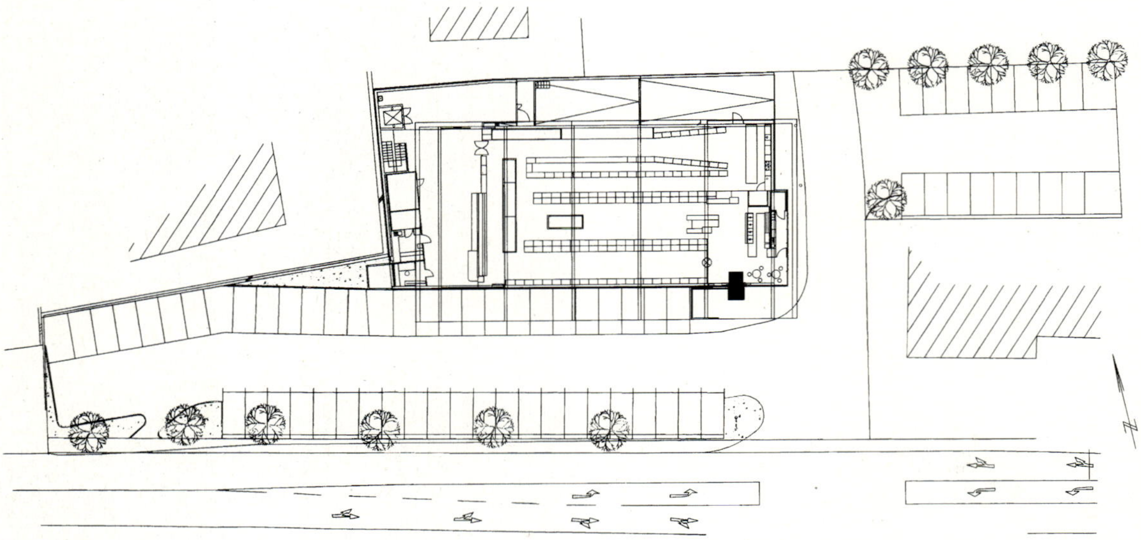

Lageplan

Längsansicht

Innenansicht

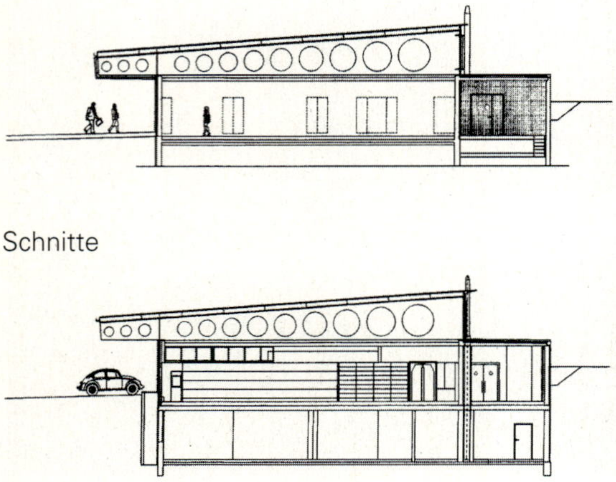

Schnitte

4. Teil

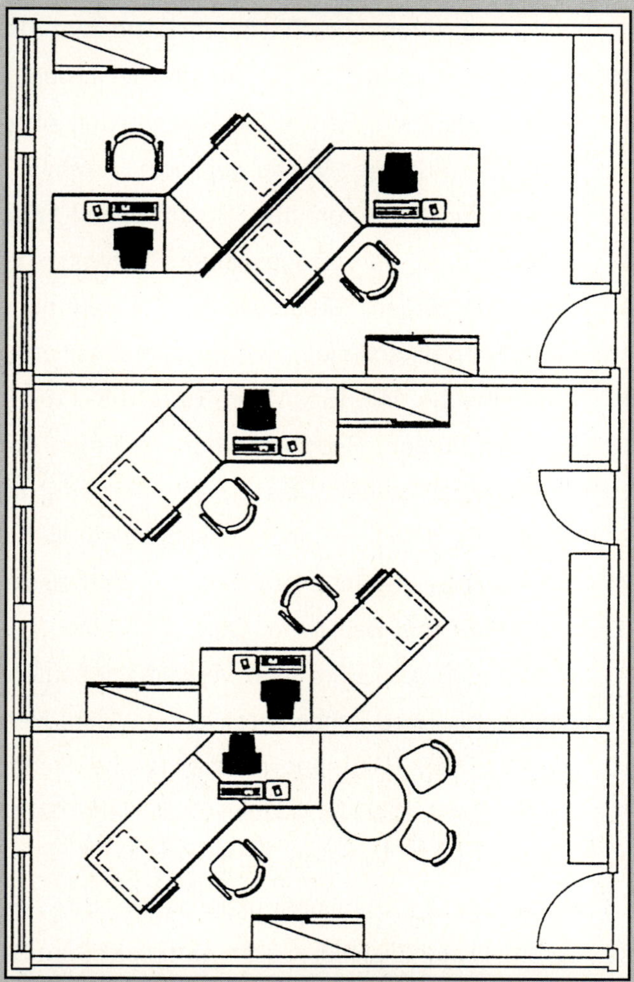

Bauten für die Verwaltung

Literatur und Bildquellen: Bauten für die Verwaltung

01 Wettbewerbe, WERBA, Wien, Heft 89/1977, 150/1966

02 Autorenteam, Handbuch zur menschengerechten Gestaltung von Büroarbeitsplätzen, Österreichischer Gewerkschaftsbund, Gewerkschaft der Privatangestellten, Wien 1985

03 Autorenteam, Bürobauten AW, Fachbuchreihe A. Koch, Stuttgart 1977

04 Bauforum, Österreichischer Wirtschaftsverlag, Wien, Heft 131/1989, 133/1989

05 Büro und Verwaltung, Baumeister Querschnitte 10, Callwey, München 1971

06 Blaha Friedrich (Hrsg.), Der Mensch am Bildschirmarbeitsplatz, Springer-Verlag, Wien 1995

07 Congena (Hrsg.), Zukunftsstrategie Kombi-Büro, Callwey/FBO-Fachbuch, München — Baden-Baden 1994

08 Deilmann H./Deilmann A., Gebäude für die öffentliche Verwaltung, A. Koch, Stuttgart 1979

09 Architectuur in Nederland, Jaarboek 1994–1995 (Architecture in the Netherlands, Yearbook 1994–1995), Nederlands Architectuurinstituut, Rotterdam 1995

10 Frampton Kenneth, Die Architektur der Moderne, DVA 1995

11 Giedion Siegfried, Raum, Zeit, Architektur, Artemis, Zürich 1976/Birkhäuser, Basel 1996

12 Grandjean Etienne, Wohnphysiologie, Artemis, Zürich 1973

13 Knirsch Jürgen, Büroräume, Bürohäuser, A. Koch, Leinfelden — Echterdingen 1996

14 Krekler Bruno, Verwaltungsbauten, Entwurf und Planung 10, Callwey, München 1973

15 Schönfeld Jürgen, Gebäudelehre, Kohlhammer, Stuttgart 1992

16 Strieg/Hammerschmied, Der Mischarbeitsplatz in der Rückschau, bene Büroregal KG 1981

17 Wettbewerbe, WERBA, Wien, Heft 109–110/1992, 150/1996

18 Joedicke Jürgen, Geschichte der modernen Architektur, Hatje, Stuttgart 1958

19 Sommer/Holletschek/Weisser, Architektur für die Arbeitswelt, Birkhäuser, Basel 1995

20 Architektur aktuell, Springer-Verlag, Wien, Heft 185/1995

21 AIT Architektur — Innenarchitektur — Technischer Ausbau, A. Koch, Leinfelden — Echterdingen, Heft 12/1992

22 Architektur und Bauforum, Österreichischer Wirtschaftsverlag, Wien, Heft 140/1990, 153/1992

23 Joedicke Jürgen, Büro- und Verwaltungsbauten, K. Krämer, Stuttgart 1975

24 Architektur, Orac Zeitschriftenverlag, Wien, Heft 9/1994, 10/1994

25 Dimster Frank, Die neue österreichische Architektur, Kohlhammer, Stuttgart 1995

26 Davies Colin, High-Tech-Architektur, Hatje, Stuttgart 1988

27 Planen, Bauen, Wohnen, Heft 197

28 Riccabona Chr., Baukonstruktionslehre, Bd. 1–5, Manz Verlag Schulbuch, Wien 1995–1998

29 Lorenz Dieter/Eisfeller Guido, Optimale Büro-Beleuchtung für Bildschirmarbeitsplätze, Akzente Studiengemeinschaft, Murnau (D) 1995

30 Detail, Konzept, Verwaltungsbau 9/2002

31 Hascher/Jeska/Klauck, Entwurfsatlas Bürobau, Birkhäuser, Basel 2002

32 Zimmermanns Klaus, Florenz, Dumont Kunst-Reiseführer, Köln 2001

33 Sieverts E., Bürohaus- und Verwaltungsbau, Kohlhammer, Stuttgart 1980

34 Hertzberger H., Vom Bauen, Vorlesungen über Architektur, Aries, München 1995

35 Hertzberger H., Bauten und Projekte, Lüchinger, Arch-Edition, Den Haag 1987

36 Lenze/Luig, Gewerbebauten, DVA, München 2003

37 Sir Norman Foster and Partners, Deutsche Projekte, Architekturgalerie, München 1995

38 Arch+, Heft 136, April 1997

39 Sudjic D., New directions in British architecture, Thames and Hudson, London 1986

Historische Entwicklung

Bürogebäude stellen eine Reihung sich wiederholender Arbeitsplätze dar. Die kleinste Einheit — der Schreibtisch (auf französisch „bureau") — bestimmt die Bauaufgabe.

Die verschiedenen Formen der Verwaltungsgebäude — an einem Flur aneinander gereihte Zellenbüros, offene Großraumbüros und differenzierte Raumgefüge mit Lounges (engl. für „kleines Wohnzimmer"), Satellitenbüros und Heimarbeitsplätze finden sich in ähnlicher Form bereits in der historischen Entwicklung.

Büros entstanden, als die Menschen begannen, Dinge schriftlich aufzuzeichnen. Das traditionelle Repertoire der Bürotätigkeit umfasst die Sachbearbeitung: Aufnehmen, Verarbeiten, Verwalten und Austauschen.

Bereits in Ägypten entwickelte sich ein differenziertes und gut funktionierendes Verwaltungssystem. Die Büroarbeit übernahmen Schreiber, die mit ihrem Schreibzeug bestehend aus 2 Holzbrettchen, Tintenfass und Binsenhalmen von Ort zu Ort reisten, Aufzeichnungen machten und Anweisungen gaben und sich von Zeit zu Zeit im zentralen Skriptorium einer Stadt als Verwaltungszentrum trafen. Manche waren in der Tempelverwaltung mit der Buchführung und dem Rechnungswesen beschäftigt, andere wiederum waren — ähnlich unseren heutigen Verwaltungen — für das Verfassen, Registrieren und Lagern von Urkunden und Listen zuständig.

Wie umfangreich diese Büroarbeit war, kann man am Grundriss der Stadt Amarna ablesen, wo in unmittelbarer Umgebung des Königspalastes von Echnaton die Büros der Schreiber für die königliche Korrespondenz und das Haus des Lebens — gleichzeitig Schreibschule und Kopieranstalt — angeordnet sind.

Schreibsaal einer Versicherungsgesellschaft
1910
(Lit.: 7)

Römischer Schreiber, ca. 100 v. Chr.
(Lit.: 16)

Stadtgrundriss des Zentrums von Amarna
(Lit.: 31)

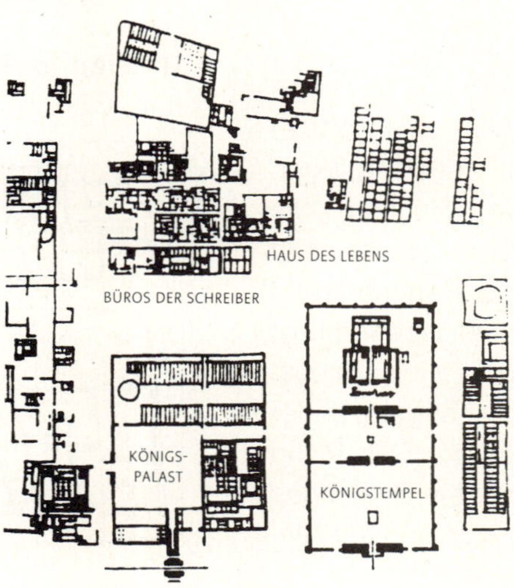

Im Gegensatz zum streng hierarchisch organisierten Verwaltungsapparat Ägyptens entwickeln sich in Griechenland demokratische Institutionen wie Rats- und Kontrollversammlungen, Ausschüsse und Gerichte, die entweder in eigens dafür vorgesehenen Gebäuden (Buleuterion, Prythaneion, Strategion) oder in den offenen Säulenhallen der Stoas — einem großen Saal mit angeschlossenen Räumen — tagen, so zum Beispiel die Marktverwaltung oder unterschiedliche Kommissionen.

Im Zentrum des römischen Weltreiches entwickelt sich dagegen ein staatliches Verwaltungssystem aus adeligen Beamten (Patriziern), denen Schreiber, Boten und Ausrufer unterstellt waren. Die Beamten üben ihre Tätigkeit in den öffentlichen Foren und den daran angegliederten Räumlichkeiten aus, so diente etwa das Trajansforum mit seinen angeschlossenen Bibliotheken der juridischen Verwaltung. Die Büros der privaten Bankiers und Geldverleiher waren hingegen in den Basiliken auf dem Forum Romanum untergebracht, entlang der Hauptverkehrsstraßen etablierten sich die Büros der Schreiber in einfachen Räumen mit Zugang zur Straße.

An der Spitze der kaiserlichen Verwaltung des Frankenreiches stand der Kanzler. Sein Büro war die Kanzlei, in der schriftkundige Mönche tätig waren. Die heutigen Banken entwickeln sich im Spätmittelalter in Italien (banchi = ital. für den Tisch des Geldwechslers) und seit der Erfindung der doppelten Buchhaltung nach Personen- und Sachkonten Anfang des 15. Jahrhunderts nimmt die Schreibarbeit in den Handelshäusern (Medici, Fugger) zu: Kassabücher, Konten, Haupt- und Schuldbücher werden geführt, ihre Eintragung wird an Stehpulten vorgenommen, es entwickeln sich die Berufsgruppen der Buchhalter, Kassiere und Schreiber.

Um 1560 führte Cosimo de Medici in Florenz eine Verwaltungsreform durch und lässt von Giorgo Vasari die Uffizien (vgl. engl.: office) errichten. Im U-förmigen, 3-geschoßigen Komplex, einer Reihung von Häusern, die über 1-geschoßige Kolonaden erschlossen werden, sollen alle Florentiner Behörden und Zünfte an einem zentralen Ort beherbergt werden: Jede Einheit besteht aus einem quadratischen Empfangssaal und angrenzender Schreibstube mit Archivräumen. Das Piano nobile wird jedoch bald nach dem Bezug des Gebäudes für die Gemäldesammlung der Medicis verwendet.

Grundriss der Stoa des Attalos in Athen
(Lit.: 31)

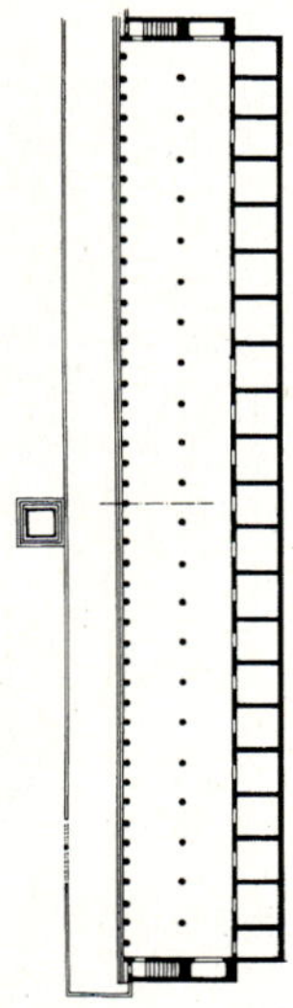

Jacob Fugger mit seinem Hauptbuchhalter Ablagesystem nach Faktoreien
(Lit.: 16)

Uffizien in Florenz, um 1560
(Lit.: 32)

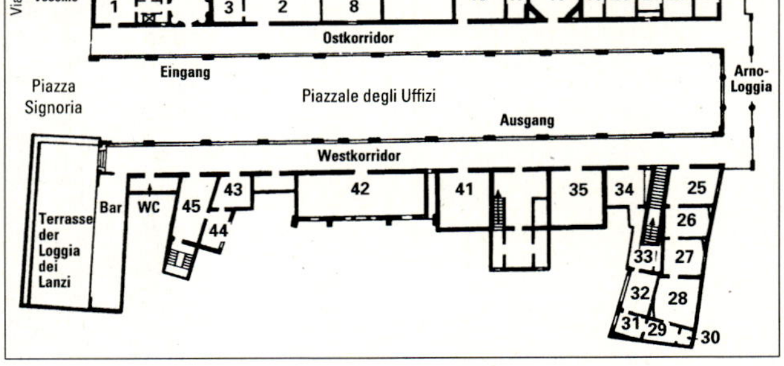

Der aufblühende Überseehandel führt zur Gründung der ersten staatlichen Notenbank, der Bank von England. Die Bankbeamten arbeiten, nach Aufgabenbereichen getrennt, in großen Bankhallen an hintereinander angeordneten Tischreihen, ähnlich den mittelalterlichen Skriptorien der Klöster. Mit der Gründung von Privatbanken und Versicherungsgesellschaften wurde im 18. Jahrhundert die Grundlage der heutigen Bürostruktur geschaffen: 2- bis 3-geschoßige Gebäude mit zweibündiger Anordnung der Bürozellen entlang eines Mittelflures oder ein- und zweibündig um einen Lichthof. Mit den zunehmenden Aufgaben entwickelt sich eine hierarchische Struktur, das „eigene Büro" wird zum Statussymbol.

Der neue Stahlskelettbau und die Erfindung des hydraulischen Aufzuges am Ende des 19. Jahrhunderts führt in Amerika zur Entwicklung des Bürohochhauses. Telefon, elektrisches Licht und Schreibmaschine steigern die Effizienz der Büroarbeit. Die Wirtschaftlichkeit und der Profit bestimmen Gebäude- und Grundrisstypologie: Es entstehen zweibündige Grundrisse mit Raumtiefen bis zu 10 m mit Büromodulen, die aus zwei Büroräumen und einem gemeinsamen Vorraum für die Sekretärin bestehen.

Die Skelettkonstruktion begünstigt die geschoßweise Anmietung, wobei oft auf die Unterteilung in kleine Einheiten verzichtet wird — dadurch entsteht das amerikanische *Großraumbüro.*

Das von Frank Lloyd Wright 1906 entworfene Bürogebäude für die Larkin Company, einem Versandhaus mit 1800 Mitarbeitern, setzt aufgrund der systematischen Analyse der Unternehmensstruktur und des Arbeitsablaufs neue Maßstäbe: Die Angestellten arbeiten einzeln oder an gegenüberliegenden Tischen in den Galerieräumen, die von einem 6-geschoßigen Atrium belichtet werden. Daneben gibt es bereits eine Lounge, eine Bibliothek und seitlich angelagerte Pausen- und Waschräume.

(Lit.: 31)

Monadnock Building in Chikago, Holabird & Roche 1893
(Lit.: 31)

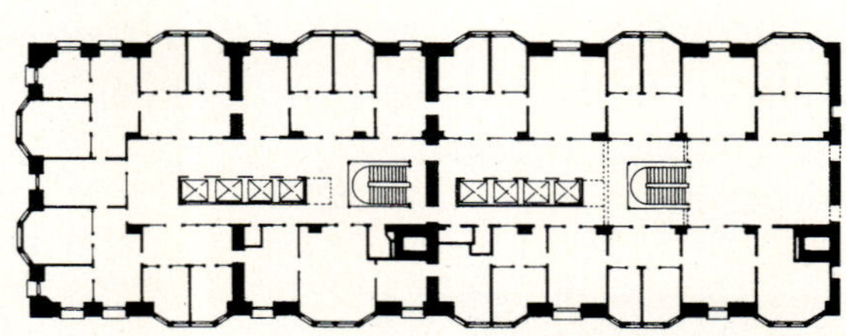

(Lit.: 31)

Erdgeschoß des Larkin-Gebäudes
(Lit.: 31)

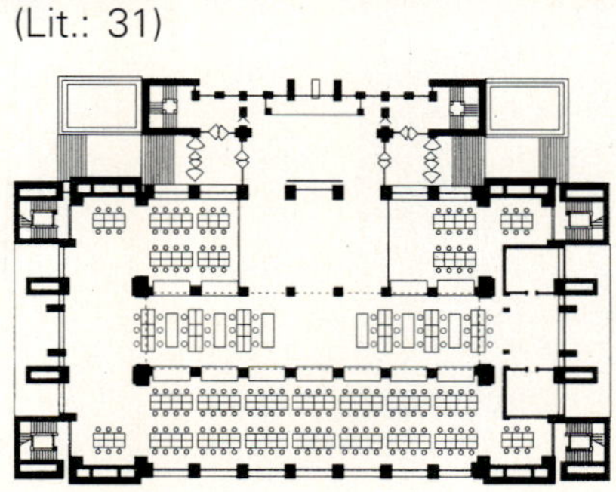

Ein weiteres Beispiel für diese Weiterentwicklung ist das ebenfalls von Frank Lloyd Wright in den 30er-Jahren des vorigen Jahrhunderts errichtete Bürogebäude für die Johnson Wax Company. Die unterschiedlichen Abteilungen des Unternehmens arbeiten gemeinsam in einem großen, von oben belichteten Bürosaal. Nur die Geschäftsleitung ist in separaten Räumen untergebracht. Das ebenfalls sozial engagierte Unternehmen bietet seinen Mitarbeitern zusätzlich ein eigenes Theater, einen Squash Court und eine Sonnenterrasse an.

Während in Amerika und Asien der Bürosaal mit künstlicher Beleuchtung und Belüftung als flächensparende Grundrisslösung Standard wird, bleibt in Europa das Zellenbüro im zwei- oder dreibündigen Grundriss der überwiegende Bürotyp.

Durch die Entdeckung des Humankapitals in den 60er-Jahren des vorigen Jahrhunderts mit dem Ziel der Förderung der Effizienz durch verbesserte Kommunikation entsteht in Europa das neuartige Konzept der *Bürolandschaft:* Die Arbeitsplätze werden zwar nach wie vor nach den Arbeitsabläufen angeordnet, aber durch Ruhezonen, Besprechungsplätze und Erfrischungspunkte in unmittelbarer Nähe zu den Arbeitsplätzen soll die Kommunikation unter den Mitarbeitern verbessert werden, auch in der vertikalen Hierarchie. Neben einer flexibleren Umorganisierung ist auch das Verhältnis von Gebäudevolumen zu den Arbeitsplätzen günstig.

Ein ausgezeichnetes Beispiel für dieses *„core and shell"*-Prinzip ist das 1975 entstandene Verwaltungsgebäude für Willis Faber Dumas von Norman Foster in Ipswich. Nebenbei setzt es auch neue Maßstäbe in der Gebäudetechnik: Zum ersten Mal werden Doppelböden verwendet und eine punktgehaltene Glasfassade eingesetzt.

(Lit.: 31)

Johnson Wax Company: Großer Arbeitsraum mit den von oben belichteten umlaufenden Galerien
(Lit.: 31)

Das Bürogebäude Ninoflax im westdeutschen Nordhorn (1963) war die erste „Bürolandschaft" in Europa
(Lit.: 31)

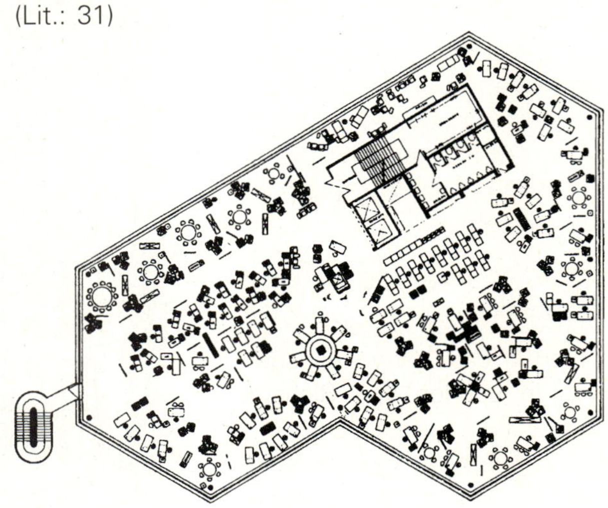

Bürohaus Willis Faber Dumas, Ipswich
Arch. Norman Foster
(Lit.: 39)

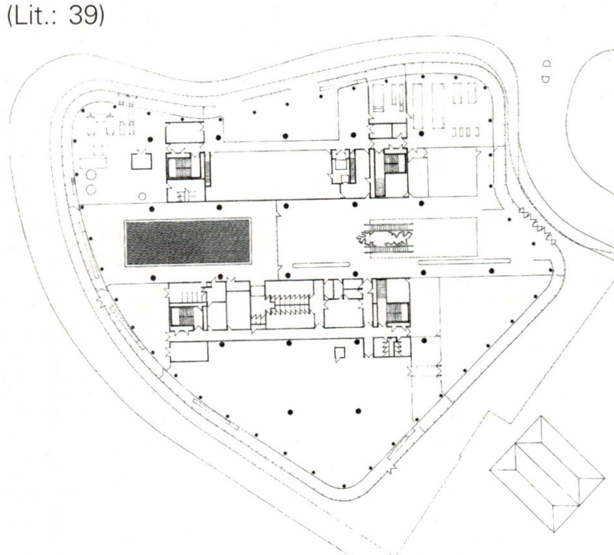

Die großen Nachteile des Großraumbüros und der Bürolandschaft, künstliche Belichtung und Klimatisierung, geringere Konzentrationsmöglichkeit durch Basislärm, führen in den skandinavischen Ländern zu einer Verbesserung des Einzelarbeitsplatzes in Kombination von Zellenbüro und Bürolandschaft, dem Kombi-Büro (1978).

Im amerikanischen Raum hingegen wird die Bürolandschaft im „open-plan office" integriert: Besprechungsmöglichkeiten und Erfrischungszonen verschwinden wieder aus dem direkten Arbeitsbereich — die Entwicklung neuer Büromöbelsysteme lässt den Cubicle, eine minimale Raumzelle, entstehen, die nach oben hin offen ist und im Großraum je nach Anforderung der Arbeitsorganisation flexibel eingerichtet wird.

Generell übernehmen nunmehr Büromöbelsysteme die Raum schaffende Rolle — die Leistung des Architekten reduziert sich auf „core and shell" — die Bereitstellung neutraler Arbeitsflächen und die Gestaltung der Hülle, des Servicekerns und der Eingangslobby.

Mit dem Einzug des PCs in die Büros entsteht ein neuer Bauboom: Viele Büros entsprechen nicht mehr den technischen Anforderungen: Die Infrastruktur — Datenleitungen, Kühlung und Lüftung — wird Schwerpunkt des Entwurfes. Als ausgezeichnetes Beispiel steht hierfür das Verwaltungsgebäude für Lloyds in London von Richard Rogers: Alle Versorgungs- und Entsorgungseinheiten werden außen an das Gebäude angelagert; im Inneren gruppieren sich die Bürozonen ähnlich wie beim Larkin Building um ein Atrium.

Seit Mitte der 90er-Jahre des vorigen Jahrhunderts sorgt die Informationstechnologie des WorldWideWeb mit Mobiltelefonie und Notebooks für einen neuerlichen Wandel in der Unternehmensstruktur: Die Angestellten werden zu freien Mitarbeitern und so von Raum und Zeit unabhängig — der zentrale Standort in der City überflüssig; das Bürogebäude wird ähnlich wie bei den ägyptischen Schreibern zum Marktplatz der Information in einer Landschaft von Netzwerken.

Canon Svenska AB Skärholmen (S)
(Lit.: 7)

Bauherr/Nutzer	Canon Svenska AB
Branche	Audiovis. Medien, Bürotechnik
Planung	Tengbom Arkitekter AB, Stockholm
Fertigstellung	1978, 1983 Erweiterung

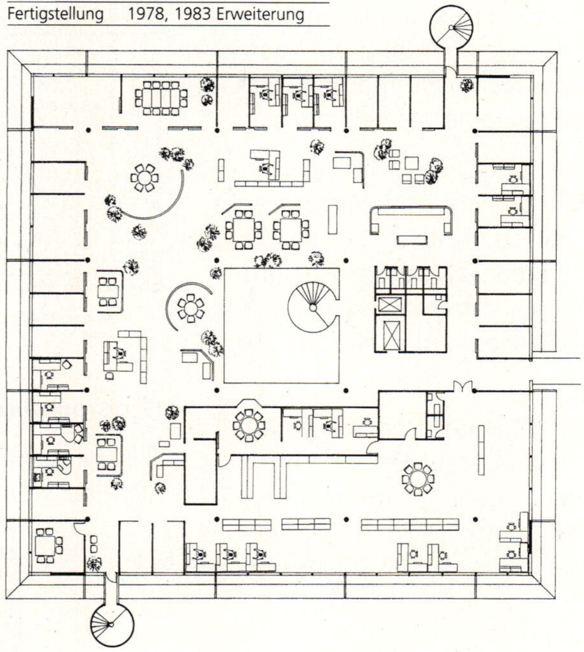

Lloyds London, Arch. Rogers + Partner 1986
(Lit.: 13)

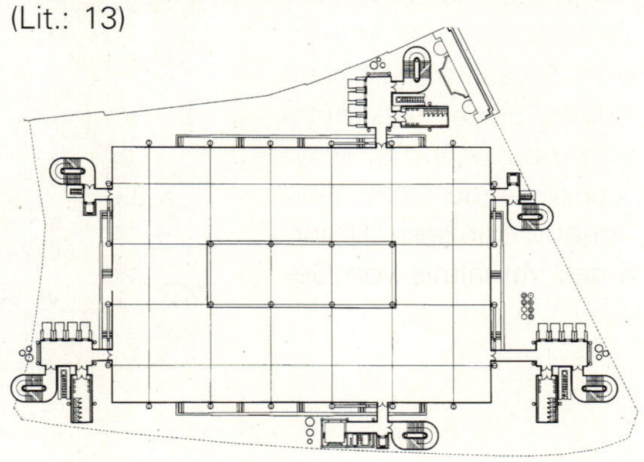

Hans Hollein: „Das mobile Büro" 1969
(Lit.: 31)

Typologie

1. Zellenbüro

Die traditionelle Büroform hierarchisch organisierter Unternehmen besteht aus einer Aneinanderreihung von Einzel- und Doppelzimmern an meist künstlich belichteten Fluren, die als Fluchtwege auch nicht möbliert werden dürfen und so reine Verkehrsflächen bleiben.

Die arbeitsplatzübergreifende Infrastruktur — Teeküchen, Besprechungstische, Kopierer und Archive — werden zwischen die Bürozellen eingeschoben. Sie belegen dadurch wertvolle Fensterflächen und verlängern die Wege.

(–) In den wirtschaftlichen Doppelzimmern ist die Ablenkung größer, in Einzelzimmern der Informationsfluss gering, eine Änderung der Organisationsstruktur ist kaum möglich. Geeignet, wenn die Einzelarbeit überwiegt.

2. Großraumbüro

In Bürolandschaften mit künstlicher Belichtung und Belüftung führt die flächendeckende Störung oft zur Abschottung der Arbeitsplätze mit raumhohen Schrankburgen und pflanzlichen Grenzzäunen, um ein Minimum an ungestörter Arbeitsatmosphäre zu erreichen. Geeignet als überschaubare Gruppenräume für Arbeiten, bei denen der Informationsaustausch und die Kommunikation überwiegen.

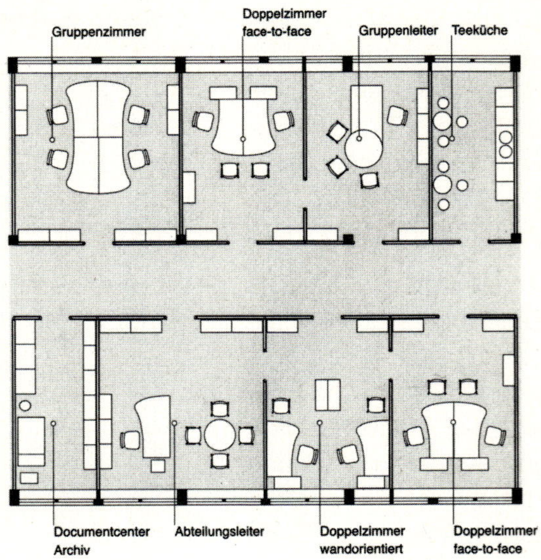

(Lit.: 30)

Großraumbüro mit außen liegendem Kern (Lit.: 2)

Zusammenhängende Bürofläche, Geräusche von Aufzug etc. nicht so störend

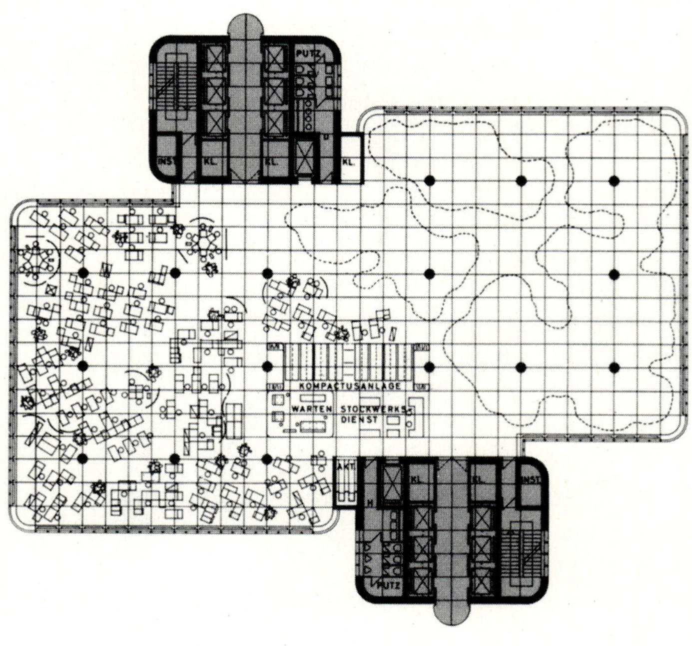

Großraumbüro mit innen liegendem Kern (Lit.: 2)

Freier Ausblick durch die Fassade, Kern als Gliederung des Großraums, Nutzung des schlecht belichteten Teiles

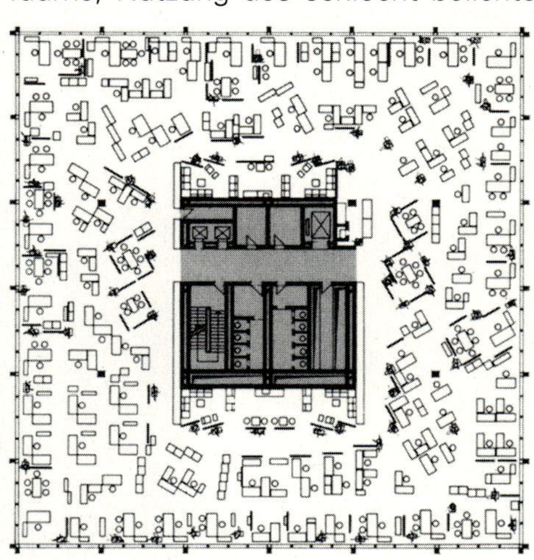

3. Kombibüro

Versucht die Vorteile der beiden erstgenannten Bürotypen miteinander zu verbinden: Die Einzelarbeitsplätze liegen alle an der Fassade, wodurch auch die Umweltbedingungen des Arbeitsplatzes individuell geregelt werden können (Belichtung, Raumklima). Sie werden durch raumhohe Glaswände von der Innenzone getrennt — sie dient als Gemeinschaftszone den Einrichtungen, die von allen genutzt werden: Kopierer, Besprechungszonen, Café, Bibliothek. Die transparente Trennung bietet akustische Abschirmung für konzentriertes Arbeiten und visuellen Kontakt („sehen und gesehen werden") sowie zusätzliche Belichtung der Gemeinschaftszone.

(+) Synergieeffekte durch ein Maximum an Zufallskommunikation

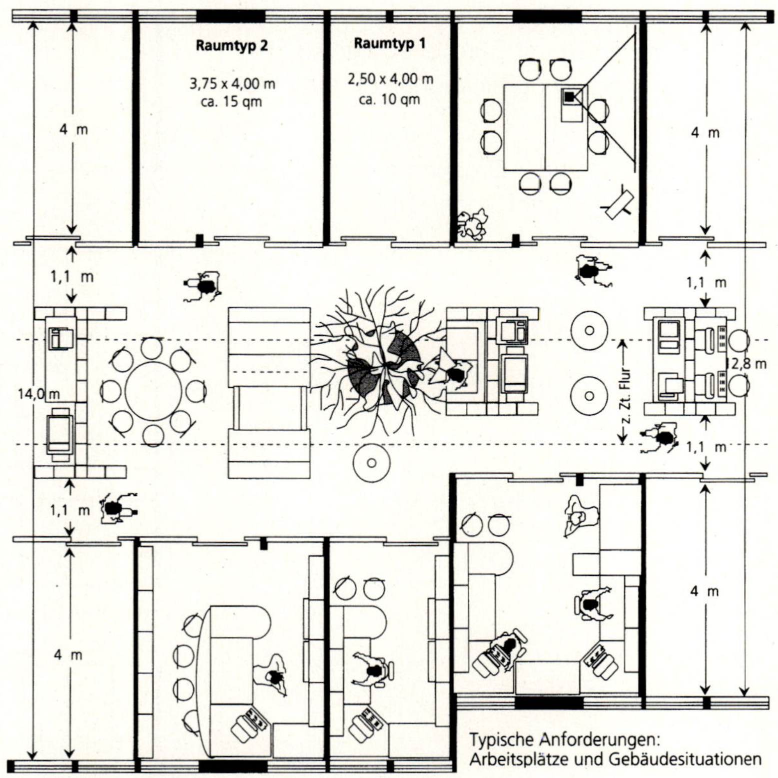

(Lit.: 7)

4. Business-Club

Anstelle persönlich zugeordneter Arbeitsplätze treten unterschiedliche Raumzonen, die je nach aktueller Tätigkeit von den Mitarbeitern genutzt werden: Denkzellen, Teamzonen, Bibliotheken, Cafeterias.

Dabei können diese Bereiche entweder reserviert oder nach dem Prinzip „first come, first serve" frei verfügbar sein — Arbeitsort und Arbeitszeit werden von den Einzelnen oder den Teams weitgehend frei gewählt.

Dies setzt auch eine geänderte Bürostruktur voraus — die Anwesenheitspflicht wird durch Zielvereinbarungen und Ergebniskontrolle ersetzt (Werbebranche).

Die maximal ausgelastete Infrastruktur erbringt Flächeneinsparungen von 20 bis 50%.

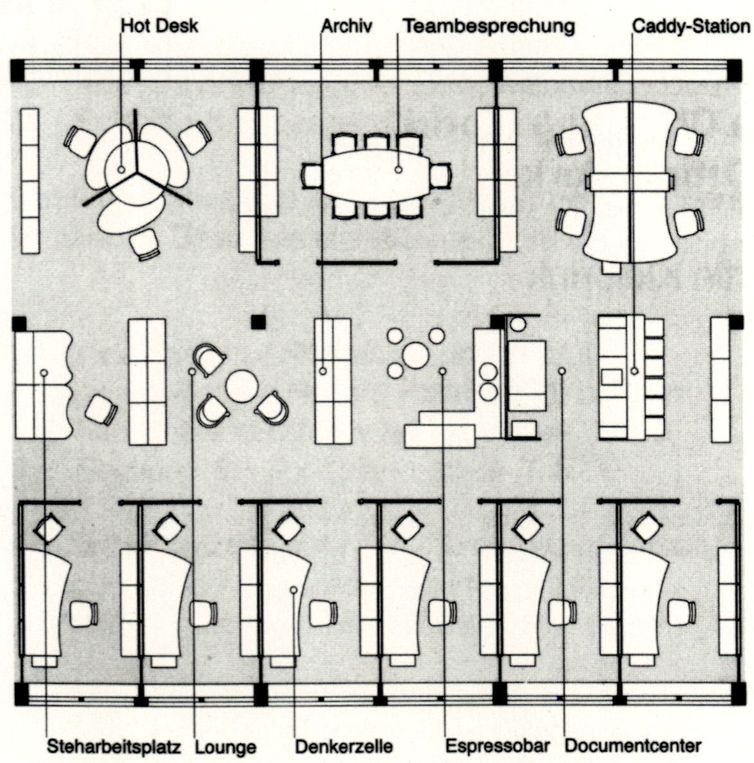

(Lit.: 30)

5. Lean Office

Die totale Flexibilität ist das so genannte Lean Office, ein etwa 14 bis 15 m tiefes Gebäude, welches ohne großen Aufwand in verschiedenen Formen genutzt werden kann:

1. als Zellenbüro mit Bürotiefen bis zu etwa 6 m
2. als Kombibüro mit Bürotiefen von ca. 4 m mit breitem multifunktionalem Innenbereich
3. als durchgehender Gruppenraum mit einer Tiefe von 7,5 oder sogar 14 m

6. Satellitenbüro (Telecenter)

Anstatt die Menschen quer durch die Stadt zu ihren Büros zu bewegen, entstehen in der Nähe der Wohnungen lokale Servicestationen, an die sich unterschiedliche Zielgruppen gleichzeitig andocken können: Die vorhandene Infrastruktur räumlicher oder technischer Art kann stunden- oder tageweise gemietet werden.

Die Wahl des geeigneten Raumkonzeptes ist weitgehend von der Tätigkeit abhängig: In Organisationen mit einem hohen Anteil an Routine-Informationsverarbeitung, bei der die Zusammenarbeit der Mitarbeiter kaum eine Rolle spielt, sind *Zellenbüros* weiter geeignet und erwünscht. *Gruppenräume* sind allgemein unbeliebt und für hoch qualifizierte Tätigkeiten kontraproduktiv, für gleiche Tätigkeiten wie z.B. Callcenter oder Zeichenbüros durchaus geeignet.

Kombi-Bürohaus Ausbauvarianten
(Lit.: 7)

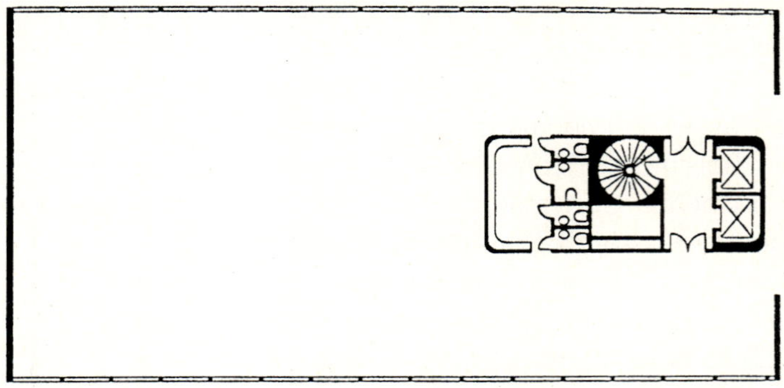

Großraum

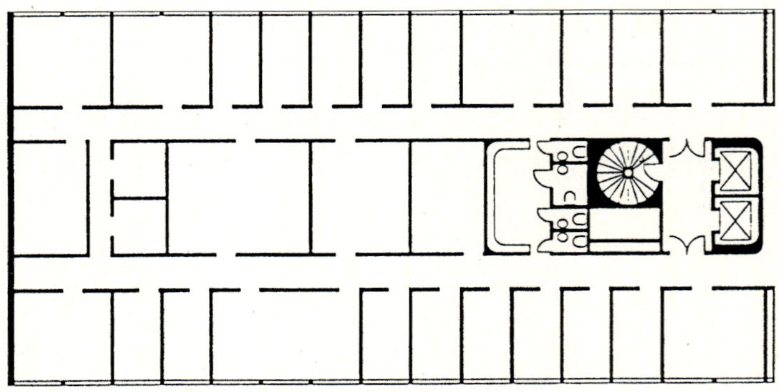

Zellenbüros

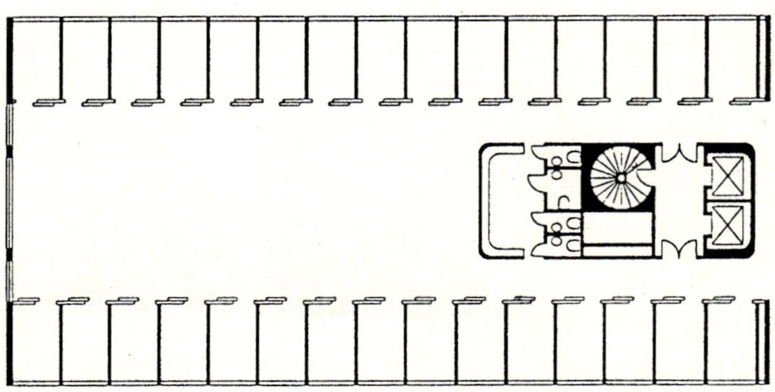

Kombi-Büro

Kombibüros sind vor allem dann gut geeignet, wenn konzentrierte Einzeltätigkeit sich mit der Abstimmung in der Gruppe abwechselt — z.B.: für den Handel und für soziale Organisationen. Außerdem besitzt das Kombibüro die optimale Struktur für die Weiterentwicklung zur Wechsel- und Projektarbeit sowie als Schritt zum Business-Club.

Das Ziel bleibt der Mitarbeiter, der sich in seinem Arbeitsumfeld wohl fühlen und sich mit seinem Unternehmen identifizieren soll, um seine Aufgabe möglichst produktiv zu gestalten. Die 4 Kriterien dabei sind:

- ❍ *Flexibel in der Einrichtung:* Standardisiert, aber individuellen Anforderungen anpassbar
- ❍ *Funktionell:* Raumklima (Licht, Luft, Wärme, Akustik) und Möblierung müssen den physiologischen und ergonomischen Standards voll entsprechen
- ❍ *Synergie:* Durch Kommunikation und Transparenz das Ergebnis optimieren
- ❍ *Unternehmenskultur:* Die Identifikation mit dem Unternehmen und erwünschte Verhaltensweisen fördern

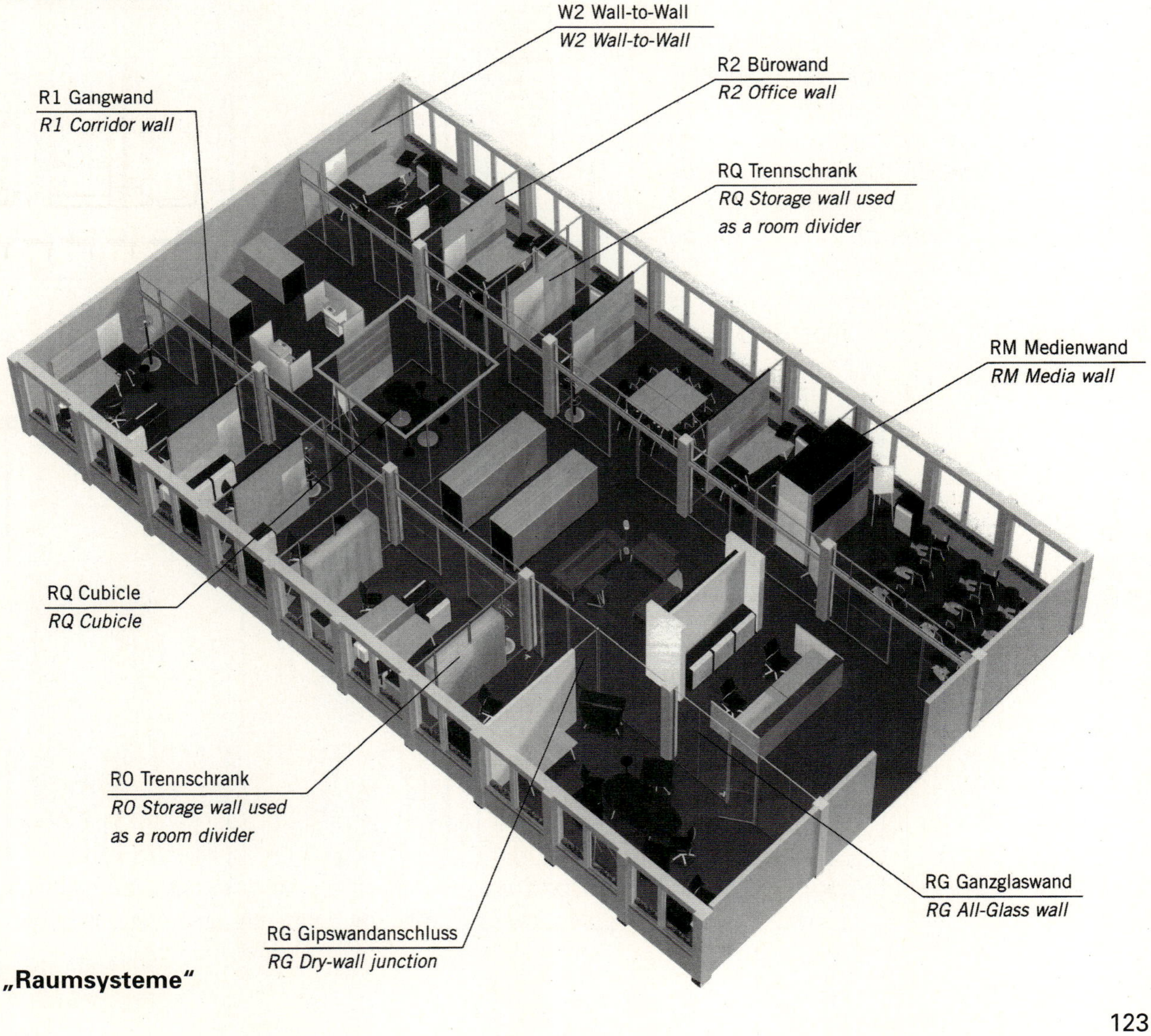

Fa. bene „Raumsysteme"

Gebäude- und Fassadenraster

Der Standard für den Raster von Zellenbüros liegt, abhängig von hausinternen Flächenstandards und Komfortansprüchen, bei 1,20 bis 1,80 m und einer Gebäudetiefe von 12 m.

Die geforderte Umwandelbarkeit in alle vier Bürokonzepte geht vom Zellen- und Kombibüro aus, da sich der Gruppenraum und der Business-Club aus den beiden erstgenannten entwickeln lassen.

Basis sind die Mindestabmessungen eines Bildschirmarbeitsplatzes in den Varianten Einzel-, Doppel- und Mehrpersonenräume unter Berücksichtigung der entsprechenden Arbeitsstättenverordnung.

Daraus ergibt sich für das *Zellenbüro* bei einer Mindesttiefe des Arbeitsplatzes von 2,20 m für das typische Doppelzimmer, 4,40 m plus der Bürotrennwand von 0,10 m ein Raster von 1,50 m für die Fassade. Bei einer Raumtiefe von üblicherweise 5 bis 5,50 m und einer Gangbreite von 2 m erhält man die Gebäudetiefe von 12 bis 13 m.

Beim *Kombibüro* hat sich für das Einzelzimmer eine Raumbreite von 2 Achsen mit je 1,35 m und einer Tiefe von 4 bis 4,25 m als flächenwirtschaftlicher wie komfortabler Standard durchgesetzt. Mit zusätzlich 2 Gangbreiten von 1,10 m und einer Mittelzone von 3 bis 3,50 m ergeben sich lichte Gebäudetiefen von 13,50 bis 15,50 m. Eine Umwandlung ist möglich, wenn die Zimmertiefe auf ca. 3,60 m und die Mittelzone auf etwa 2,40 m reduziert und mit dem größeren Fassadenraster von 1,50 m kompensiert wird.

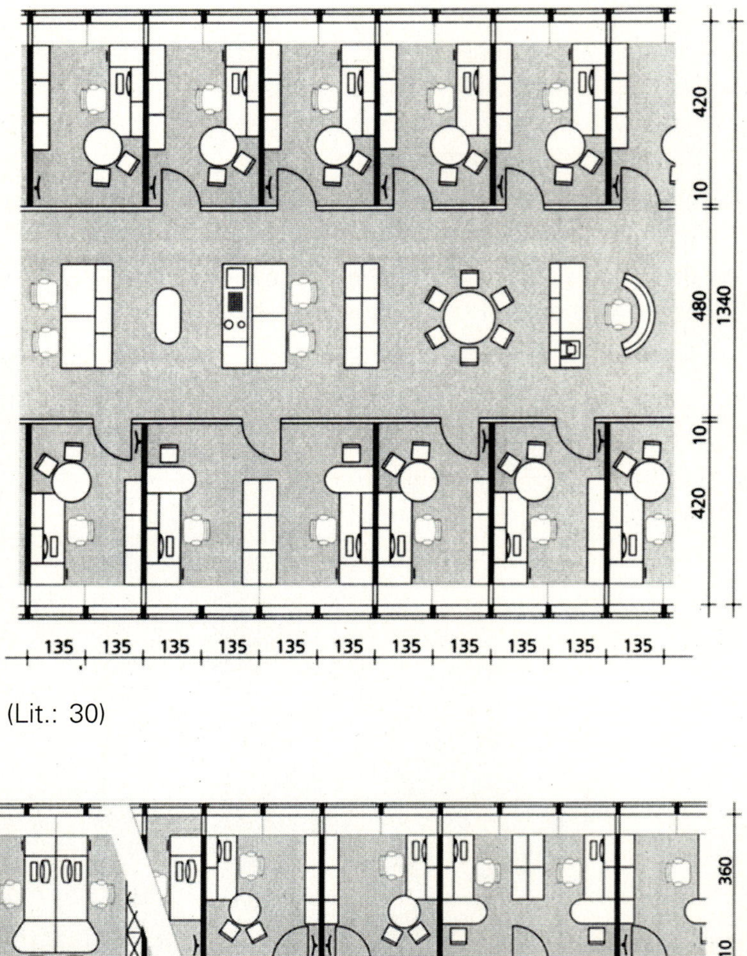

(Lit.: 30)

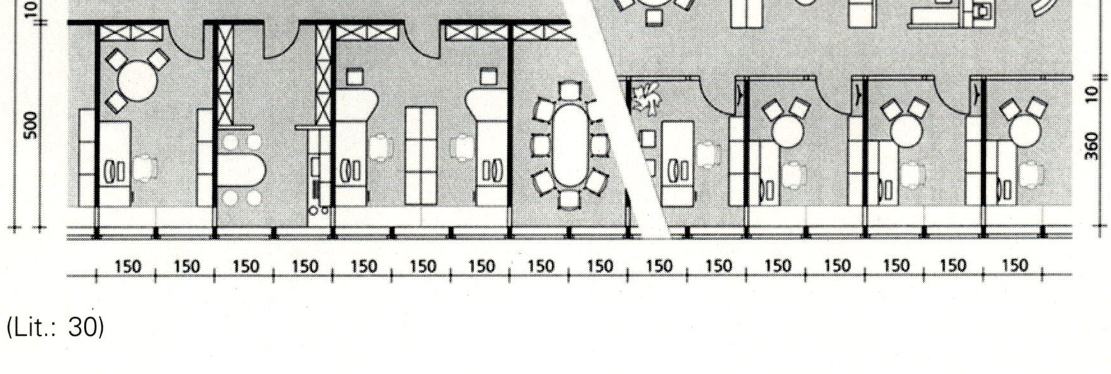

(Lit.: 30)

Der Büroarbeitsplatz

Sitzmöbel

Sitzen ist für den Menschen eine natürliche Körperhaltung. Es ist für den Blutkreislauf günstiger als Stehen. Ein möglichst aufrechtes Sitzen mit einer etwa 90° geneigten Wirbelsäule zu den Oberschenkeln ist anzustreben und bringt dem Sitzenden die wenigsten Beschwerden. Nachdem bei Büroarbeit immer ein leicht nach vorne geneigter Oberkörper die Regel ist, sollten die Sitzflächen nur im vorderen Teil leicht nach unten geneigt sein, zum Geradesitzen einen so genannten Sitzkeil aufweisen, eine Neigung des hinteren Teiles der Sitzfläche um etwa 20 bis 30° nach vorne. Empfehlenswert für langes Sitzen ist außerdem eine leichte Polsterung. Die Rückenlehne sollte einen Knick als Lendenstütze aufweisen (20 bis 30 cm hoch, 30 bis 37 cm breit, Radius 80 bis 120 cm). Gute Standfestigkeit für die Füße, Rollen lt. ÖNORM, Distanz zwischen Sitzhöhe und Tischoberkante 27 bis 30 cm, zwischen Sitzhöhe und Tischunterkante mind. 19 cm. Höhe der Rückenlehne 55 bis 60 cm über der eingesessenen Sitzfläche. Die Tischhöhe sollte verstellbar sein, damit die Abwinkelung der Arme bei Auflage der Hände auf der Tastatur einen rechten Winkel bildet.

richtige Sitzposition

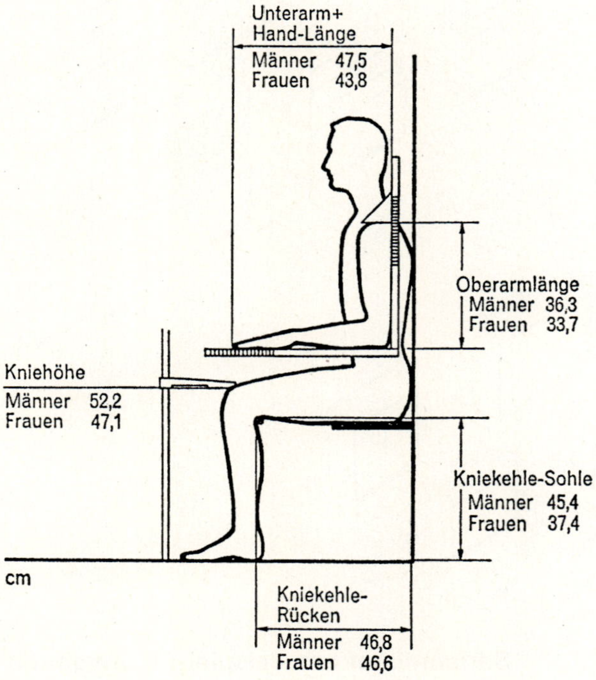

Körpergröße für Männer und Frauen inkl. Schuhwerk (aus ÖNORM A 8060) (Lit.: 6)

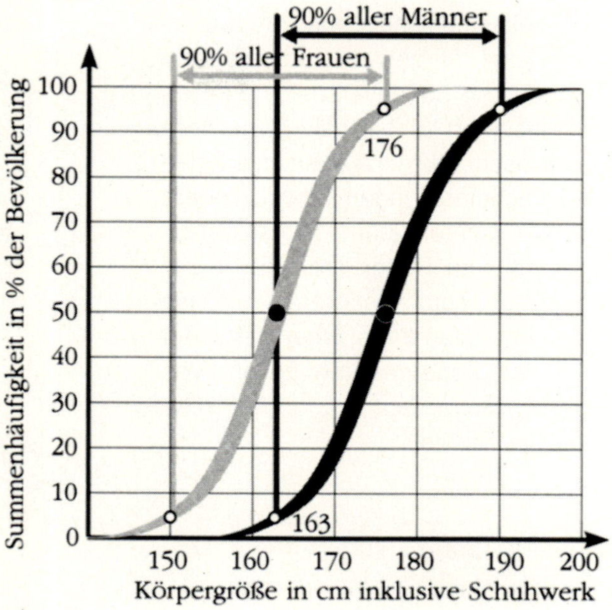

Auswirkung unterschiedlicher Körpergröße auf Tisch- und Sitzhöhe (Lit.: 6)

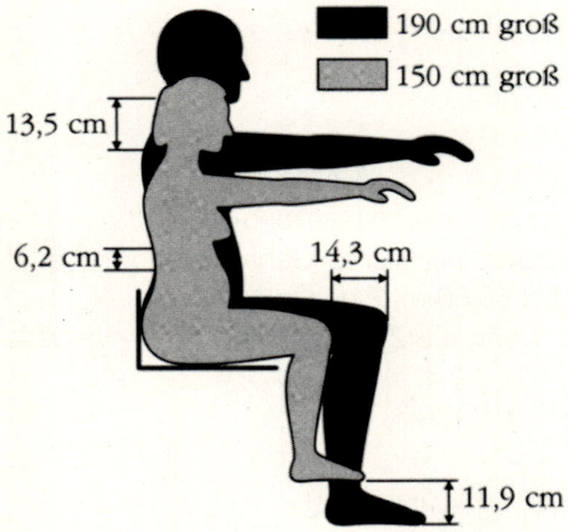

Körpermaße beim Sitzen optimale Tischhöhen (Lit.: 6)

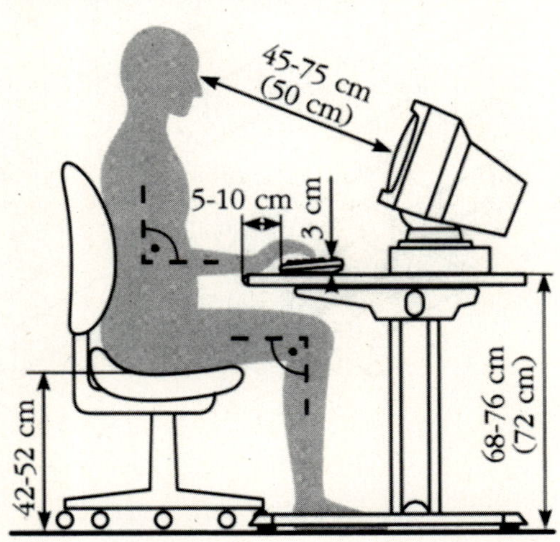

Büromöbel

Büromöbel werden heute von verschiedenen Firmen im Baukastensystem aus Holz, Kunststoff und Metall hergestellt. Schreibtischkombinationen mit höhenverstellbaren Platten und eingebauten Kabelkanälen, Korpusse und Unterbauschränke mit verschiedenen Laden und Facheinteilungen sowie niedere und hohe Büroschränke im Modulsystem gehören heute zum Repertoire jeder Büromöbelfirma. Beim Kauf zu achten ist auf eine hygienische und blendfreie Oberfläche der Tischplatten auf abgerundeten Ecken (Verletzungsgefahr) sowie auf ergonometrische Ausbildung der Stühle.

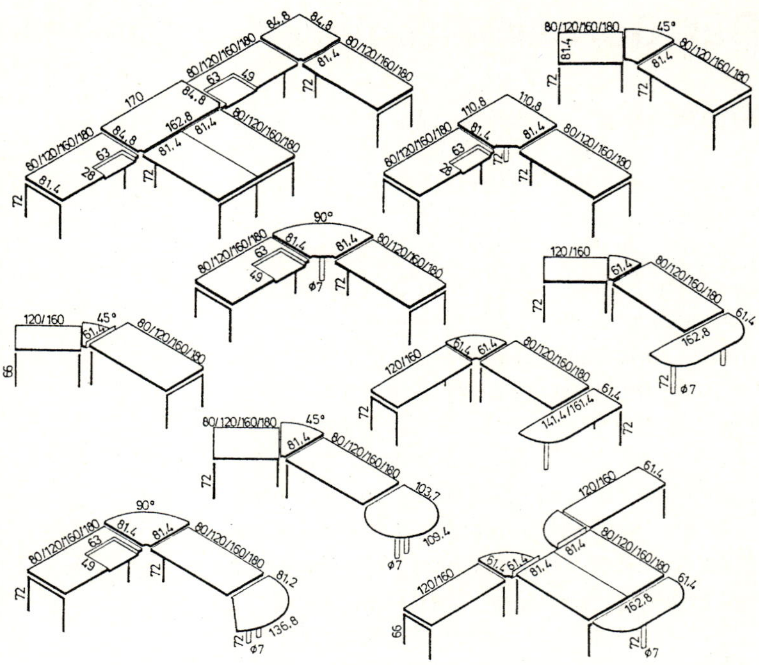

25 Schiebetürschrank
26 Schiebetürschrank — Wandverbau
27 Abdeckhaupt
28 Schiebetürschrank mit Wangen und Bordleiste
29 Schiebetürschrank mit Regalaufsatz
30 Schiebetürschrank mit Aufsatzvitrine
31 Schiebetürschrank mit Pinnwand
32 Schiebetürschrank mit Pinnwandregal
33 Schrank-Ablageelement
34 Ausgleichregal — Aufsatzelement
35 Ausgleichregal
36 Ausgleichregal für Wandverbau
37 Stollenblende

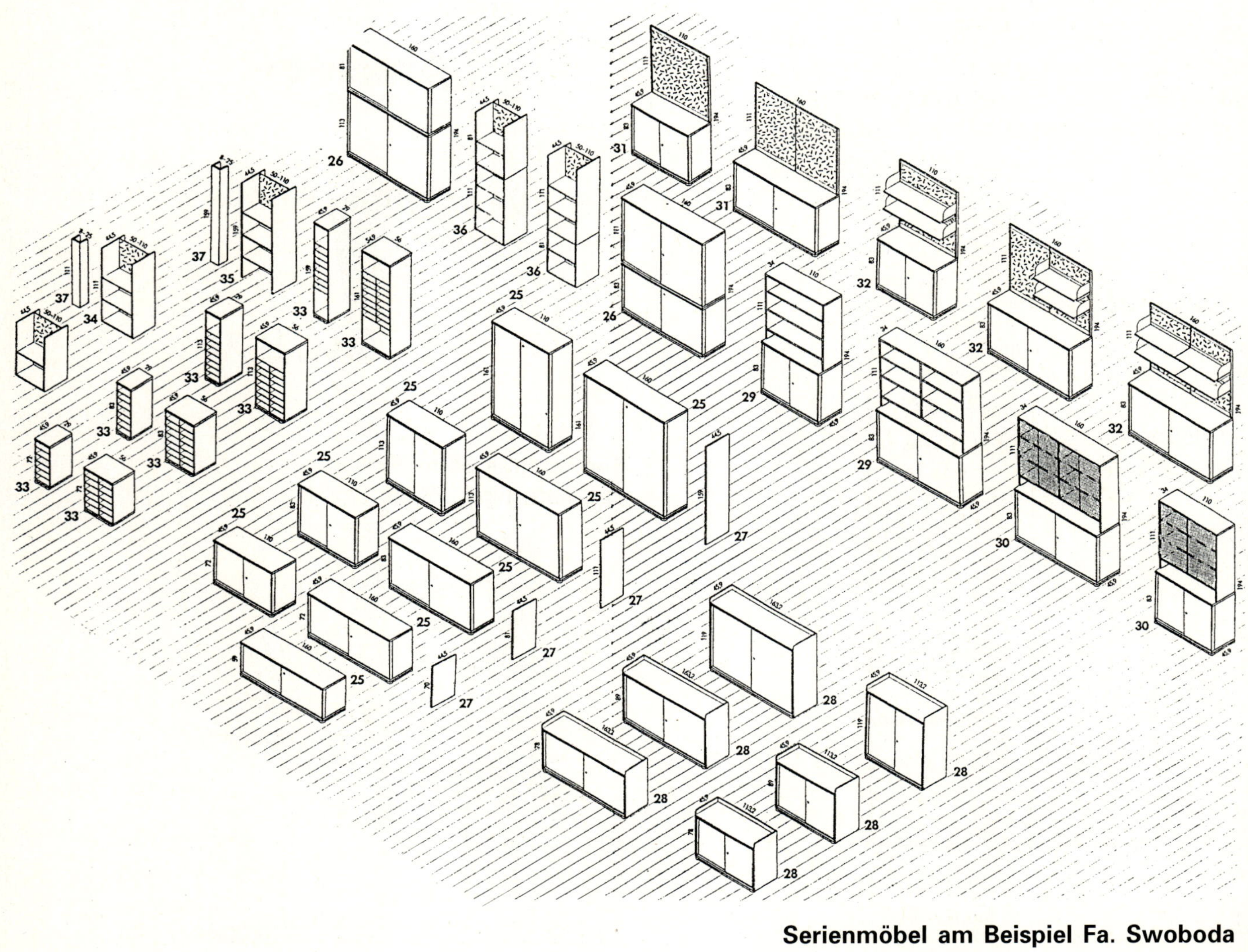

Serienmöbel am Beispiel Fa. Swoboda

Anforderungen

Durch die Einführung der EDV und insbesondere des vernetzten PC wurde der Büroarbeitsplatz von Grund auf umgestaltet und reorganisiert und neue/andere Anforderungen müssen berücksichtigt werden. Dazu kommen immer umfangreichere Vorschriften für Gesundheitsschutz, insbesondere an Bildschirmarbeitsplätzen (z.B. EU-Richtlinien 89/391/EWG und 90/270/EWG, ÖNORM A 8010 Ergonometrische Gestaltung von Büroflächen), welche zu berücksichtigen sind. Der qualitativ hochwertige Büroarbeitsplatz wird durch folgende Anforderungen bestimmt:

1. Unterstützung der Arbeitsabläufe

Dafür ist heute der Mehrflächenarbeitsplatz geschaffen worden, welcher je nach Tätigkeit variiert wird.

2. Optimale Belichtung (Vermeiden von Blendung, Reflexion und Kontrast)

Zur Vermeidung von Verspannungen und Augenbeschwerden.

3. Optimale Sitzposition

Höhenanpassbare Arbeitstische und Stühle, die ergonomisch der Größe und Sitzposition des Benutzers angepasst werden können, zur Vermeidung von Ermüdungserscheinungen, Haltungsschäden, Verspannungen etc.

Da neben der PC-Arbeit auch noch die normale Schreibtischarbeit anfällt und vielfach auch noch die Schreibmaschine verwendet wird (Formulare ausfüllen etc.), ist eine Erweiterung der Arbeitsflächen erforderlich. Der Bildschirm sollte immer ohne Direkt- oder Reflexblendungsmöglichkeit aufgestellt werden (nicht weniger als 90° zur Fensterfläche gedreht). So müssen die alten Raumgrößen und Fensterachsenmaße im Bürobau heute revidiert werden. Je nach der zu verrichtenden Arbeit unterscheidet man einen systemorientierten und belegorientierten Bildschirmarbeitsplatz.

Systemorientierter Arbeitsplatz

Alternierende Arbeit, d.h. längeres Verbleiben an ein und demselbem Medium. Hier ist eine Anpassung der Höhe des Tisches bzw. der Computertastatur erforderlich (Schreibmaschinen- und Computertische um 3 cm

Platzbedarf für Schreibtischeinheit

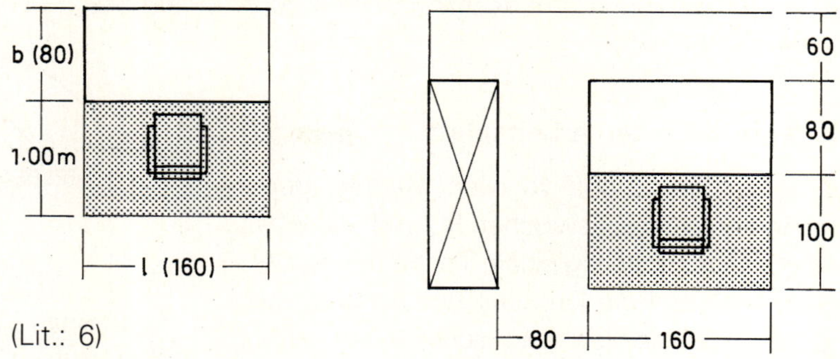

(Lit.: 6)

BILDSCHIRMARBEITSPLATZ
SYSTEMORIENTIERT
ALTERNIERENDE ARBEIT

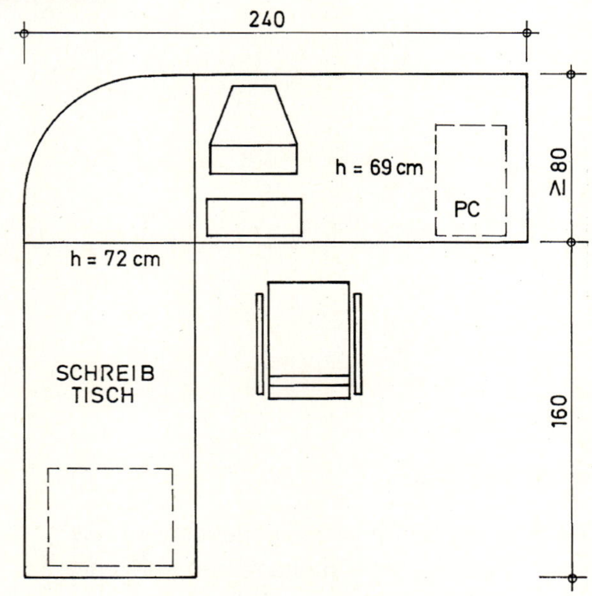

(Lit.: 6)

BILDSCHIRMARBEITSPLATZ
BELEGORIENTIERT
PERMANENTER ZUGRIFF
AUF DEN PC

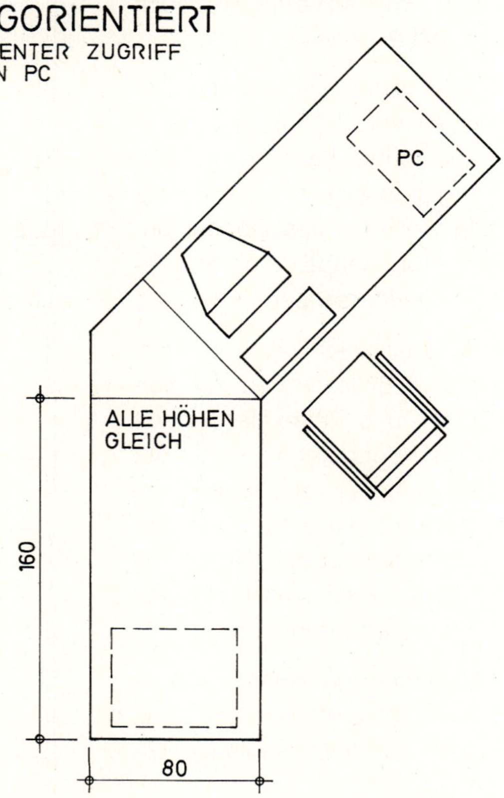

(Lit.: 6)

niederer als Schreibtischplatte). PC und Schreibtisch können im rechten Winkel zueinander stehen.

Belegorientierter Arbeitsplatz

Gleichzeitiger Zugriff zu allen Medien, permanenter Wechsel zwischen PC und Schreibtisch, sodass eine gleiche Tischhöhe erforderlich ist und die Drehung des Sessels so gering wie möglich sein sollte (etwa 45°-Anordnung).

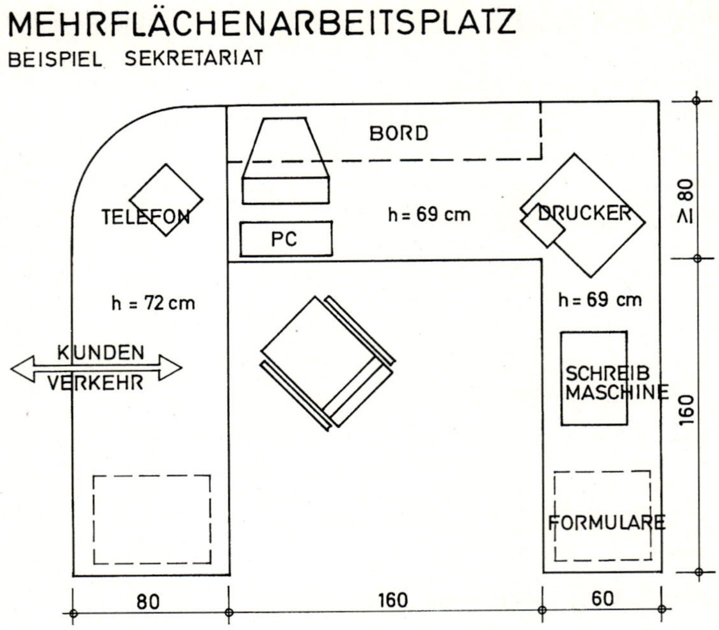

Beispiele für systemorientierte Arbeitsplätze (Lit.: 6)

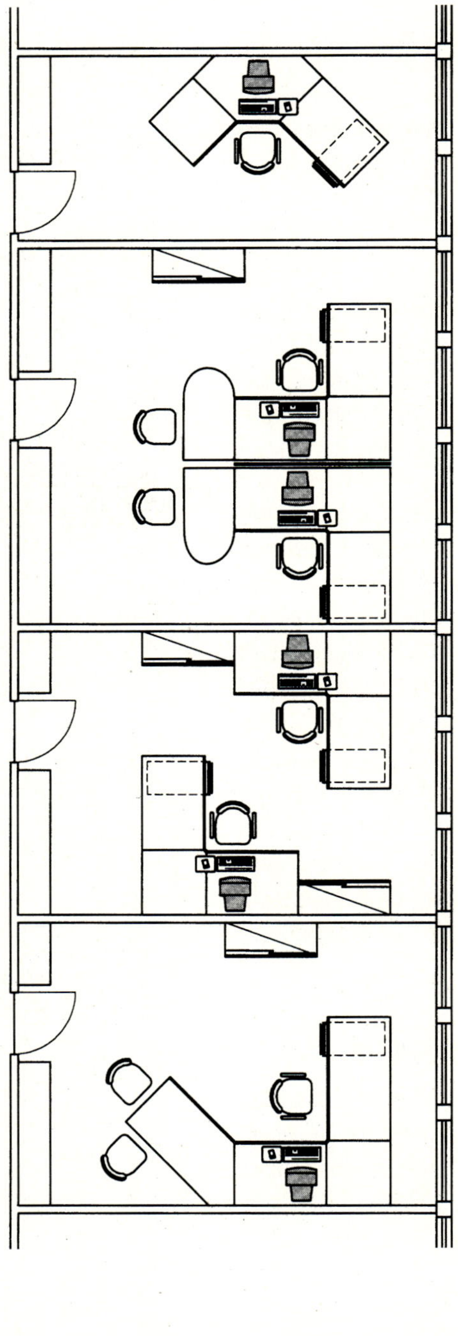

Bürozellen

Die Kombination von belegorientierten bzw. systemorientierten Arbeitsplätzen mit oder ohne Publikumsverkehr zu Zelleneinheiten ist auf verschiedene Weise möglich, wobei sich starke Unterschiede im Platzbedarf wie auch in der Arbeitsqualität ergeben.

Bei Einhaltung der bisher im Bürobau üblichen Fensterachse von 1,25 m und einer lichten Raumtiefe (ohne Kastenrückwand) von etwa 5 m ergeben sich für das Einzelbüro 2 Fensterachsen, für das Doppelbüro 3 Fensterachsen, für Doppelbüro mit Besucherfrequenz 4 Fensterachsen.

In nebenstehenden Beispielen wurde auf richtige Aufstellung von Bildschirmen zur Vermeidung von Direkt- und Reflexblendungen geachtet. Je nach Konfiguration steht der Bildschirm allerdings näher oder weiter von der hellen Fensterfront entfernt. Sollte der Bildschirm in einem geringeren Winkel zur Fensterfront stehen, sind Abschattungen (Vertikallamellen o.Ä.) erforderlich.

Liegen in bestehenden Gebäuden andere Fensterachsen oder Raumtiefen vor, sind manchmal dennoch zufrieden stellende Lösungen möglich.

Beispiele für belegorientierte Arbeitsplätze (Lit.: 6)

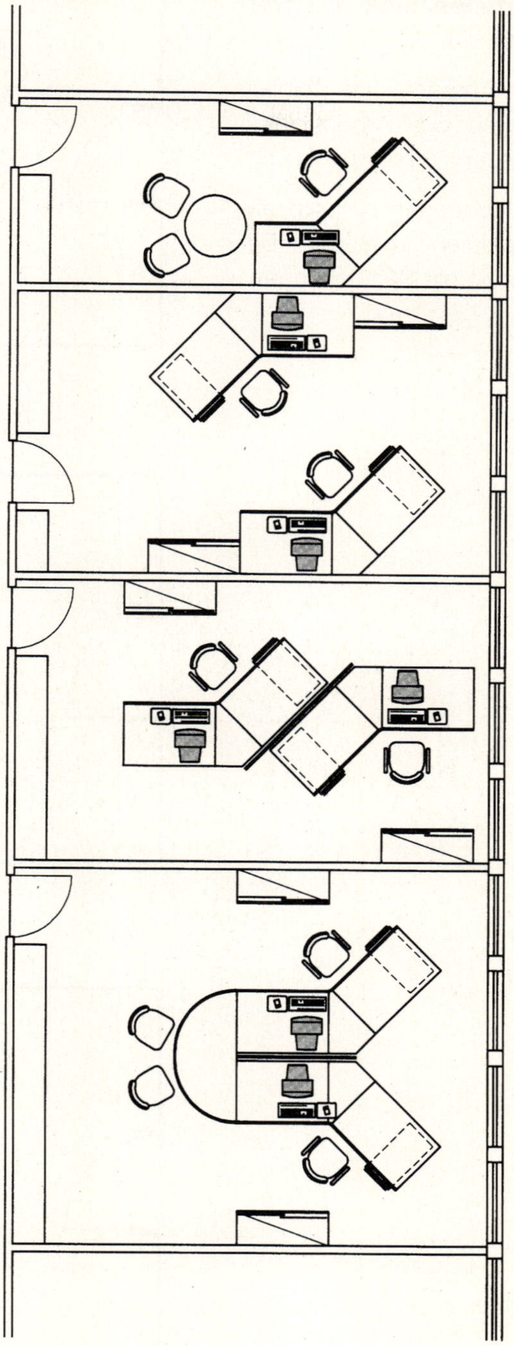

Lineare Blockbildung

Die heute häufigste Anordnung von 2-Personen-Zellenbüros mit linearer Blockbildung weist eine Reihe von arbeitstechnischen Nachteilen auf, wie gegenseitige Störfaktoren, schlechte Eignung für belegorientierte Bildschirmarbeit in Griffbereitschaft der Arbeitsfläche.

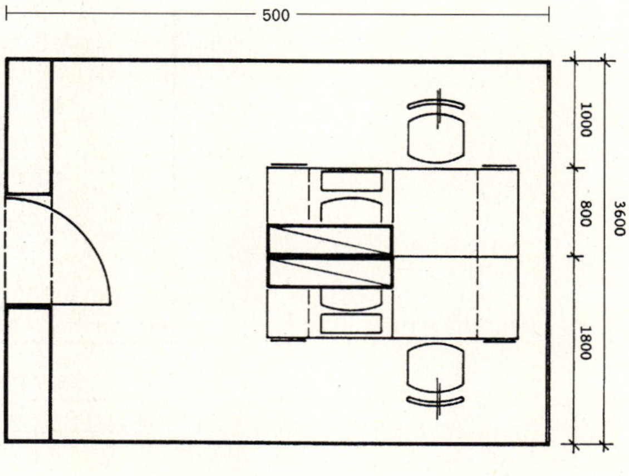

Beispiele für Arbeitsplatzkombinationen mit anderen Raumtiefen und Fensterachsenbreiten (Lit.: 6),

wobei hier manchmal Abstriche im Hinblick auf die Gleichwertigkeit der Arbeitsplätze gemacht werden müssen.

Generell werden die Lösungen mit 45° abgewinkelten Arbeitsplätzen von den Benutzern besser bewertet als 90°-Lösungen.

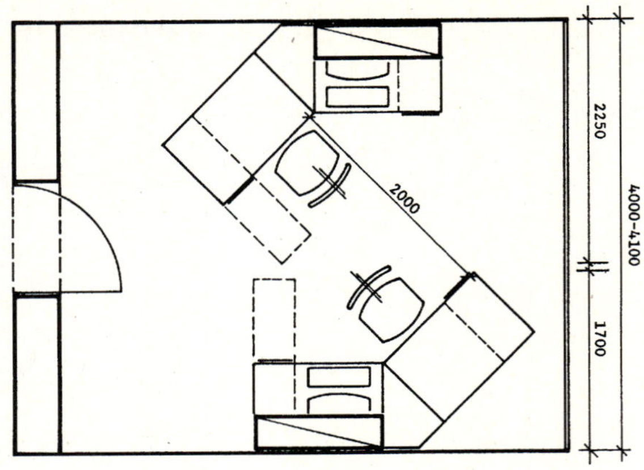

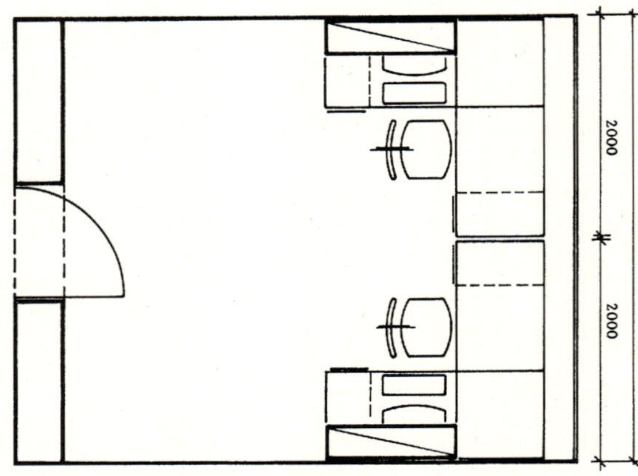

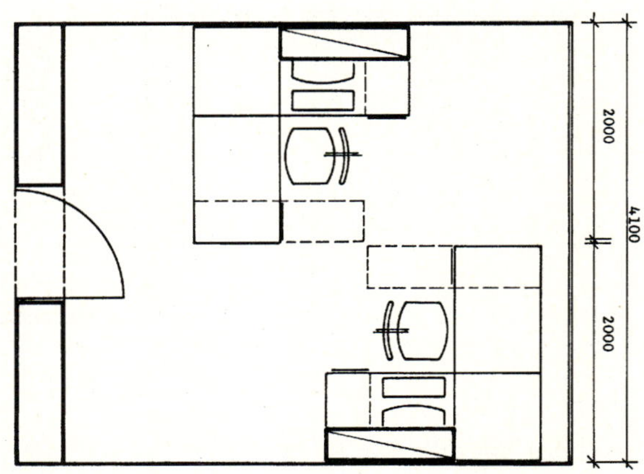

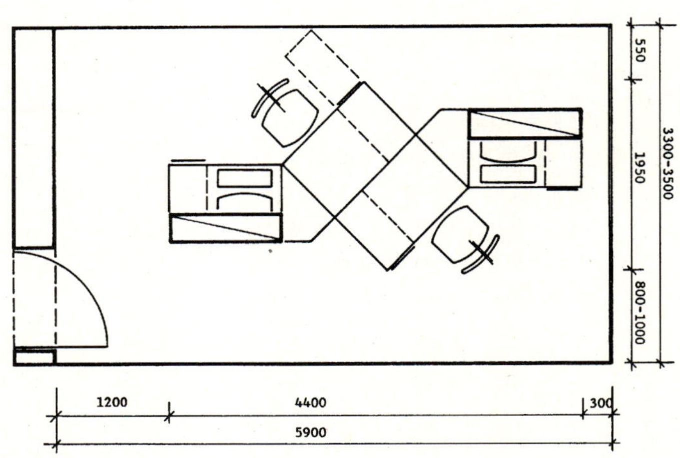

Optimale Beleuchtung von Bildschirmarbeitsplätzen

(nach einer Veröffentlichung von Dieter Lorenz und Guido Eisfeller, Studiengemeinschaft Akzente)

Bis zu 90% aller Informationen werden am Büroarbeitsplatz über das Auge aufgenommen. Ca. 65% klagen über regelmäßige Kopfschmerzen und ca. 40% über Augenbeschwerden. Dabei wird der beleuchtungstechnischen Gestaltung der Arbeitsumgebung oft zu wenig Augenmerk zugewendet. Mindestvorschriften bezüglich der Sicherheit und des Gesundheitsschutzes bei der Arbeit an Bildschirmgeräten regelt die EU-Richtlinie 90/270/EWG.

Die lichttechnische Qualität einer Beleuchtungsanlage wird an folgenden Gütemerkmalen gemessen:

Beleuchtungsniveau:

Mind. 500 lx, in Großraumbüros 750 bis 1000 lx

Leuchtdichteverteilung:

Infeld zu nahem Umfeld 3 : 1

Infeld zu fernem Umfeld max. 10 : 1

Innerhalb des Arbeitsfeldes zu den darin enthaltenen Arbeitsmitteln sind Leuchtdichteverhältnisse unter 20 : 1 ohne negative Folgen. Optimale Leuchtdichte des Arbeitsfeldes 100 bis 300 cd/m^2.

Die optimale Deckenleuchtdichte ebenfalls 100 bis 300 cd/m^2.

Wandleuchtdichte bei Beleuchtungsstärken von 100 bis 500 lx etwa 35 bis 100 cd/m^2.

Bei reiner Bildschirmarbeit für Wände hinter dem Bildschirm 20 bis 40 cd/m^2.

Fenster, beleuchtete Raumflächen nicht über 200 cd/m^2, im Mittel max. 400 cd/m^2.

Schattigkeit:

Zu stark gerichtetes Licht bewirkt starke Schlagschatten, erhöhte Kontraste, ein indirektes Licht führt zu einer diffusen Beleuchtung, die das Erkennen von Körperformen durch unzureichende Schattenbildung erschwert.

Farbwiedergabe:

Für Büroräume sind die Lichtfarben warm-weiß (unter 3300 K), neutral-weiß (3300 bis 5000 K) vorzusehen.

Beleuchtungsarten:

Allgemeinbeleuchtung:

Gleich bleibend hohe Beleuchtungsqualität an allen Stellen des Raumes. Der Raum kann ohne Änderung der Beleuchtung flexibel genutzt werden. Ausgeführt durch reine Direkt- oder Indirektbeleuchtung.

Arbeitsplatzorientierte Allgemeinbeleuchtung:

Verschiedene Raumzonen werden unterschiedlich beleuchtet nach den erforderlichen Sehaufgaben. Indirektleuchten mit einer Direktkomponente als abgehängte Balkenleuchten.

Einzelplatzbeleuchtung:

Einzelplatzbeleuchtung darf nur in Verbindung mit einer Allgemeinbeleuchtung betrieben werden, wobei der Mindestanteil der Allgemeinbeleuchtung vorgeschrieben ist. Der Vorteil ist die individuelle Anpassungsfähigkeit an die persönlichen Bedürfnisse des Benutzers.

Hängeleuchte mit Darklightraster
und Indirektkomponente, die durch die Sekundärreflektoren zusätzlich aktiviert wird.
Beispiel astron, Fa. Trilux

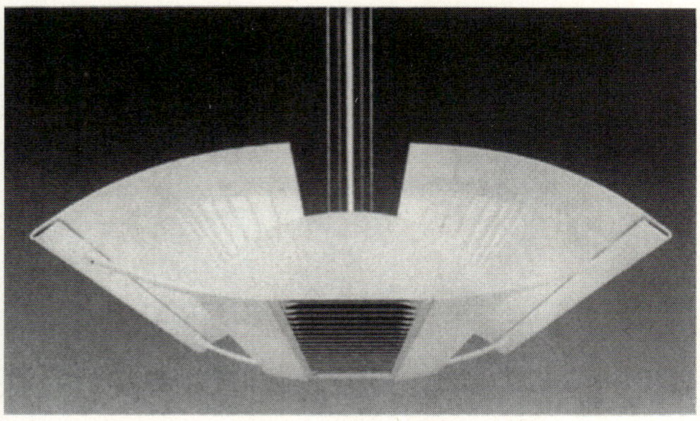

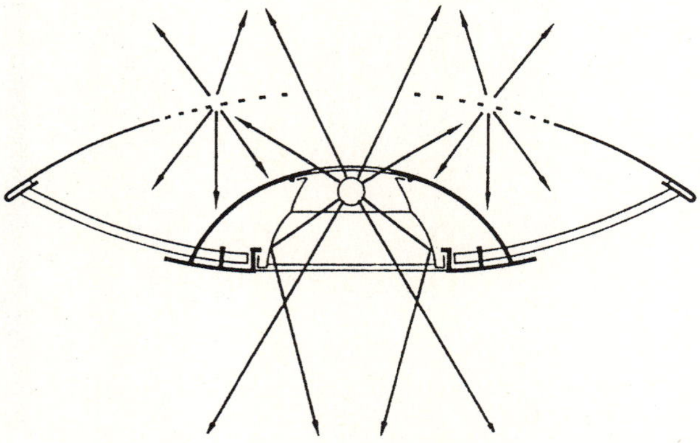

Standleuchte für Arbeitsplatzbeleuchtung

Direkt- und Indirektanteil mit schräg seitlichem Lichtaustritt gegen Reflexe
Beispiel Trilux

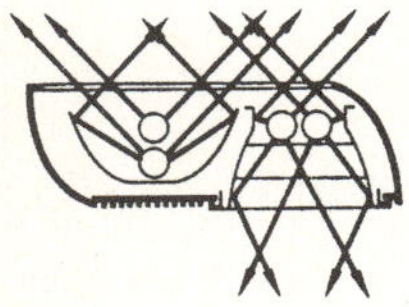

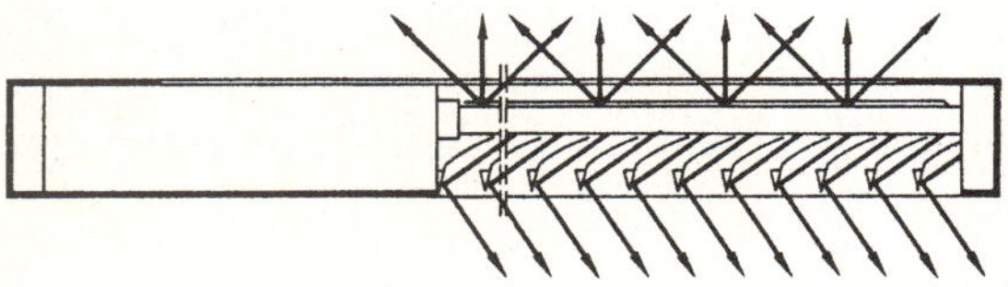

Standleuchte zur Umfeldbeleuchtung

Eine TC55 W als reine Indirektkomponente, 1 Leuchtstofflampe TC 55W für Direkt-Indirekt-Komponente.
Beispiel Trilux

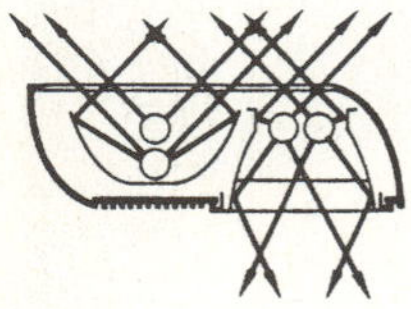

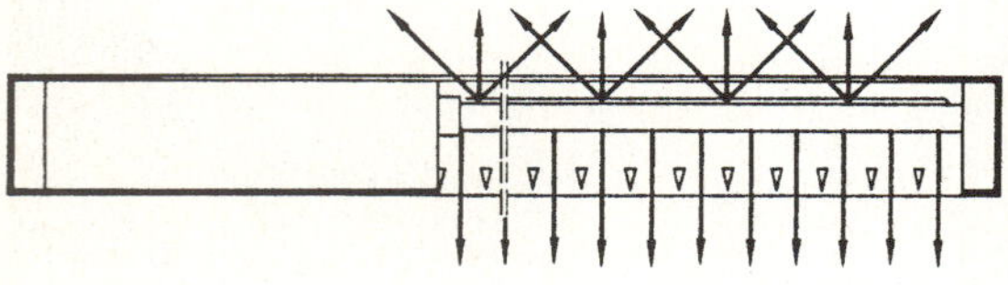

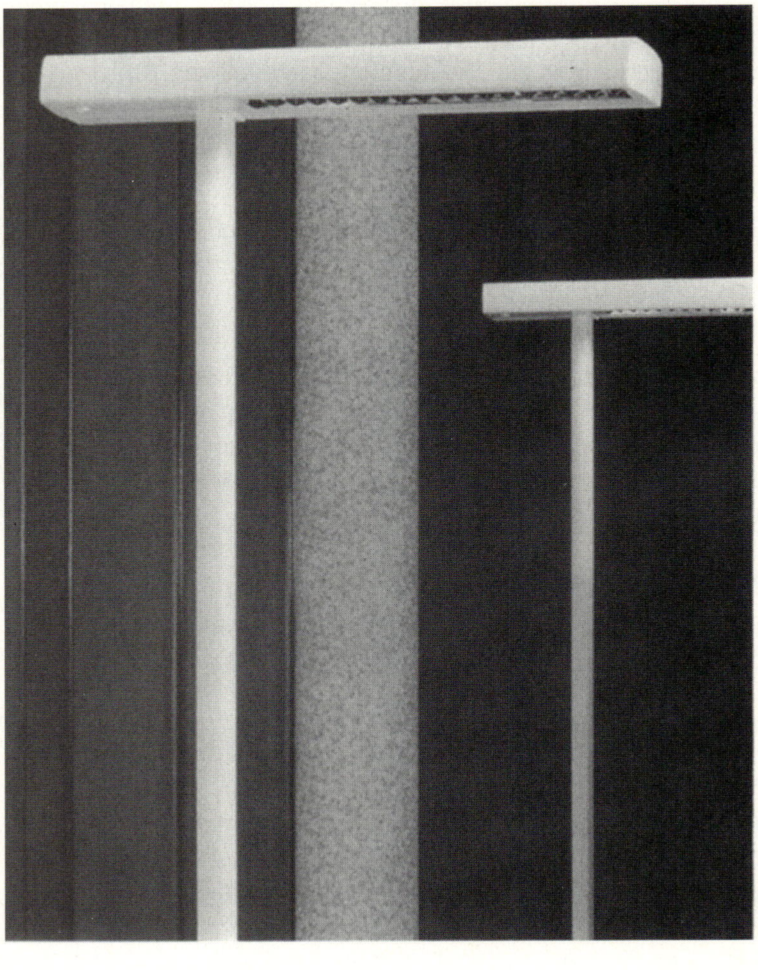

Beleuchtungsbeispiele für einen Arbeitsraum von 6,5 x 13 x 2,7 m

angenommen 12 Bildschirmarbeitsplätze:

1. **Indirektbeleuchtung für 8 abgependelte Leuchtenbänder**
   je 2 Leuchtstoffröhren 58 W
   Deckenabstand 0,4 m
   Nennbeleuchtungsstärke 540 lx
   Leistung 2,64 kW

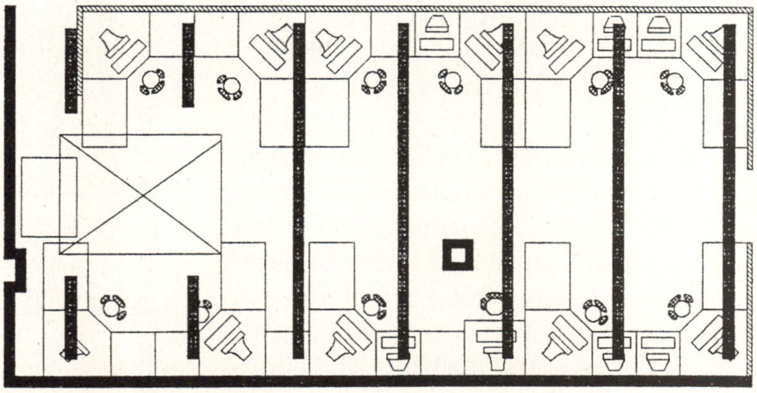

2. **Indirektbeleuchtung durch Ständerleuchten an den Tischen**
   je 2 Kompaktleuchtstofflampen 36 W
   Deckenabstand 0,87 m
   Nennbeleuchtungsstärke 190 lx
   Leistung 0,6 kW

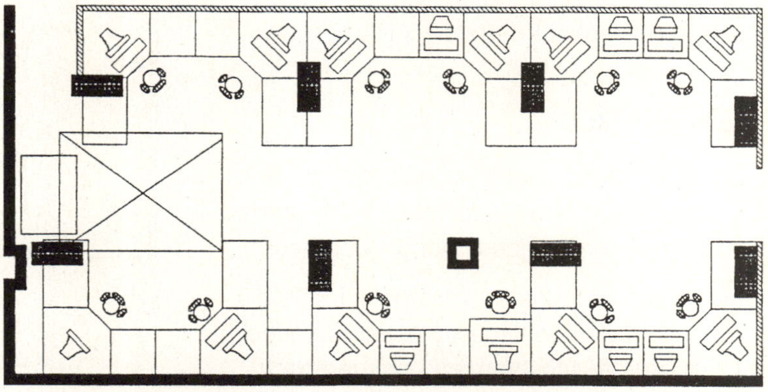

3. **Hybridbeleuchtung durch Indirektleuchten wie vor und zusätzliche Arbeitsplatzleuchten**
   mit ebenfalls
   2 Kompaktleuchtstofflampen mit je 9 W,
   Nennbeleuchtungsstärke ohne Einzelplatzleuchten 280 lx
   mit Einzelplatzleuchten 330 lx Aufnahmeleistung
   Leistung 1,22 kW

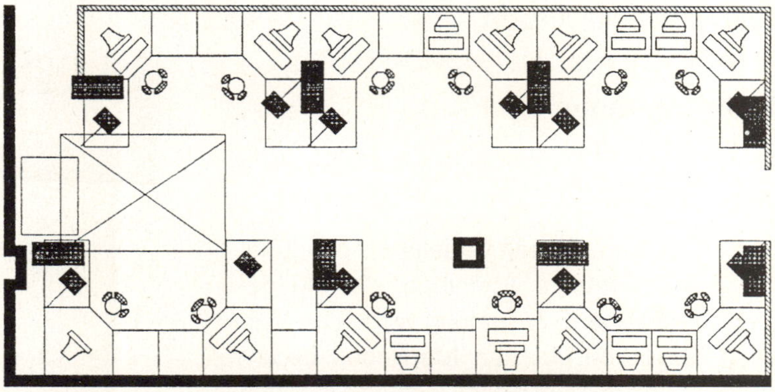

4. **Direktbeleuchtung + Einzelplatzbeleuchtung**
   Dimmbare Allgemeinbeleuchtung aus tiefstrahlenden Parabolspiegelrasterleuchten in 4 Leuchtenbändern als Aufbauleuchten auf der Decke
   je 1 Leuchtstofflampe 50 W
   zusätzlich Einzelplatzleuchten wie vor
   Beleuchtungsstärke 180 lx
   mit Einzelplatzleuchten 230 lx
   Aufnahmeleistung 0,6 kW

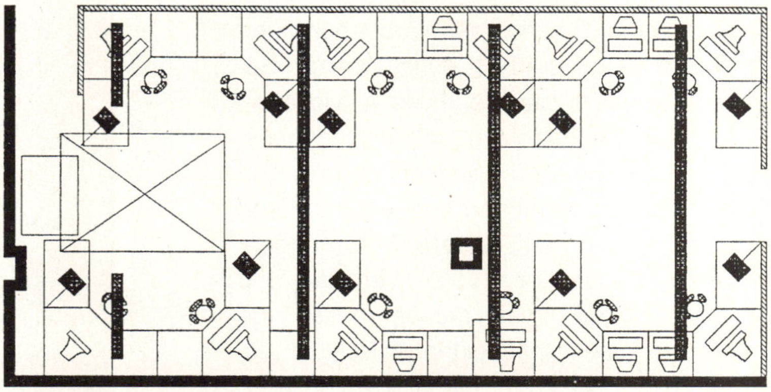

(Lit.: 29)

5. **Reine Direktbeleuchtung**
   wie vor, jedoch ohne Einzelplatzleuchten
   Nennbeleuchtungsstärke 370 lx
   Aufnahmeleistung 0,63 kW

Elektroinstallation

Die Elektroversorgung erfolgt in den Zellenbüros durch an den Fensterwänden laufende Kabelkanäle, in den Mittelzonen von Kombibüros und in Großräumen durch Fußbodensteckdosen über Hohlraumböden oder im Estrich verlegte Kabelkanäle. Für die Beleuchtung werden vor allem bei Bildschirmarbeitsplätzen blendfreie Darklight-Reflektorleuchten eingesetzt, es setzt sich jedoch immer mehr eine indirekte Beleuchtung für eine Beleuchtungsstärke von etwa 200 bis 300 lx durch, welche durch Arbeitsleuchten örtlich ergänzt wird, sodass sich im Arbeitsbereich 500 bis 750 lx ergeben. Dadurch wird eine günstige Arbeitsplatzbeleuchtung hergestellt, ohne zu starke Hell-Dunkel-Kontraste zu erzeugen.

Raumakustik

In Großraumbüros Geräuschdämpfung durch Teppichboden, Akustikdecken, Stellwände mit absorbierender Verkleidung, Möblierung.

Hebung des Grundgeräuschpegels auf 50 bis 55 dB durch Klimaanlage bzw. Lautsprecher mit Dauergeräusch (Verdeckungsgeräusch).

Mindestraumgröße ca. 400 m^2, möglichst quadratische Raumform.

Farbgestaltung

(Nach einem Artikel von Bettina Rodeck in Jürgen Knirsch: Büroräume, Bürohäuser)

Farbe ist eine spezielle visuelle Empfindung, die durch sichtbare Strahlung, den so genannten Farbreiz, ausgelöst wird. Die Wirkung der Farbe auf den Menschen beruht auf dem Zusammenspiel psychologischer und physiologischer Eindrücke, welche durch den physikalischen Prozess des Farbsehens und der Informationsverarbeitung in unserem Gehirn entstehen. Farbe beeinflusst erwiesenermaßen den Stoffwechsel, den Hormonhaushalt, den Blutkreislauf, Herzschlag, Puls und Atemfrequenz. Damit verbunden wirkt Farbe auf die Psyche, auf unsere Stimmungen, unser Fühlen, Denken, Wollen, Verhalten und Handeln. Dabei spielt die Intensität von Farbreizen eine entscheidende Rolle. Farbempfinden schlägt eine Brücke zu unseren anderen Sinnesorganen. So werden bestimmte Farbnuancen als laut, leise, wohlriechend, dezent, auch süß, sauer, warm, kalt, hart oder weich empfunden und bezeichnet. Die Wirkung von Farben auf unsere Innen-

Kombination indirekter Raumbeleuchtung (ca. 100 lx) und direkter Arbeitsplatzbeleuchtung (ca. 500 lx)
(Lit.: 13)

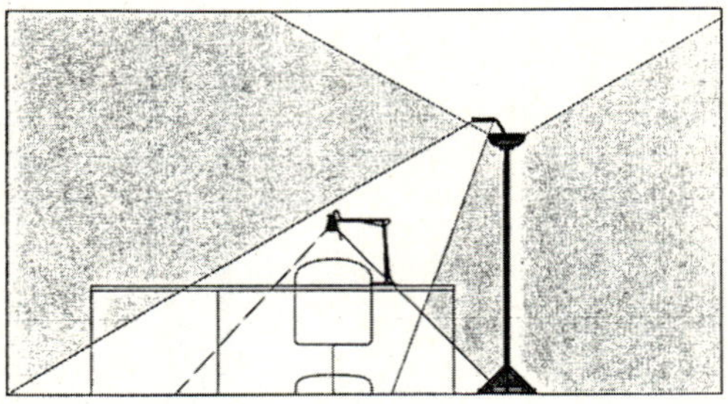

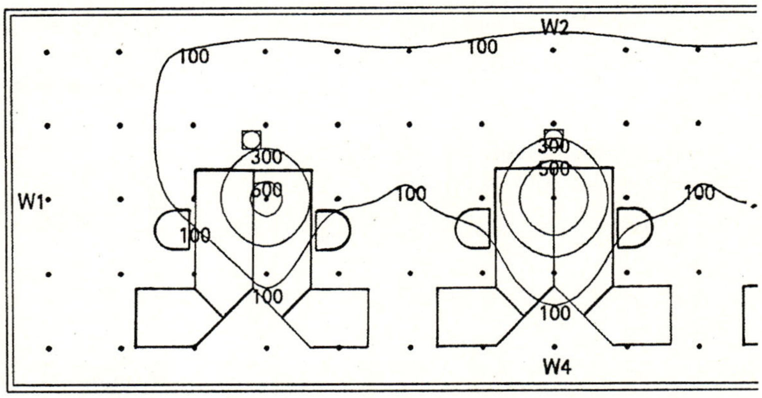

welt wird durch Färbung, Persönlichkeitsstruktur und Temperament, körperliche und geistige Verfassung, Alter, Geschlecht, Sensibilität bestimmt. Dazu kommt der soziale und kulturelle Hintergrund, wie Farbstile, Farbmoden, Farbtrends und regionale klimatische Einflüsse etc. Farben wirken immer auch im Zusammenhang mit Objekten und ihren anderen Gestaltmerkmalen. Die gleiche Farbe kann daher auf verschiedenartigen Gegenständen zu völlig entgegengesetzten Wirkungen führen und verschiedene Bedeutungen erlangen.

So unterschiedlich subjektive Reaktionen auf Farben ausfallen können, gibt es doch in vielem ein intersubjektives Übereinkommen und lassen sich Farbkonzepte erstellen, die auf einer allgemein gültigen Ebene bestimmte Anforderungen für bestimmte Nutzer erfüllen. Denn Farbe bestimmt entscheidend das atmosphärische Klima unserer gebauten räumlichen Umwelt und damit auch deren Wirkung auf den Menschen.

Fehlerhafte Farbgestaltung am Arbeitsplatz wird nur selten bewusst wahrgenommen, sondern äußert sich in psychischen Belastungen, Sehstörungen, Konzentrationsschwierigkeiten, Ermüdungserscheinungen, Kreislaufstörungen und Reizbarkeit der Mitarbeiter. Zu beachten sind daher sowohl die Vermeidung zu starker Hell-Dunkel-Kontraste bei großen Flächen (max. 1 : 3). Monotonie und Reizarmut auch in Bezug auf die Farbe sind ebenso zu vermeiden, wie ein Überangebot an Buntheit, das gefährliche Stressfaktoren in sich birgt. Abwechslung in der Farbe lässt sich erzeugen durch:

1. unterschiedliche Farbtöne, Kontraste im Buntton,
2. unterschiedliche Sättigung, Kontrast in der Buntkraft,
3. unterschiedliche Helligkeit, Kontrast im Hellbezugswert.

Die Farbdominante (quantitativ vorherrschende Farbe) gibt die räumliche Grundstimmung an. Diese Farben sind mit gemäßigtem Buntanteil auszustatten. Eine zweite Farbe, die Begleitfarbe, muss harmonisch auf die Dominanzfarbe abgestimmt sein und dient zur Differenzierung. Farbakzente in kleinerer Flächigkeit heben sich von diesen Dominanten deutlich ab. Sie erregen und lenken Aufmerksamkeit, haben Signalwert und geben Impulse. Sie eignen sich zur Betonung von Raumelementen und sind vor allem für Accessoires geeignet. Stark bunte Farbreize sollten in großen Flächen in Räumen angewandt werden, die nur kurze Zeit benutzt werden (Eingangszone, Flure). In Langzeitaufenthaltsräumen sollte die Farbgebung dezent sein, jedoch ausdrucksvoll, sodass der persönliche Gestaltungsraum nicht beeinträchtigt und berücksichtigt wird.

Je nach Lage an Fußböden, Wänden oder Decken wirken Farben verschieden. Der Fußbodenbelag sollte nicht gleich hell oder entscheidend heller als die Wände sein (Unsicherheit beim Gehen). Gerade Wände können durch die Farbgebung beengend oder wärmend wirken (warme Farben) oder weitend und kühlend (kalte Farben). Für kleinere Räume sind hellere Nuancen zu wählen, die den Raum optisch weiten. Decken wirken leicht, wenn ihre Farbgebung heller ist als die der Wände. Decken, die dunkler als die Wände sind, lassen den Raum niedriger erscheinen. Insgesamt sollte im Raum ein natürliches Helligkeitsgefälle herrschen.

Farbe hat auch einen Bezug zur Tätigkeit, welche in den Räumen ausgeübt wird. Wo äußere Arbeitsumstände belastend sind, muss das Farbmilieu zur Beruhigung beitragen. In Bereichen, wo die Arbeit wenig Abwechslung bietet, können sinnvoll gesetzte wechselnde Farbimpulse anregen. Durch Farben können räumliche Elemente visuell unterschieden oder zusammengefasst werden. Sie ermöglichen dadurch eine bessere Orientierung. So kann die Farbe zum Ordnungselement, besonders in Großraumbüros, werden und zur Identifikation verschiedener Raumbereiche, Abteilungen etc. führen. So können Farben als Leitsystem für Gebäude und Orientierungshilfen herangezogen werden. Farbkonzeptionen sind jedoch auch ein Imagefaktor, welcher den Stil des Unternehmens und somit seine Corporate Identity mitgestaltet.

Erschließungsformen

Zellenbüro

Einbündige Fluranlage:

Einseitige Anordnung von Zellenbüros an einem Gang. Unwirtschaftlich, jedoch optimale Belichtung und Belüftung der Flurzonen, Transparenz.

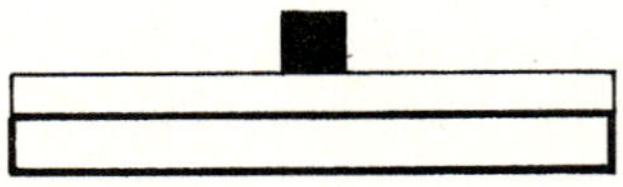

Zweibündige Fluranlage:

Innen liegender Flur. Meistverwendete Erschließungsstruktur. Wirtschaftliche Lösung. Belichtung der Gänge an den Stirnseiten und durch Einschnitte, etwa bei den Stiegen.

Dreibündige Fluranlage:

Entlang von zwei parallel laufenden Fluren sind außen Büroräume angeordnet. Zwischen den Fluren liegen die Nebenräume, Sonderräume (Besprechungszimmer, Kopierer) und die Erschließungen.

Gemischte zwei- und dreibündige Anlage:

Dreibündig nur im Bereich der Erschließung oder soweit unbelichtete Räume im Kern gewünscht sind.

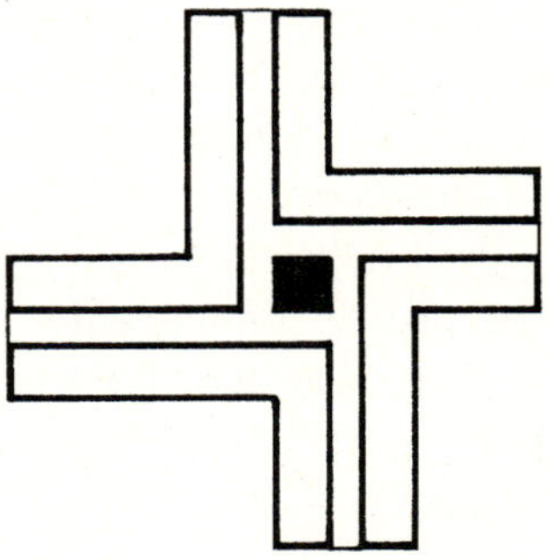

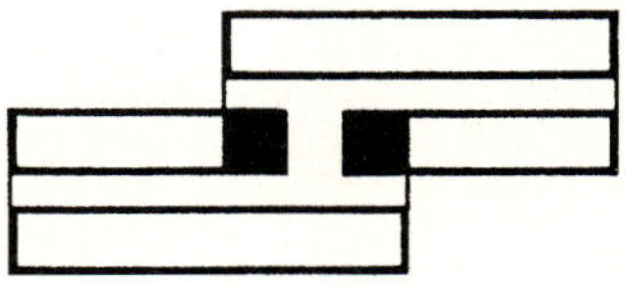

Kompakte Fluranlage:

Die Flure sind möglichst kurz gehalten, meist radial oder tangential um einen mittigen Erschließungskern angeordnet.

Kurze Wege, bessere Kommunikation, Möglichkeit den Flur bereichsartig in die Bürozone einzubinden, Nachteil: keine Flurbelichtung.

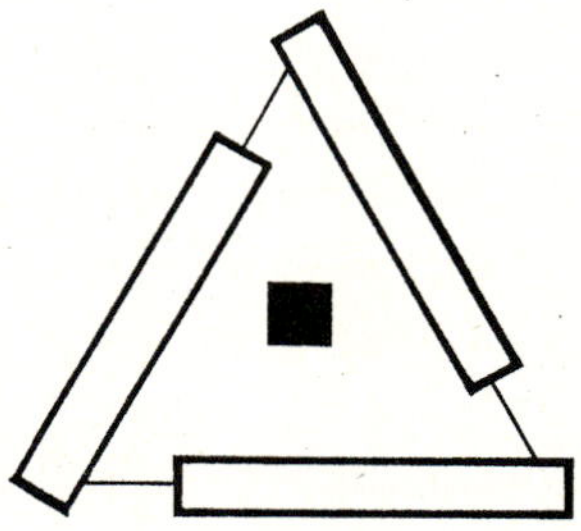

Sonderformen:

Flur als Galerie um eine zentrale Halle oder ein Atrium.

Erlebnisreiche Wege statt öder Flure, gute Orientierung.

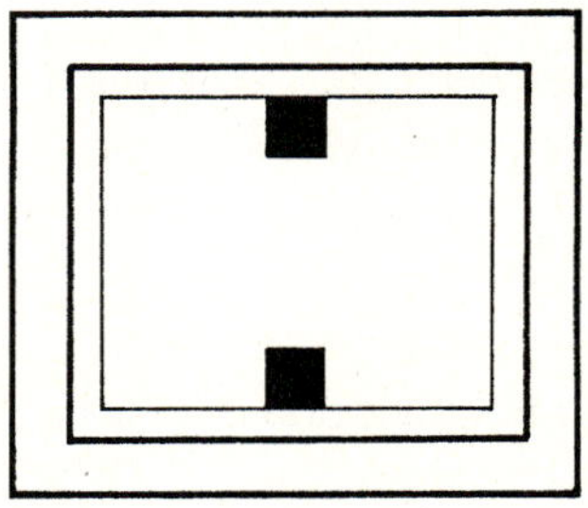

Großraumbüro

Die Erschließung erfolgt durch interne Haupt- und Nebenwege zu einem oder mehreren Versorgungskernen.

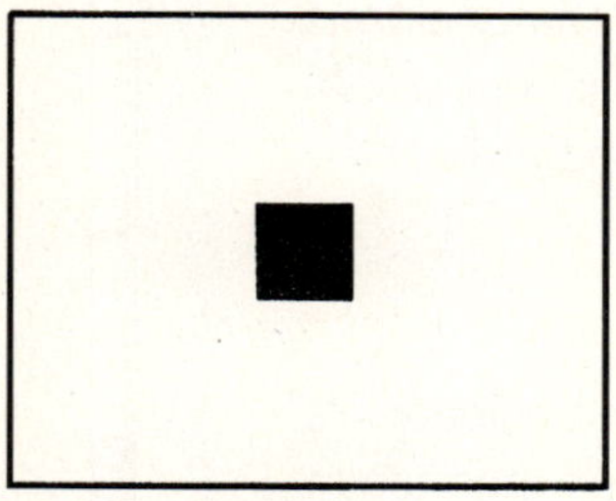

1 zentraler Erschließungskern:

Bessere Belichtung der Bürozonen, gute Gliederung der Flächen, gute Nutzung der unbelichteten Mittelflächen

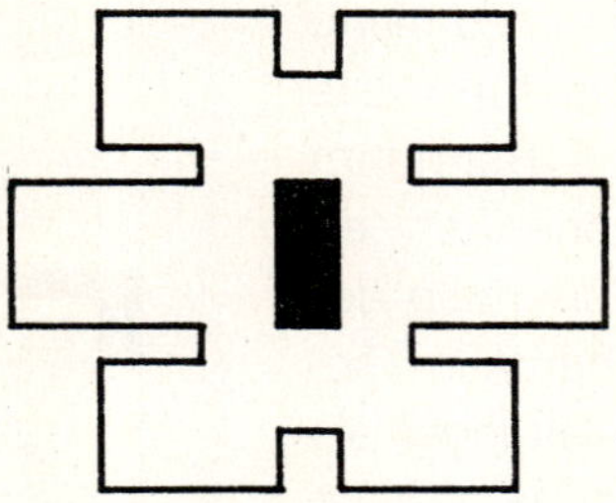

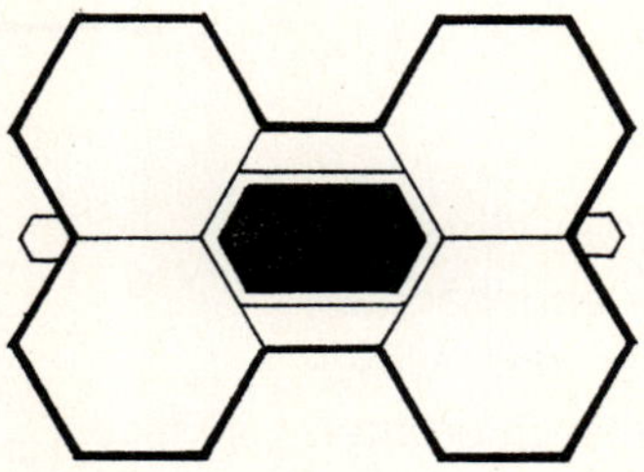

2 tangentiale Erschließungskerne:

Zusammenhängende Büroflächen, teilweise schlecht belichtet

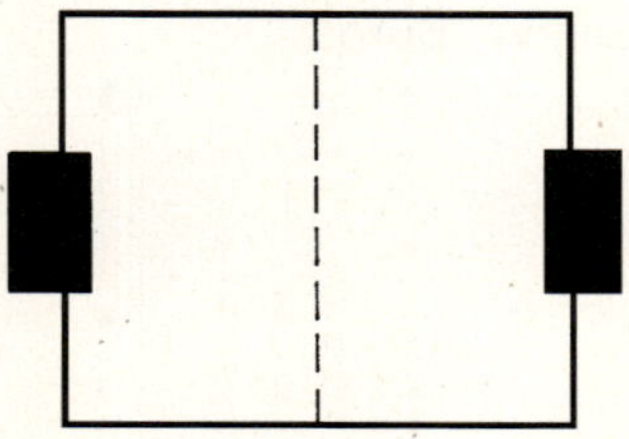

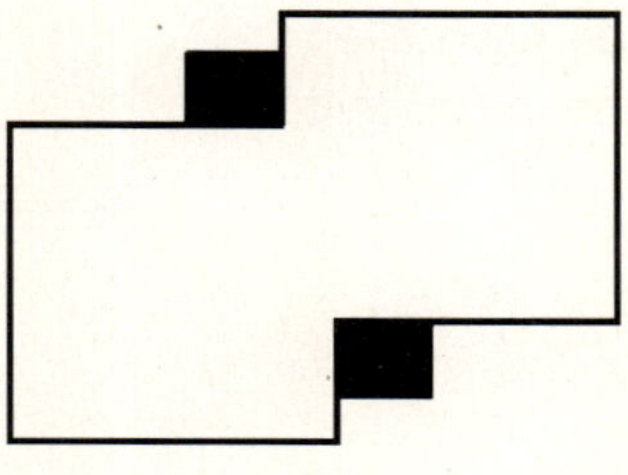

Mehrere Kerne in differenzierten Grundrissen:

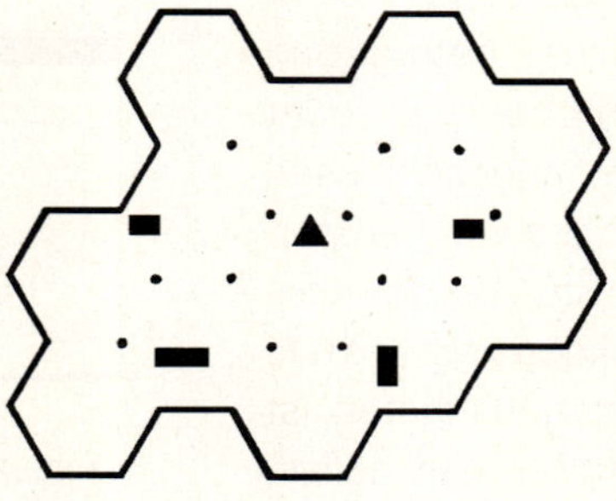

Konstruktion

Bürohäuser werden überwiegend als Skelettbauten konstruiert, da diese größte Variabilität und Durchlässigkeit gewährleisten. Stahlbetonskelettbauten sind bei uns etwa 15 bis 30% billiger als Stahlskelettbauten, dies beruht vor allem auf dem Materialpreis und dem Brandschutz. Hinsichtlich der Unterzugsführung sind 3 Systeme möglich:

Längsunterzüge

Die vertikalen Versorgungsschächte liegen im Stiegenhausbereich oder an der Innenseite der Außensäulen. Die einzelnen Versorgungsmedien werden im Deckenbereich entlang der Längsachse des Gebäudes geführt. Die Verbindung zwischen Gang und Büroraum bzw. Büroraum und Mittelzone ist erschwert. Sofern die Fassade außerhalb der Stützen liegt, kann der Zwischenraum sowohl für senkrechte Versorgungsleitungen als auch für horizontale Elektrokanäle genutzt werden.

Querunterzüge

Bei diesem System erfolgt die Verteilung von den Steigschächten in der abgehängten Decke des Mittelganges oder der Mittelzone, diese ist tiefer (unter die Querunterzüge reichend).

Die Zwischendecke der einzelnen Büros kann leicht von den Gangtrassen erreicht werden.

Flachdecke oder Pilzdecke ohne Unterzüge

Diese wird vor allem bei hohem Installationsaufwand gewählt werden, da nach allen Seiten hin ohne Einschränkungen verteilt werden kann.

Stützenstellungen und Fensterachse

Da die optimale Fensterachse etwa 1,20 m oder 1,25 m oder ein Vielfaches beträgt und wegen der Flexibilität tunlichst bei jeder Fensterachse Trennwände angeschlossen werden sollen, sind die optischen Fensterstützen nicht ident mit den Stützen der Konstruktion (optimaler Konstruktionsraster etwa bei 7,20 m bis 7,50 m.) Am günstigsten ist daher die Verlegung der Außenhaut außer-

LÄNGSUNTERZÜGE

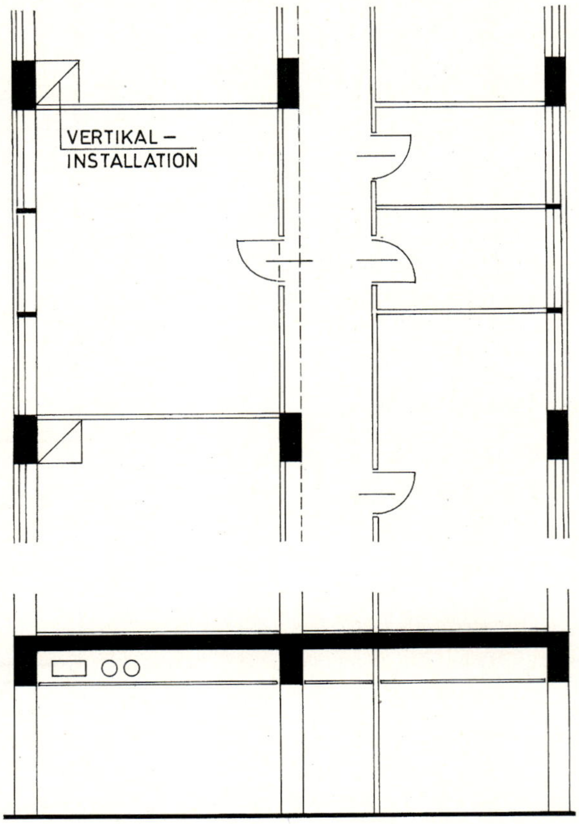

QUERUNTERZÜGE

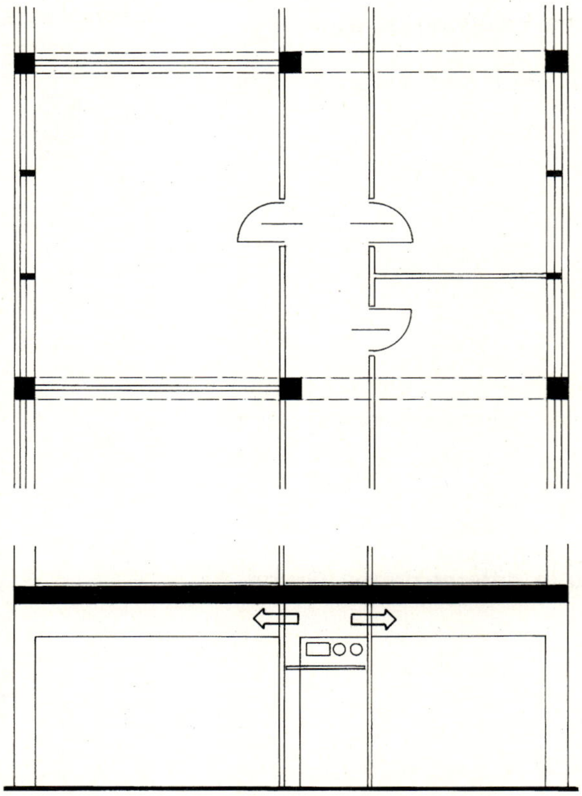

LÄNGSINSTALLATION IM GANGBEREICH

halb der Stützen, um eine unabhängige Fensterteilung zu ermöglichen und vor den Stützen die Versorgungsleitungen horizontal führen zu können. Außerdem bleibt die Konstruktion zur Gänze warm. Hinsichtlich des Querschnittes sind 3-Trakter mit schmaler Mittelzone (nur Gangbreite) unwirtschaftlich, bevorzugt werden ungleiche Stützweiten, wobei der Gang auf der breiteren Stützweite zu liegen kommt. Für Kombibüros und moderne Büroformen 3-Trakter, wobei die Mittelachse je nach gewünschter Zonenbreite gleich breit oder breiter als die Zellenachsen ausgelegt wird.

Auskragungen über die Außenstützen ermöglichen durchgehende Trassierungen vor allem von Elektroleitungen entlang der Parapetts. Bei zu großen Auskragungen wirken die nun im Raum stehenden Außensäulen störend.

PILZ- ODER FLACHDECKEN

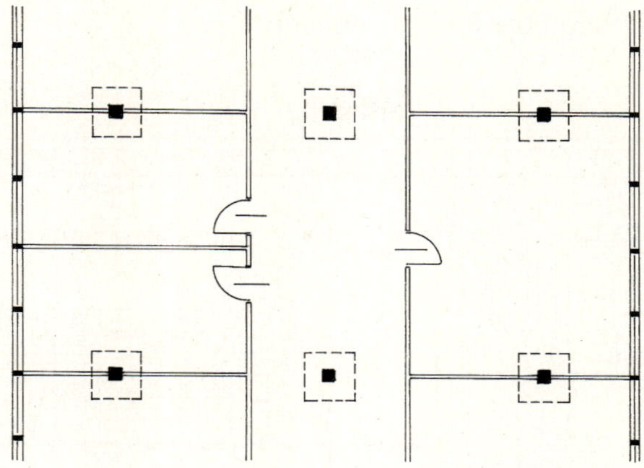

Haustechnik

Lüftung, Klimatisierung

Zellenbüros und Zellenräume von Kombibüroanlagen sind in der Regel natürlich belüftbar und belüftet. Regulierbare Lüftungsschlitze, die eine Umluft ermöglichen (quer liegend am unteren und oberen Rand des Fensters) bewirken die beste Lufterneuerung. Eine mechanische Belüftung ist dann sinnvoll, wenn die Gebäude stark emissionsbelastet sind. Als Lüftungssystem setzt sich immer mehr die Quelllüftung durch, Luftrate etwa 35 m^3 pro Person und Stunde.

Für Großraumbüros ist eine Vollklimatisierung vorzusehen (Luftrate bis zu 70 m^3 pro Person und Stunde). Wegen der großen Luftmengen überwiegend Hochdruck-Klimasysteme, die mit kleinen Querschnitten nur die Frischluft anführen. In Entspannungskästen oder über Klimakonvektoren wird die Luftgeschwindigkeit reduziert und die Umluft zugeführt. Individuelle Regelbarkeit wird durch 2-, 3- oder 4-Leiter-Systeme erreicht (je Gerät 1 Kalt- und 1 Warmwasser-Vor- und -Rücklauf). Neuerdings zunehmend Quelllüftung. Zuluft strömt mit geringer Strömungsgeschwindigkeit aus dem Zwischenboden oder über verteilte Klimasäulen von unten nach oben, die Abluft erfolgt durch die Decke. (Keine Staubaufwirbelung, keine Zugluft.) Näheres siehe Lit. 28, Bd. 3.

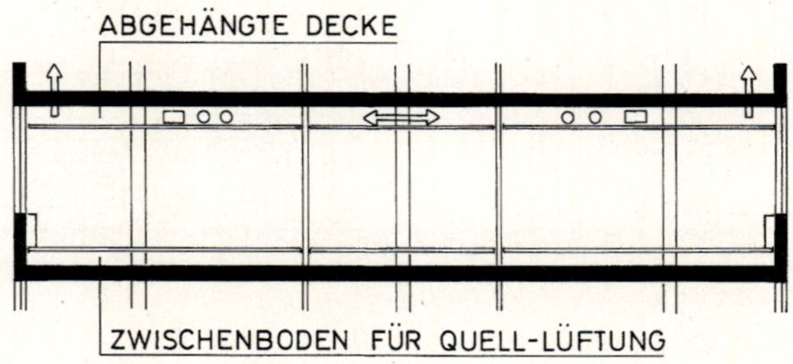

FREIE DURCHGÄNGIGKEIT IN ALLE RICHTUNGEN
AUSKRAGUNG FÜR HORIZONTALE LEITUNGSFÜHRUNG IM PARAPETTBEREICH GÜNSTIG

ABGESENKTE MITTELZONE BEI KOMBIBÜROS ZUR LÜFTUNG

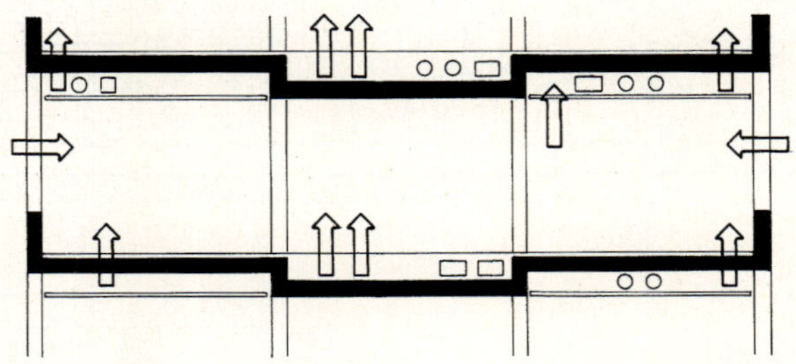

Einzel- und Kombibüro: Außen liegende Räume mit Fensterlüftung, innen liegende Bereiche mit Quelllüftung über Zwischenboden (Lit.: 7)

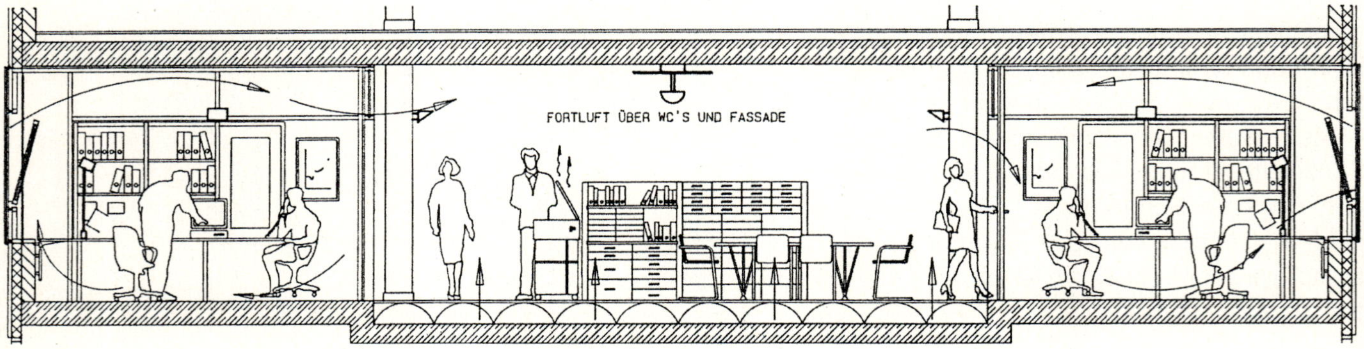

Gesamter Bürobereich mit Quelllüftung (Lit.: 7)

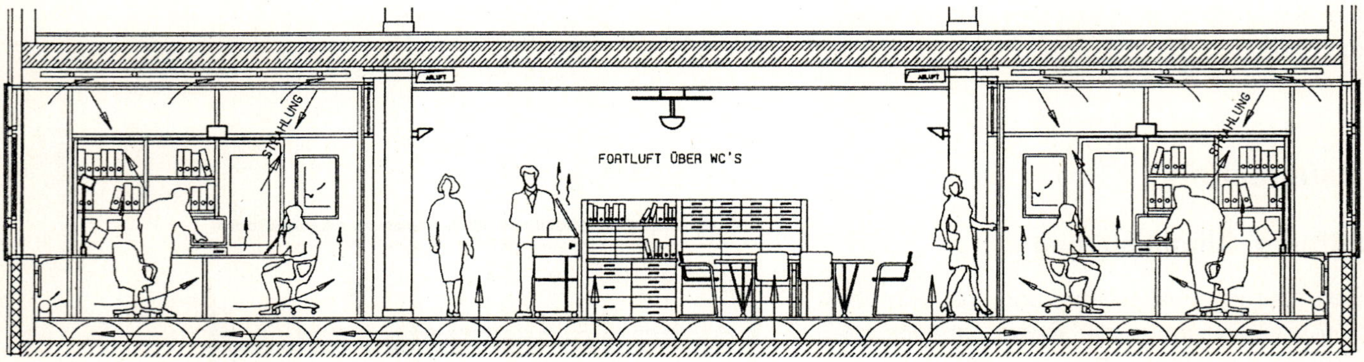

Außen liegende Räume mit Fensterlüftung, Kühldecke, innen liegende Bereiche mit Quelllüftung (Lit.: 7)

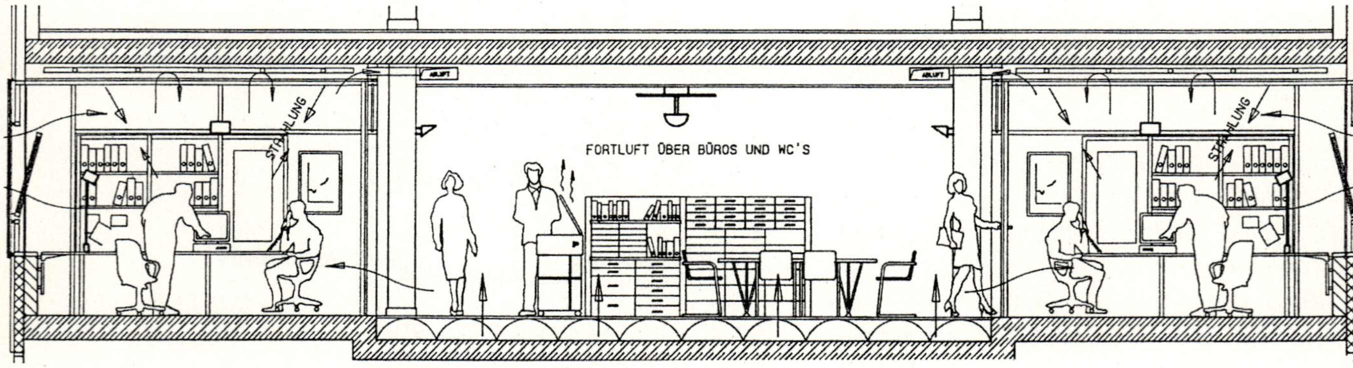

Vollklimatisierung von Einzelbüros (Raiffeisenbank Wien) (Lit.: 4)

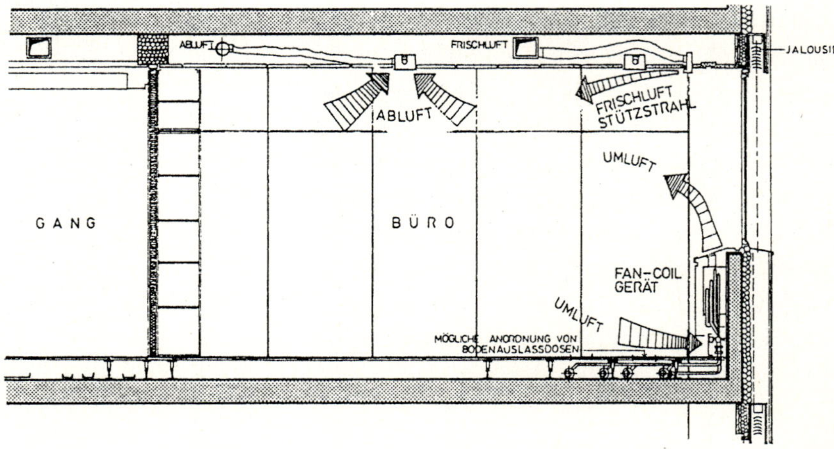

Doppelschalige Fassaden

(Lit.: 31)

In zunehmendem Maße werden für den Bürohausbau auch kostenreduzierende haustechnische Lüftungssysteme eingesetzt. Eine entscheidende Rolle spielt dabei das Zusammenwirken von Fassade und Raumklima.

Der vermehrte Einsatz von doppelschaligen Fassaden ist vor allem dann wirtschaftlich sinnvoll, wenn das Gebäude hohen Windlasten oder erheblichem Außenlärm ausgesetzt ist.

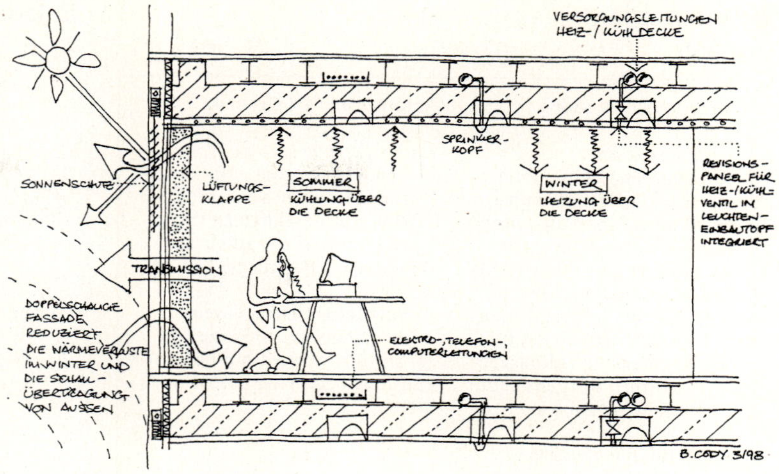

Klimakonzept Büroraum

Der Fassadenzwischenraum ist horizontal fensterbezogen achs- oder raumweise getrennt. Vertikale Trennung geschoßweise oder fensterbezogen.

Projektbeispiele
- Hochhaus Potsdamer Platz 1, Berlin (Architekt: Hans Kollhoff)
- Bundesministerium für Ernährung, Landwirtschaft u. Forsten, Bonn (Architekt: Ingenhoven Overdiek Kahlen und Partner)

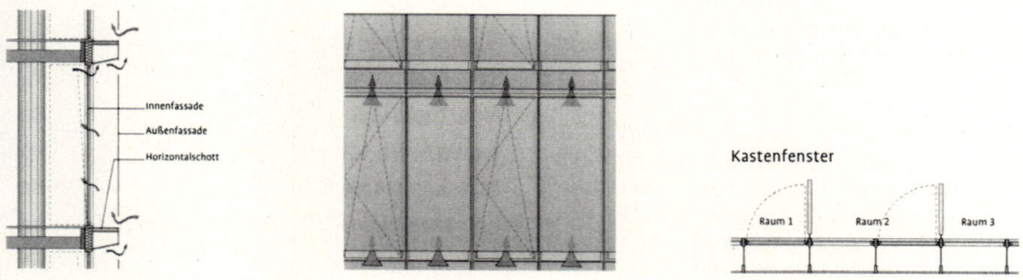

Kastenfenster

Vertikale Trennung wie Kastenfenster. Der Senkrechtzwischenraum läuft vertikal über Vertikalschacht (Kaminwirkung) durch und ist geschoßweise durch eine Überströmöffnung mit den Kastenfenstern verbunden.

Projektbeispiel
- Hochhaus ARAG 2000, Düsseldorf (Architektengemeinschaft RKW, Sir Norman Foster)

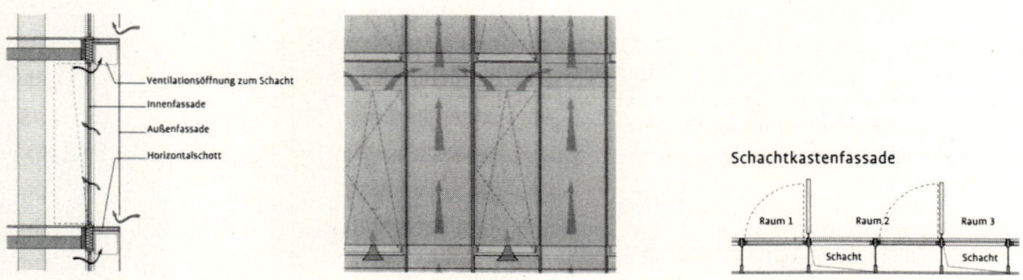

Schachtkastenfassade

Der Fassadenzwischenraum ist horizontal, geschoßweise getrennt. Vertikale Trennung lediglich dort, wo akustisch, brandschutz- oder lüftungstechnisch notwendig.

Projektbeispiele
- Düsseldorfer Stadttor, Düsseldorf (Architekt: Overdiek, Petzinka & Partner)
- Business Tower Nürnberg (BTN) GmbH & Co. KG (Architektengemeinschaft Friedrich Biefang, Peter Dürschinger Jörg Spengler)

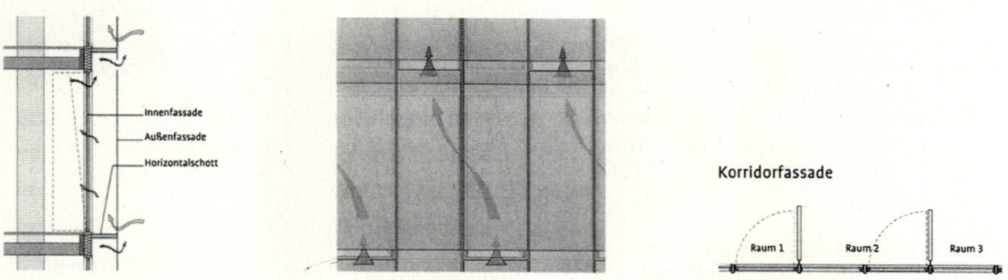

Korridorfassade

Der Fassadenzwischenraum ist vertikal und horizontal über mehrere Geschosse und mehrere Achsen oder Büroräume nicht getrennt.

Projektbeispiele
- Hochhaus der Deutschen Post AG, Bonn (Architekt: Murphy/Jahn)

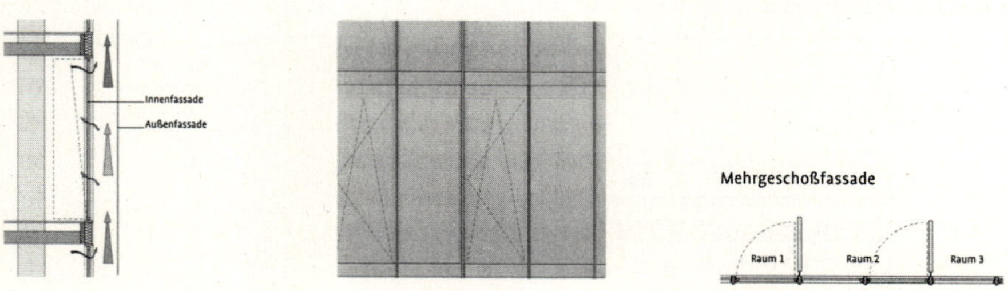

Mehrgeschoßfassade

- Kastenfenster empfehlen sich bei Lochfassaden und hohen Anforderungen an die Diskretion (Verhinderung von Schallübertragung über die geöffneten Fenster).
- Schacht-Kasten-Fassaden eignen sich durch die kleineren Außenöffnungen bei besonders hohen Schallschutzanforderungen.
- Korridorfassaden sind eine lüftungstechnisch besonders effektive Bauart, welche jedoch Einschränkungen für den Schallschutz von Raum zu Raum mit sich bringen.
- Mehrgeschoßfassaden werden meist eingesetzt, wenn aus anderen Gründen ohnehin auf eine mechanische Raumlüftung nicht verzichtet werden kann oder eine Glasfassade ohne Öffnungen gewünscht wird.

Anforderungen

(Lit.: 38)

Anforderungen Fassade

A. *Lüftungskonzept*
Der angrenzende Büroraum muß ausreichend (2,5-facher Luftwechsel/h) mit Frischluft versorgt werden. Geschwindigkeit und Temperatur sind hierbei wesentliche Komfortfaktoren. Je nach Konzept können bei Querlüftung hohe Drücke innerhalb des Gebäudes entstehen. Das Konzept sollte das Öffnen der Fenster zur Nachtauskühlung zulassen.

B. *Tauwasser / Reifbildung*
Bei niedrigen Außentemperaturen besteht die Gefahr, daß sich beim Öffnen der Fenster an der kalten Außenscheibe Tauwasser bzw. Eis bildet und herunterfällt. Dies gilt es durch entsprechende Thermik im Luftzwischenraum zu verhindern.

C. *Sonnenschutz*
Der Sonnenschutz regelt zusammen mit der Verglasung den Gesamtdurchlaß durch die Fassade (äußere Lasten). Das System muß in der Lage sein, auch in aktiviertem Zustand den angrenzenden Büroraum mit ausreichend blendfreiem Tageslicht zu versorgen, ohne daß Kunstlicht eingeschaltet werden muß. Strömungswiderstände und Hitzestaus im Bereich des Sonnenschutzes müssen berücksichtigt oder vermieden werden.

D. *Wärmeschutz, k-Wert*
Die doppelschalige Fassade schützt durch ihre Pufferzone erheblich besser vor Kälte als einschalige Konstruktionen. Umstritten bei der Ermittlung des k-Wertes ist die Anrechenbarkeit dieser nicht stehenden Luftschicht. Zur Erfüllung der neuen Wärmeschutzverordnung leistet diese Konstruktion einen wesentlichen Beitrag.

E. *Regeneintritt / Entwässerung*
Lüftungsöffnungen in der Außenschale müssen so konstruiert sein, daß kein Regenwasser eindringen kann. Trotzdem eintretendes Wasser soll ohne Schlierenbildung abgeführt werden.

Anforderung Haustechnik

Unterstützende Lüftung
Ziel muß es sein, auf eine mechanische Lüftung zu verzichten bzw. sie nur bei extremen Wetterlagen (Sturm; Hitze) zu nutzen. Dies ist ein wesentlicher Kostenfaktor.

Eine Infra-Umfrage weist nach, daß bei ca. 40 % der Nutzer Unzufriedenheit nur bei künstlich belüfteten Büroräumen besteht.

Kühlung / Beleuchtung
Aufgrund des geringen Gesamtenergiedurchlasses und des guten k-Wertes der Fassade sind es hier die inneren Lasten (Personen/Beleuchtung/Computer), die den Raum aufheizen. Die Wärme kann über Kühldecken oder Abluft abgeführt werden. Sogenannte Öko-PC's und Zwangsabschaltung der Beleuchtung, sowie das nächtliche Öffnen der Fenster können hier Energie sparen.

Heizung
Die Dimensionierung der Heizung hängt wesentlich vom k-Wert und den bei öffenbaren Fenstern zu erwartenden Fugendichtigkeiten (A-Wert) ab. Auch hier ist umstritten, in welcher Form die Schutzfunktion der äußeren Scheibe berücksichtigt werden muß. Dies ist ein wesentlicher Kostenfaktor zu Lasten zweischaliger Fassadensysteme.

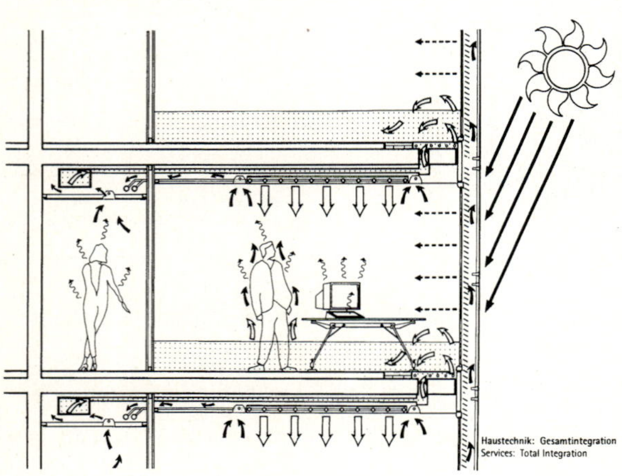

Haustechnik: Gesamtintegration
Services: Total integration

Beispiel: Haus der Wirtschaftsförderung, Duisburg

Arch. Norman Foster

(Lit.: 37)

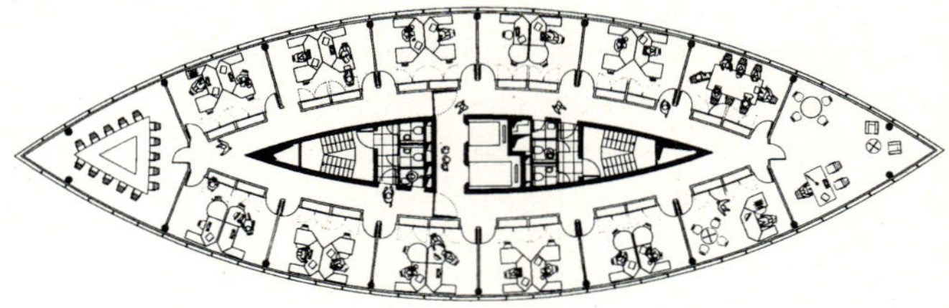

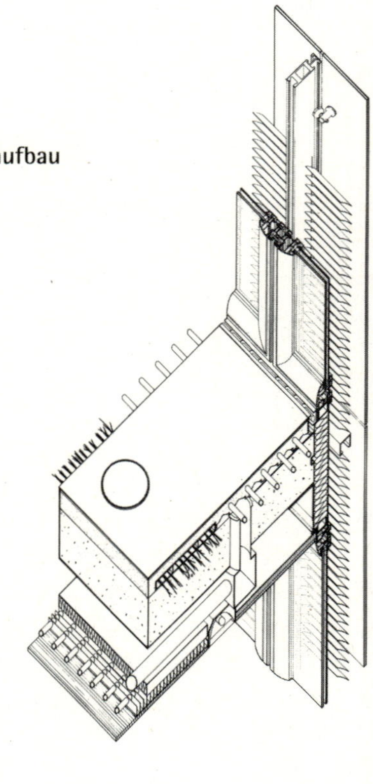

Axonometrie der Verkleidung / Bodenaufbau
Axonometric of cladding / floor plate

Sitzungszimmer

Für Besprechungen im kleineren Rahmen werden am besten runde Tische verwendet. Hier sitzen alle Teilnehmer in gleichwertiger Position (niemand führt den Vorsitz) und jeder kann alle seine Partner gut sehen.

Bei größeren Besprechungen ist dies meist nicht möglich, daher werden lange Sitzungstische benutzt (bei sehr großer Personenanzahl auch U-förmige Tische). Platzbedarf bei bequemen Fauteuils etwa 80 cm breit pro Person. Die Tiefe der Tische könnte 80 cm betragen. Breitere Tische haben jedoch den Vorteil eines besseren Überblickes, sodass man alle am Tisch Sitzenden besser sehen kann. Am besten haben sich deshalb pombierte Tische bewährt, welche in der Mitte eine größere Breite aufweisen als am Rand.

Außerdem erforderlich: Flipchart, Projektionsleinwand, Overheadprojektor, evtl. Diaprojektor. Auf seitlichen Beistelltischen Telefon, allenfalls EDV-Verbindung.

Nebenräume: Garderobe, Toiletten, evtl. Teeküche.

Da Sitzungen meist nicht allzu lange dauern und die Teilnehmer aufeinander konzentriert sind, ist Tageslicht nicht erforderlich und manchmal auch gar nicht erwünscht.

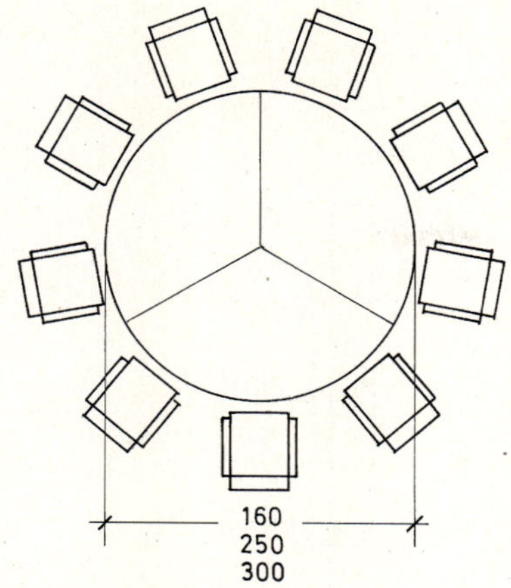

ø 160 für 6 Personen
ø 250 für 9 Personen
ø 300 für 12 Personen

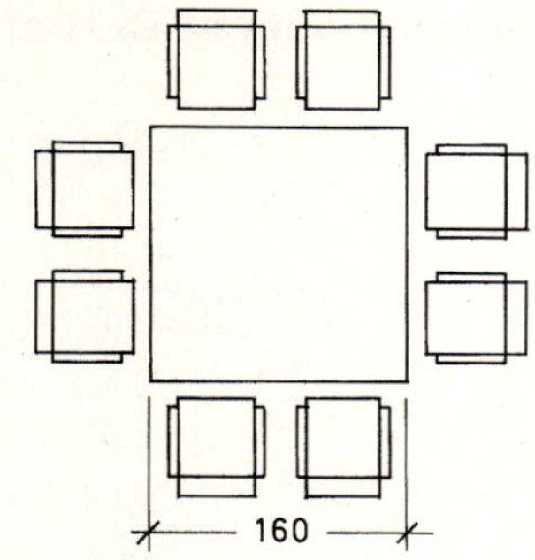

80 / 80 für 4 Personen
160 / 160 für 8 Personen

Tischhöhe 71 – 73 cm

Raumgröße 2.00 - 2.50 m² / Person ohne Zusatzmöblierung

KONFERENZDREHSTUHL

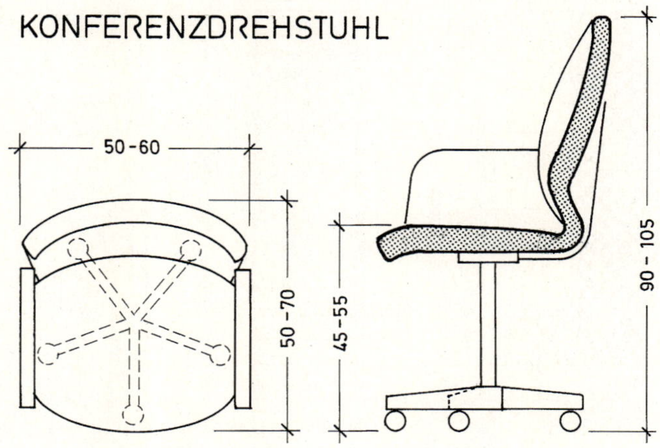

SITZUNGSTISCHE

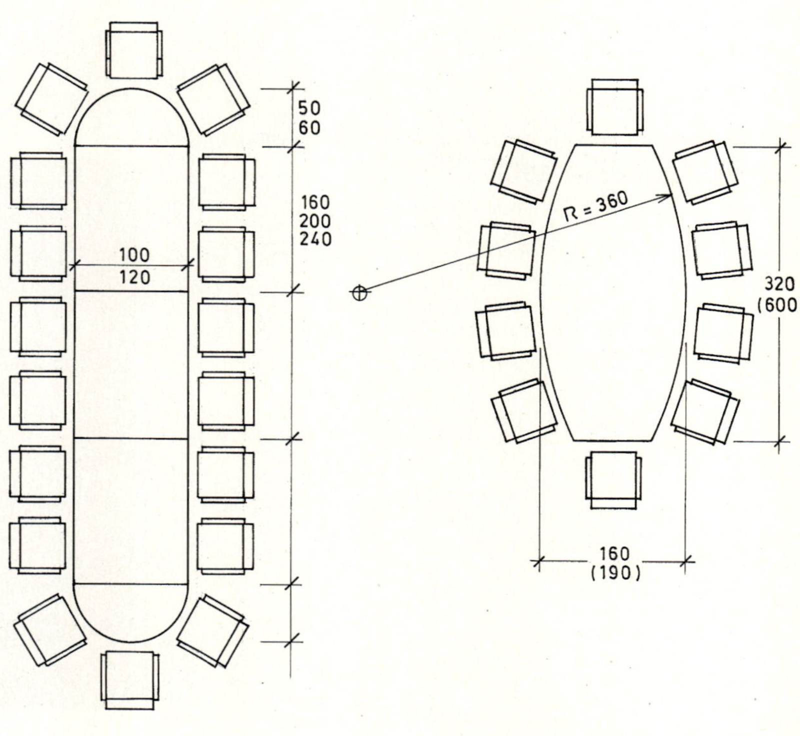

Sitzungszimmer Bestattung
Wien
Arch. Riccabona 1989

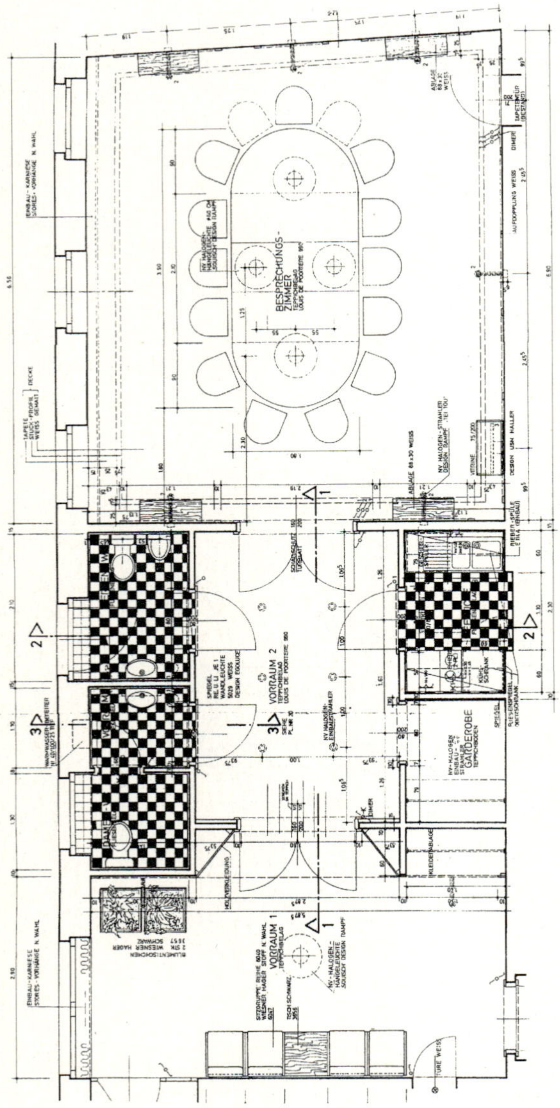

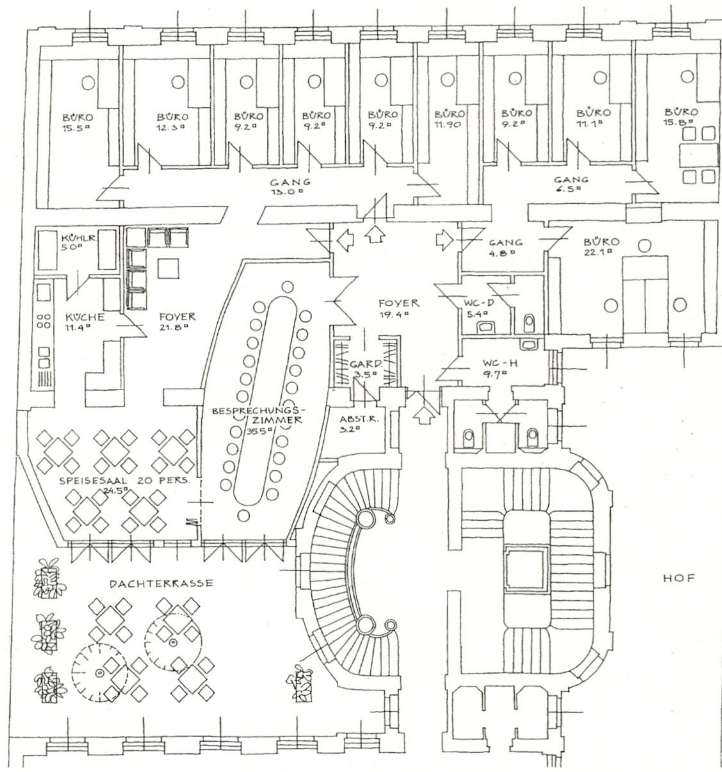

Sitzungszimmer VKI
Wien
Arch. Riccabona 1995

Räume für Publikumsverkehr, Schalter- und Kassenhallen

Gebäude der öffentlichen Verwaltung sowie Banken, Sparkassen und Postgebäude weisen einen größeren Publikumsverkehr auf. Hier setzt man heute überwiegend auf Bürgernähe, lockere und warme Atmosphäre sowie auf einen möglichst weitgehenden Abbau der Schranken zwischen Beamten und Kunden. In Banken und Sparkassen sind nur mehr die Kassen mit Sicherheitsglas umgeben, sonst laden bequeme Clubfauteuils an locker im Raum verteilten Besprechungskojen zum Abwickeln der Geschäfte ein. Handelt es sich um vertrauliche Beratungen, so sind akustisch abgeschirmte, jedoch transparente in den Raum gestellte Kojen dafür vorgesehen. Vom allgemeinen Kundenraum aus sind dann für nicht so publikumsintensive Geschäftsabwicklungen Einzelbüros leicht erreichbar.

Funktionsschema eine Bankfiliale

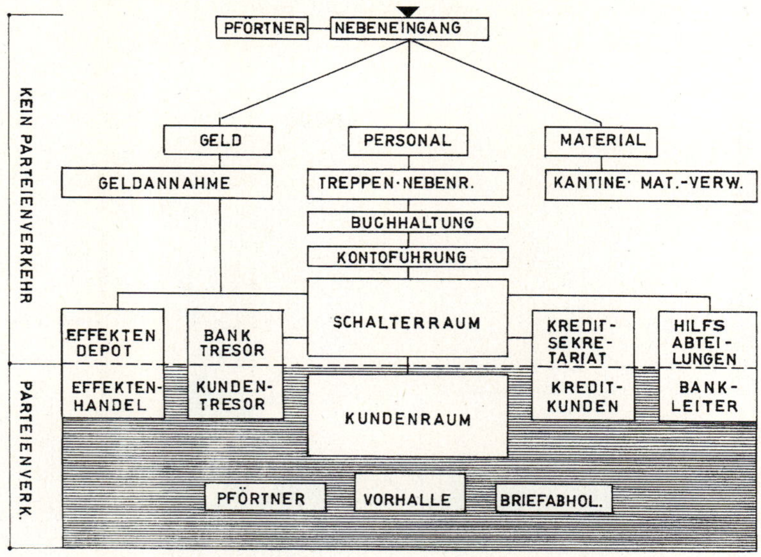

Bankfilialen

Kundeneingang und Windfang mit Schließfächern (auch nach Dienstschluss benutzbar). Beratungstische in freier Bürolandschaft, Kassenschalter abgeschirmt. Sitzplätze mit Schreibgelegenheit im Kundenteil, Kundentresor im Keller.

Sicherheitsanforderungen in der Kassenhalle:

1. nur 1 Eingang, der von allen Schalterplätzen leicht eingesehen werden kann,
2. Publikumsbereich im Inneren der Halle, Beamte an der Fassade, sodass das Gesicht des Kunden für den Beamten beleuchtet ist,
3. elektronische Sicherungen, Überwachungskamera, farbige Marken beim Ausgang zum Abschätzen der Größe eines allfälligen Eindringlings etc.

Kreissparkasse Göppingen
Arch. Klaus von Bock
(Lit.: 21)

Offene Beratungsinseln

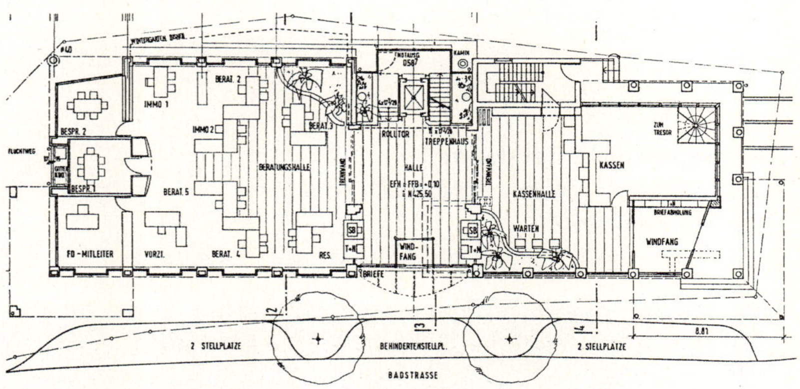

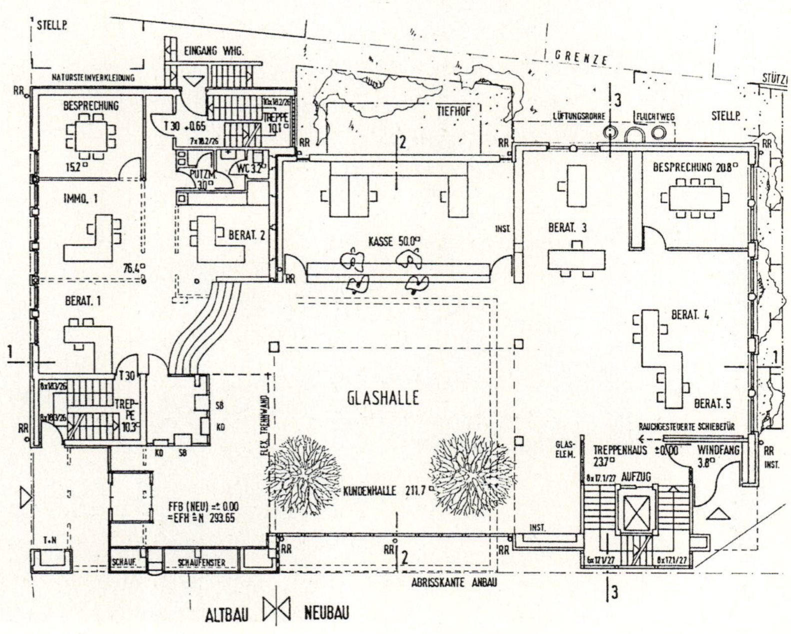

Volksbank Rottenburg
Arch. GPM — Gröber + Mahler Planungsgesellschaft
(Lit.: 21)

Geschlossenes Bedienungspult

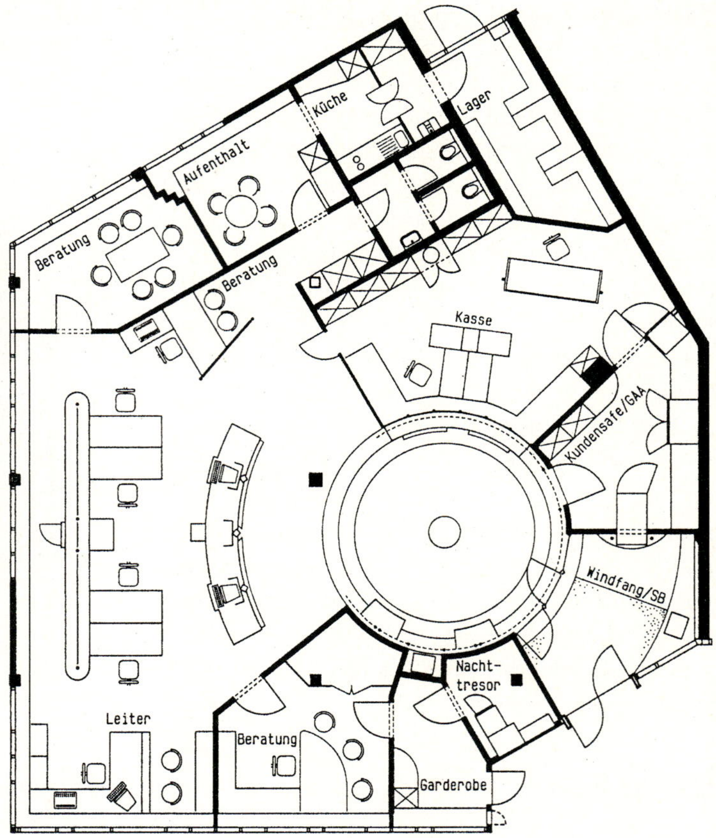

Kreissparkasse Berkheim
Arch. GPM — Gröber + Mahler Planungsgesellschaft 1992
(Lit.: 21)

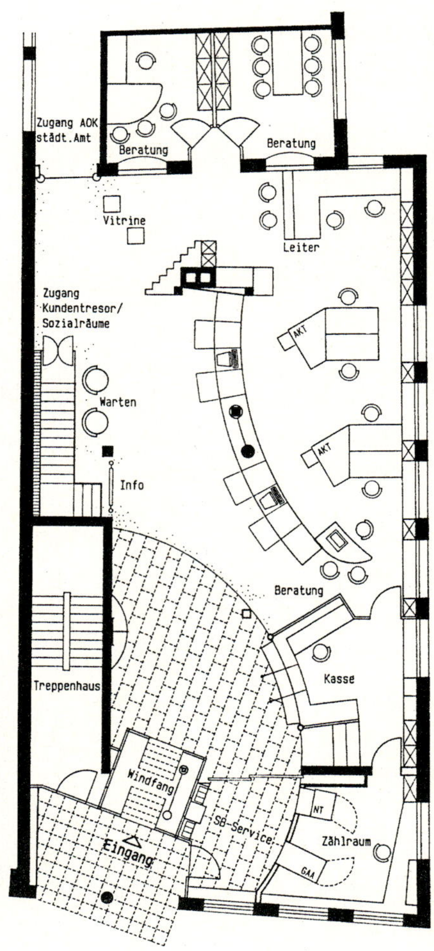

Bank Austria Creditanstalt, Hirschstetten
(Lit.: 27)

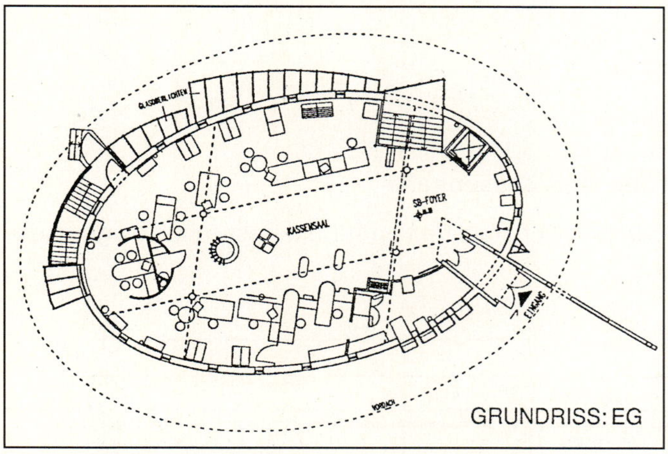

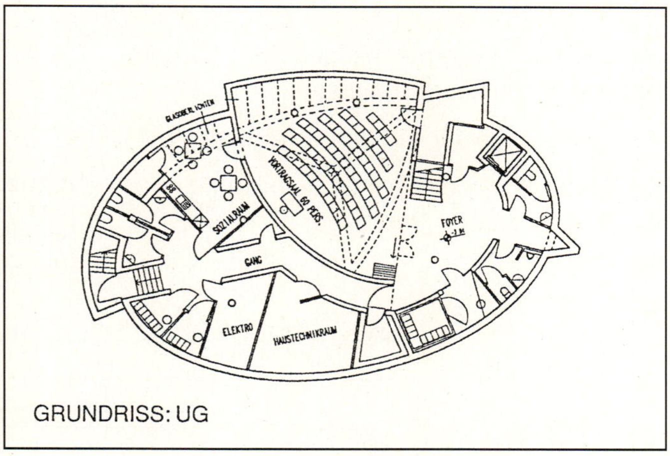

Erweiterung einer Raiffeisenfiliale, NÖ
Entwurf
Arch. Riccabona 1997

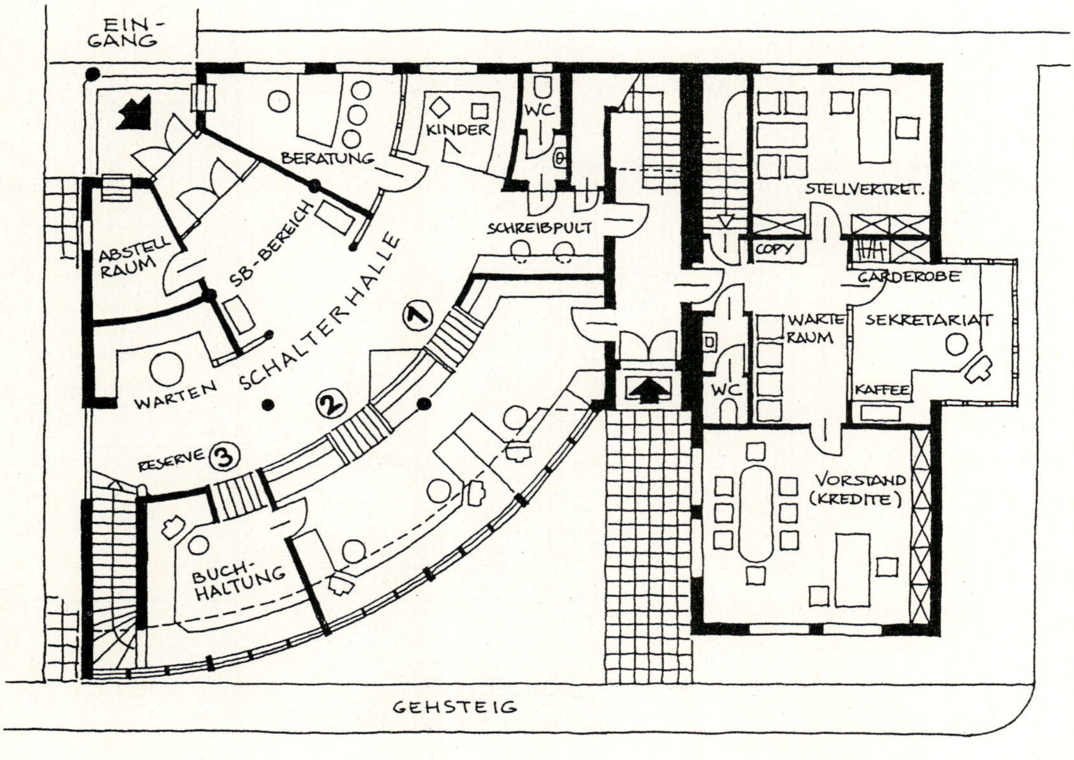

Postämter

Annahme und Abgabe von Sendungen. Die vom Kunden abgegebenen Briefe, Pakete und Geldsendungen werden am Schalter entgegengenommen, in der Postenabfertigung sortiert, eingesackt und in die Postautos verladen. Ankommende Sendungen werden in der Postenankunft ausgeladen, sortiert und in die Schließfächer abgelegt bzw. den Briefträgern übergeben.

Trennung von Briefpost und Geldabteilung sowie Paketpost. Schalter mit Pult immer erforderlich, bei Paketpost niedriger.

Größen: Amtsräume 6–7 m² je Schalter
8–10 m² je Paketschalter
1,5 m¹ je Pult je Schalter

Brieffächer vom Amtsbereich aus offen zum Einsortieren.

Beamtenteil: zusammenhängend mit Garderoben, Toiletten und Sozialraum.

Leiterbüro: auch für Kunden erreichbar.

Verteilerraum, Amtskasse (in Verbindung mit den Geldschaltern), Paketlager

Funktionsschema eines Postamtes

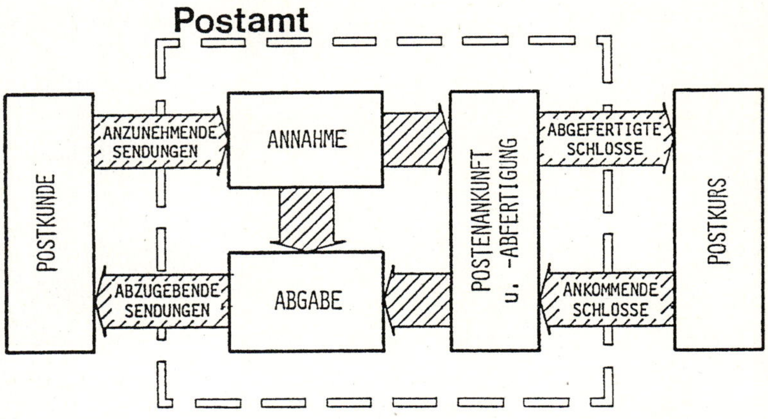

Schema für eine Kassenhalle

Quelle: THR der Generaldirektion für die Post- und Telegraphenverwaltung

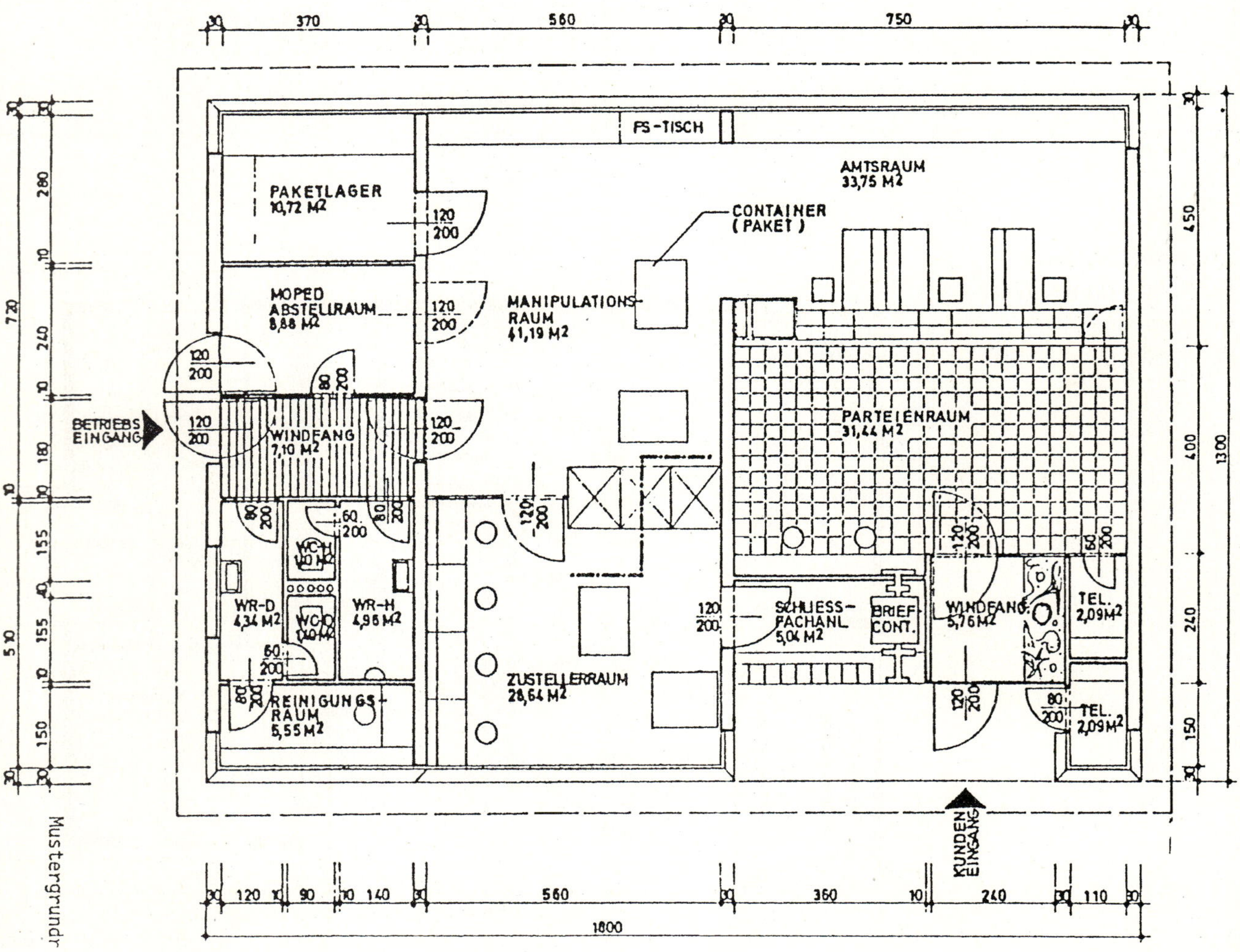

SCHLIESSFACHANLAGE

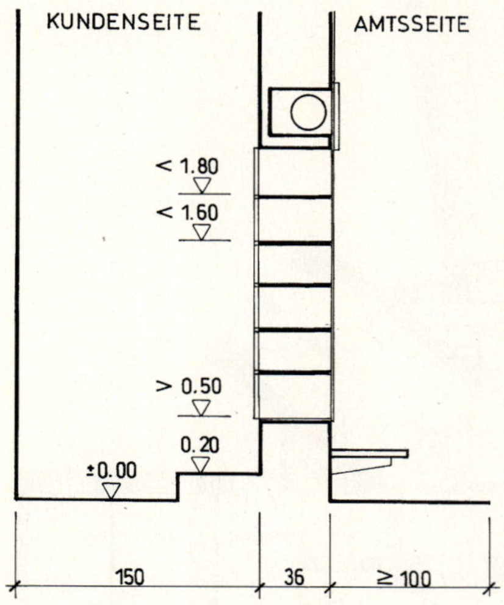

FÄCHER: 12,5 / 25 / 36 CM
25 / 25 / 36 CM

PLATZBEDARF FÜR NORMALSCHALTER EINES POSTAMTES

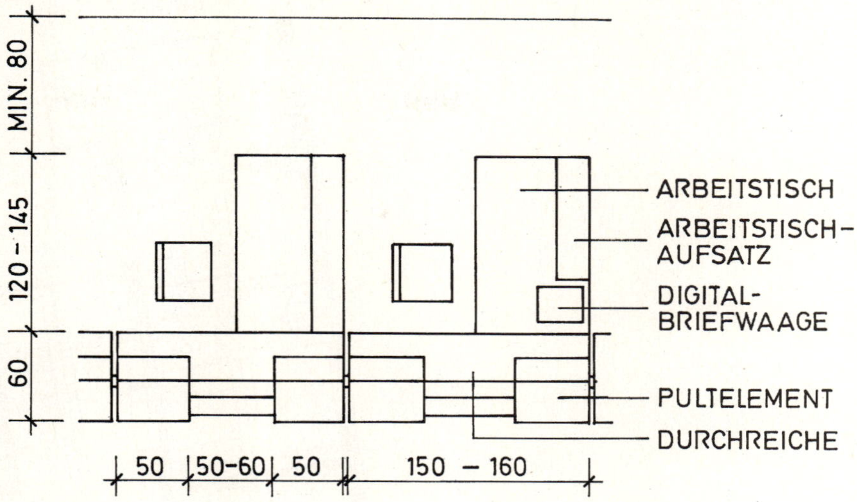

PLATZBEDARF FÜR PAKETSCHALTER

KOMBINIERTER BRIEF- UND PAKETSCHALTER

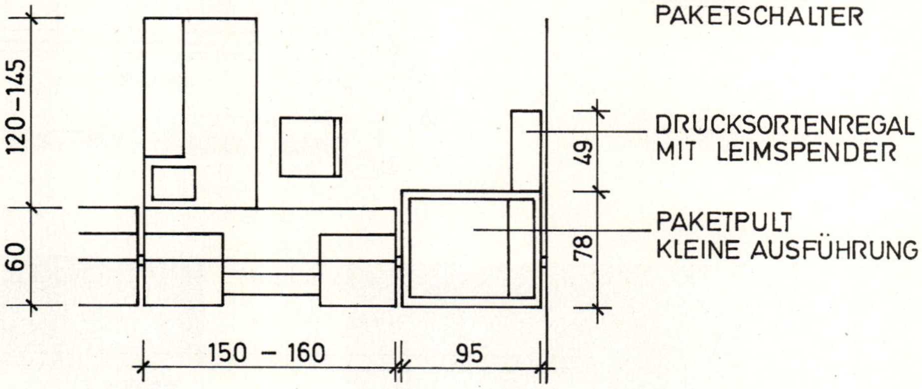

BANKOMAT

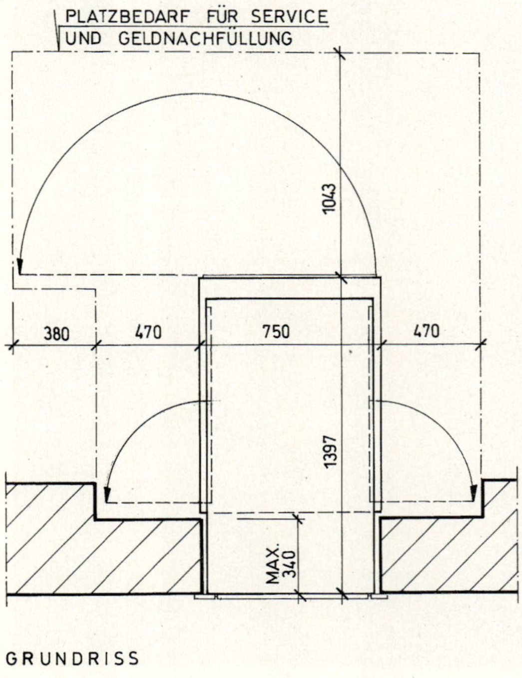

GRUNDRISS

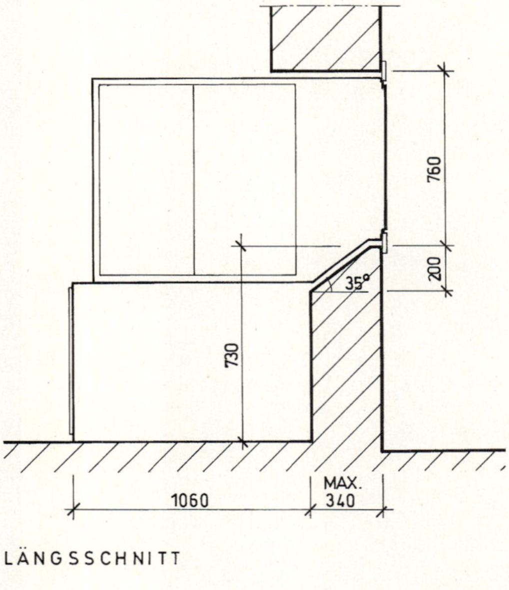

LÄNGSSCHNITT

Einbau eines Postamtes in ein bestehendes Althaus
1050 Wien
Arch. Riccabona 1991

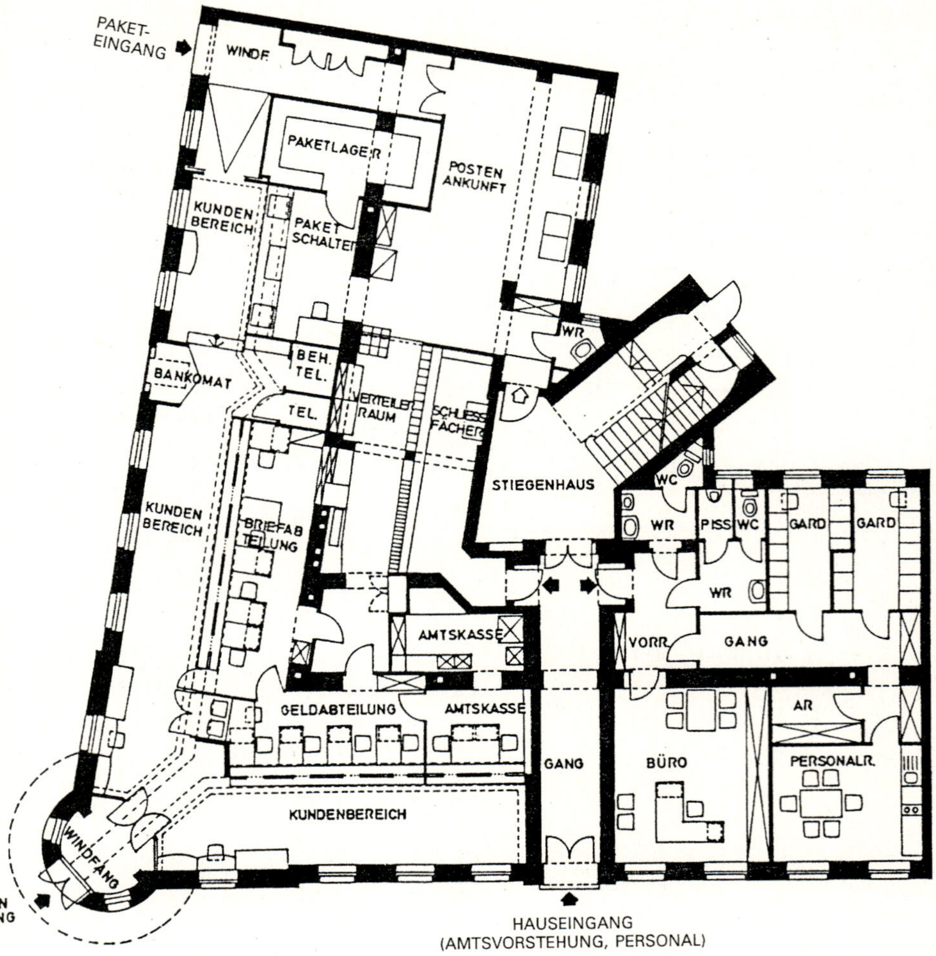

Beispiele

Zellenbüros

Andromeda-Tower, Wien 22
Projekt Arch. Holzbauer 1996
(Lit.: 1)

Elliptischer Büroturm mit Zellenbüros und der Möglichkeit der Erweiterung zu einem Kombibüro.

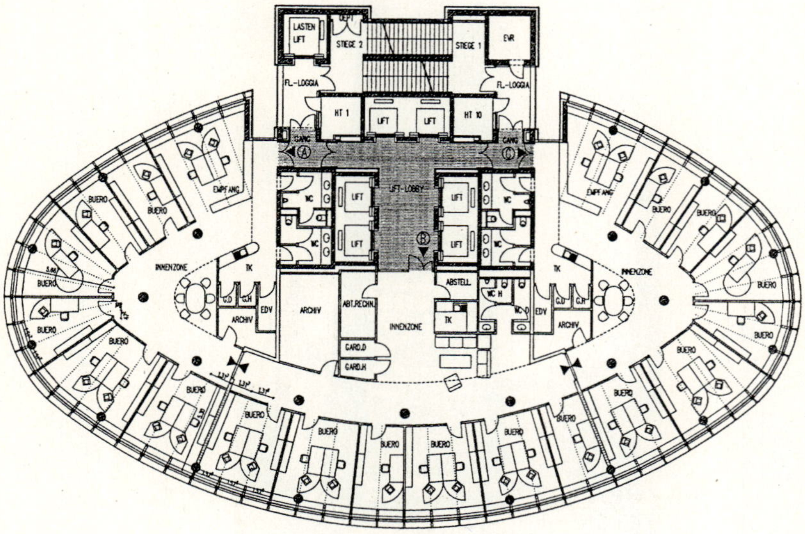

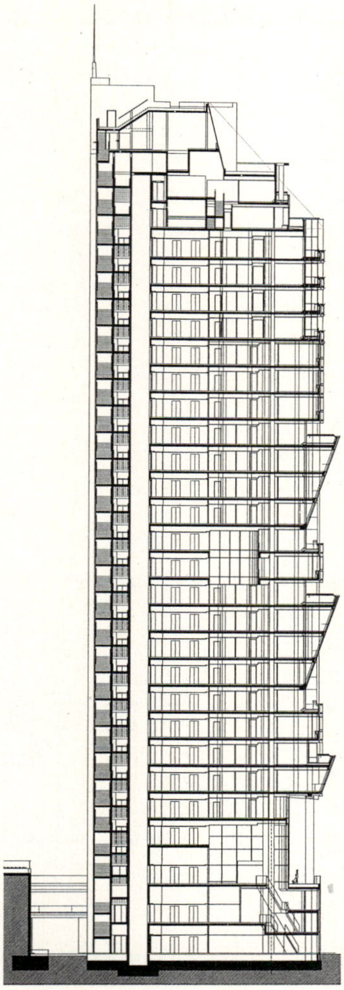

Thyssenhochhaus
Architekten Hentrich, Petschnigg und Partner
Düsseldorf 1957–1960
(Lit.: 31, 33)

Dreibündige Anordnung mit versetzen Büroscheiben zur besseren Belichtung, Zellenbüros, die am Gebäudeende auch als Groß- oder Gruppenraum genutzt werden können.

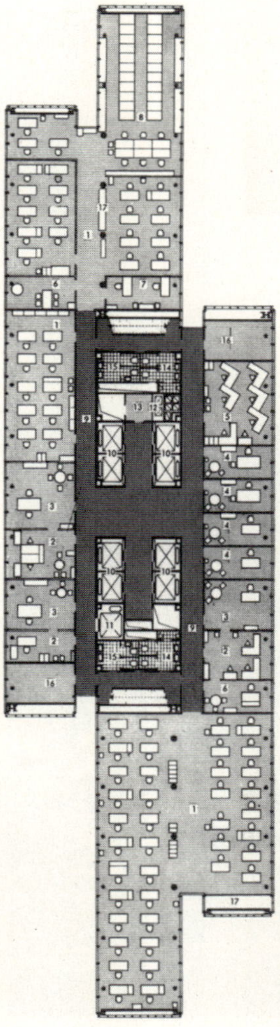

Großraumbüros

John Hancock Center, Chikago, USA
Architekten Skidmore, Owings u. Merill 1970
(Lit.: 23)

Typischer amerikanischer Großraum mit zentralem Erschließungskern

Legende zum 44. OG

1 Läden
2 Klubraum
3 Apartment-Rezeption
4 Schwimmbad
5 Empfangsraum
6 Restaurant

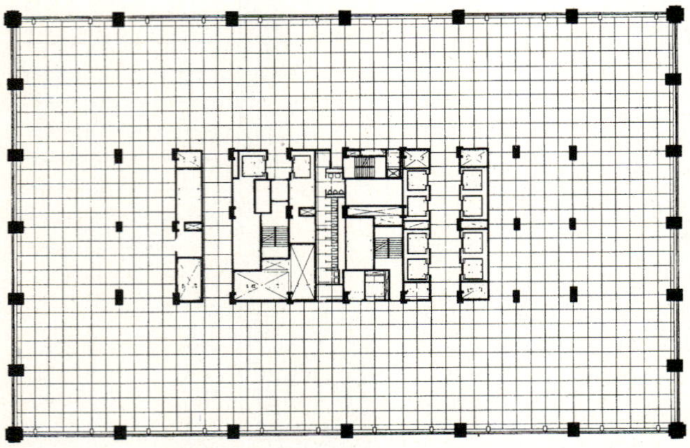

BMW Verwaltungsgebäude, München
Arch. Karl Schwanzer 1972
(Lit.: 23)

Kleine, gruppenbüro-ähnliche Großräume, im Direktionsgeschoß in Zellen- und Gruppenbüros unterteilt.

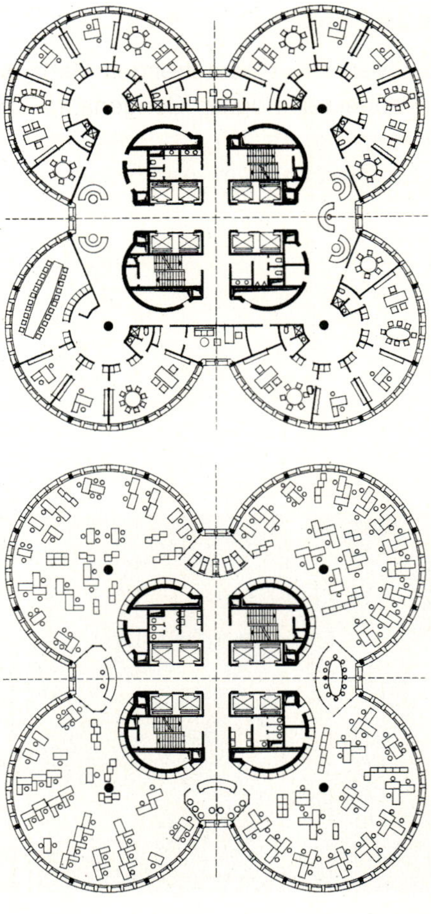

Kombibüros

Edding AG, Ahrensburg

Architekten Struhk, Congena 1990
(Lit.: 7)

2 Trakte mit 17,20 m Tiefe, die Einzelbüros an der Fassade sind 4,10 m netto tief, Achsraster 2,40 m, Glaswände, Möblierung der Mittelzone max. 1,40 m hoch. Erstes Kombibüro Deutschlands.

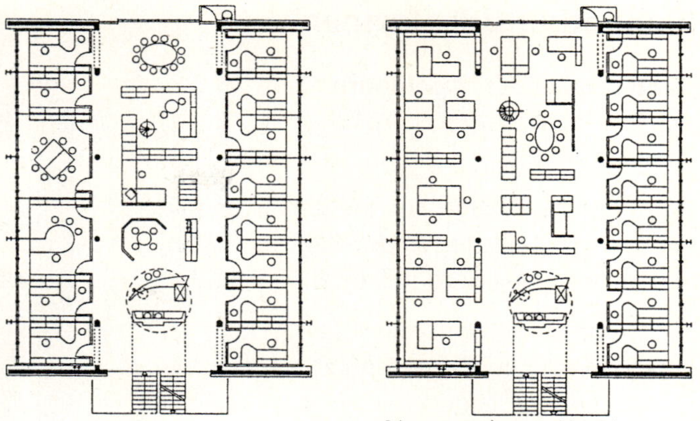

Belegungsvariante für eine Kombibüro-Einheit

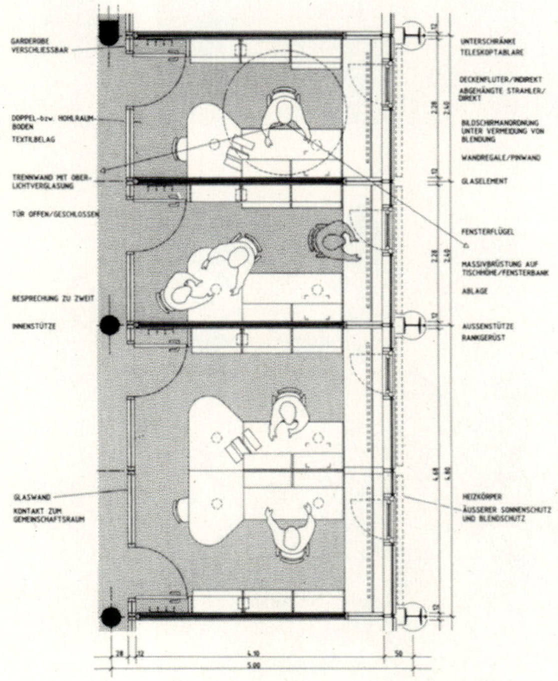

KEBA Linz

Umbau eines bestehenden Gebäudes
Architekten Pogert, Congena 1990
(Lit.: 7)

Das 25 m tiefe Gebäude wies große unbelichtete Flächen auf. 1- bis 3-Personen-Zimmer an der Fassade, Belichtung der multifunktionalen Innenzone durch Glaswände zu den Einzelbüros.

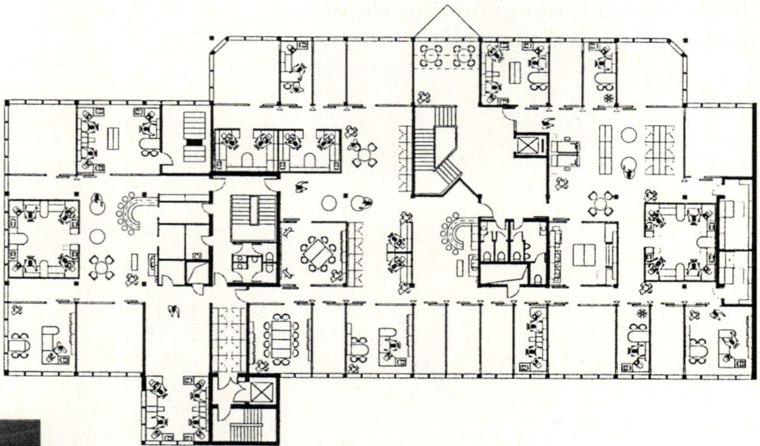

Innovative Büroformen

Centraal Beheer, Apeldoorn
Arch. H. Hertzberger 1972
(Lit.: 7, 34, 35)

Teppichartige Anlage aus identen Grundelementen mit kreuzförmigem Zentrum. Stahlbetonskelett aus Fertigteilen, 8,50 x 8,50 m.

Die Grundeinheit von 2,80 x 2,80 m kann auf unterschiedliche Weise genutzt werden. Vier Grundeinheiten bilden mit der Erschließung ein Quadrat, aus dem additiv das Gesamtkonzept entsteht. Die Benutzer können ihren Arbeitsplatz individuell gestalten.

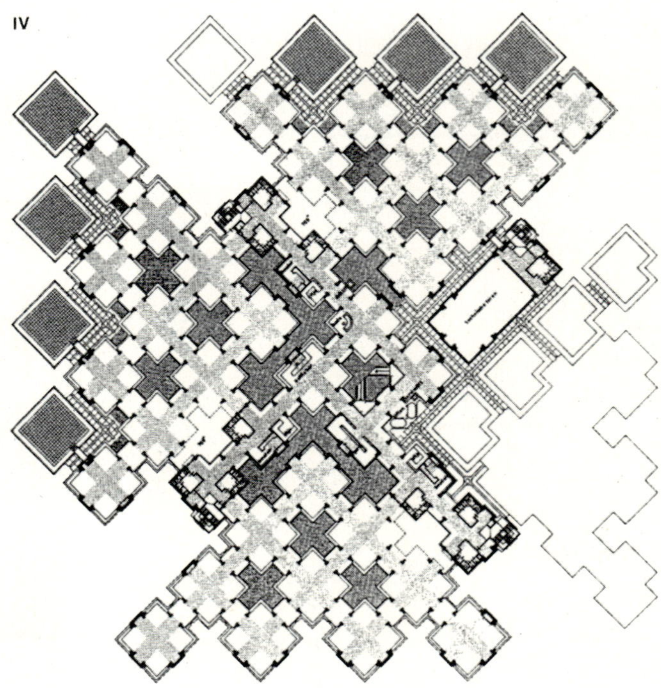

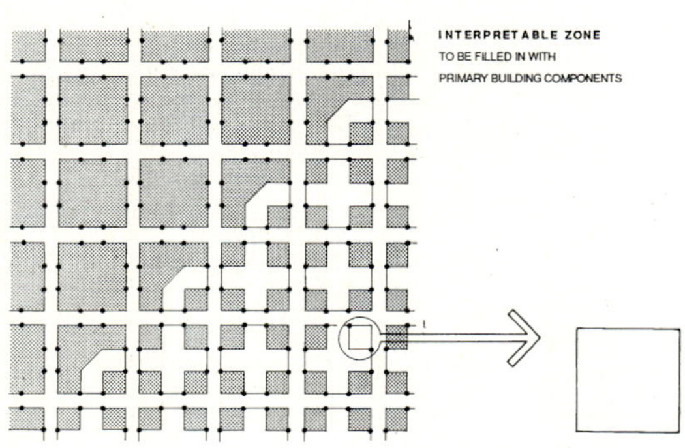

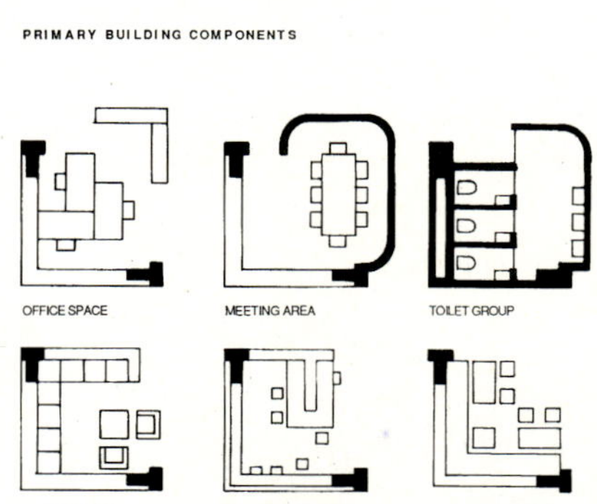

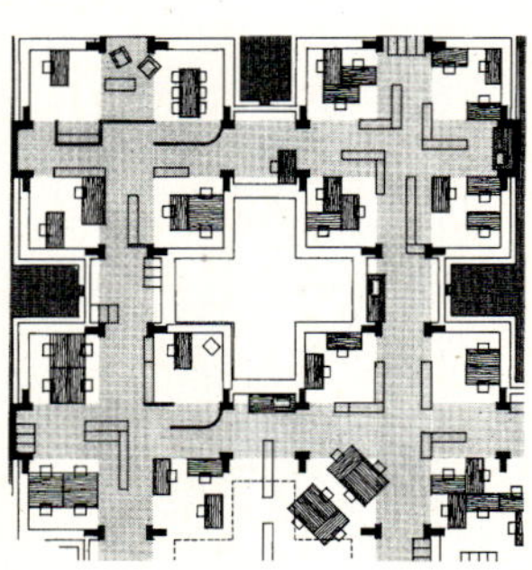

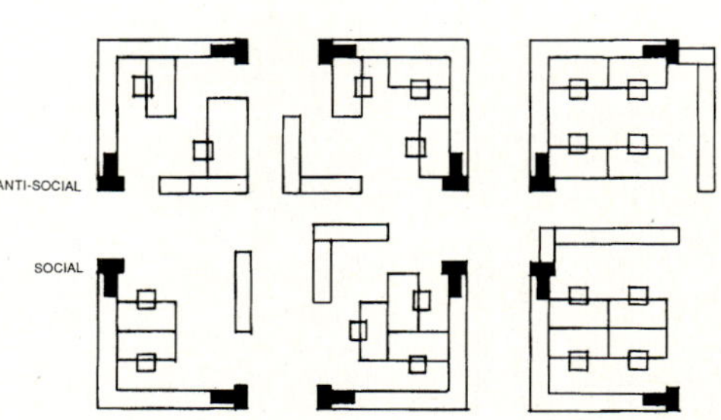

Vienna Twin Tower
Arch. Massimiliano Fuksas 2001
(Präs. Broschüre)

Vollverglaste Gebäudefronten mit minimierter Tragkonstruktion und einem Maximum an Nutzungsflexibilität.

Turm B

Kombi-Büro

Zellen-Büro

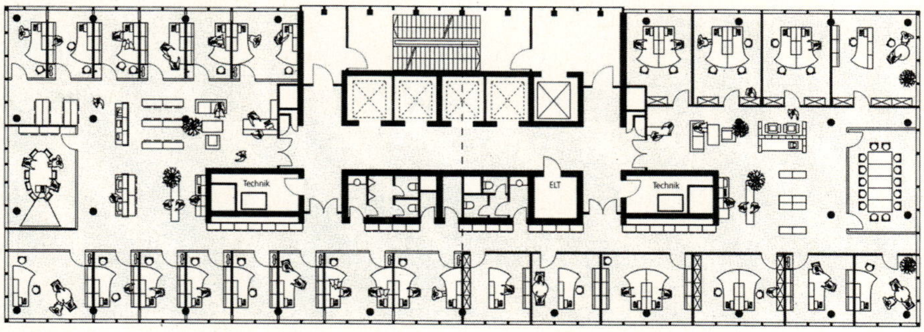

Turm A

Team-Büro

Business-Club

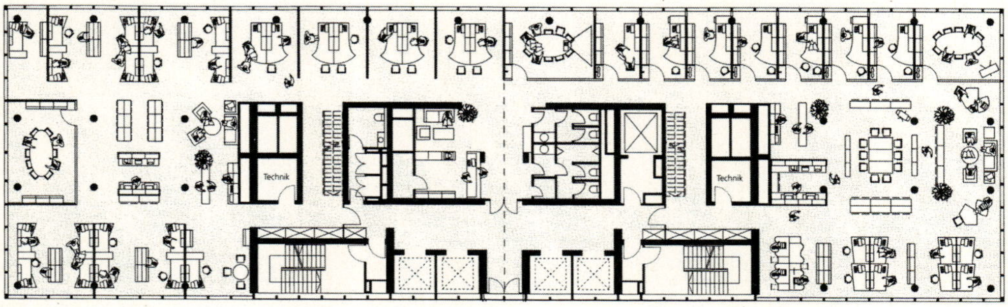

Consultingbüro in Bobingen
Arch. Siat GmbH 2001
(Lit.: 36)

Ökologisches Bürogebäude aus Holz, hoher Vorfertigungsgrad und geringstmöglicher Energieeinsatz für Schulungen.

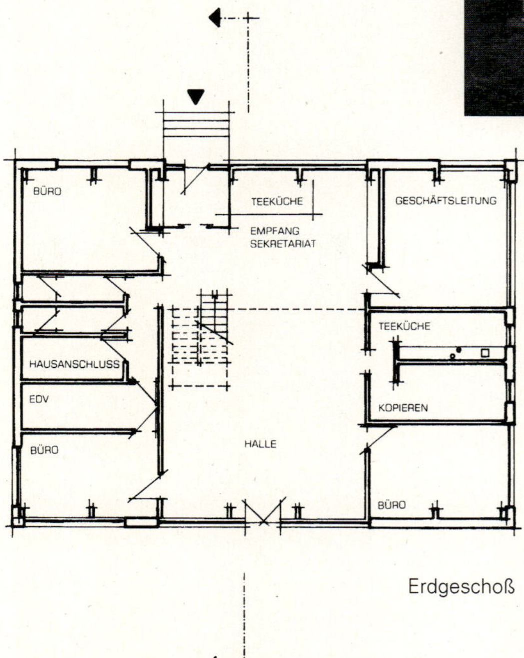

Erdgeschoß

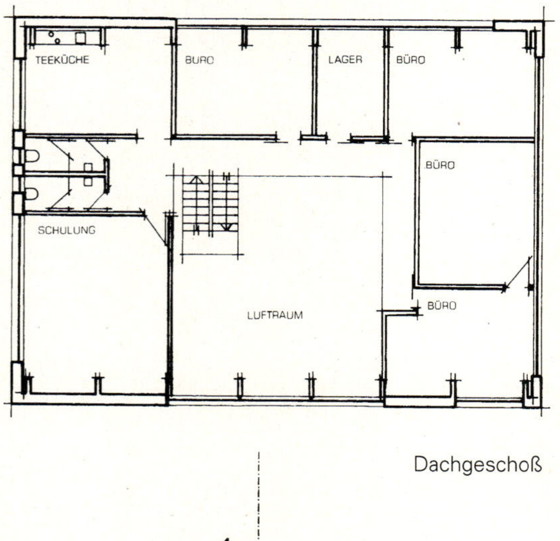

Dachgeschoß

5. Teil

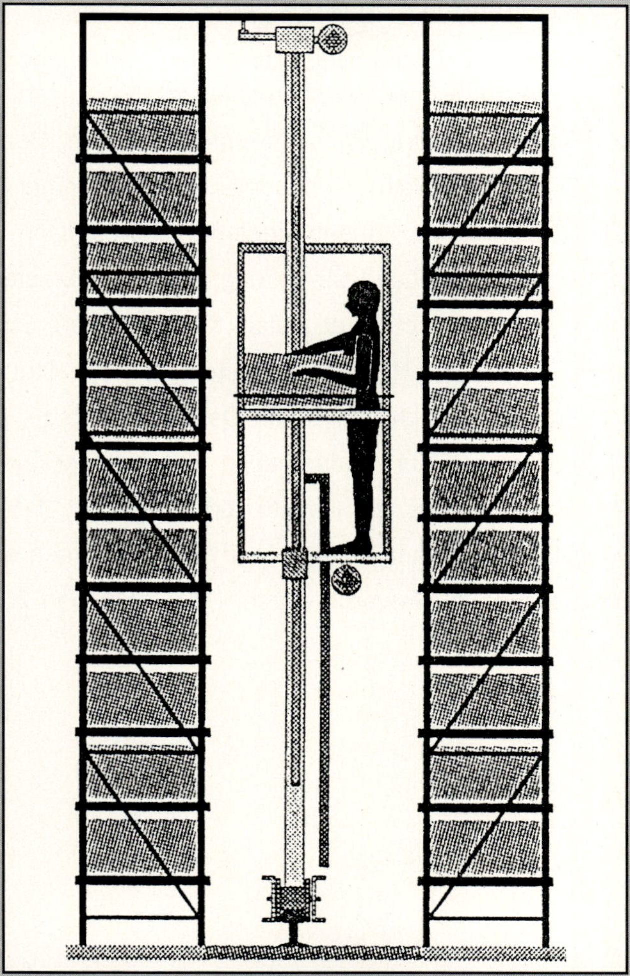

Gewerbe und Industrie

Literatur und Bildquellen: Gewerbe- und Industriebau

01 Lorenz Peter, Gewerbebau — Industriebau, A. Koch, Leinfelden — Echterdingen 1991

02 Sommer/Wojda, Industriebau, Verlag des ÖGB, Wien 1987

03 Berufsvereinigung der bildenden Künstler Vorarlbergs (Hrsg.), Architektur in Vorarlberg seit 1960, Wilhelm Ruß Verlag, Bregenz 1993

04 Sommer/Weisser/Holletschek, Architektur für die Arbeitswelt, Birkhäuser, Basel 1995

05 Joedicke Jürgen, Geschichte der modernen Architektur, Hatje, Stuttgart 1958

06 Götz/Hoor/Möhler/Natterer, Holzbauatlas, Hrsg. Institut für internationale Architekturdokumentation, München 1980

07 Wichmann Hans (Hrsg.), System-Design Fritz Haller, Bauten — Möbel — Forschung, Birkhäuser, Basel 1989

08 Architektur aktuell, Fachjournalverlagsgesellschaft, Wien, Sonderheft IV/1973; Springer-Verlag, Wien, Heft 150/1992, 197/1996, 6/2002

09 Bauforum, Österreichischer Wirtschaftsverlag, Wien, Heft 114/1986, 125/1988; Architektur und Bauforum, Österreichischer Wirtschaftsverlag, Wien, Heft 152/1992, 158/1993, 160/1993, 170/1995

10 Architektur, Orac Zeitschriftenverlag, Wien, Heft 10/1994, 4/2002

11 Schönfeld Jürgen, Gebäudelehre, Kohlhammer, Stuttgart 1992

12 Neufert Ernst, Bauentwurfslehre, Bertelsmann Fachverlag, Düsseldorf 1973

13 Amt der NÖ Landesregierung (Hrsg.), Lebensraum Straße, Wien 1994

14 E + D Architecture et Detail, Krämer Verlag, Stuttgart, Heft 2/1994, 4/1995

15 Davies Colin, High-Tech-Architektur, Hatje, Stuttgart 1988

16 ProHolz — Holzinformation Österreich (Hrsg.), Hallen im Industriebau, Wien 1991

17 Ackermann Kurt, Industriebau (Ausstellungskatalog der Uni Stuttgart), DVA 1994

18 Riccabona Chr., Baukonstruktionslehre, Bd. 1–5, Manz Verlag Schulbuch, Wien 1995–1998

19 Uhl Johannes, Industrie- und Gewerbebauten aus Stahl, WEKA Verlag, Augsburg 1998

20 Lenze/Luig, Gewerbebauten, DVA, München 2003

Bauten für Gewerbe und Industrie

Bei diesem Bautyp handelt es sich um Bauten der Produktion, im Gegensatz zu Bauten der Konsumation, zu welchen im weitesten Sinne auch Wohnbauten und Bauten der Bildung und Kultur gehören. Hiezu zählt man Anlagen des produzierenden Gewerbes, des Handwerks und der Industrie, aber auch vieler Dienstleistungsbetriebe wie z.B. des Handels. Es sind Bauten für die Herstellung, Bearbeitung, Reparatur, aber auch für die Lagerung und Ausstellung von Waren.

Gewerbebauten

sind dabei Einrichtungen kleinerer bis mittlerer Größe, wie Werkstätten und Produktionsbetriebe mit geringerem Umfang.

Industriebauten

sind größere Anlagen mit mehr Beschäftigten zur Serienfertigung mit hohen Stückzahlen.

Grundmerkmal der Bauten für Produktionsbetriebe ist die für jeden Einzelfall notwendige individuelle Planung, die dem Produktionsablauf und Materialfluss folgen muss. Gemeinsam ist solchen Bauten die Notwendigkeit, größere Flächen stützenfrei zu überspannen bzw. größere Lasten durch Hebezeuge etc. aufnehmen zu können. Ein typisches Merkmal ist auch die erforderliche hohe Flexibilität, da Maschinen in der Regel eine kürzere Lebens- und Entwicklungsdauer aufweisen als gebaute Räume und die umhüllenden Räume der jeweils neuesten Technologie rasch angepasst werden müssen. Auch Erweiterungen bei Produktionssteigerungen müssen problemlos und ohne den Arbeitsablauf zu stören möglich sein.

Aus all dem folgt, dass auch der Wirtschaftlichkeit der Konstruktionen eine besondere Bedeutung zukommt.

Geschichtliche Entwicklung

(unter Verwendung eines Textes von Architekt Angelika Zeininger)

Bereits im 17. Jh. schuf die zunehmende staatliche Lenkung und Förderung des Wirtschaftslebens (Merkantilismus) die Voraussetzungen für die Industrialisierung der europäischen Wirtschaft. Bereits vor der Erfindung der Dampfmaschine als Antriebskraft wurden zentralisierte Produktionsbetriebe vielfach in leer stehenden Schlössern und aufgelösten Klöstern angesiedelt, da sie dort außerhalb der Zunftordnung von allen Zunftregeln und Abgaben befreit waren. Der bedeutendste Bau der vorindustriellen Epoche in Österreich war die Linzer Wollzeugfabrik (1722 bis 1726), in welcher rund 800 Arbeitskräfte auf 12 000 m² Geschoßfläche mit der Ausrüstung und dem Versand der noch immer von 50 000 Heimarbeiterinnen erzeugten Stoffe beschäftigt waren. Trotz geschickter Raumaufteilung und guter Platzausnutzung entsprach vor allem das Äußere des Gebäudes noch den Regeln traditioneller Bauweise.

Während der napoleonischen Kontinentalsperre wurde der Bau von Fabriksanlagen gefördert, wobei man sich als Antriebskraft zunehmend die Wasserkraft zunutze machte. So entstanden in Österreich mechanisierte Produktionsprozesse schon vor der Erfindung der Dampfmaschine. Erst um 1840 hielt auch die Dampfmaschine in bescheidenem Ausmaß ihren Einzug in die österreichische Industriewelt (1. Dampfmaschine 1816, um 1840 erst 14 Maschinen in Österreich). Die dafür notwendigen weitgespannten Hallen wurden vorerst noch durch Holzkonstruktionen erreicht (der berühmte Delorm'sche Bogenbinder). Erstmals wurden 1832 Gusseisenstützen in einem Industriebetrieb eingebaut, 1853 zum ersten Mal eine Halle zur Gänze in Gusseisen errichtet (Maximilianhalle München). Formal wurde noch immer der 3-schiffige basilikale Aufbau aus dem Kirchenbau übernommen, der sich wegen der durchgehenden Belichtung des Mittelschiffes gut eignete. Die 1815 erfolgte Gründung des polytechnischen Institutes in Wien durch Prechtl hatte sich dann auch die Ausbildung von Führungskräften auf dem Industriebausektor besonders zur Aufgabe gemacht. Wurden anfangs die Einrichtungen kleinerer Fabriken noch von dem Bauingenieur mitentworfen, so machte sich bald ein tiefgreifender Strukturwandel bemerkbar, in dem die Aufgaben zwischen einem künstlerisch entwerfenden Architekten und einem konstruktiv berechnenden Ingenieur aufgeteilt wurden. Eine Spezialisierung, die bis heute andauert und immer weitreichender fortgeführt wird.

Die ersten Industriebauten entstanden in Frankreich und England als eiserne Gebäude, wobei meist Gusseisenstützen, schmiedeeiserne Träger, gusseiserne Fensterrahmen und Blechfassaden und -dächer kombiniert wurden. Nach dem Vorbild des hervorragendsten Eisenbauwerkes des 19. Jh., des 1851 für die Weltausstellung in London errichteten Kristallpalastes von Paxton (70 000 m² Grundfläche, 100 Tage Bauzeit), wurden Bahnhofshallen und Fabrikshallen in größerer Zahl in Gusseisen errichtet, wobei sich die äußere Gestaltung der Gebäude nur langsam von den traditionellen Bauformen löste. Erst an der Wende zum 20. Jh. setzte sich die Architektenschaft ernsthaft mit dem Problem der industriellen Produktion auseinander und versuchte eigene, dem Inhalt und der Aufgabe entsprechende Gebäudetypen zu schaffen. In England geschah dies durch die „arts and crafts"-Bewegung unter William Morris, in Deutschland durch den Werkbund, welcher unter dem Motto „Kunst und Industrie" die Zusammenarbeit von Künstlern und Architekten mit Technikern förderte. Ähnliche Ziele verfolgte das Deutsche Bauhaus 1919 bis 1933 unter seinen bedeutenden Lehrern Van der Velde, Itten, Kandinsky, Gropius und Mies van der Rohe. Sie schufen den Grundstein einer modernen Architektur- und Formensprache, welche vor allem aus der sozialen Geisteshaltung entspross, „dem Industriearbeiter nicht nur Licht, Luft und Reinheit zu geben, sondern auch die Würde der gemeinsamen großen Idee spüren zu lassen" (Walter Gropius).

Eines der ersten richtungweisenden Gebäude dieser Art war die AEG-Turbinenhalle in Berlin von Peter Behrens (Behrens gestaltete für diese Firma alles bis zum Schriftzug und zu den Leuchten, ein erster Fall von Corporate Identity). 1911 wurde Walter Gropius mit dem Bau der Faguswerke in Alfeld beauftragt und schuf dort zum ersten Mal einen konsequenten Skelettbau (stützenfreie Ecke) mit vorgehängter Fassade aus Stahl und Glas. Damit gewinnt der Industriebau eine führende Rolle in der Weiterentwicklung einer modernen Architektur und Formensprache, die mit kurzen Unterbrechungen bis heute anhält. Um die Jahrhundertwende setzt in Europa und in den USA der Beginn des Stahlbetonbaues ein. Francois Hennebique erhält 1892 das Patent für die Bewehrung von Deckenbalken aus Beton, 1908 werden vom Schweizer Maillard Pilzdeckenkonstruktionen entwickelt und durch die Fertigung von Sheddachkonstruktionen und Flächentragwerken aus Schalen beginnt die Ablöse des Eisenbaues in weiten Bereichen des Hochbaues durch den wegen seines Brandschutzwiderstandes besseren Stahlbetonbau.

Nach der Schließung des Bauhauses wird von seinem letzten Lehrer Mies van der Rohe in Amerika die Entwicklung zu klarer und sparsamer Architektur unter Verwendung der Skelettbauweise fortgesetzt (form follows function). Die ästhetische Wirkung von einfachen funktionellen Formen und klaren sichtbaren Materialien wird zum obersten Gestaltungsprinzip erhoben. Durch die Einführung von Fertigteilen werden nicht nur Bauzeit und Baukosten zu verringern versucht, sondern es werden auch die Aufgaben der einzelnen Bauteile klar definiert und durchstrukturiert. Für dieses Thema sind der deutsche Konrad Wachsmann und der Franzose Jean Prouvé bahnbrechend. Sie zerlegen den Bauablauf in einen unter industriellen Bedingungen ablaufenden Herstellungsprozess, der auch von ungelernten Arbeitern durchzuführen ist.

Durch die Einführung des Fließbandes und der Industrieroboter wird bei großen Industrieanlagen die Gebäudehaut immer exakter an die Produktionsabläufe angepasst, sodass diese immer mehr von hoch spezialisierten Teams unter Beiziehung von Maschinenbauingenieuren entwickelt werden und eine Differenzierung der Aufgaben vom normalen Gewerbebau eintritt, wo möglichst nutzungsneutrale Hüllen für unterschiedliche und sich ändernde Bedürfnisse hergestellt werden. Diese meist prismatischen fensterlosen Hüllen werden heute erst langsam wieder durch die Corporate Identity der Firmen belebt, langsam transparenter gemacht und gegliedert (Trennung von Verwaltungsteil und Produktionsteil) sowie durch Nutzung und Verwendung von raffinierten technischen Systemen, welche gezeigt werden, zu unverwechselbaren und für die jeweilige Firma als Markenzeichen bekannten Gebäudetypen gestaltet. Typisches Beispiel: Ersatzteillager und Ausstellungshalle der Fa. Renault in Swindon, Großbritannien durch John Foster Associates 1982, wo 42 Schirmdächer die Tragkonstruktion bilden, von der nach innen geneigte Stahldächer abgehängt wurden. Fassadenelemente aus Aluminiumpaneelen mit Sprossen und rahmenloser Verglasung.

Weiters die Funder-Fabrik, St. Veit/Glan, von der Coop Himmelblau, welche durch ihre 3 schräg stehenden Kamine als Markenzeichen die Bekanntheit der Firma durch diesen Bau weit über die Grenzen des Landes hinausgetragen hat.

Wollzeugfabrik Linz
Neubau 1722–26
(Lit.: 8)

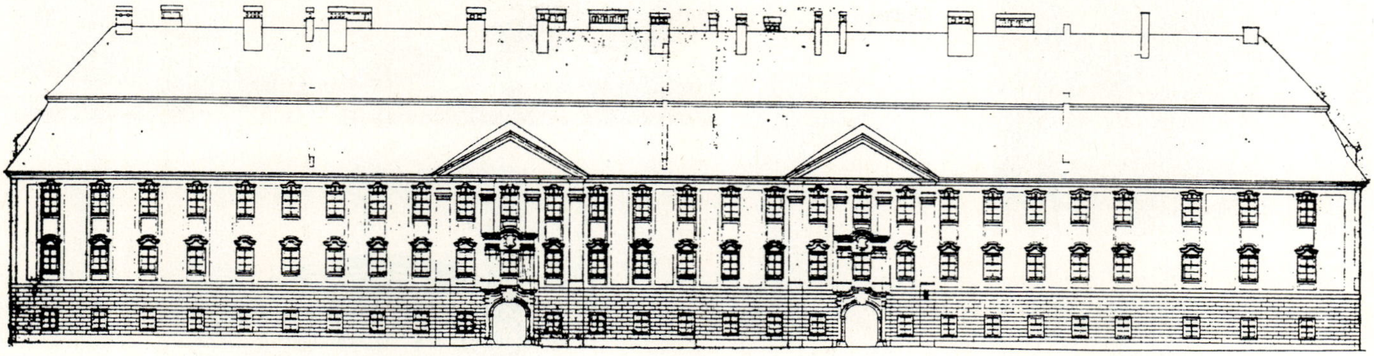

Baumwollspinnerei Möllersdorf
Gebäude 1810
(Lit.: 8)

Durchgängiger großer Maschinensaal in übereinander liegenden Geschoßen, die Decke durch 2 schlanke Doppelreihen von Holzsäulen in der Mitte getragen, welche den Produktionsablauf nicht behindern.

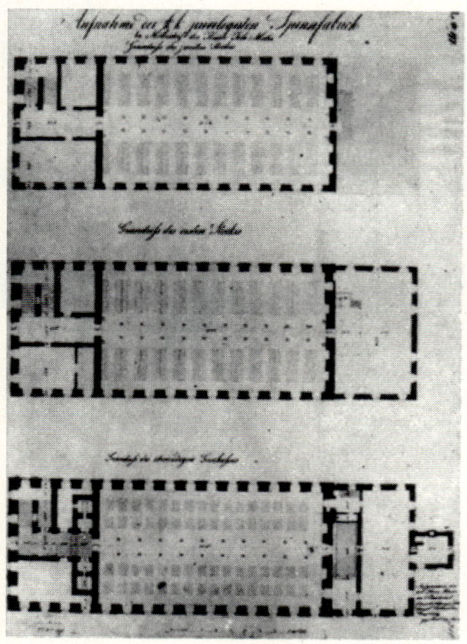

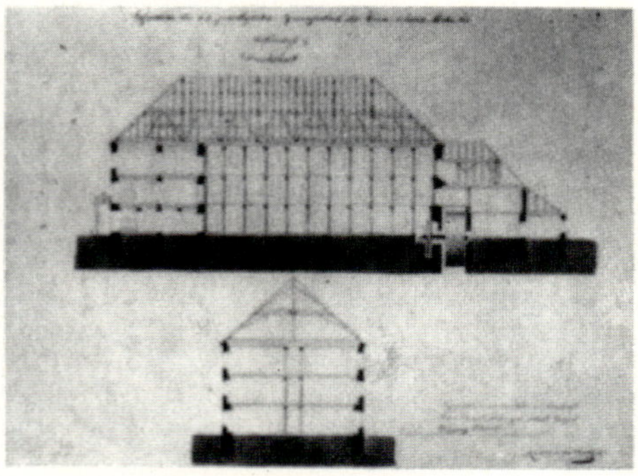

Maximilianhalle in München
1853
(Lit.: 8)

Erste ganz in Eisen errichtete Halle im deutschsprachigen Raum. Dreischiffiger, basilikaähnlicher Bau.

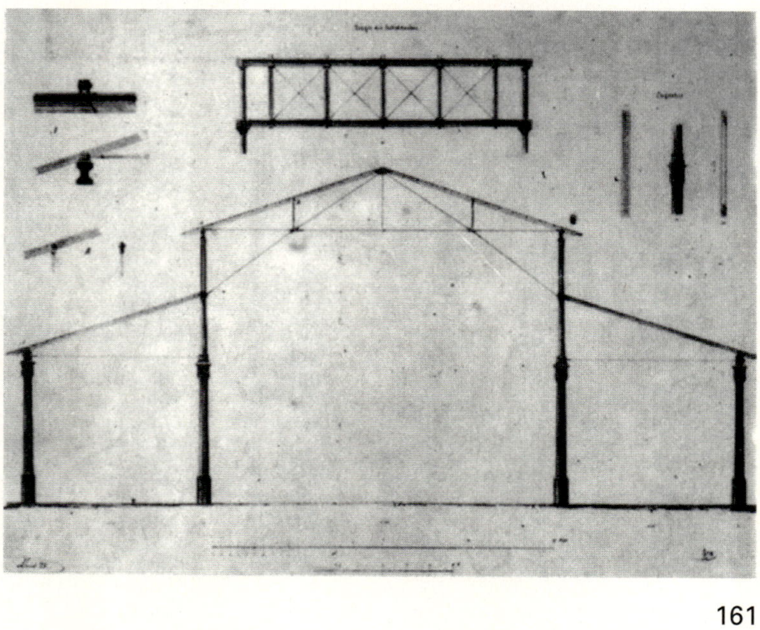

Der „Crystal Palace" in London

Arch. Jofes Paxton 1815

(Lit.: 17)

Gesamtansicht des „Crystal Palace"

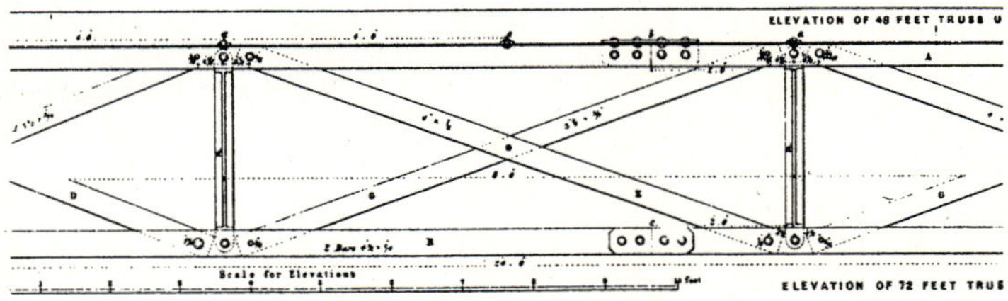

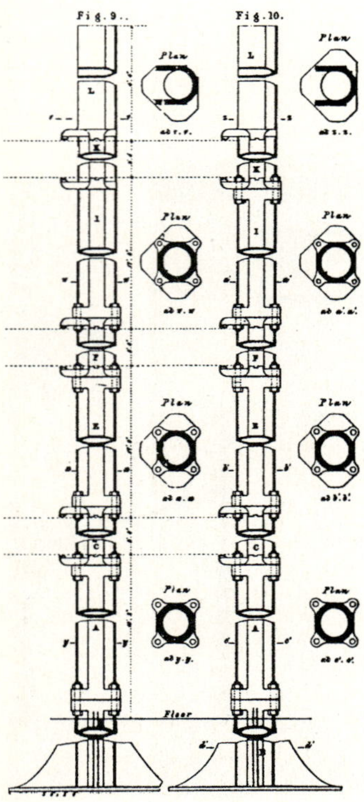

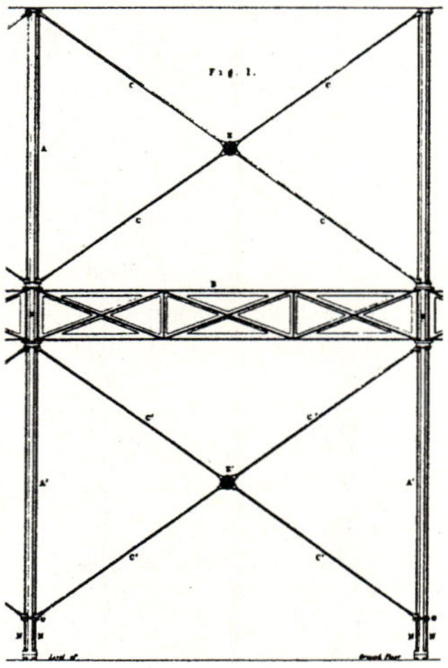

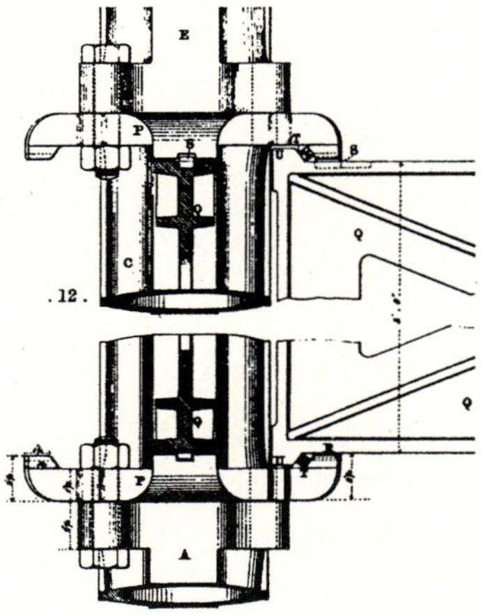

Die Aussteifungselemente sind aus vorgefertigten Teilen zusammengesetzt.

AEG Turbinenfabrik, Berlin
Arch. P. Behrens 1909
(Lit.: 5)

Filigrane Dreigelenksbogenkonstruktion, einheitlicher Innenraum, die Fassade entspricht noch nicht der inneren Konzeption. Durchgehende baukörperhohe Verglasungen.

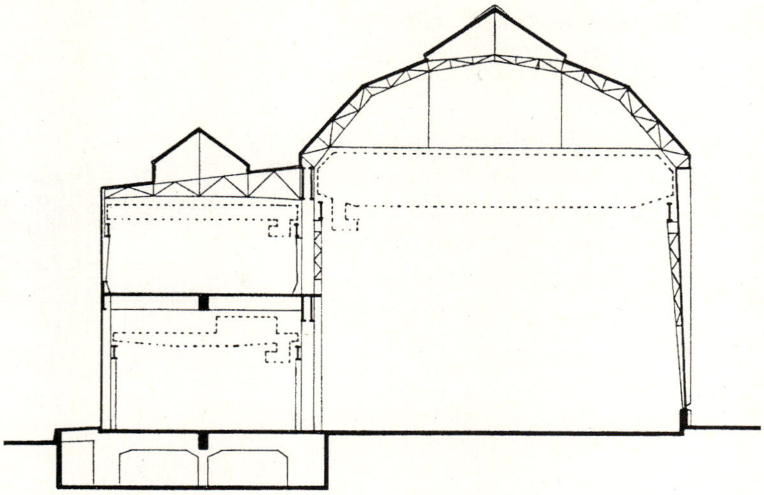

Faguswerke, Alfeld
Arch. W. Gropius 1911–1916
(Lit.: 5)

Die Stützen werden nach innen verlegt, die Wand wird zur transparenten Haut.

Ersatzteillager Swindon, GB

Arch. Foster Ass. 1983
(Lit.: 1)

Richtungweisender Bau durch Gliederung des eintönigen Baukörpers durch Sichtbarmachen einer interessanten Hightech-Konstruktion, welche zum werbewirksamen Signum für den Bauherrn wurde.

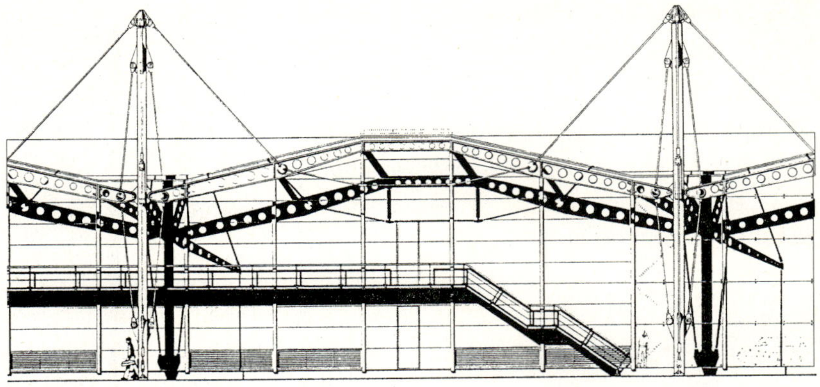

Fassadendetails 1:200 (aus Detail 4/84)

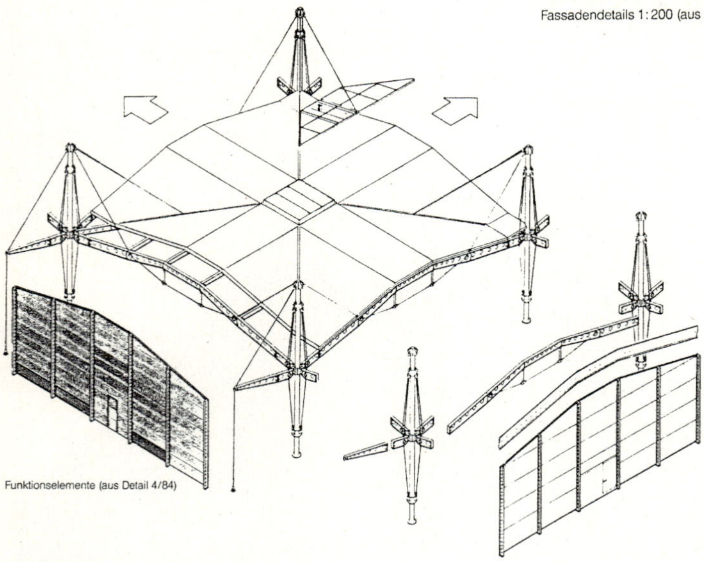

Funktionselemente (aus Detail 4/84)

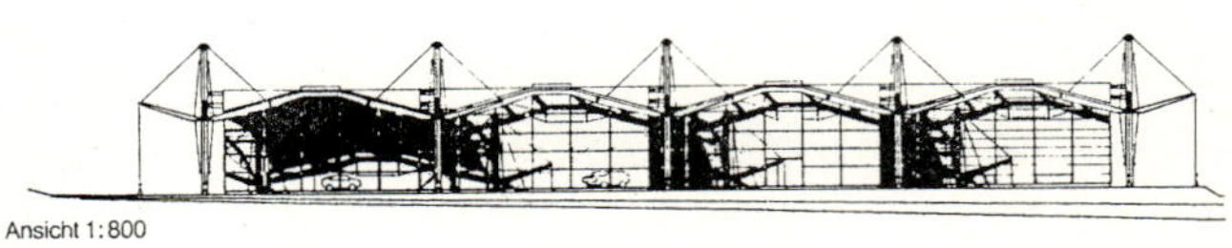

Ansicht 1:800

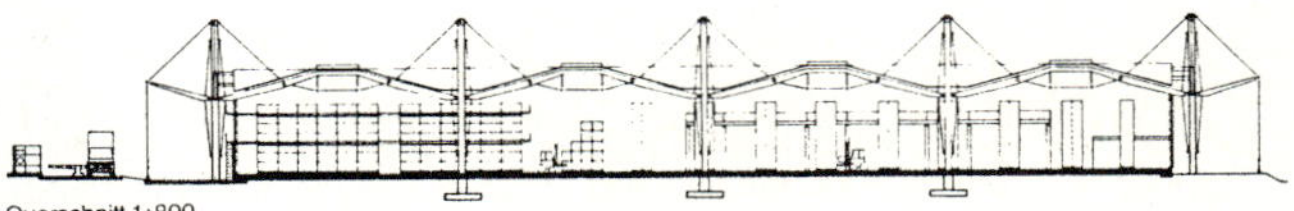

Querschnitt 1:800

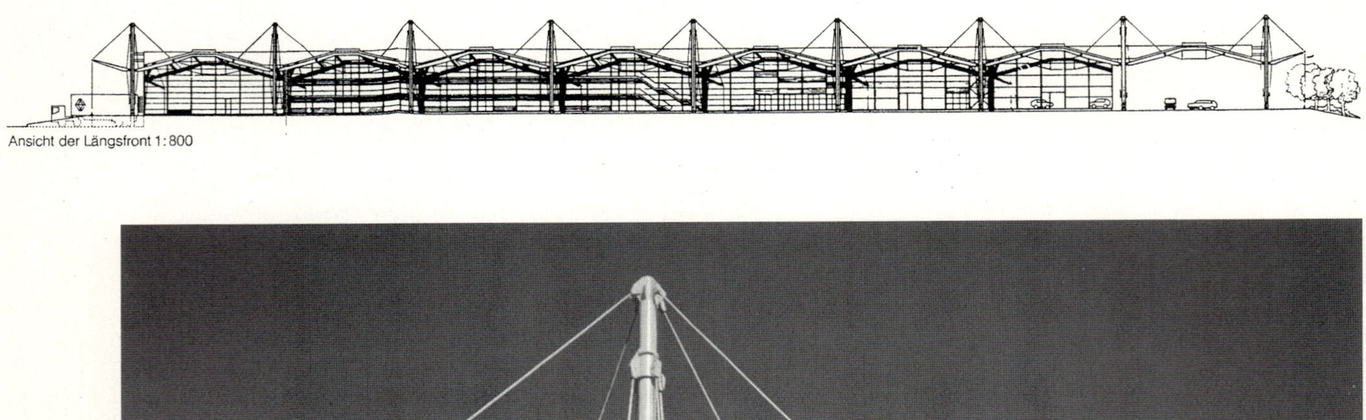

Ansicht der Längsfront 1:800

Fabrikgebäude Funder
St. Veit an der Glan, Kärnten
Architekten COOP Himmelblau 1989
(Lit.: 1)

Die „tanzenden Kamine" der Energiezentrale als Corporate Design für die gesamte Firma.

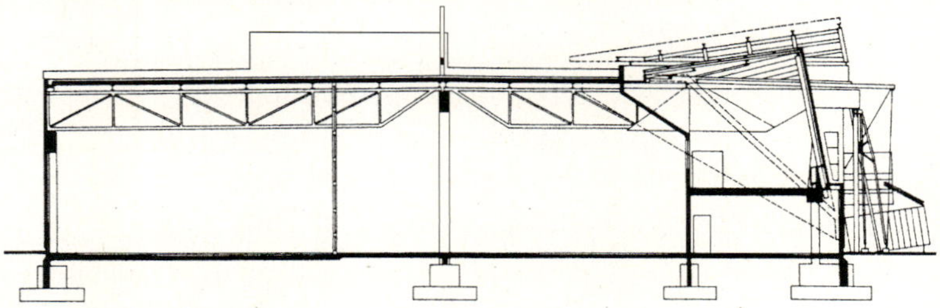

Schnitt durch das Glaseck 1:200

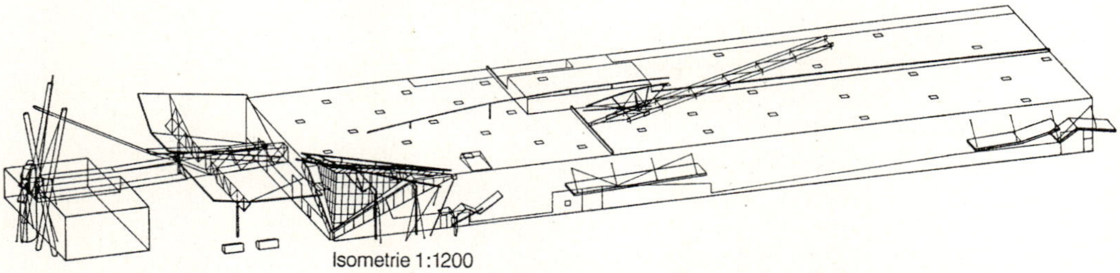

Isometrie 1:1200

Gestaltung der Arbeitsplätze

(Lit.: 2)

Die Arbeitsplatzgestaltung und die Umgebungseinflüsse üben einen wesentlichen Einfluss auf Wohlbefinden und Leistungsfähigkeit der arbeitenden Menschen aus.

Mindestraum- und -flächenbedarf sind bereits in der AAV festgelegt und in der Einleitung angeführt.

Darüber hinaus sind folgende Kriterien einzuhalten:

- Betriebsmittel, die Lärm, Rauch, Staub und Erschütterungen emittieren, sind möglichst vom normalen Arbeitsbereich auszugliedern.
- Es ist eine möglichst weitgehende Trennung von normalem und hoch automatisiertem Arbeitsbereich anzustreben. An ihrem Zusammenstoßen sind Puffer einzubauen (wegen der Taktbindung).
- Bei konventioneller Fertigung ist auf die Möglichkeit und Notwendigkeit der Kommunikation zwischen den Arbeitern zu achten (Übergabe der Werkstücke, Sicht- und Rufdistanzen).
- Zuordnung von Arbeitsplätzen zu so genannten „Neststrukturen", um Einsamkeit bei automatisierter Arbeit zu vermeiden.
- Einhaltung ergonomischer Distanzen, Abstände und Arbeitshöhen, um vorzeitige Ermüdung auszuschalten.
- Überschaubarkeit des Arbeitsprozesses, um Ausmaß und Bedeutung der eigenen Arbeit im Produktionsprozess abschätzen zu können.

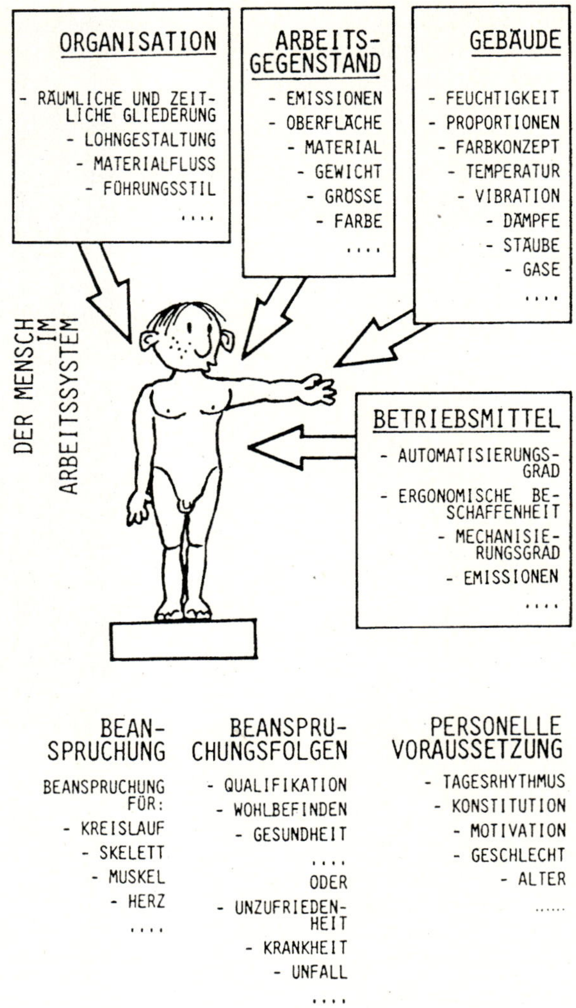

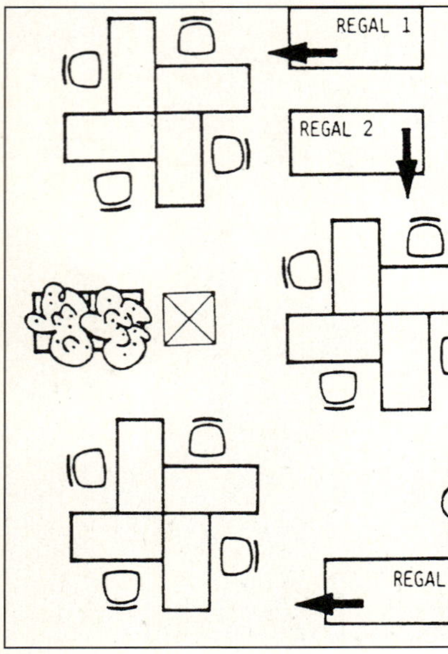

Beispiel für „Gruppenarbeitsplätze".

Zwei Beispiele für die Gestaltung von „Puffern".

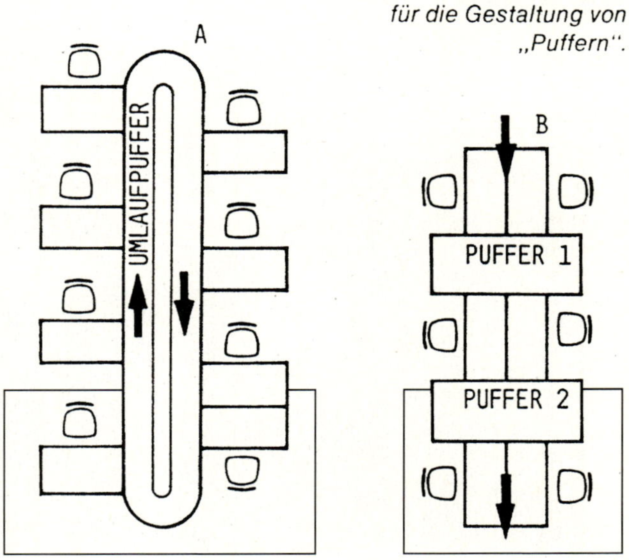

Interne Verkehrswege

Erforderliche Gangbreiten und Durchgangshöhen

(Lit.: 2)

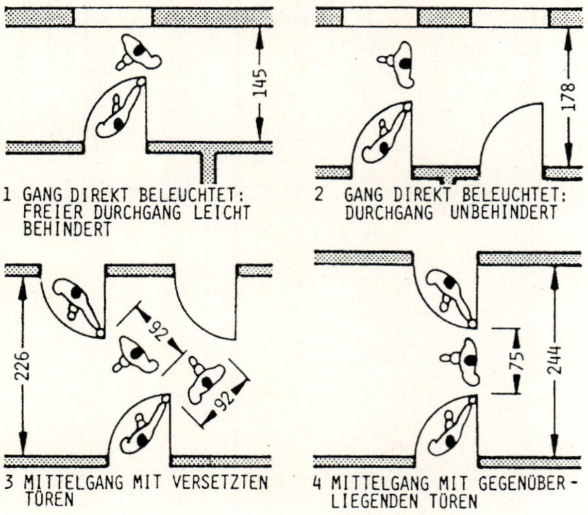

1 GANG DIREKT BELEUCHTET: FREIER DURCHGANG LEICHT BEHINDERT

2 GANG DIREKT BELEUCHTET: DURCHGANG UNBEHINDERT

3 MITTELGANG MIT VERSETZTEN TÜREN

4 MITTELGANG MIT GEGENÜBERLIEGENDEN TÜREN

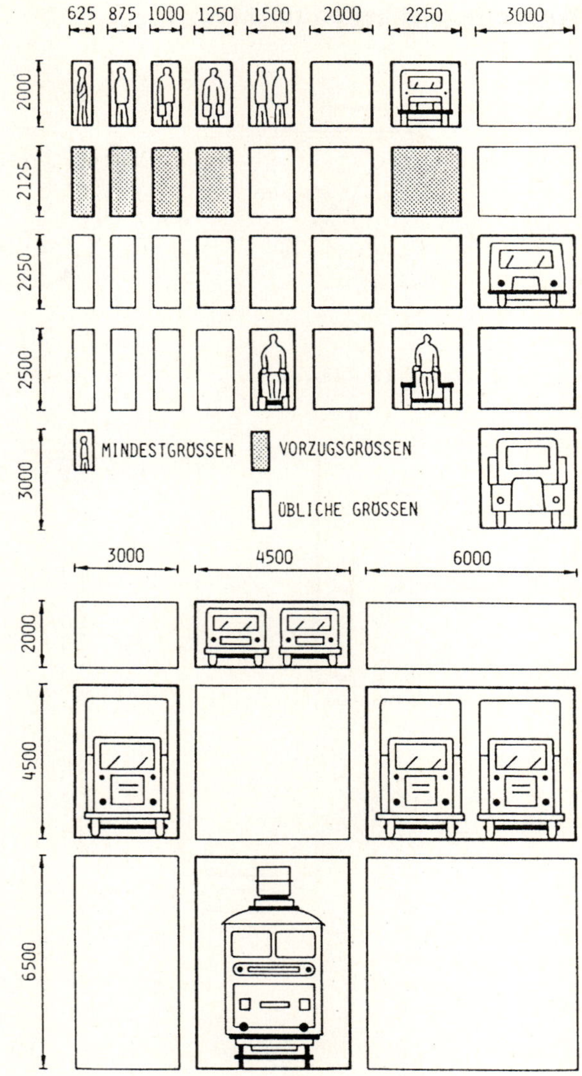

Verkehr auf dem Grundstück

Abmessungen und Verkehrsräume verschiedener Kraftfahrzeugtypen

(Lit.: 12)

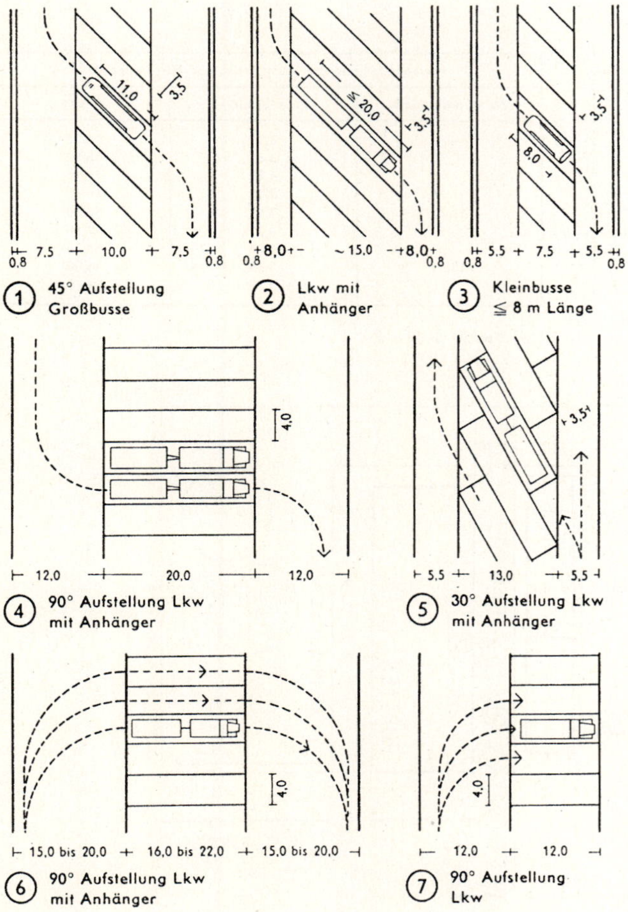

① 45° Aufstellung Großbusse

② Lkw mit Anhänger

③ Kleinbusse ≦ 8 m Länge

④ 90° Aufstellung Lkw mit Anhänger

⑤ 30° Aufstellung Lkw mit Anhänger

⑥ 90° Aufstellung Lkw mit Anhänger

⑦ 90° Aufstellung Lkw

Fahrzeuggrößen

(Lit.: 13)

Fahrzeugart	Abmessungen			Wendekreis
	Länge (m)	Breite (m)	Höhe (m)	Radius (m)
Fahrrad	1,80	0,60	1,0/2,0	—
Moped	1,80	0,60	1,0/2,0	—
Motorrad	2,20	0,70	1,0/2,0	—
Pkw — klein	3,60	1,60	1,35	5,0
Pkw — groß	4,80	1,80	1,50	6,0
Lkw — klein	7,0	2,50	3,00	7,0
Lkw — groß	10,0	2,50	3,00	11,0
Linienbus	11,50	2,50	3,00	11,0
Höchstwerte lt. KfG				
Einzelfahrzeug	12,0	2,50	4,00	12,5
Sattelfahrzeug	16.5	2,50	4,00	12,5
Gelenkfahrzeug	18.0	2,50	4,00	12,5
Lastzug	18,35	2,50	4,00	12,5

Wendemöglichkeiten für Lkw

(Lit.: 12)

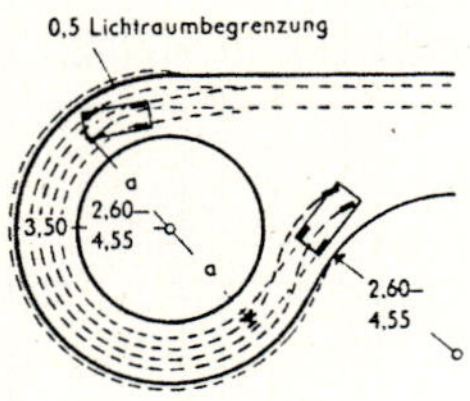

① Wenderadius a für PKW = 4,35 - 6,30

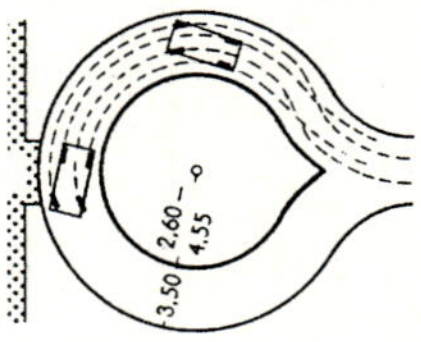

② Vorfahrt

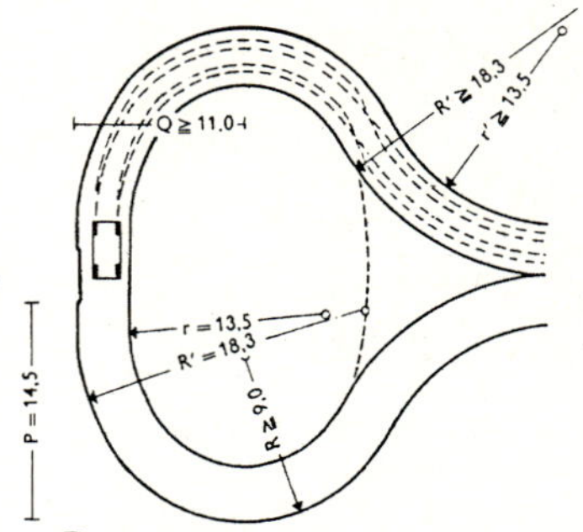

③ Elliptische Vorfahrt

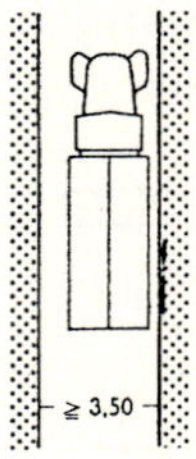

④ Durchfahrt

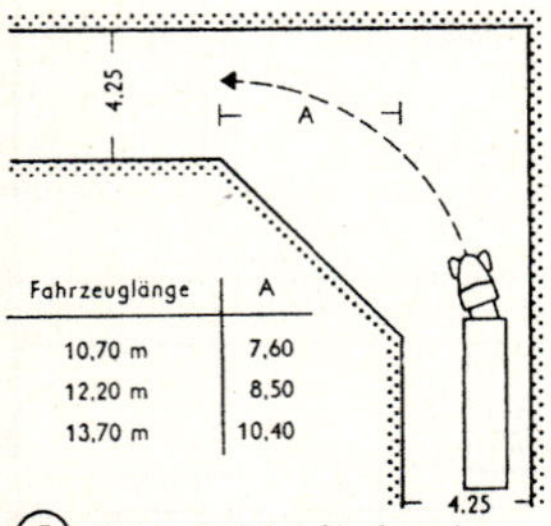

⑤ Platzbedarf bei Straßenecken

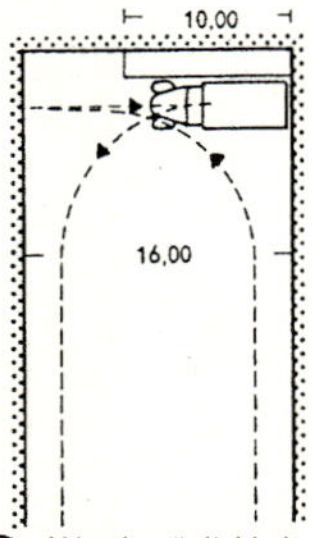

⑥ Wendemöglichkeiten in beschränkten Verhältnissen

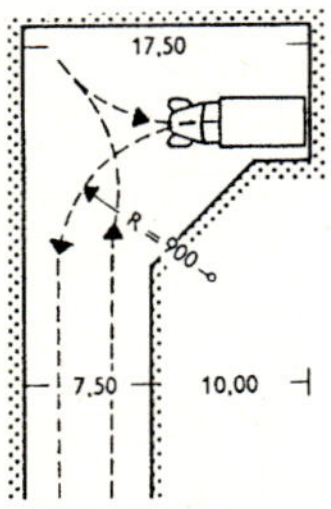

⑦ Wendehammer in sehr beengten Verhältnissen

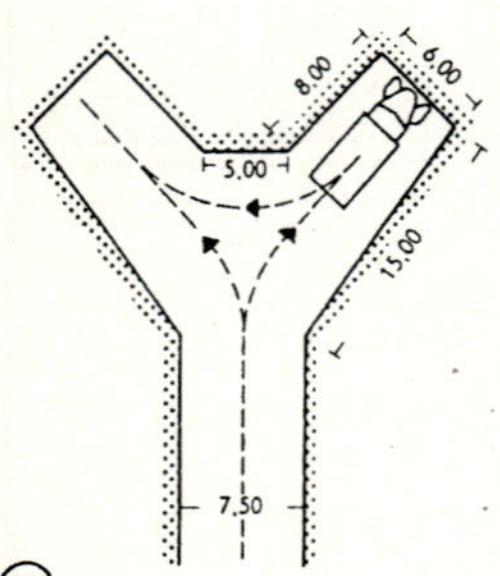

⑩

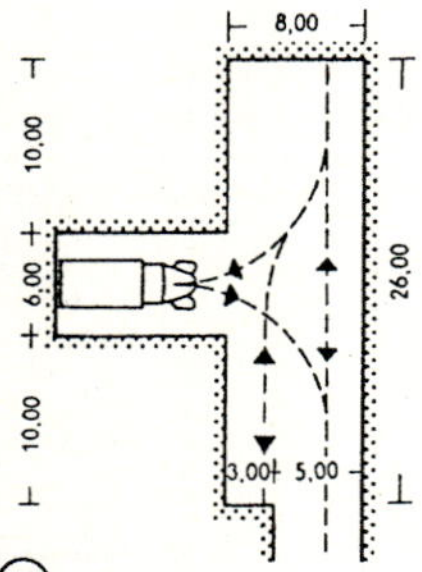

⑪

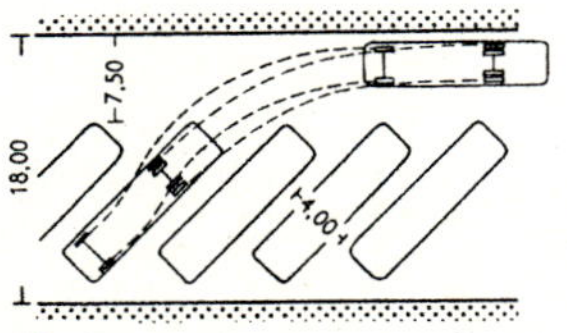

⑫ Parken unter 45°

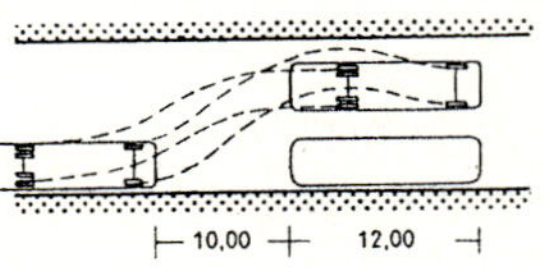

⑬ Platzverlust bei Längsaufstellung

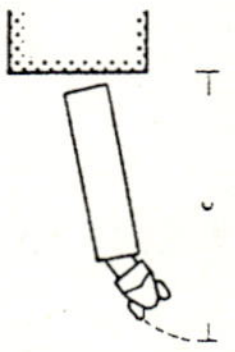

⑭ Einzelaufstellung Sattelschlepper

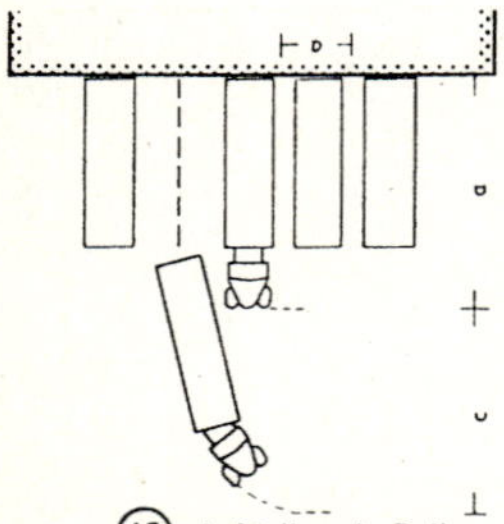

⑮ Aufstellung in Reihe

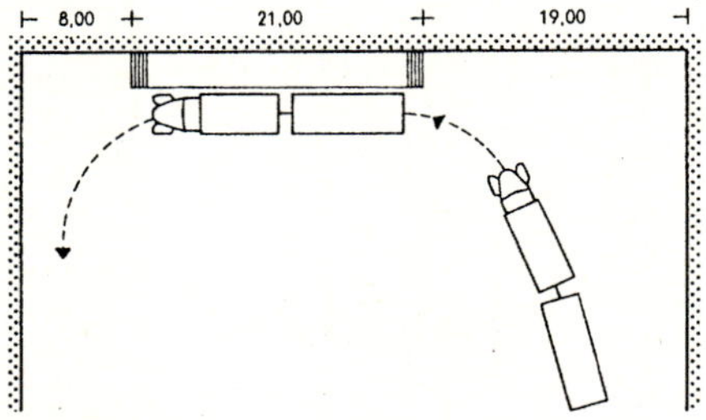

⑰ Laderampen in Höfen bei Zuglänge ≧ 20 m

Freizone für Ein- und Ausfahrt von Sattelschleppern		
Fahrzeuglänge a	**Standbreite b**	**Freizone c**
10,70	3,00	14,00
	3,65	13,10
	4,25	11,90
12,20	3,00	14,65
	3,65	13,50
	4,25	12,80
13,75	3,00	17,35
	3,65	15,00
	4,25	14,65

⑯ Tabelle für ⑭ u. ⑮

Gestaltung einer Werkseinfahrt mit Portier

(Lit.: 2)

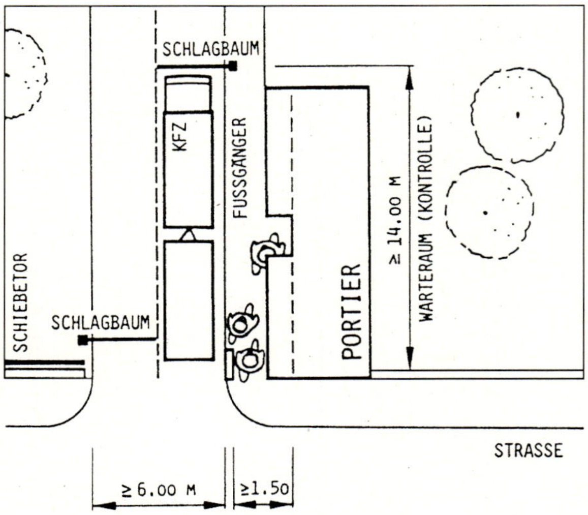

Laderampen

Lage
(Lit.: 2)

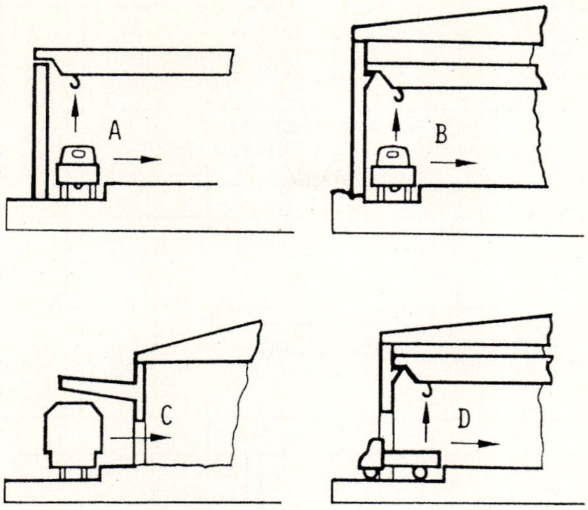

Ausbildung, Funktion und Maßangabe
am Beispiel Fa. Frech AG (Schweiz)

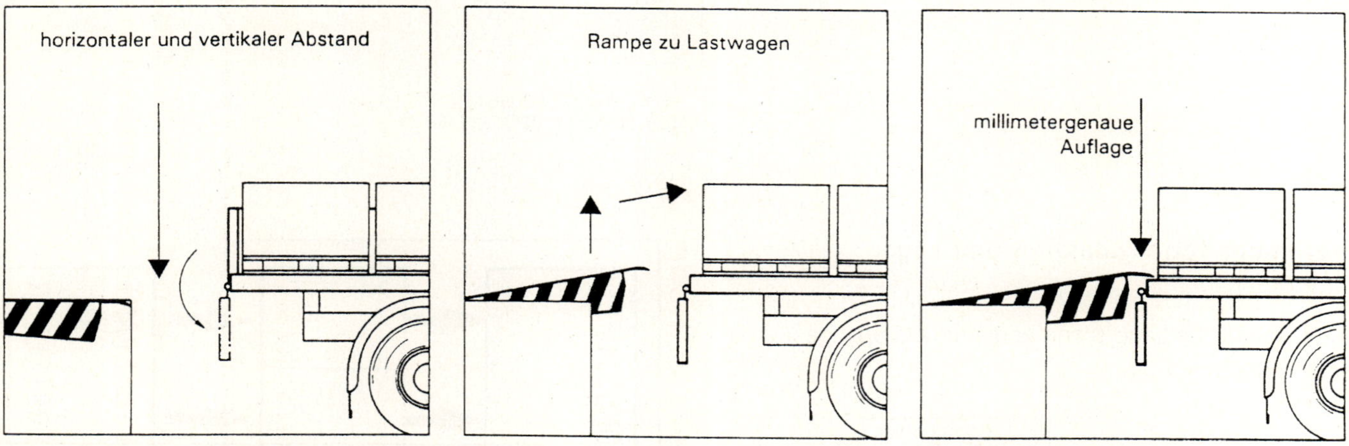

Plattformlänge L: 200–240 cm
Plattformbreite B: 170–240 cm
Vorschub A: variabel 0–60 (100) cm
Bauhöhe D: 85 cm

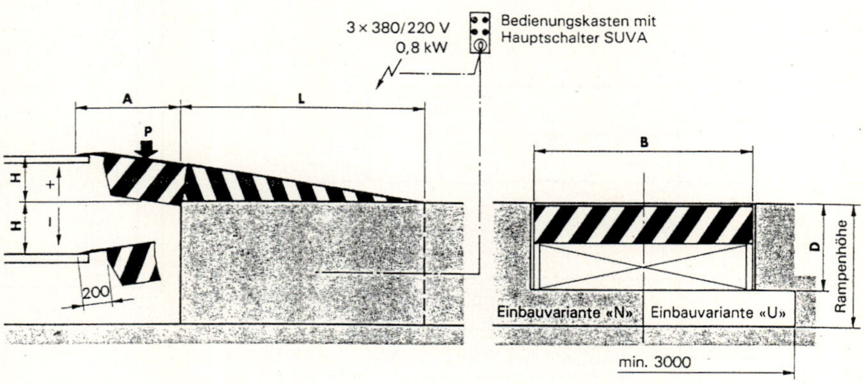

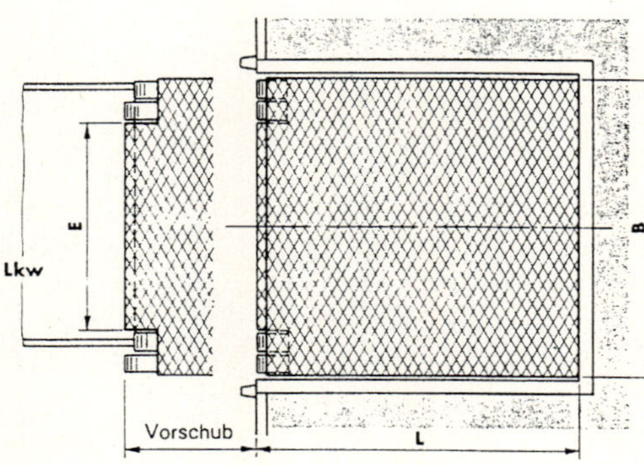

Steigung:
Der maximale Hub entspricht der nach SUVA zulässigen Höchststeigung von 15% (8,5°)

Funktionen und Zuordnungen bei einem produzierenden Betrieb
(Lit.: 1)

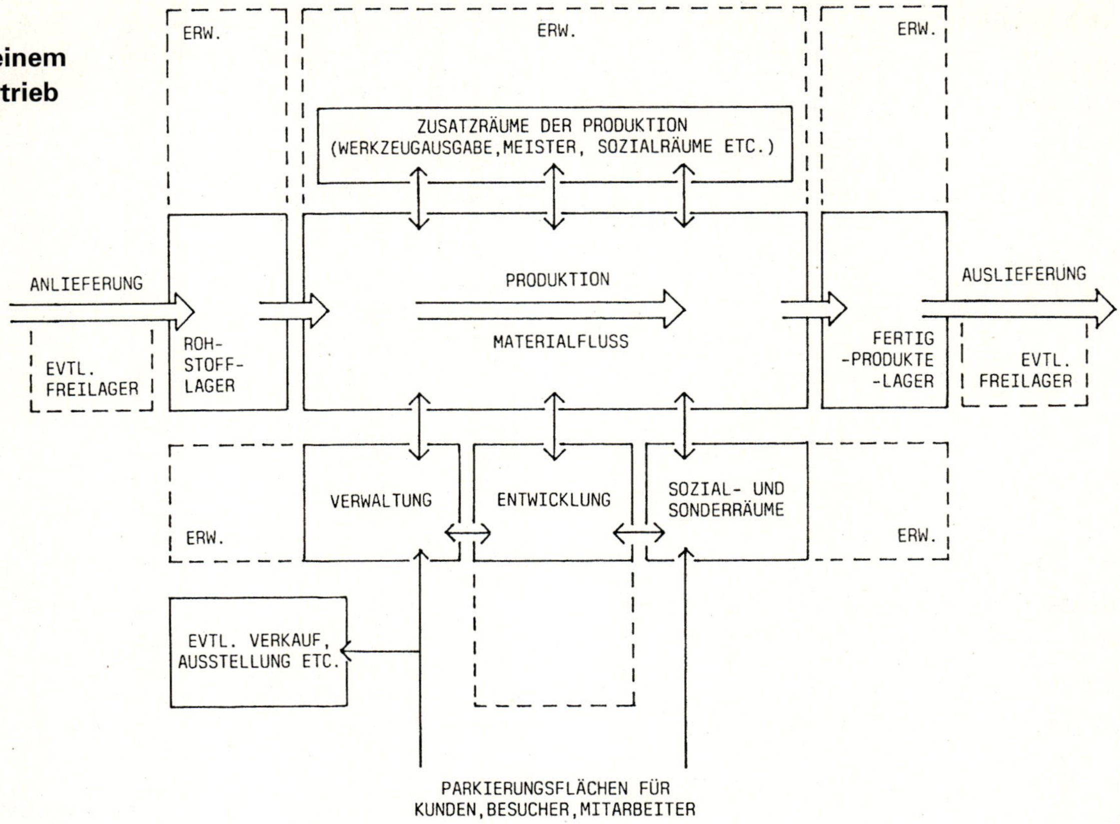

Zuordnung von Produktion und Lager
(Lit.: 2)

Unterschiedliche Lagertypen begleiten als Spange den Produktionsfluss.

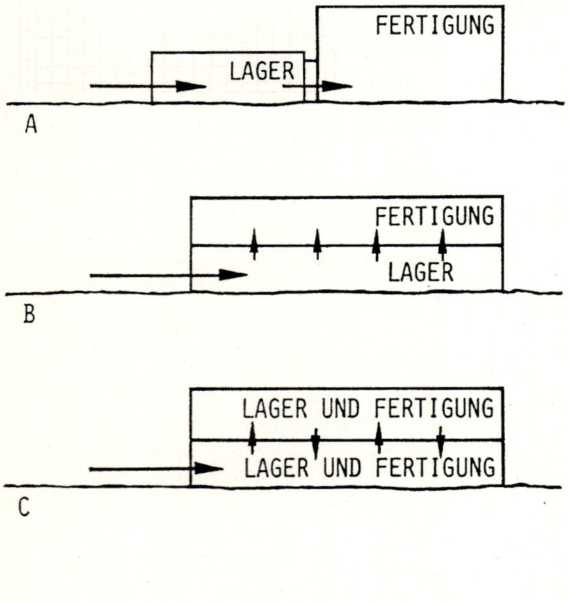

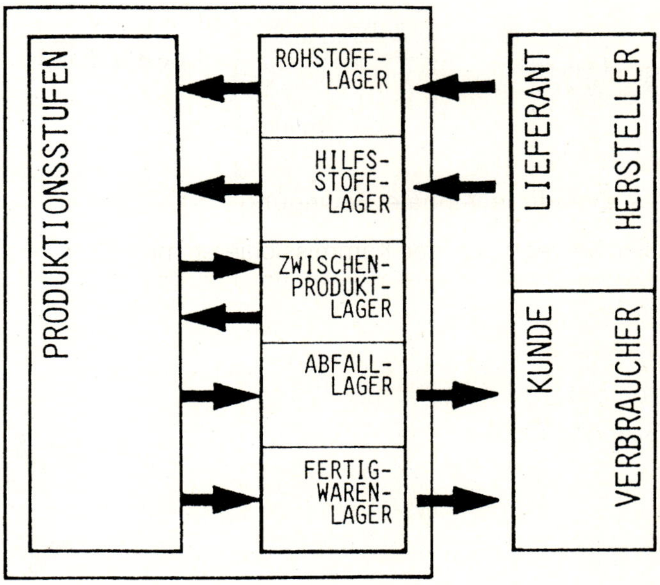

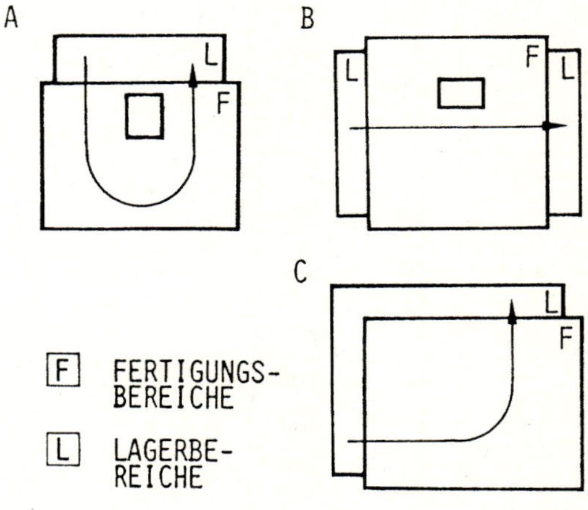

Lagertechnik

In Lagerhallen wird in großen Stückzahlen angeliefertes Gut in Regalen gestapelt und laufend entsprechend den Bestellungen zusammengestellt, kommissioniert und versandt bzw. ausgegeben. Hiezu ist eine komplizierte Logistik und auch technische Einrichtung erforderlich.

Lagerhaltungssysteme

1 System Mann zur Ware

Dies ist das System der statischen Warenbereitstellung, zu ihm gehören alle klassischen Regalsysteme, wie Fachbodenregale, Kragarmregale, Palettenregale sowie Durchlaufregale, in ein- oder mehrgeschoßiger Ausführung.

1.1 Eindimensionale Bewegung

Der Kommissionierer bewegt sich zu Fuß, bei mehrgeschoßigen Anlagen über Treppen, zu den Regalen.

Niedrige Investition, gute Nutzung der vorhandenen Lagerhöhe, Möglichkeit der Nachrüstung, hohe Flexibilität, Regalhöhe bis 2,20 m, Gangbreite 80 cm bzw. 100 cm, je nach Größe des Kommissioniergutes.

1.2 Zweidimensionale Bewegung

Hier bewegt sich der Kommissionierer mittels Kommissionierstaplern oder Regalbediengeräten.

Hochregale, Fachboden- oder Palettenregale, Beschicken mit Kommissionierstaplern, sehr gute Nutzung der Lagerhöhe, Lagerhöhen theoretisch bis zu 12 m möglich, Verbesserungen dieser Technik durch Anbringen von Kragarmen beim Beschickungsgang, um mit dem Beschickungsstapler die Paletten den einzelnen Gängen zuordnen zu können. Die Kommissionierungsstapler bleiben immer in den einzelnen Gängen, nehmen die Ware von den Kragarmen auf und ordnen sie richtig ein.

1.3 Verbesserung Durchlaufregal

Ein- oder mehrgeschoßige Anlagen, mit und ohne Palettenregal als Pufferlager, getrennte Arbeitsgänge, Beschickung von der einen Seite, Kommissionierung von der anderen Seite. Die Ware ist ständig von der Beschickungszone zur Kommissionierungszone in Bewegung. Durch quer gestellte Förderbänder wird Leergut und kommissionierte Ware rasch abtransportiert.

2 Kommissionierungssystem Ware zum Mann

Systeme mit dynamischer Warenbereitstellung umfassen Umlaufregale, automatische Behälterlager sowie Palettenlager mit Versorgung der Kommissionierstationen durch Stapler oder automatische Regalbediengeräte. Der Arbeitsplatz des Kommissionierers ist ortsfest.

PALETTENGRÖSSEN

DISPLAYPALETTEN
40 / 60 cm
40 / 80 cm
60 / 80 cm

FLACHPALETTEN
80 / 100 cm
80 / 120 cm
100 / 120 cm

GITTERBOXPALETTEN

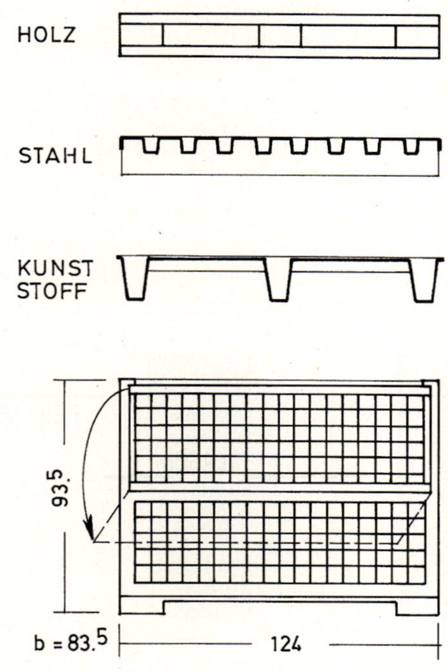

Palettenregal

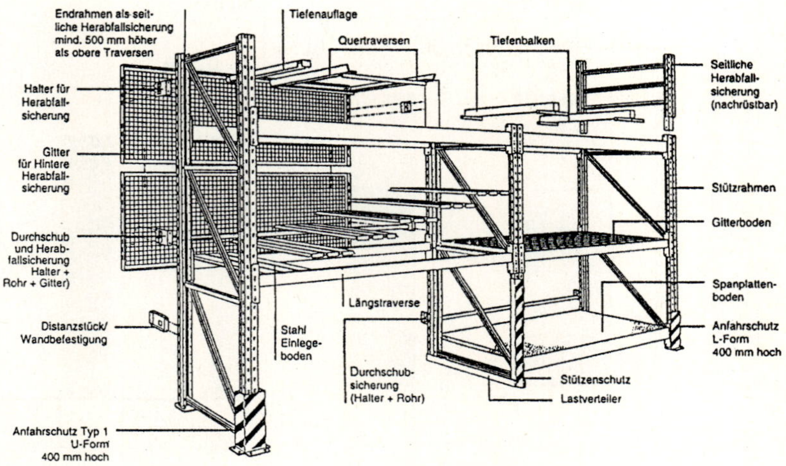

Mehrplatzlagerung

Für Paletten verschiedener Größen.
Für Längs- oder Quereinstapelung.

Quereinstapelung

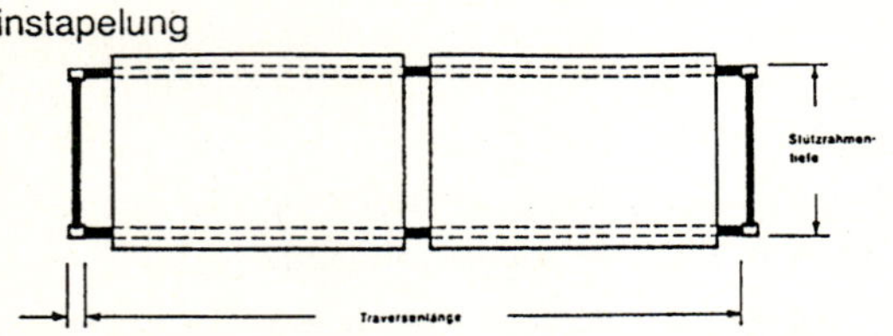

Palettengröße	Stützrahmentiefe	Traversenlängen		
		1	2	3
		Paletten nebeneinander		
mm	mm	mm	mm	mm
800 × 1000	700	1100	2200	3300
1000 × 1000	900	1100	2200	3300
800 × 1200	700	1350	2700	3900
1000 × 1200	900	1350	2700	3900

Längseinstapelung (Tiefeneinst.)

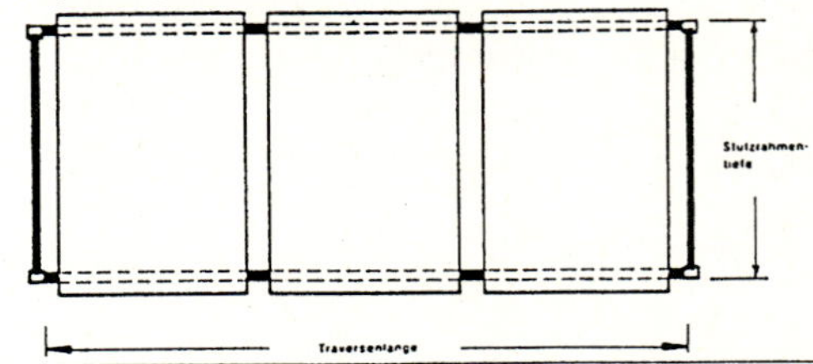

Palettengröße	Stützrahmentiefe	Traversenlängen		
		1	2	3
		Paletten nebeneinander		
mm	mm	mm	mm	mm
800 × 1000	900	900	1800	2700
1000 × 1000	900	1100	2200	3300
800 × 1200	1100	900	1800	2700
1000 × 1200	1100	1100	2200	3300

Rangierflächenbedarf:
(Fa. Elektrolux)

Bedienung mit Frontstapler (bis 7,00 m)

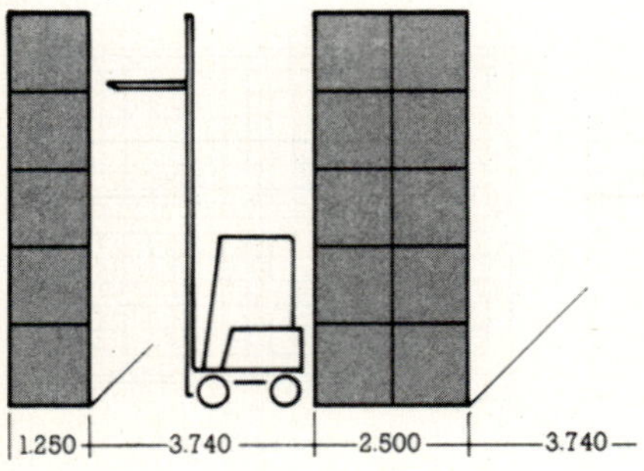

Bedienung mit Seiten- oder Vierwegstapler

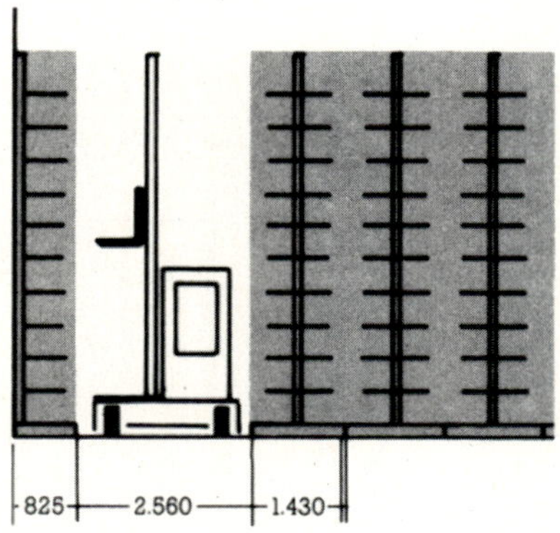

Bedienung mit geführtem Hochregalstapler (bis 13,00 m Höhe)

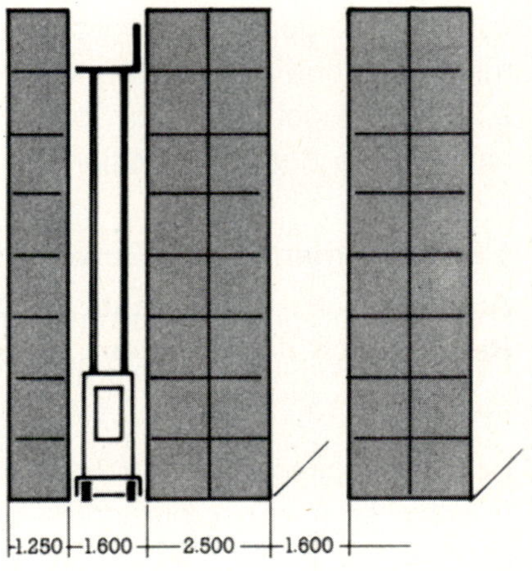

Bedienung mit Schubmaststapler (bis 10,50 m Höhe)

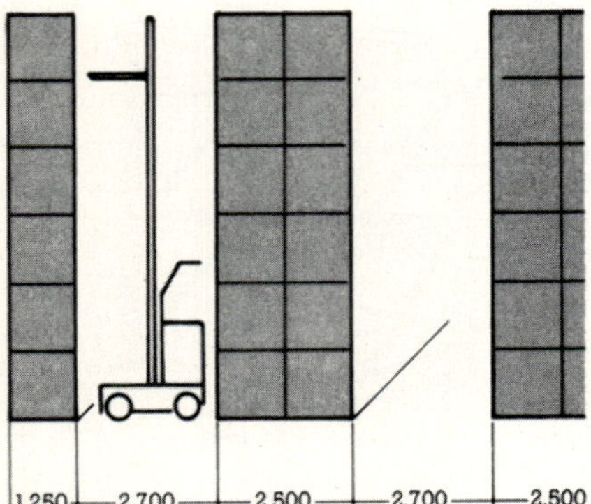

Bedienung mit Scherenhubkran

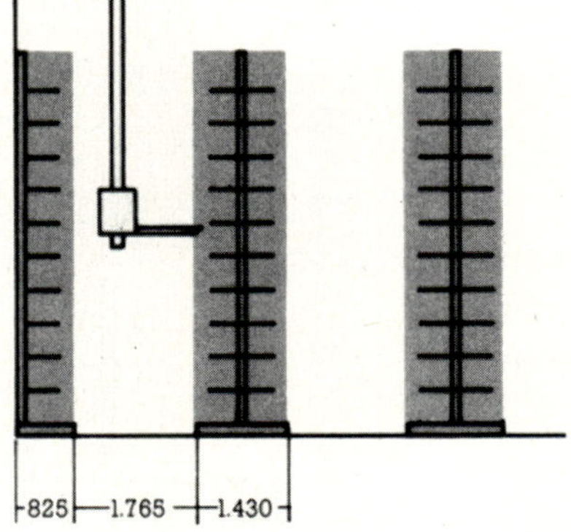

1
Prinzip „Mann zur Ware"

1.1
Fachbodenregale ein- oder mehrgeschoßig

manuelles Kommissionieren und Beschicken

1.2
Hochregale Fachboden- und Palettenregale

Kommissionieren und Beschicken mit personengeführten Regalbediengeräten oder Kommissionierstaplern

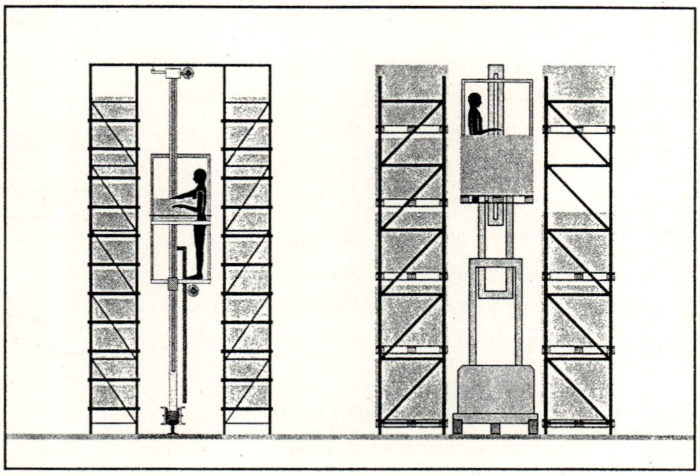

2
Prinzip „Ware zum Mann"

2.1
Automatische Kastenläger (AKL) Regale nach dem System „Einplatzlagerung"

Bereitstellung der Behälter an den Kommissionierplätzen sowie Beschickung durch automatische Regalbediengeräte

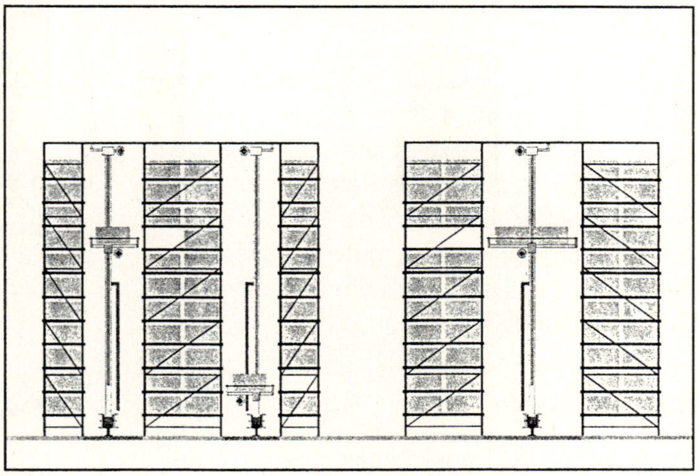

2.2
Shuttle-Behälterlager Regale nach dem System „Einfahrregal"

Bereitstellung der Behälter an den Kommissionierplätzen sowie Beschickung durch automatische Regalbediengeräte i.V.m. Kanal-„Shuttles"

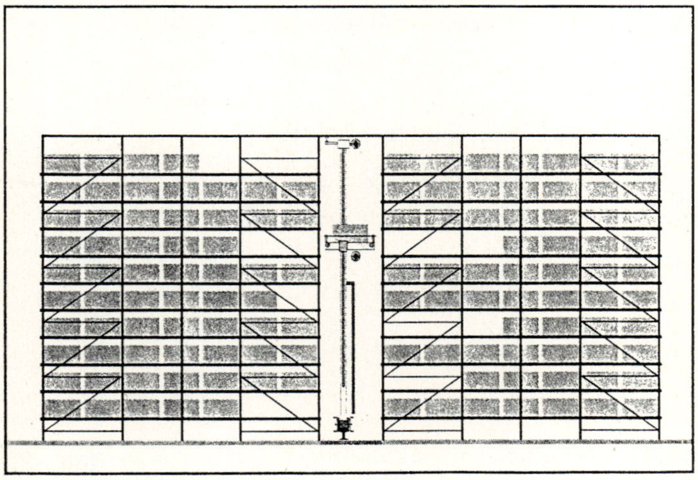

(Lit.: BITO — LAGERTECHNIK)

Bautypen

Neben den großen und ungegliederten Baumassen für Lagerung oder Produktion sind meist auch Räume für Sonderfunktionen erforderlich, wie Verwaltung, Ausstellung, sowie Sozialbereiche und Besucherverkehr. Diese Nebenräume können je nach gewünschtem Gebäudetypus innerhalb der Halle angegliedert werden oder ausgelagert und als eigener Baukörper dargestellt. Die Entscheidung bei der Auswahl des geeigneten Typus ist abhängig von der Nutzung (Raumhöhen, Deckenbelastung, erforderliche zusammenhängende Flächeneinheiten) und von den Bedingungen des Standortes (Zuschnitt des Grundstückes). Die Nebenräume können entweder am Kopfende der Halle oder als Nebenraumspange, die Halle begleitend, angeordnet werden (bei Erweiterung aliquote Erweiterung auch der Nebenräume möglich). Vielfach werden sie aber wegen der unterschiedlichen Geschoßhöhen und Stützensysteme über ein Gelenk als eigener Baukörper beigefügt.

Prinzipiell werden nach Peter Lorenz (Lit. 1) folgende Bauformen unterschieden:

Flachbauten

Eingeschoßige Gebäude mit begrenzter Raumhöhe (bis etwa 6 m) und Stützweite von 10 bis 15 m. Große zusammenhängende Nutzflächen, Tragwerk aus Beton, Stahl oder Holz, einfacher Materialfluss, einfache Erweiterungsmöglichkeiten, gute Arbeitsplatzbelichtung über Dachoberlichten oder Sheds, hoher Flächenbedarf.

Hallenbauten

Ebenfalls in der Regel eingeschoßige Bauten mit Raumhöhen bis 15 m und weiten Spannweiten zwischen 15 und 50 m. Aufgrund der Raumhöhe in Teilbereichen Einbau von Arbeitsgalerien und Zwischengeschoßen für Nebenräume möglich.

Anwendung vor allem für Lagerung und Betriebe der Groß- und Schwerindustrie.

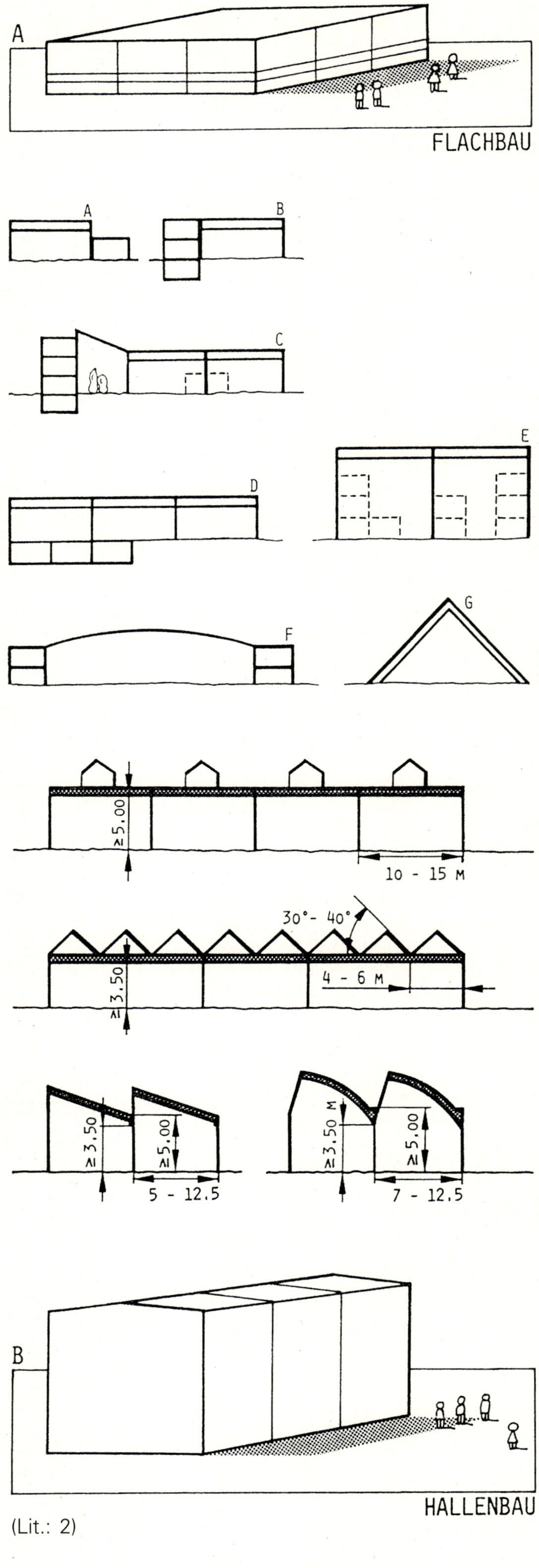

(Lit.: 2)

Geschoßbauten

Verteilung der einzelnen Bereiche über mehrere übereinander liegende Ebenen, dadurch erforderliche Treppen, Aufzüge etc.

Anwendung bei beengten Grundstücksverhältnissen. Raumhöhen zwischen 3,00 m und 4,50 m, Spannweiten 10 bis 15 m, bei Achsabständen zwischen 5 m und 10 m. Konstruktion meist in Stahlbetonskelettbauweise, Belichtung über seitliche Fenster. Hauptanwendung für Verwaltung, Büro, Laborbauten sowie Produktionen von kleinformatigen Elementen (Elektronik, Textilindustrie etc.) mit geringen Belastungen.

Mischformen

Große Flach- oder Hallenbauten für Produktion und Lagerung. Mehrgeschoßige Bauten für Verwaltung, Labors, Sozial- und Sonderräume stehen nebeneinander. Dieses Nebeneinander birgt die Gefahr des Unkoordinierten, aber auch die Möglichkeit eines guten Kontrastes, in jedem Fall können beide Strukturen klar und rationell angelegt und müssen weniger Kompromisse geschlossen werden.

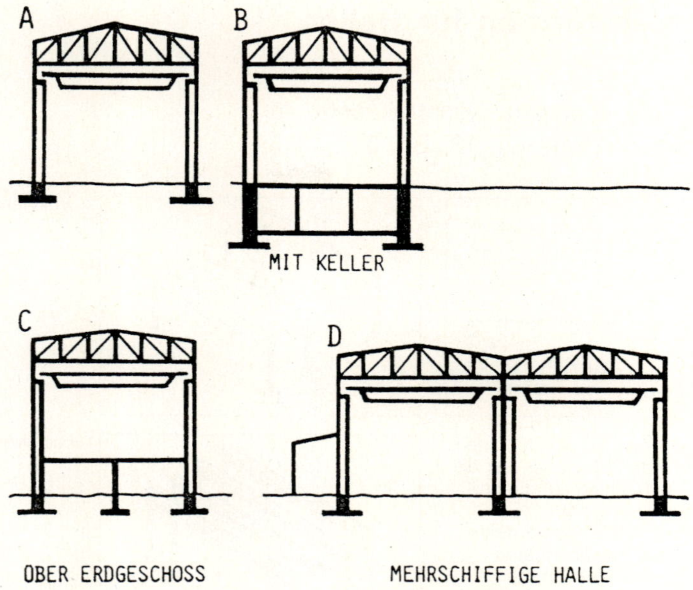

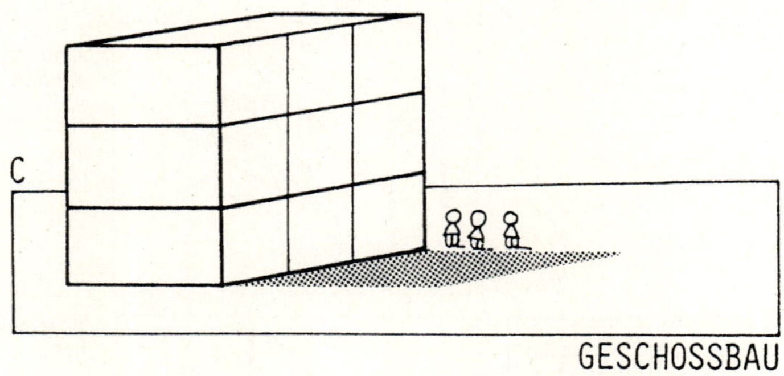

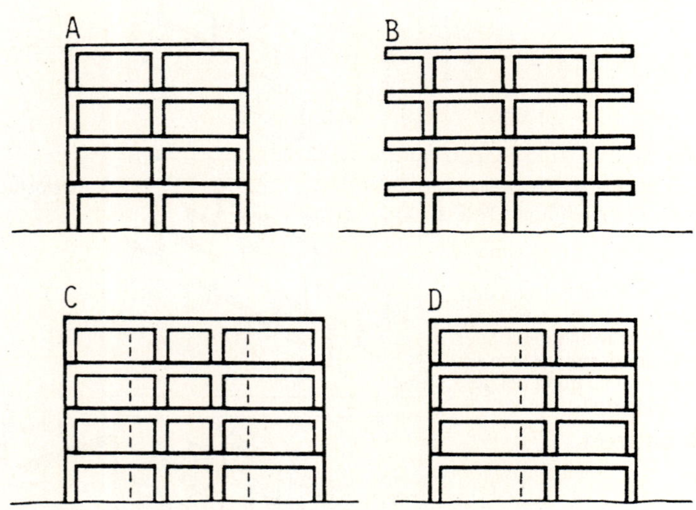

Mischtyp (Lit.: 11)

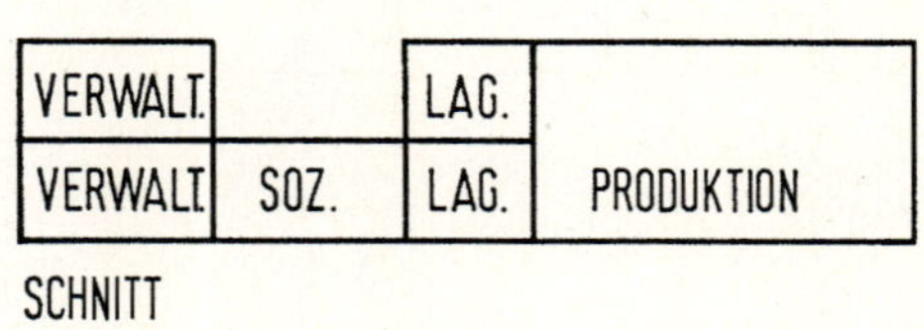

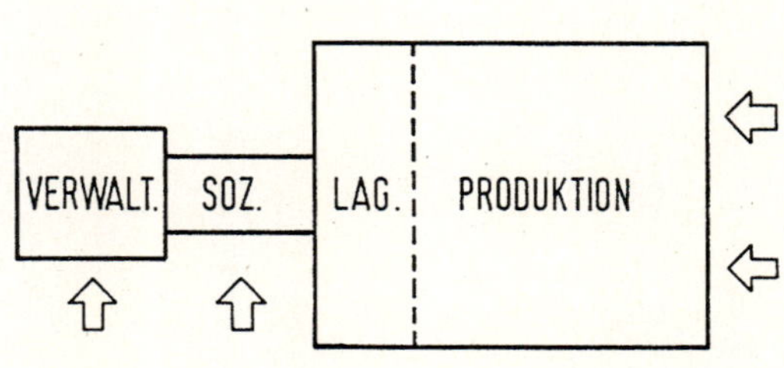

Tragwerksformen für Hallen

(Lit.: 17)

Nähere Angaben zu Konstruktionen und Spannweiten siehe Lit. 18, Bd. 5.

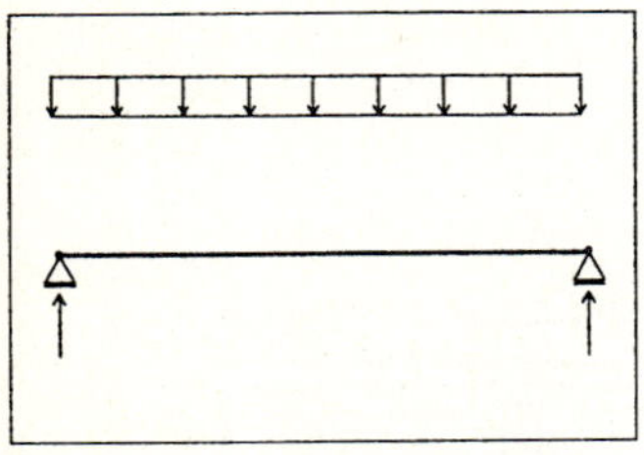

Der Einfeldträger ist ein an beiden Enden aufliegender Träger, der die Lasten über Biegung auf die beiden Auflager überträgt.

Querschnittsform und Beanspruchung lassen sich geometrisch aufeinander abstimmen.

Trägerausbildungen als Fachwerkträger oder unterspannte Träger führen zu Material- und Gewichtseinsparung.

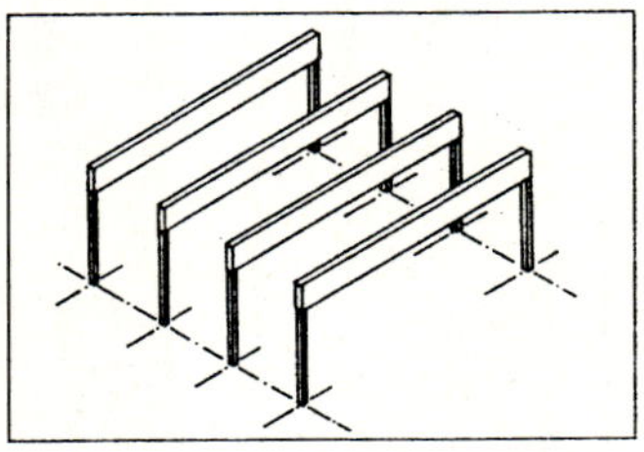

Vollwandträger aus Stahlbeton

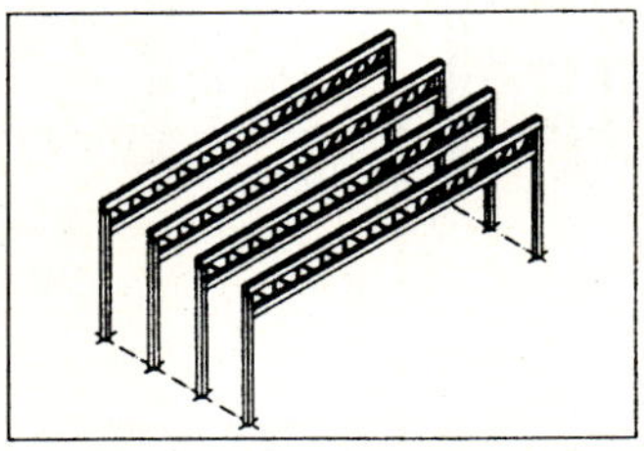

Fachwerkträger aus Stahl

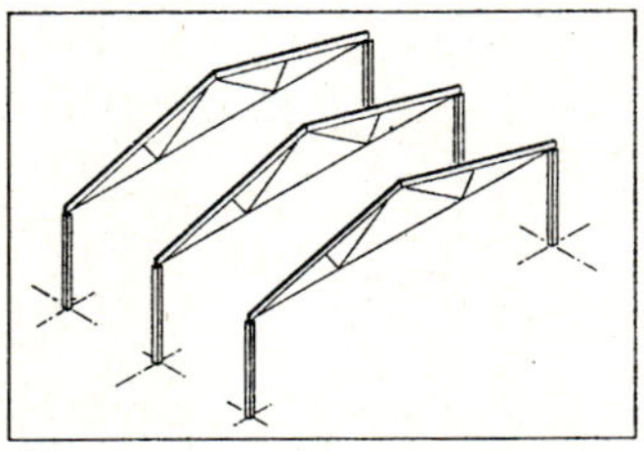

Unterspannter Träger (Polonceau-Binder)

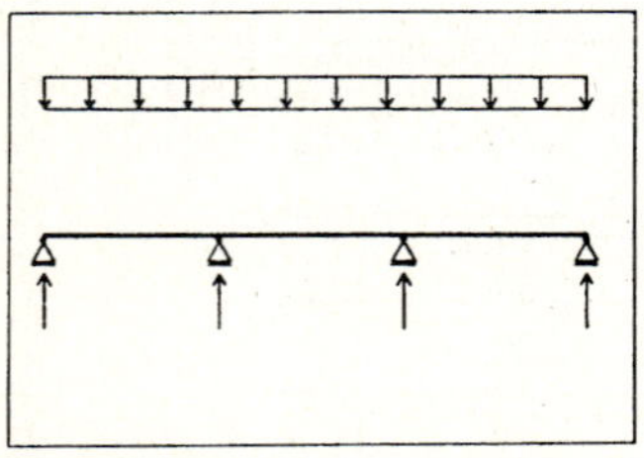

Der Mehrfeldträger ist ein mehrfach unterstützter, durchlaufender Träger.

Die Durchlaufwirkung ermöglicht im Vergleich zum Einfeldträger eine bessere Ausnutzung des Querschnitts.

Gelochte Vollwandträger oder Fachwerkträger gestatten eine einfache Installationsführung bei geringeren Eigenlasten.

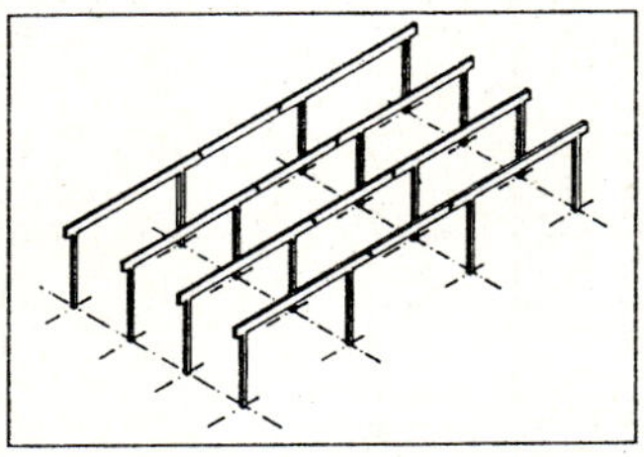

Vollwandträger aus Brettschichtholz

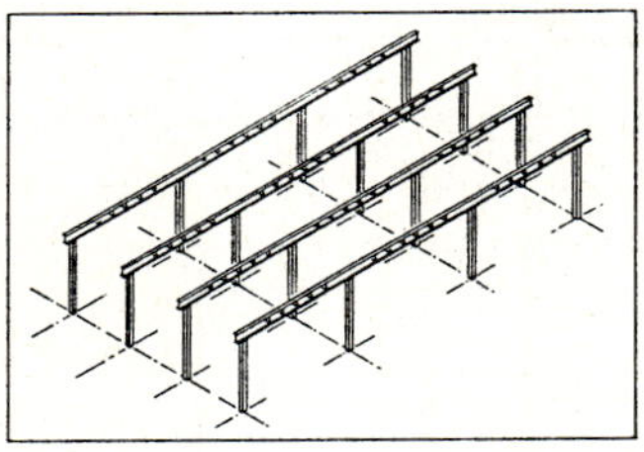

Gelochter Vollwandträger aus Stahl

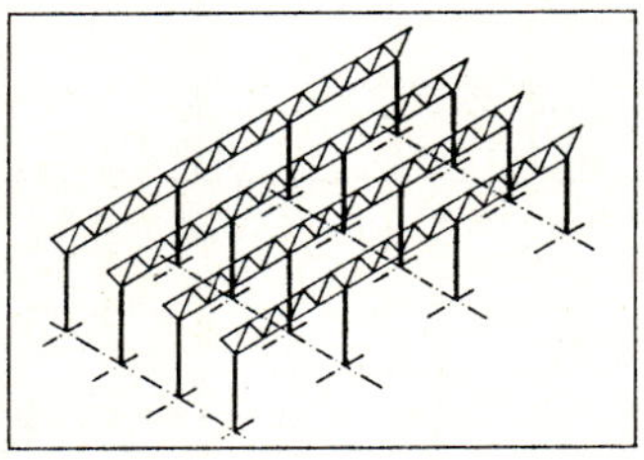

Fachwerkträger aus Stahl

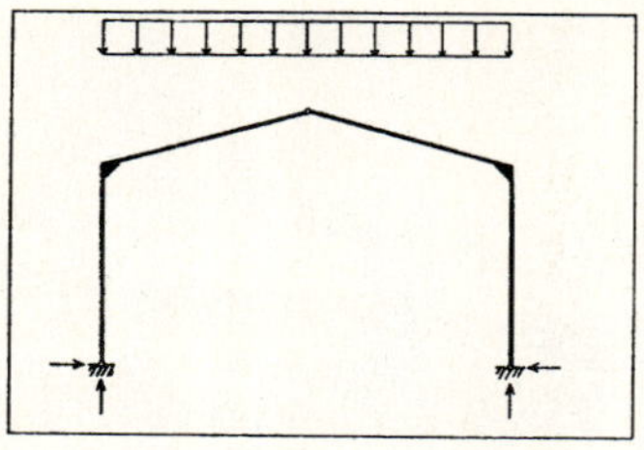

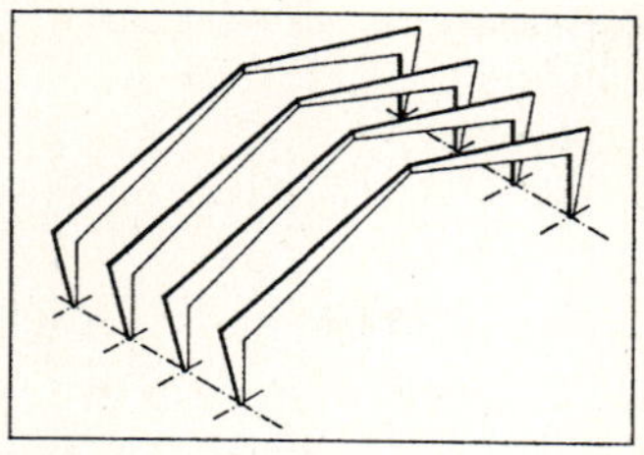

Dreigelenkbogen aus Brettschichtholz

Gelenkige Rahmen sind Stabtragwerke, bei denen der Vertikalstab den Rahmenstiel, der Horizontalstab den Rahmenriegel bildet. Stiele und Riegel sind biegesteif miteinander verbunden, der Stiel erhält deshalb Biegespannungen und am Auflager eine Horizontalkraft.

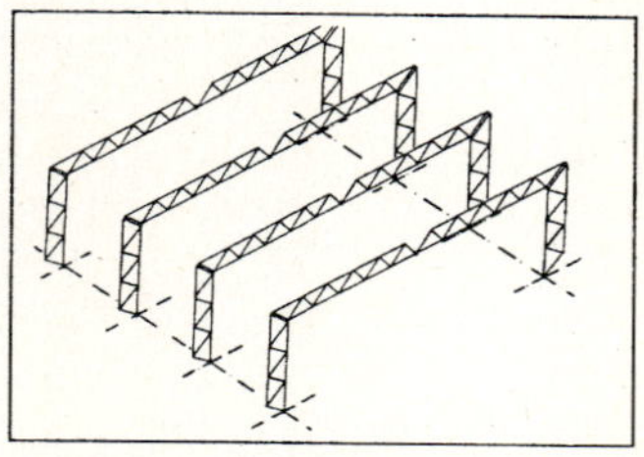

Dreigelenkrahmen aus Stahlfachwerkträgern

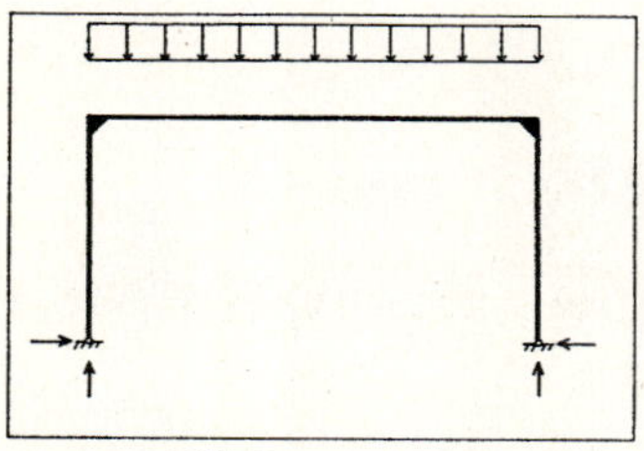

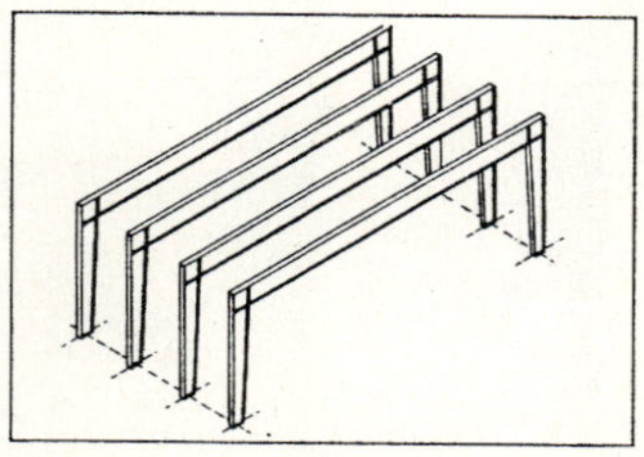

Zweigelenkrahmen aus Stahlvollwandträgern

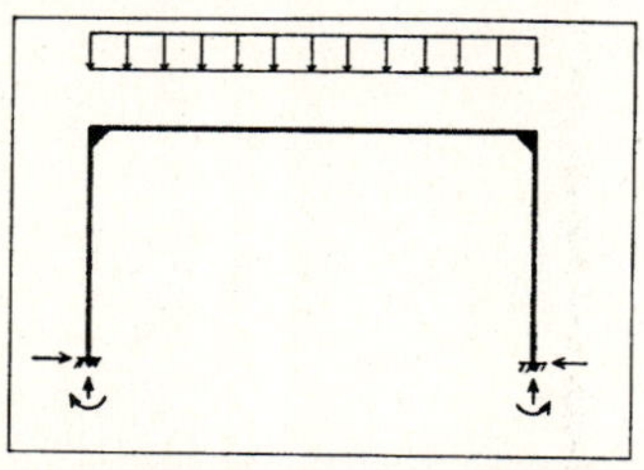

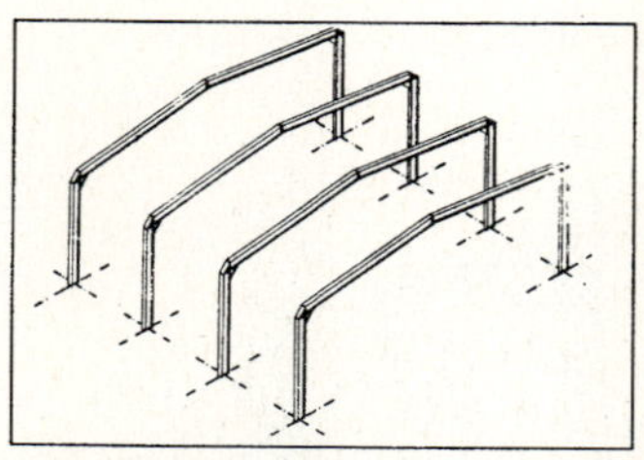

Rahmenstiele und Rahmenriegel als Vollwandträger in Stahl

Der eingespannte Rahmen erhält an seinen Auflagern infolge fehlender Gelenke Biegespannungen.

Werden Rahmenstiel und Rahmenriegel nach dem Fachwerkprinzip aufgelöst, so werden die Kräfte über zug- und druckbeanspruchte Tragwerkelemente abgetragen.

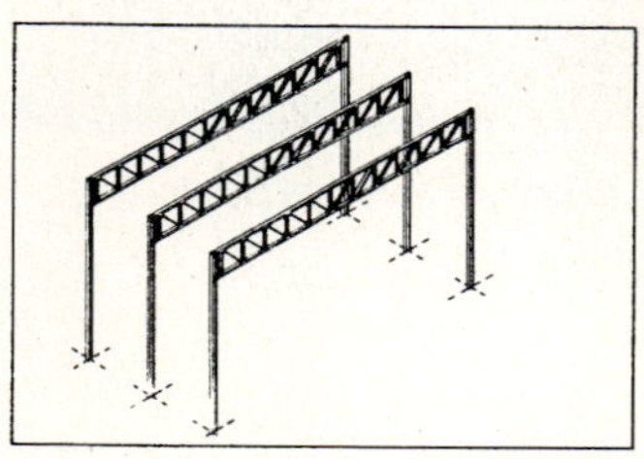

Rahmenstiele als Vollwandträger und Rahmenriegel als Fachwerkträger in Stahl

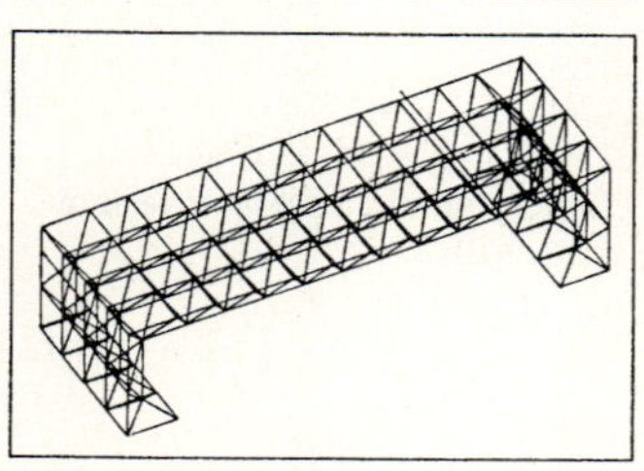

Rahmenstiele und Rahmenriegel als räumliche Fachwerkträger in Stahl

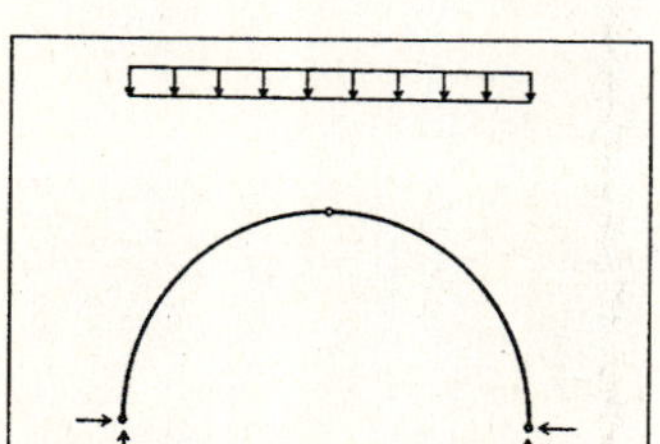

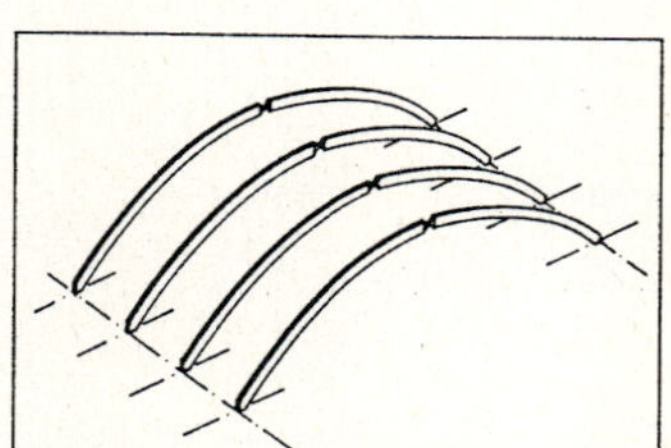

Dreigelenkrahmen aus Brettschichtholz

Bögen sind gekrümmte Stabtragwerke, die die Lasten über Druck und Biegung abtragen.

Die optimale Krümmung des Bogens unter ständiger Last entspricht der umgekehrten Seillinie. Biegespannungen werden damit reduziert.

Dreigelenkbogen aus Fachwerkträgern

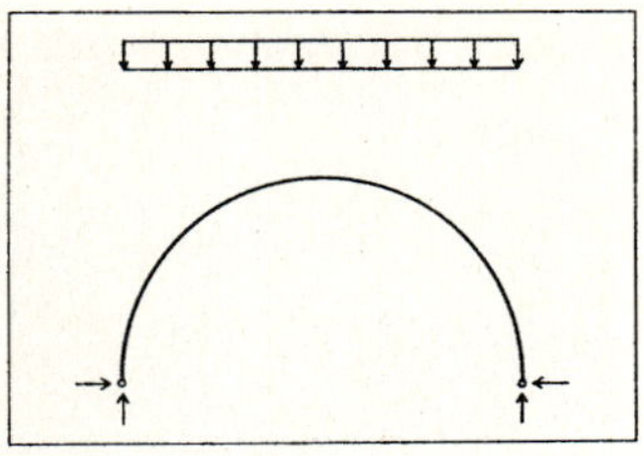

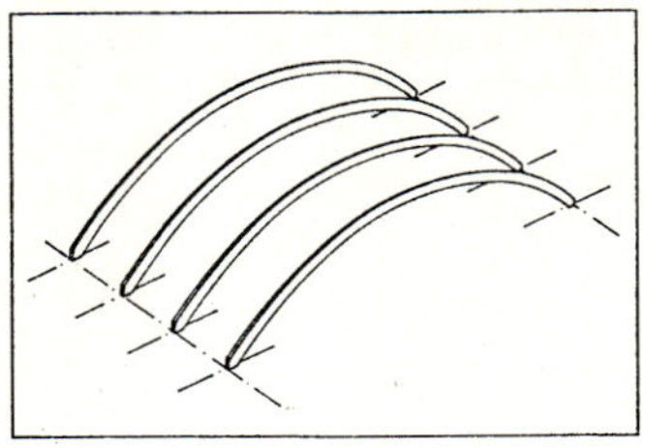

Parabelbogen aus Stahlbeton

Bei Seiltragwerken werden die angreifenden Lasten und Kräfte in Zugkräfte umgelenkt.

Die Form des Tragwerks entspricht im Idealfall genau dem Kräfteverlauf der Seillinie. Sie ist das Ergebnis der auf das Tragwerk einwirkenden Kräfte, der Pfeilerhöhe und des Abstandes der Festpunkte.

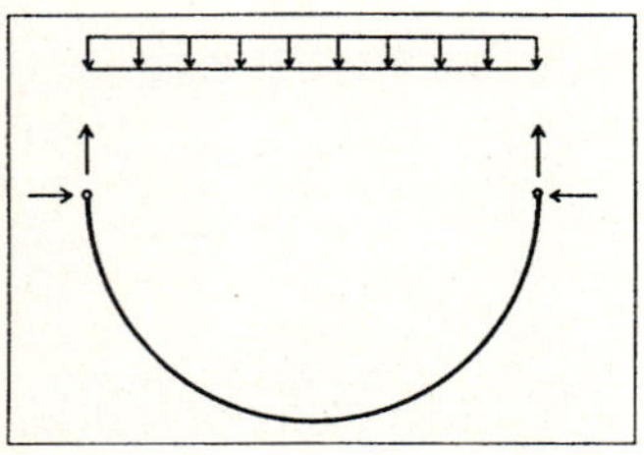

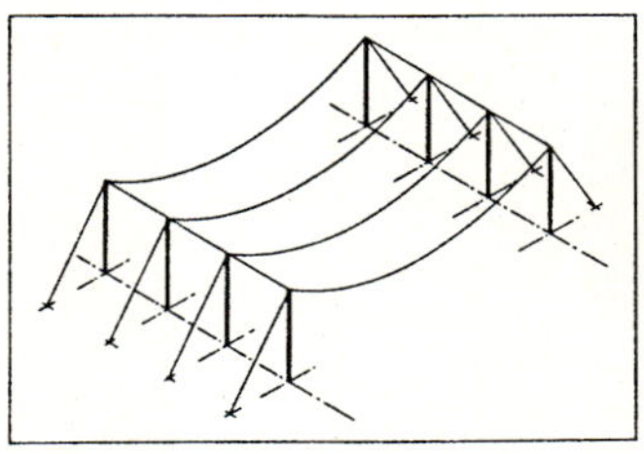

Hängedach mit gegeneinander verspannten Seilen (Jawerth-Binder)

Vorgespanntes Hängedach

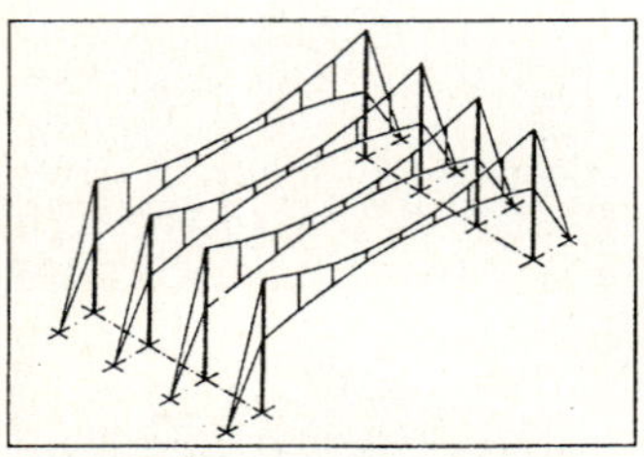

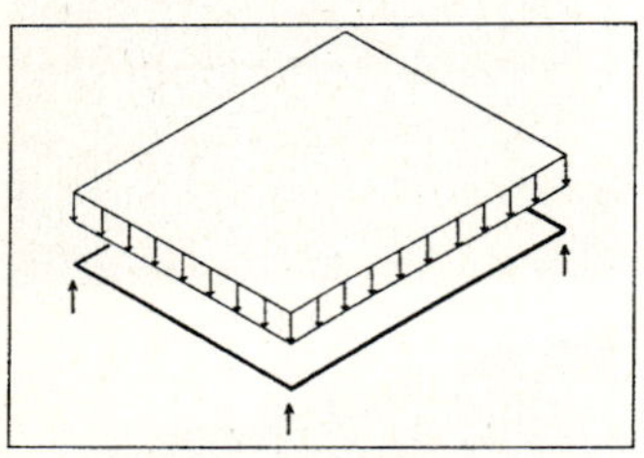

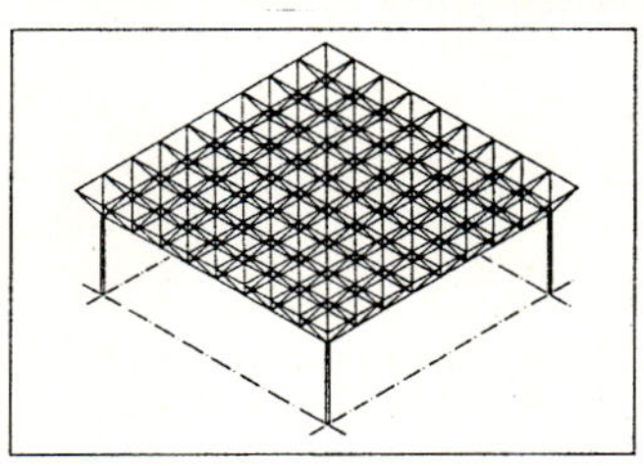

Raumfachwerk aus Stahl

Raumfachwerke sind feingliedrig aufgelöste Platten. Sie weisen eine kontinuierliche Kraftübertragung bei relativ geringem Eigengewicht auf.

Trägerroste sind ebene Tragsysteme aus Trägerscharen. Sie sind hochgradig statisch unbestimmt und tragen Lasten in zwei Richtungen ab.

Faltwerke bestehen aus schräggestellten ebenen Flächen, Kräfte werden durch Scheiben- und Plattentragwirkung abgetragen.

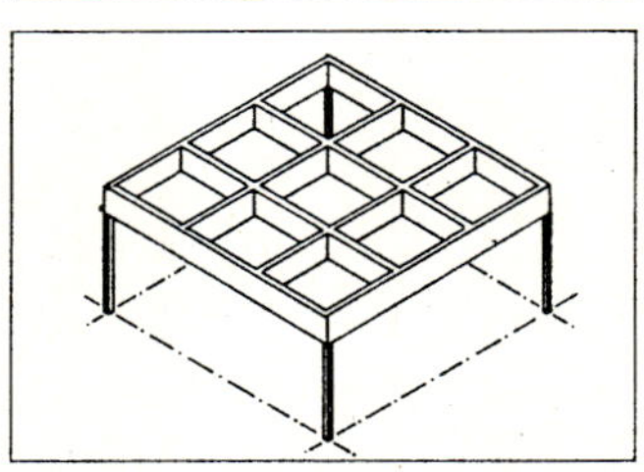

Trägerrost aus Stahlfachwerkträgern

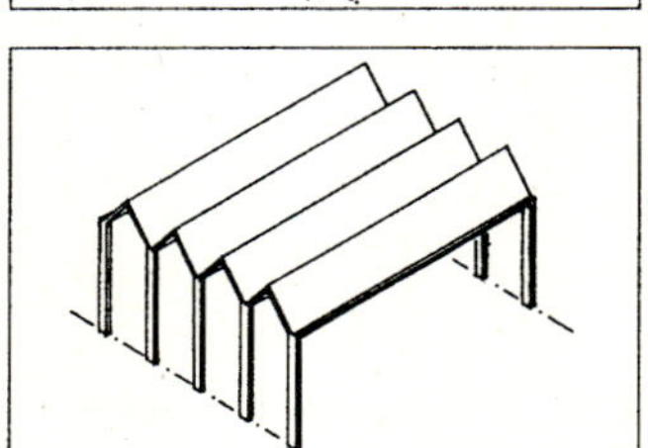

Faltwerk aus Stahlbeton

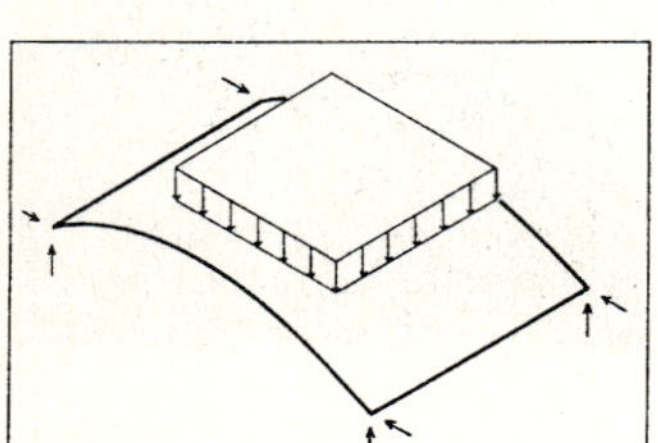

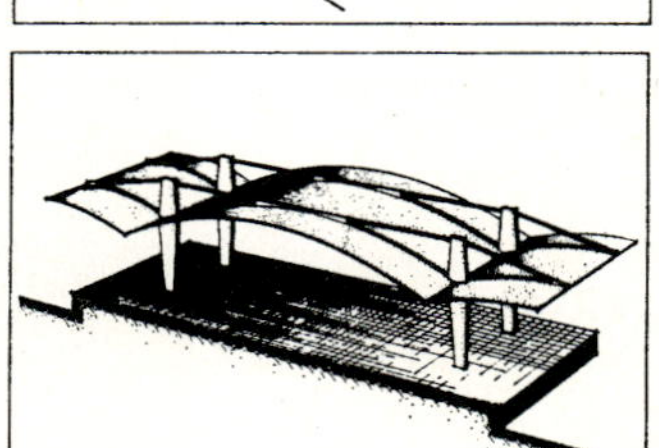

Einfach gekrümmte Schale aus Stahlbeton

Schalen sind räumliche Flächentragwerke aus dünnen, gekrümmten Flächen. Sie tragen die Flächenlasten primär durch Membrankräfte, das heißt durch Zug-, Druck- und Schubkräfte ab.

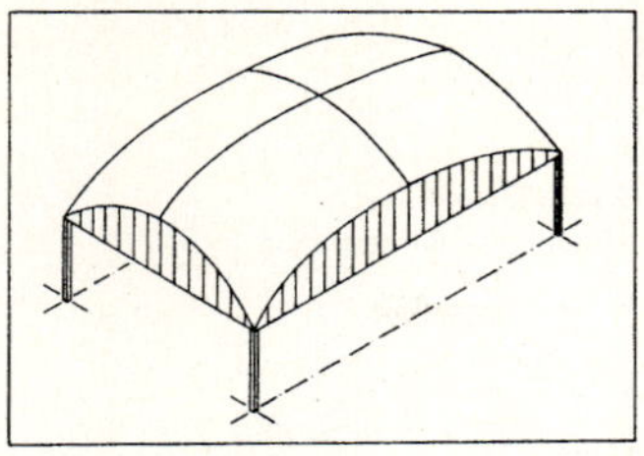

Doppelt positiv gekrümmte Schale aus Stahlbeton

Kombination von verschiedenen Schalenformen (hyperbolische Paraboloide und rotationssymmetrische Schale)

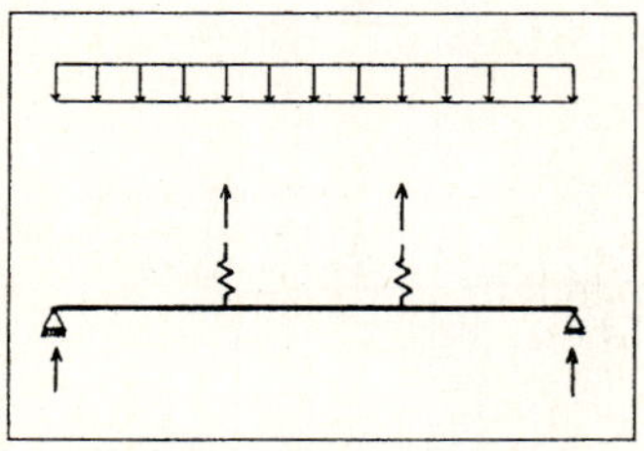

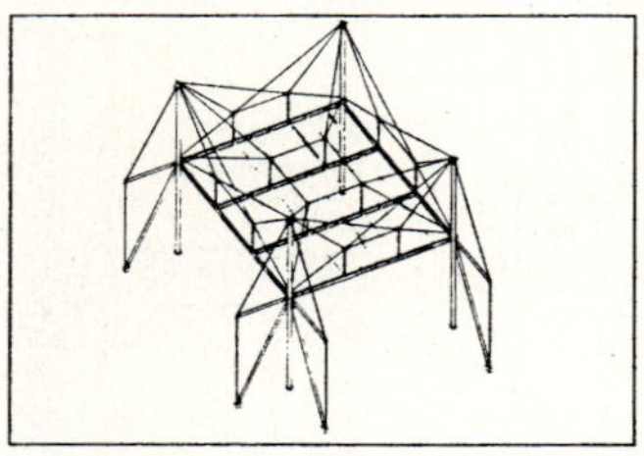

Abgespannte Stahlvollwandträger

Abgespannte Tragwerke setzen sich aus biege- und druckbeanspruchten Traggliedern und zugbeanspruchten Seilen zusammen.

Durch die Kombination der Tragwirkungen können große Spannweiten bei sehr geringem Eigengewicht überspannt werden.

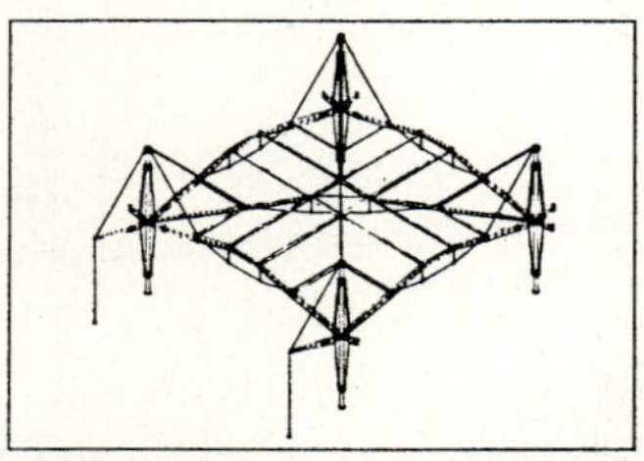

Abgespannte gelochte Stahlträger

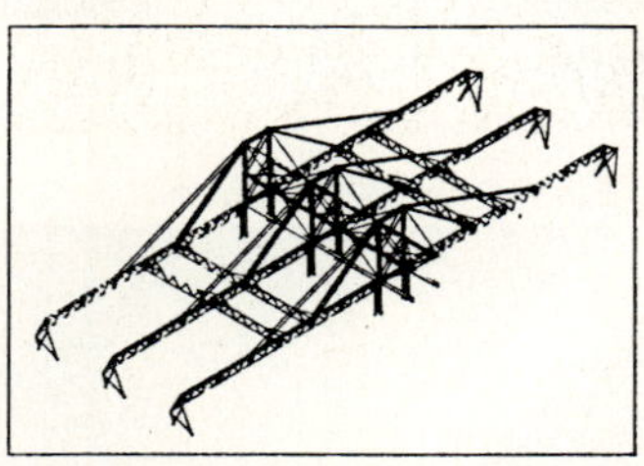

Abgespannte Dreigurtfachwerkträger aus Stahl

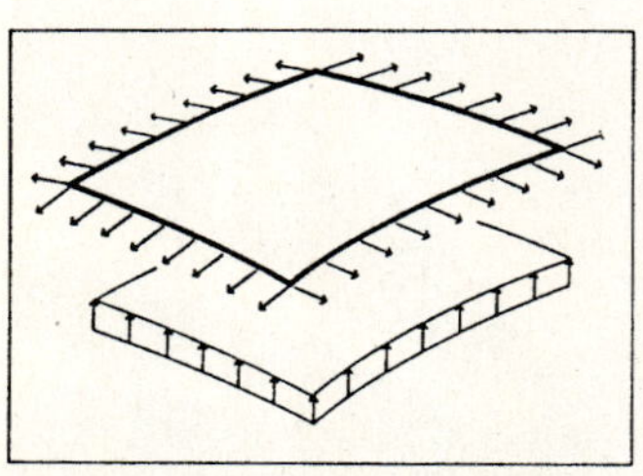

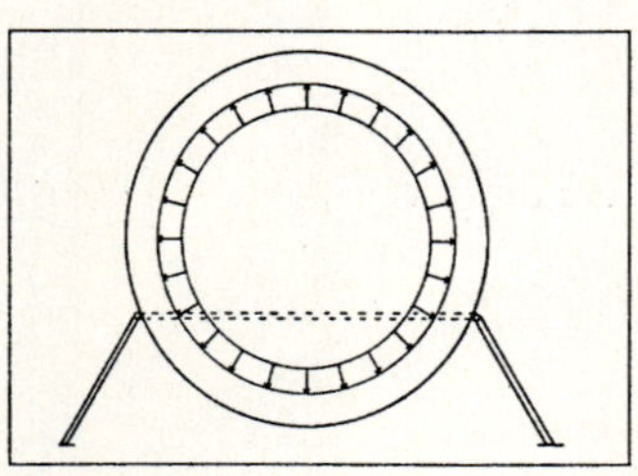

Kugelförmiger Pneu

Bei pneumatischen Tragwerken (Pneus) wird durch eine Druckdifferenz gasförmiger Medien, im Normalfall Luft, die Formgebung und die Stabilisierung einer zugbeanspruchten Membran bewirkt.

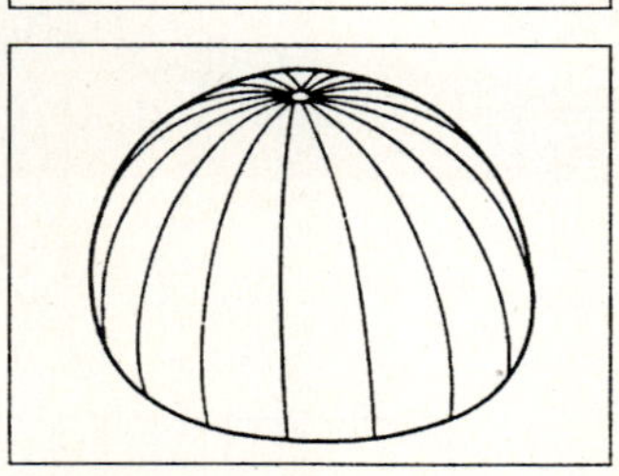

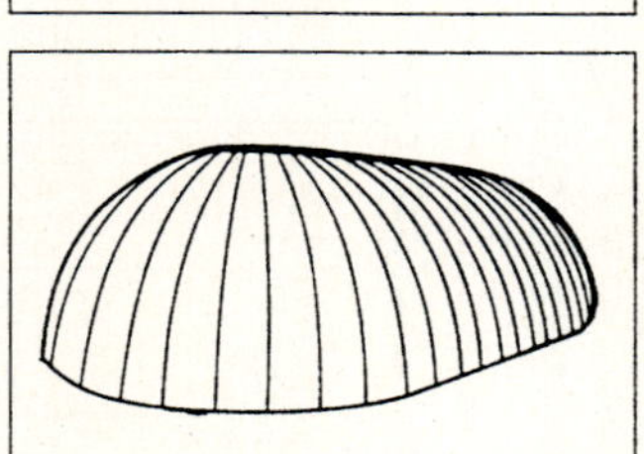

Pneu über rechteckigem Grundriß

System einer Beton-Fertigteil-Halle

Beispiel Fa. Febau — Röhrs

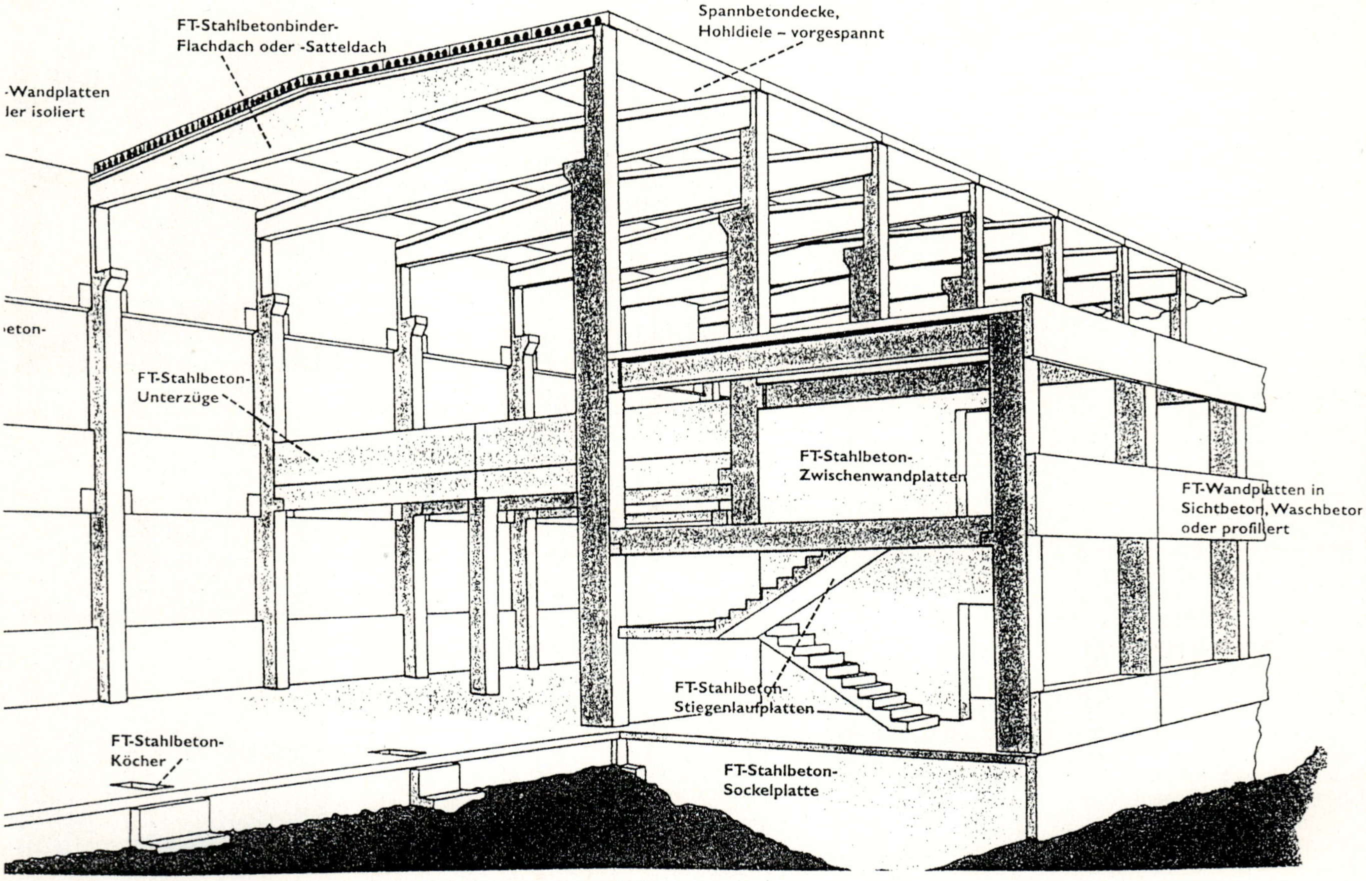

Beispiel für Halle mit Stahlbetonbindern

Reithalle, OÖ

Architekten Makowetz, Baumschlager, Eberle, Grasmann

(Lit.: 9 [158])

Schlanke Dreigelenksbinder, Spannweite 27 m, Höhe 110 cm, Abstand 7,60 m.

Darüber Trapezblechtafeln, dreimal abgestuft. Der Erdaushub seitlich angeschüttet.

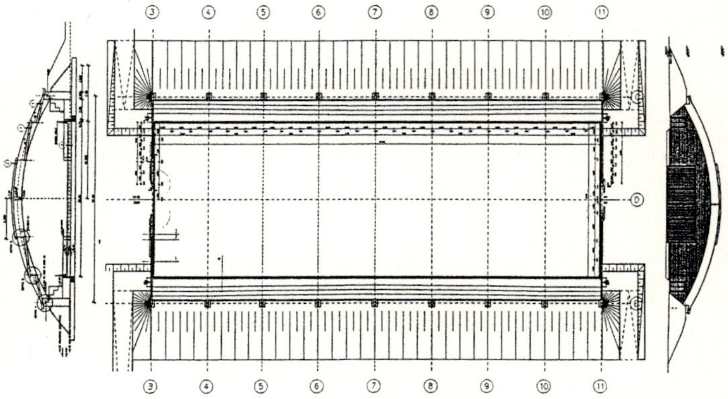

Schema einer Stahl-Systemhalle

sowie Typenübersicht
Beispiel Pordeshalle (Astron)

1 Hauptrahmen IF:Binder
2 Hauptrahmen IF:Stütze
3 Endwandrahmen BF:Binder
4 Endwandrahmen BF:Eckstütze
5 Endwand:Zwischenstütze
6 Windverband-Zugstange
7 Pfetten
8 verstärkte Pfette zur Übertragung der Windkräfte
9 Doppelpfette im Windverband-Feld
10 Trauf-Pfette
11 Ortwinkel
12 Wandriegel
13 Dachpaneele
14 Wandpaneele
15 ASTROTHERM-Wärmedämmung
16 vorgehängte Traufrinne
17 innenliegende Traufrinne
18 Talrinne (Kastenrinne)
19 First-Längsentlüfter

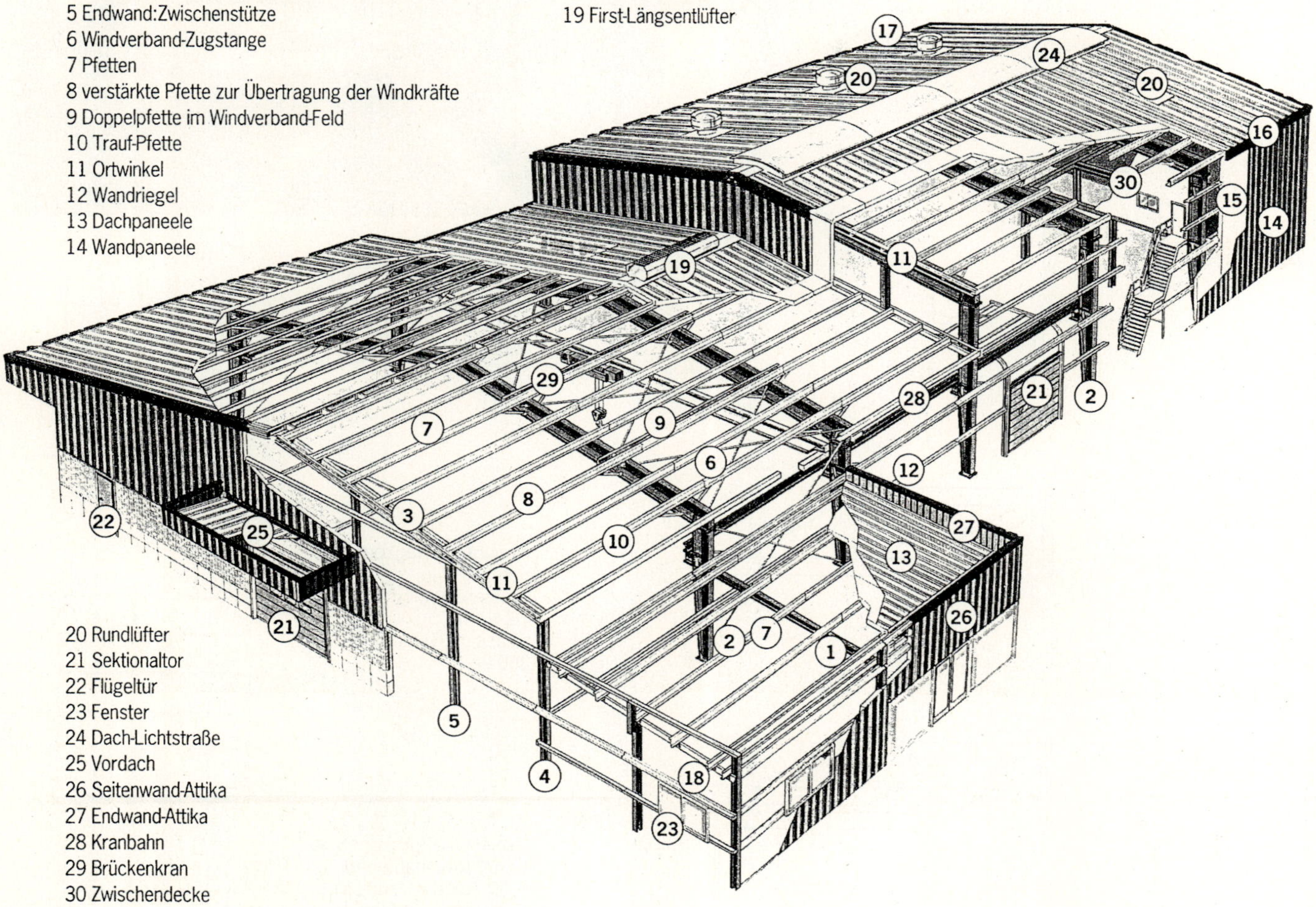

20 Rundlüfter
21 Sektionaltor
22 Flügeltür
23 Fenster
24 Dach-Lichtstraße
25 Vordach
26 Seitenwand-Attika
27 Endwand-Attika
28 Kranbahn
29 Brückenkran
30 Zwischendecke

TABELLARISCHE GESAMTÜBERSICHT

Type	Breite* m	Dachneigung[1)]	Traufhöhe* m	Rahmen-abstand* m
AL	6,00-12,00	2%-10%	3,00- 6,60	
AE	10,00-20,00	2%-33%	3,30- 6,00	
AZ M1	15,00-30,00	2%-33%	4,20- 9,00	
	30,01-60,00	10%-33%	4,20-12,00	5,00
AZ M2	18,00-30,00	2%-33%	4,20- 7,20	|
	30,01-72,00	2%-33%	4,20-12,00	|
AZ M3	27,00-72,00	2%-33%	4,20- 9,00	9,00
AZ M4	36,00-72,00	2%-33%	4,20- 9,00	
AP	6,00-15,00	2%-20%	3,00- 6,60	
AS	42,00-72,00	20%	5,40- 9,00	
AT	37,60	33%,50/17%	4,20	variabel

* alle Zwischenmaße sind möglich
1) je nach Außenbeschichtungssystem und zu verwendendem Zubehör

HALLEN-TYPEN

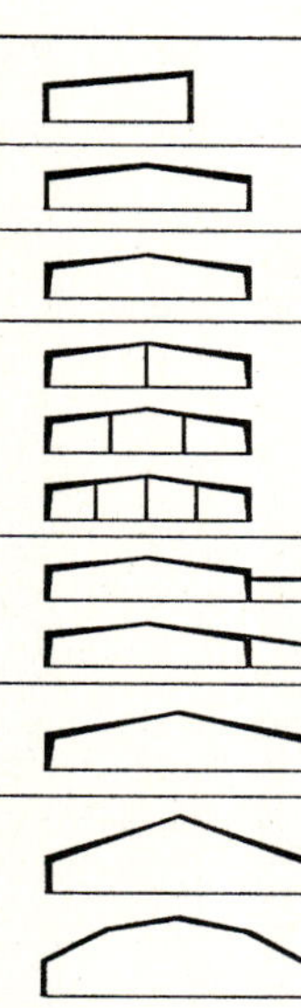

AL
Freigespannte Pultdachkonstruktion, parallelflanschige Stützen

AE
Freigespannte Hallen, parallelflanschige Stützen

AZM 1
Freigespannte Hallen, konische Stützen

AZM 2/3/4
Modul-Hallen mit Haupt- und Zwischenstützen

AP
Einhüftige Rahmenbinder als Anbaueinheit für alle Hallentypen, besonders schlanke parallelflanschige Stützen ermöglichen glattflächige Innenwandverkleidungen

AS
Freigespannte Hallen für besonders grosse Spannweiten, konische Stützen

AT
Tennishallen nach IAKS-Vorschrift, parallelflanschige Stützen, mit Satteldach oder Polygondach.

Stahlbausystem Maxi
USM Haller-Bausysteme
(Lit.: 7)

Baukastensystem für eingeschoßige Hallen mit großen Stützweiten. Tragwerk aus Stützen und Fachwerkträgern, allseits anbaubar. Alle Ausbauelemente jederzeit demontierbar und tauschbar.

Stützen
unten eingespannt

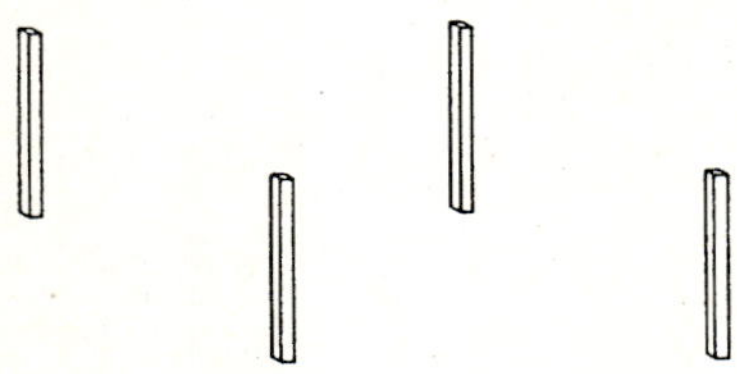

Hauptbinder
Fachwerkträger

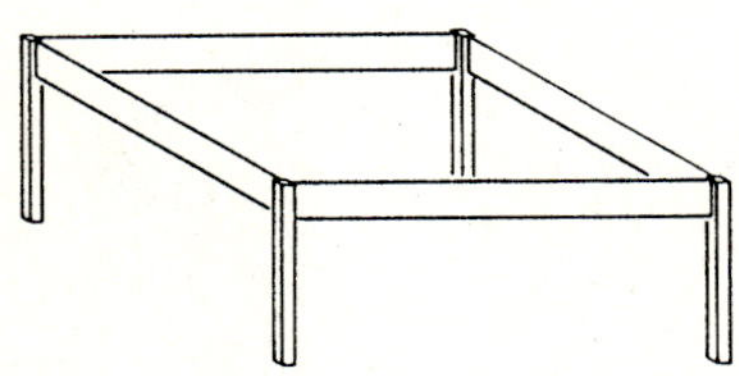

Zwischenbinder
Fachwerkträger

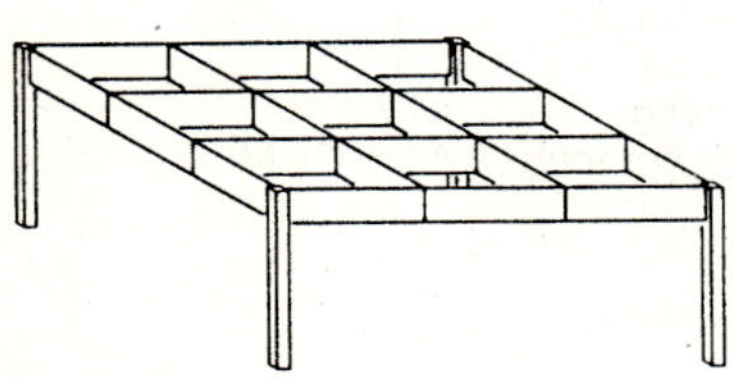

Dachfläche
Profilbleche

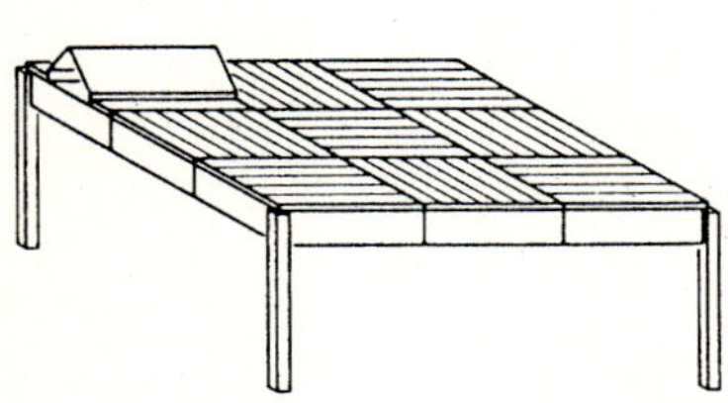

Wandstiele
Dachzarge
Bodenschiene

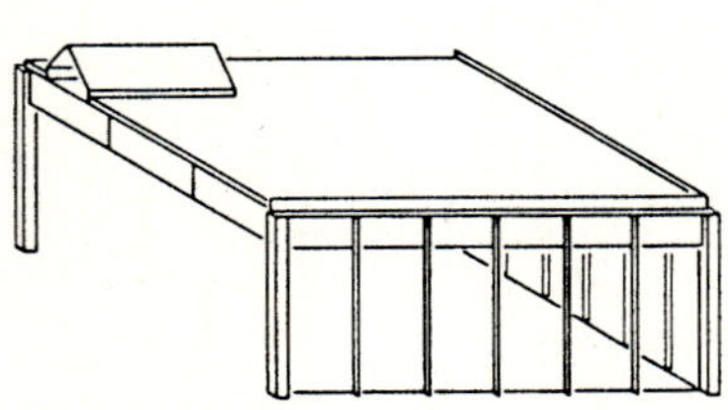

Außenwand-Elemente
Grundrahmen mit festen oder beweglichen Füllungen

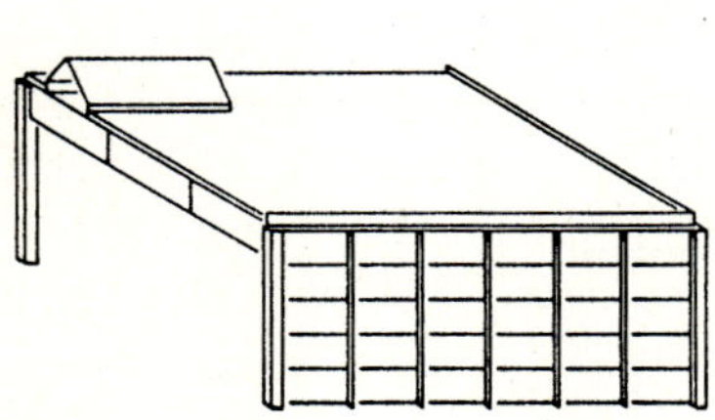

Gekreuzte Tragkonstruktion
Stützenabstand 14.40/14.40 m
zulässige Gesamtlast 350 kg/m²

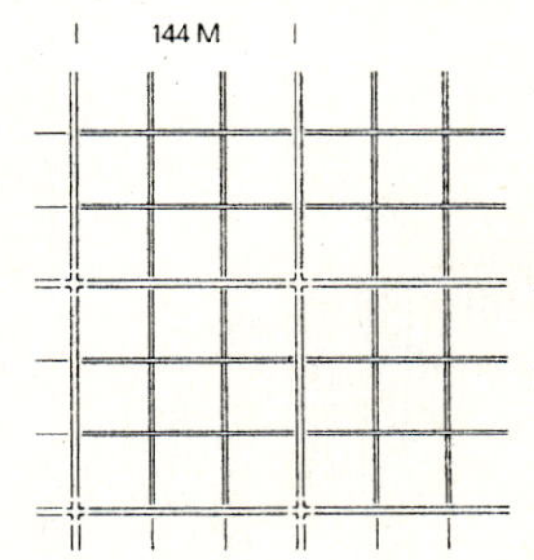

Gerichtete Tragkonstruktion
Stützenabstand 14.40/14.40 m
zulässige Gesamtlast 250 kg/m²

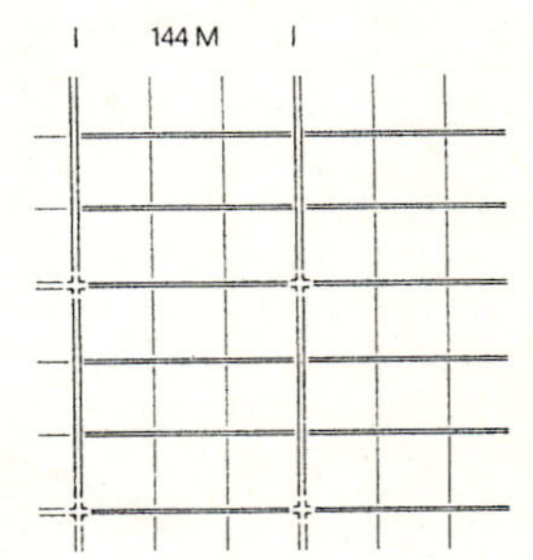

Gerichtete Tragkonstruktion. Stützenabstand 9.60/19.20 m, zulässige Gesamtlast 300 kg/m²

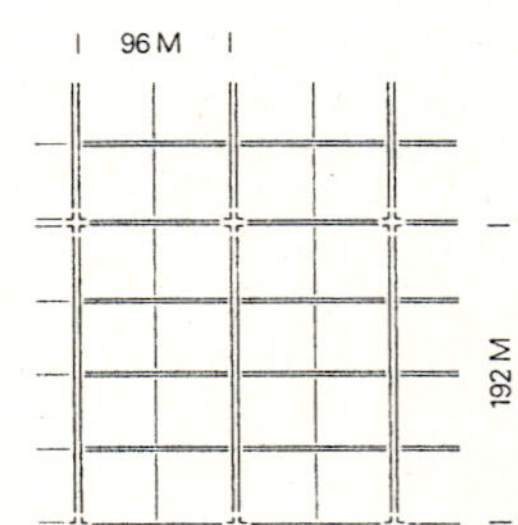

Gerichtete Tragkonstruktion
Stützenabstand 9.60/14.40 m
zulässige Gesamtlast 300 kg/m²

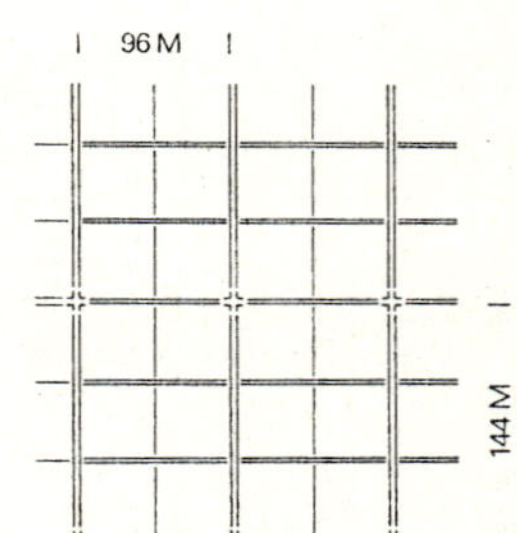

Gerichtete Tragkonstruktion. Stützenabstand 9.60/9.60 m, zulässige Gesamtlast 300 kg/m²

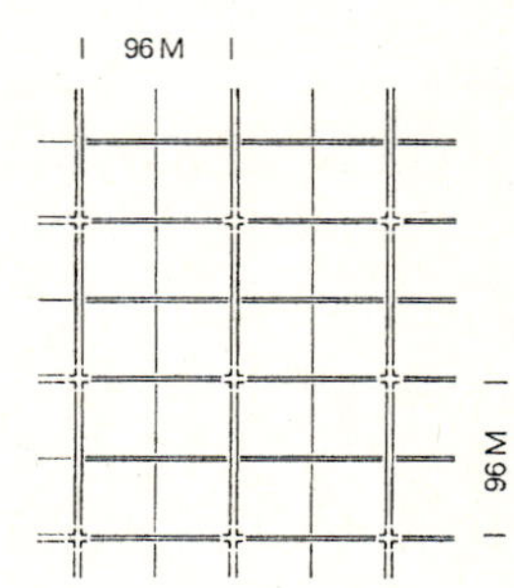

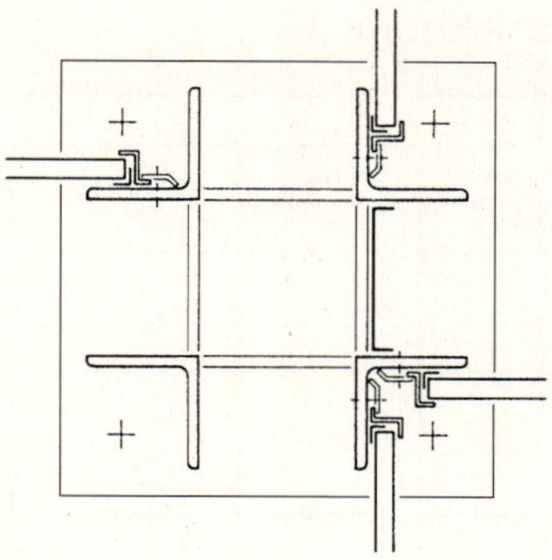

Grundriss

Stützenhöhe ganzzahliges Vielfach von 0.60 m

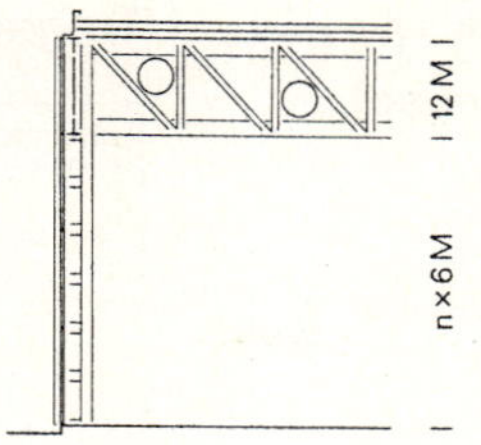

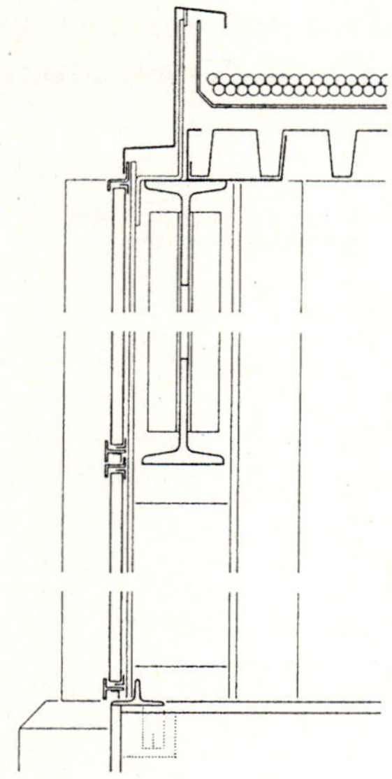

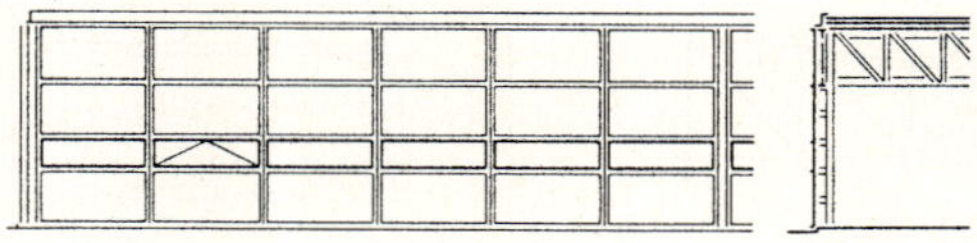

Gebäudehöhe 4.20 m
Lichte Höhe 3.00 m
Modul vertikal 1.20 m
0.60 m

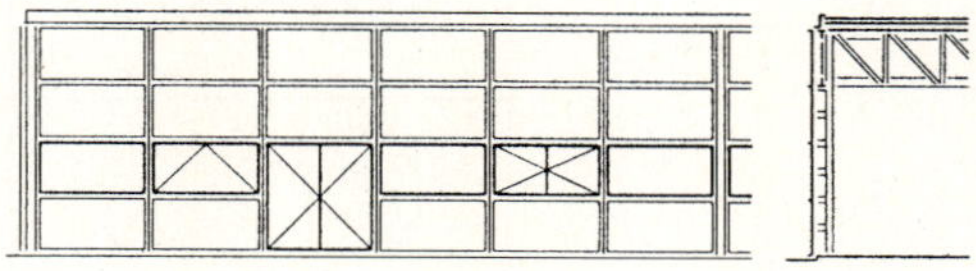

Gebäudehöhe 4.80 m
Lichte Höhe 3.60 m
Modul vertikal 1.20 m
(0.60 m)

Außenwand

Modulare Ordnung
Planungsmodul horizontal 2.40 m (24 M)
vertikal 0.60 m (6 M)

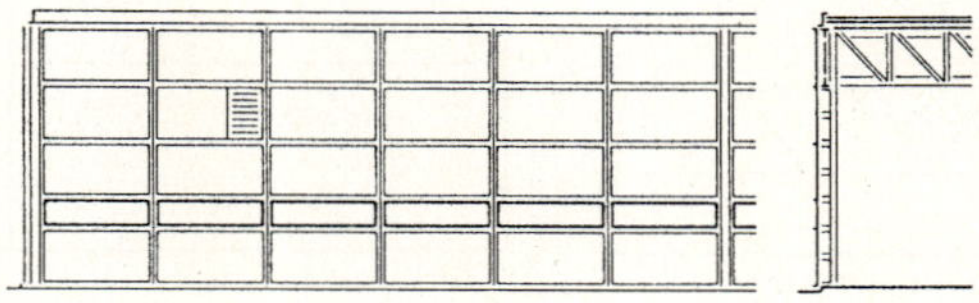

Gebäudehöhe 5.40 m
Lichte Höhe 4.20 m
Modul vertikal 1.20 m
0.60 m

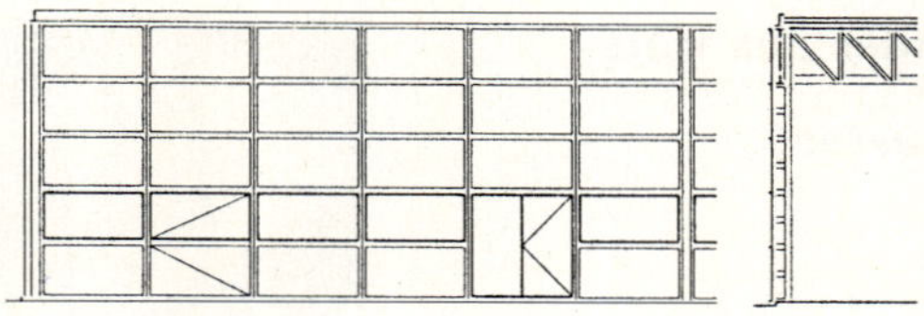

Gebäudehöhe 6.00 m
Lichte Höhe 4.80 m
Modul vertikal 1.20 m
(0.60 m)

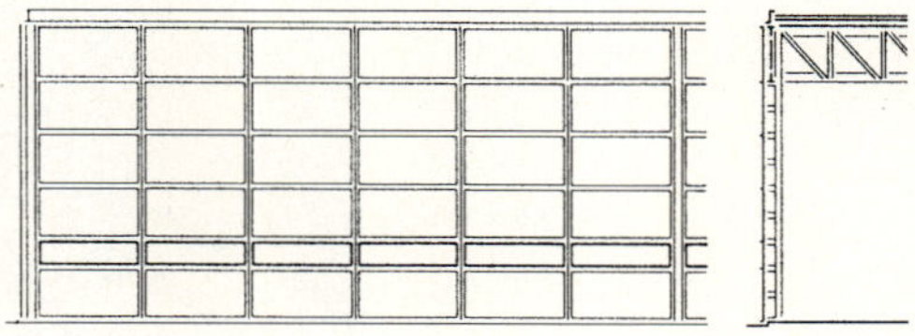

Gebäudehöhe 6.60 m
Lichte Höhe 5.40 m
Modul vertikal 1.20 m
0.60 m

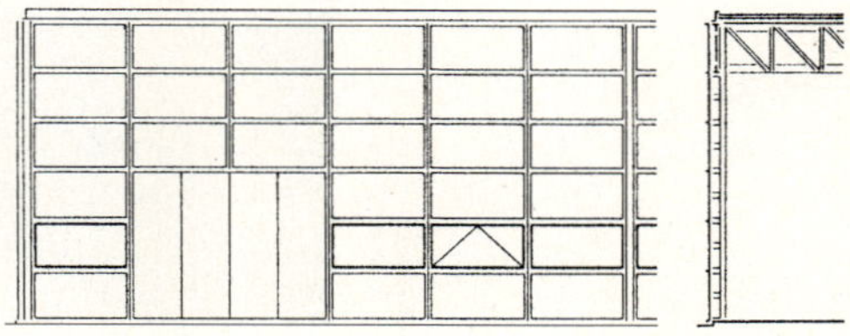

Gebäudehöhe 7.20 m
Lichte Höhe 6.00 m
Modul vertikal 1.20 m
(0.60 m)

Binderformen für Fachwerkträger in Holz (Nagelplattenbauweise)

(Lit.: 16)

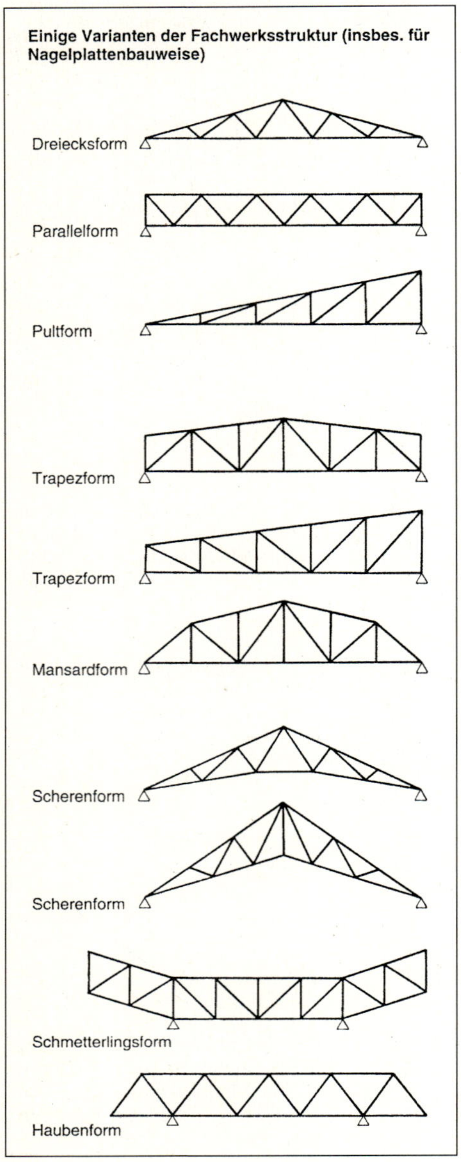

Tragsysteme von Holzhallen aus Brettschichtholz (Lit.: 16)

Statisches System	Bezeichnung	Geeignete Dachneigung in Grad	Übliche Spannweiten l in m	Höhen der Bauteile
Sparren- und Pfettensysteme mit Achsabstand e = 0,7 bis 1,5 m				
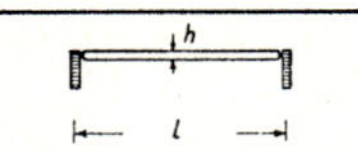	Pfetten als Einfeldträger	0	5–20	$h \sim \frac{1}{25} \cdot l$
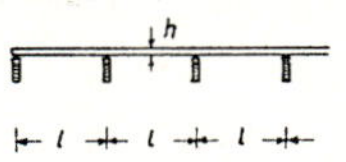	Pfetten als Durchlaufträger	0	5–20	$h \sim \frac{1}{30} \cdot l$
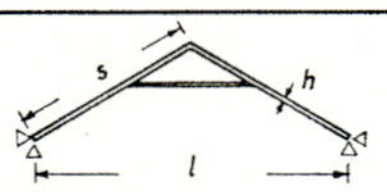	Kehlbalkendach	30–60	10–20	$h \sim \frac{1}{30} \cdot s$
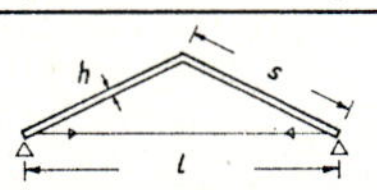	Sparrendach	15–40	10–20	$h \sim \frac{1}{25} \cdot s$
Bindersysteme mit Achsabstand e = 4 bis 10 m				
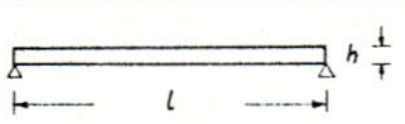	Träger auf 2 Stützen (Einfeld-Biegeträger)	0	10–30	$h \sim \frac{1}{17} \cdot l$
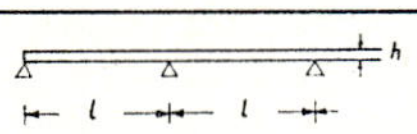	Träger auf mehreren Stützen (Mehrfeld-Durchlaufträger)	0	10–25	$h \sim \frac{1}{20} \cdot l$
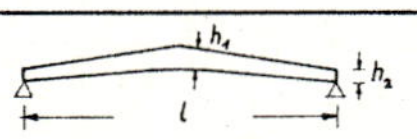	Satteldachförmiger Biegeträger (mit gerader oder angehobener Unterkante)	3–15	10–30	$h_1 \sim \frac{1}{16} \cdot l$ $h_2 \sim \frac{1}{30} \cdot l$
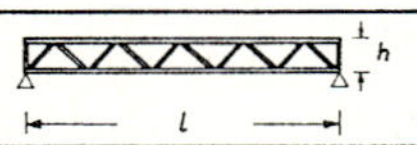	Fachwerkträger (mit Stäben aus Brettschichtholz)	0	30–60	$h \sim \frac{1}{13} \cdot l$
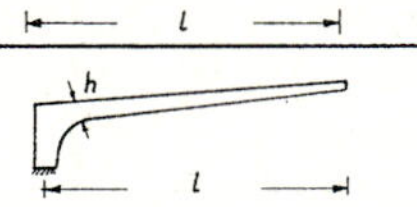	Kragbinder (mit Einspannung im Fußpunkt)	0–10	5–15	$h \sim \frac{1}{10} \cdot l$
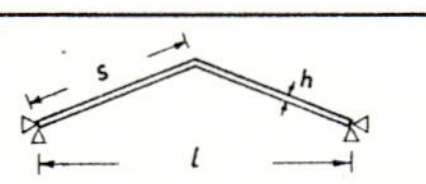	Zweigelenk- oder Dreigelenk-Stabzug (mit Zugband oder Widerlager)	> 12	15–50	$h \sim \frac{1}{18} \cdot s$ bis $\frac{1}{20} \cdot s$
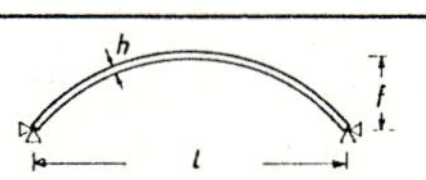	Zweigelenk- oder Dreigelenk-Bogen (mit Zugband oder Widerlager)	$f \geq 0{,}135 \cdot l$	20–100	$h \sim \frac{1}{50} \cdot l$
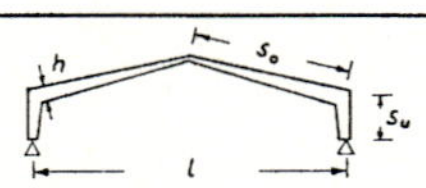	Zweigelenk- oder Dreigelenk-Rahmen	0–60	15–60	$h \sim \frac{1}{15} \cdot (S_o + S_u)$ bis $\frac{1}{20} \cdot (S_o + S_u)$
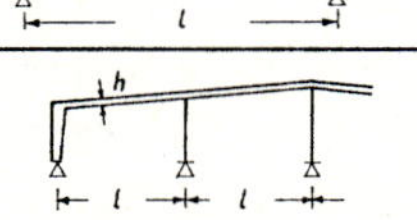	Mehrfeld-Rahmen	0–15	10–25	$h \sim \frac{1}{20} \cdot l$

Beispiel für Bogenbinder aus Holz

Gartencenter, Wr. Neustadt

Arch. Müller 1990

(Lit.: 16)

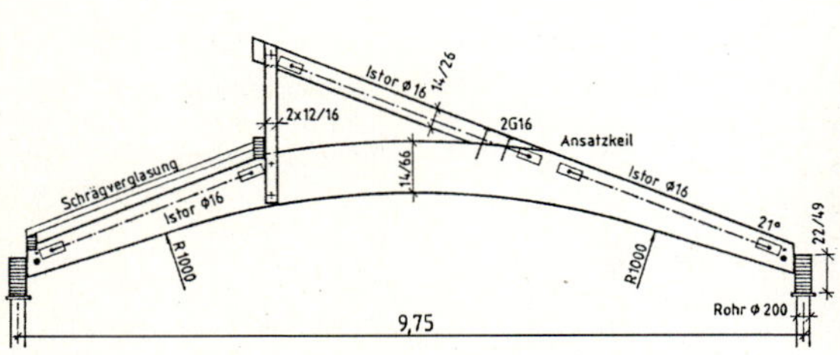

Beispiel für Zweifeldträger mit Sheds

Produktionshalle in Hall, Tirol
Arch. Moser 1976
(Lit.: 16)

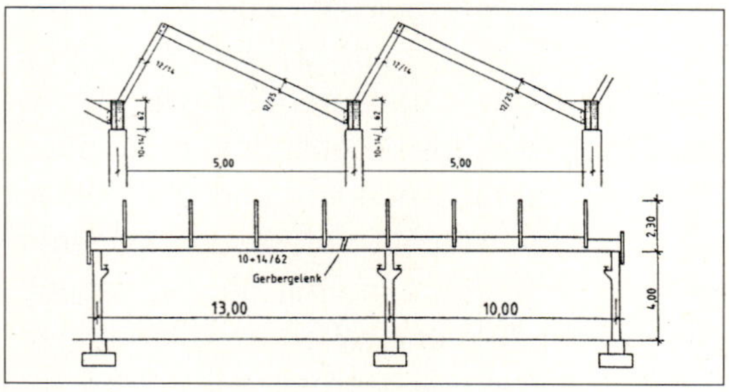

Äußere Form und Gestaltung

Durch den Zwang zu billigeren Strukturen und Bauformen und der Auffassung des Gebäudes als reine Hülle entstehen oft maßstablose und ungegliederte schlecht proportionierte Container, die durch grelle Farbigkeit oft noch besonders augenfällig gemacht werden.

Auf diesem Gebiet ist in letzter Zeit ein neues Bewusstsein aufgetreten, das sowohl von den Kommunen („Umweltverschmutzung durch Bauen") als auch von den Bauherren selbst kommt, welche die Möglichkeit einer Corporate Identity, vor allem angesichts vielfach breiter Konkurrenz, zunehmend erkennen und sowohl für ihre Mitarbeiter nach innen als auch für ihre Kunden nach außen eine umfassende positive und durchgängige Firmenphilosophie zeigen wollen. Es wird daher auf Maßstäblichkeit, Verteilung der Baumassen, auf ein freundliches Gesamtbild, vor allem aber auf die Klarheit und Unverwechselbarkeit einer architektonischen Formgebung immer mehr Wert gelegt. Dazu gehört auch die Gestaltung der unmittelbaren Umgebung des Gebäudes, die Bepflanzung, die Begrünung sowie das so genannte landscaping.

Zunehmend wird vor allem der Eingangs- und Empfangsbereich heute gestaltet, also der Bereich des Gebäudes, der dem Kundenkontakt dient und der Straße oder Erschließungsachse zugeordnet ist. Hier wird auch von Anbietern vorfabrizierter Hallensysteme bereits eine gewisse Vielfalt angeboten, welche natürlich oft auf der Ebene erzwungener Gestaltungssucht stehen bleibt, ohne die Gesamtanlage entsprechend einzubeziehen.

Im Detail beginnt die Bestimmung der Gesamtwirkung durch die Verteilung und Anordnung der Baumassen, welche den Grundcharakter der Anlage bestimmen. Hiebei ist besonders die Einhaltung einer Maßstäblichkeit im Bezug auf die Umgebung erforderlich. Oft sind die großen erforderlichen Kubaturen optisch zu gliedern und zu unterteilen, wobei diese einzelnen Abschnitte logisch den Abschnitten der Produktion oder Lagerhaltung entsprechen sollten. Dabei sollten Bauteile mit unterschiedlichen Geschoßhöhen optisch und architektonisch getrennt bzw. durch Gelenke an die übrigen Baukörper angeschlossen werden. Gerade für die sinnvolle Angliederung späterer Erweiterungen hat sich eine Elementierung der Baukörper als positiv erwiesen.

Da Industriegebäude meist auf großen Grundstücken liegen, ist es leicht möglich, die geschlossenen, harten Kanten an die Grundstücksrückseite, zur Eisenbahnlinie etc. zu verlagern und an der Erschließungsstraße eine ansprechende Fassade zu formulieren, welche für den Besucher wie für den Vorbeigehenden auch in positiver Weise die Firmenphilosophie verdeutlichen kann.

Zur Gesamtwirkung des Gebäudes trägt auch eine konsequente Durcharbeitung sämtlicher Details entscheidend bei. Hiebei ist von ausschlaggebender Bedeutung, dass die Formensprache einem Gesamtgestaltungskonzept unterliegt, welches auch Reklameaufschriften, Farbgebung und das Firmenlogo einschließt, sodass das Gebäude der Corporate Identity des Betriebes entspricht. Dieses formale Konzept sollte langfristig erstellt werden, sodass auch spätere Erweiterungen nach dem gleichen Konzept geplant werden können. Gerade die Farbgestaltung spielt hiebei eine bedeutende Rolle, da sie ohne Mehrkosten eine Abkehr von der öden Betonarchitektur einerseits und der grellen Buntheit von Aluminiumfassaden andererseits, eine Abstimmung mit der Umgebung und mit den Firmeninhalten berücksichtigen sollte. In diesem Zusammenhang sollten vor allem die Materialien in ihrer natürlichen Farbe zur Wirkung kommen, sodass eine Wechselwirkung von Farbgestaltung und Materialauswahl eintritt. Ein vorbildliches Beispiel dafür ist das Gebäude der Firma Wilkhahn im Beispielteil, wo Stahl, Holz, Glas und Beton in einer der Konstruktion des Gebäudes adäquaten und der Funktion der Teile entsprechenden Weise sinnvoll eingesetzt wurden.

In diesem Zusammenhang bewährte sich, die Primärstruktur an der Fassade sichtbar werden zu lassen, da diese neben einer guten Flächengliederung auch eine Transparenz des Kräftespiels und damit Verständnis für die gewählte Form ermöglicht. Gerade in diesem Zusammenhang zeigt sich, dass auch andere Dachformen als das Flachdach für Industriebauten sinnvoll und üblich sind, da geneigte Dächer dem Kräftefluss oft besser entsprechen, die Entwässerung und die Übergänge verschiedener Raumhöhen erleichtern.

Ein sinnvolles Wechselspiel zwischen verglasten und opaken Flächen dient nicht nur einer guten Arbeitsplatzbelichtung, sondern gibt auch der Fassade ihre charakteristische

Beispiel für eine maßstäbliche Baukörpergliederung großer Volumina

Kofferfabrik Köln
(Lit.: 1)

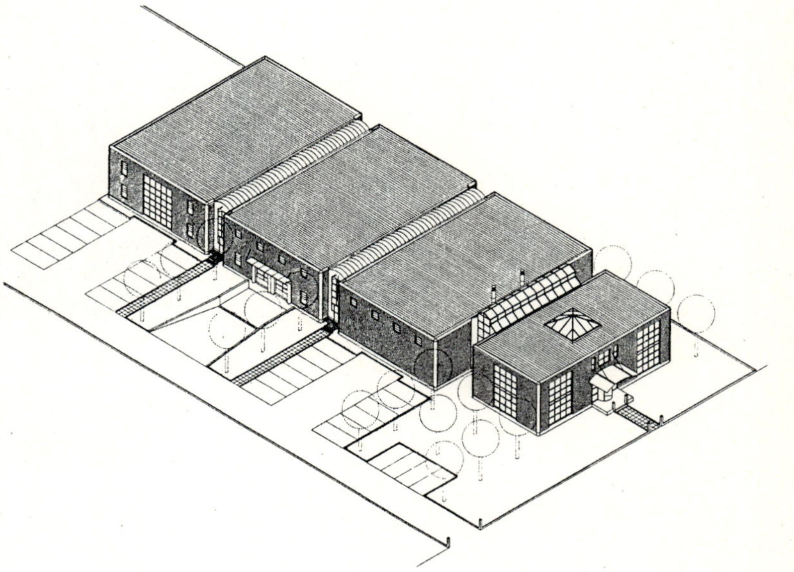

Beispiel für eine Gliederung durch Sichtbarmachung der Konstruktion

Werk für optische Komponenten, Berlin
(Lit.: 1)

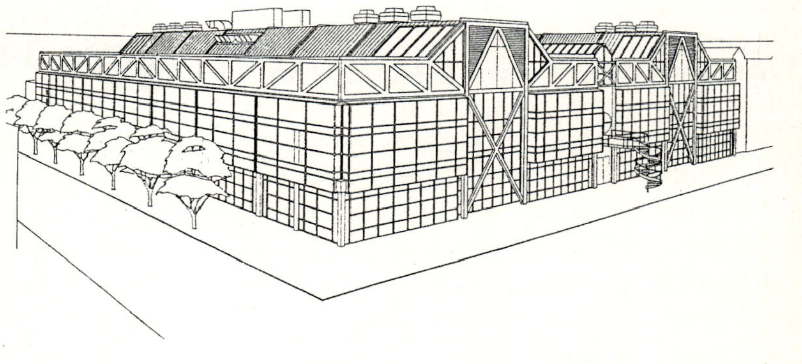

Beispiel für eine Gliederung der Fassade durch außen liegende Konstruktion

Großwäscherei Hannover
(Lit.: 1)

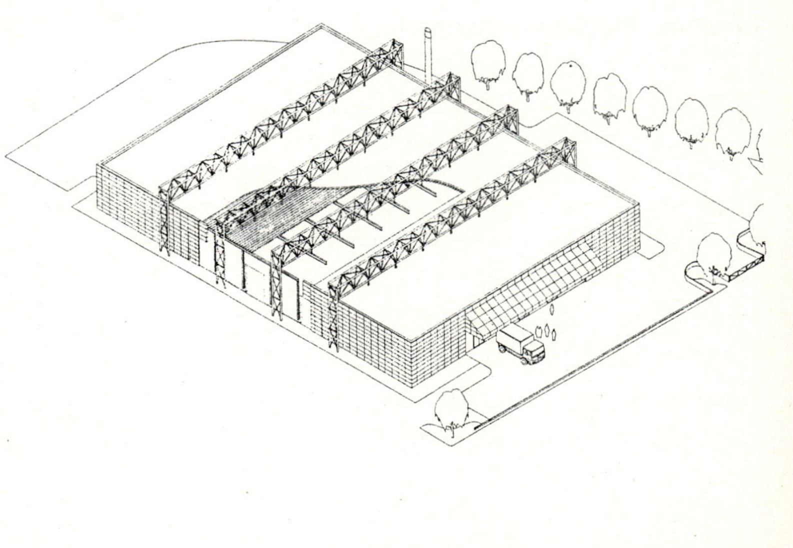

Form. Vor allem im Hinblick auf diese gestalterischen Prinzipien sind die im Nachfolgenden gezeigten ausgewählten Beispiele zu verstehen und zu interpretieren.

Beispiel für eine Gliederung durch unterschiedliche Gebäudehöhen

Fa. Wilkhahn, Deutschland
(Lit.: 9)

Beispiel für eine Baukörpergestaltung durch Addition von Einzelformen

Produktionsanlage in Bad Münder
Arch. Frey Otto
(Lit.: 1)

Beispiel für eine Gliederung des Baukörpers durch Herausheben von Stiegenhäusern und Sonderräumen

Aluminiumwerk Nürnberg
(Lit.: 1)

Klima und Beleuchtung

Anforderungen an das Raumklima

(Lit.: 2)

Einflussfaktor	Für	Empfehlung		Mindestanforderung	Erläuterung/Maßnahmen
TEMPERATUR in °C	geringe körperliche Beanspruchung	Relative Feuchte 40%	 60%		● Wärme- bzw. Kälteabschirmung nach außen:
	Luftgeschwindigkeit: 0,1 m/s	21–24 °C	20–23 °C	19–25 °C	— Wärmedämm- und Speicherwirkung der Gebäudehülle
	mittlere körperliche Beanspruchung				— Schutz vor Sonneneinstrahlung — Heizung — Lüftung — Klimatisierung
	Luftgeschwindigkeit: 0,1 m/s	 20–23 °C	 19–22 °C	 18–24 °C	
	0,2 m/s	21–24 °C	20–23 °C		
	hohe körperliche Beanspruchung				● Wärme- bzw. Kälteabschirmung intern:
	Luftgeschwindigkeit: bis 1,5 m/s	 12 °C	 12°C	 12 °C	— Wärmedämmung gegen Hitze- und Kältezonen — Luftführung über Abluftleuchten
RELATIVE LUFTFEUCHTIGKEIT	ohne Klimatisierung	40% bis 60%		30% bis 70%	— bei Zentralheizung Luftbefeuchtung
	mit Klimatisierung	40% bis 60%		40% bis 70%	
LUFTGESCHWINDIGKEIT in m/s	geringe körperliche Beanspruchung			≤ 0,15 m/s	— Schutzmaßnahmen gegen Zugluft bei häufig geöffneten Türen und Toren nach außen
	mittlere körperliche Beanspruchung			≤ 0,20 m/s	
	schwere körperliche Beanspruchung	≤ 1,5 m/s		darf nicht als unangenehm empfunden werden	— Zugluftfreie Be- und Entlüftung
					— automatisch schließende Türen zwischen Räumen mit stark unterschiedlichem Temperaturniveau
FRISCHLUFTMENGE pro Person in m³/h	künstliche Lüftung:				● Anordnung und Gestaltung der Lufteintrittsöffnungen und -querschnitte so, dass Zugluft an Arbeitsplätzen vermindert wird
	geringe körperliche Beanspruchung	45 m³/h		35 m³/h	
	mittlere körperliche Beanspruchung	65 m³/h		50 m³/h	
	hohe körperliche Beanspruchung	90 m³/h		70 m³/h	
CO_2-Gehalt in Vol.-%	generell	< 0,1 Vol.-%		0,1 Vol.-%	● CO_2-Gehalt als Indikator für Luftqualität

Anforderungen an die Beleuchtung (natürliches und künstliches Licht)
(Lit.: 2)

Einflussfaktor	Für	Empfehlung	Mindestanforderung	Erläuterung/Maßnahmen
BELEUCHTUNGS-STÄRKE in Lux	Grundanforderung für Arbeitsräume	200 Lux	100 Lux	● Mindestanforderung siehe AAV § 9.3
Nennbeleuchtungs-stärke E_n in Lux (Beleuchtungsstärke E [horizontal])	Sehaufgabe: grob mittel fein sehr fein	 200 Lux 300 Lux 750 Lux bis 2000 Lux	 100 Lux 200 Lux 500 Lux 1000 Lux	● Nennbeleuchtungsstärke nach Sehaufgabe und Raumerfordernis siehe ÖNORM O 1040 bzw. DIN 5035/Teil 2
Planungsfaktor	unterschiedliche Bedingungen	1,25–1,67	1,25	● Abhängig von Verschmutzungsgrad und Lampenalterung — Abstimmung der Wartungsperioden — spezielle Leuchten bei besonders hohem Verschmutzungsgrad
Grundanteil der Allgemeinbeleuchtungsstärke	Einzelplatzbeleuchtung	$> 0{,}6 \cdot E_n$	$0{,}6 \cdot E_n$	
Beleuchtungsstärke von Verkehrszonen	innerhalb von Arbeitsräumen	> ⅕ der Beleuchtungsstärke der angrenzenden Arbeitszonen	⅕ der Beleuchtungsstärke der angrenzenden Arbeitszonen, mindestens jedoch 100 Lux	● Fließender Übergang des Beleuchtungsniveaus zwischen Arbeits- und Verkehrszone
HELLIGKEIT				
Helligkeitsverteilung (örtlich)	zentrales Gesichtsfeld peripheres Gesichtsfeld	≤ 1 : 3 ≤ 1 : 10	≤ 1 : 5 ≤ 1 : 20	— Abstimmung der Helligkeiten größerer Flächen (Adaptionsblendung!) — Abstimmung der Reflexionsgrade — Arbeitsplatzpositionierung — Anhebung des Beleuchtungsniveaus in Kernzonen großer Räume (Blendung durch Fenster!) — keine Fensterflächen zumindest im zentralen Gesichtsfeld
Gleichmäßigkeit der Helligkeit (zeitlich) Gleichmäßigkeitszahl GZ $GZ = \frac{Lmin}{Lmax}$ L ... Leuchtdichte (cd/m^2)	generell	0,89	0,77	● Vermeidung von Flimmern, stroboskopischen Effekten bei Leuchtstofflampen durch — Duoschaltung — 3-Phasen-Schaltung
TAGESLICHT			⅒ der Fußbodenfläche	● AAV § 8.1
Sichtverbindung in Augenhöhe	Fenster		1/20 der Fußbodenfläche	● AAV § 8.1

Einflussfaktor	Für	Empfehlung	Mindestanforderung	Erläuterung/Maßnahmen
TAGESLICHT-ERGÄNZUNGS-BELEUCHTUNG		soll die Tageslichtbedingungen im Raum (Beleuchtungsniveau), bei Abnahme der Außenbeleuchtungsstärke möglichst nachbilden	aufgrund der Tageslichtschwankungen abnehmende Raumbeleuchtungsstärken, dürfen die für die Sehaufgabe erforderlichen Werte nicht unterschreiten	● Arbeitsräume sollen so ausgelegt werden, dass permanente Tageslichtergänzungsbeleuchtung nicht notwendig ist. ● Lichtfarbe der künstlichen Beleuchtung so wählen, dass diese mit dem Tageslicht verträglich ist (Zwielicht).
BLENDUNGS-BEGRENZUNG	Direktblendung	Lichtbänder und längsgestreckte Leuchten in Hauptblickrichtung	keine „nackten" Leuchtstofflampen	● Auslegung der Leuchten (Leuchtdichte) nach Leuchtdichte-Grenzkurven laut ÖNORM O 1040 bzw. DIN 5035/Teil 1 — Leuchtenwahl — Leuchtenanordnung
	Reflexblendung	matte Oberfläche von Wänden und Einrichtung	keine glänzenden (spiegelnden) Flächen	— Oberflächengestaltung — Reflexionsgrade — Anordnung der Leuchten zum Arbeitsfeld — Leuchtenwahl — Materialauswahl
BELEUCHTUNGS-STÄRKEN FÜR SPEZIELLE ANFORDERUN-GEN in Lux	Sanitärräume	100 bis 200 Lux	100 Lux	
	Erste Hilfe Sanität	500 Lux	500 Lux	
	Speiseräume Kantinen	200 bis 300 Lux	200 Lux	● warme Lichtfarben (ww)
	Büroräume (normale Sehanforderungen, keine Großräume)	300 bis 500 Lux	300 Lux	
	Großraumbüros	700 bis 1000 Lux	750 Lux	● Tageslichtergänzungsbeleuchtung in Stufen schaltbar
	Verkehrswege, Fahrwege Verkehrszonen in Abstellräumen	100 Lux 50 Lux	100 Lux 50 Lux	● keine geringere Beleuchtungsstärke als 1/10 der angrenzenden Räume bzw. Raumzonen
	Lagerräume	50 bis 200 Lux	≥ 50 Lux	● AAV § 19.1
	Notbeleuchtung	Auslegung nach Norm		● Not- bzw. Sicherheitsbeleuchtung: DIN 5035/Teil 5
	Sicherheitsbeleuchtung für Rettungswege		≥ 1 Lux	● horizontale Bezugsebene 0,2 m über dem Fußboden ● AAV § 10
	Sicherheitsbeleuchtung für Arbeitsplätze mit besonderer Gefährdung		$0{,}1\ E_n$ ≥ 15 Lux	● im gesamten gefährdeten Tätigkeitsbereich ● AAV § 10.3

Sozialräume

Garderoben:

1 versperrbarer Spind je Arbeitnehmer
0,6 m^2 freie Fußbodenfläche je Arbeitnehmer

Sozialräume:

1 m^2 Fußbodenfläche je Arbeitnehmer
3,5 m^3 Luftraum je Arbeitnehmer
mind. 2,50 m lichte Raumhöhe

Aborte:

1 Abort je 20 männliche Arbeitnehmer
1 Abort je 15 weibliche Arbeitnehmer
1 Pissstand je 15 männliche Arbeitnehmer
Trennung, wenn mind. 5 AN dem anderen Geschlecht angehören.

Waschräume:

1 Waschbecken je 5 Arbeitnehmer
Brausen bei schmutziger Arbeit, 1 Stück für 5 AN, die gleichzeitig ihre Arbeit beenden.

Bewegungsraumbedarf im Umkleidebereich

(Lit.: 2)

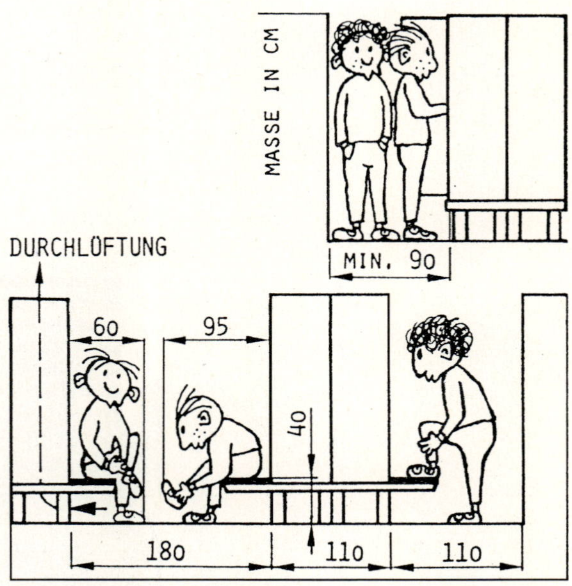

Abmessungen von Spindanlagen

Beispiel Fa. Kromag, Hirtenberg

TYP GU-SB	Gesamtbreite in mm			
Abteilbreite	1 Abt.	2 Abt.	3 Abt.	4 Abt.
300	300	600	900	1200
350	350	700	1050	
400	400	800	1200	
500	500	1000		

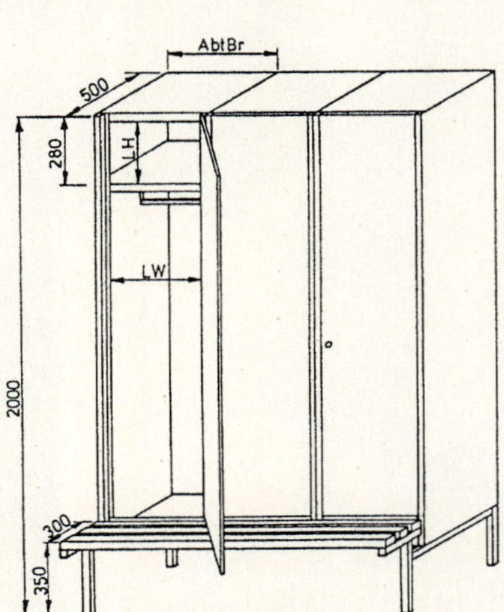

Grundrissbeispiel Umkleidebereich

(Lit.: 11)

1 Sanitätsraum
2 Vorraum
3 Umkleideraum
4 Waschraum
5 Duschraum
6 Vorraum/Schleuse
7 Abort und Pissraum

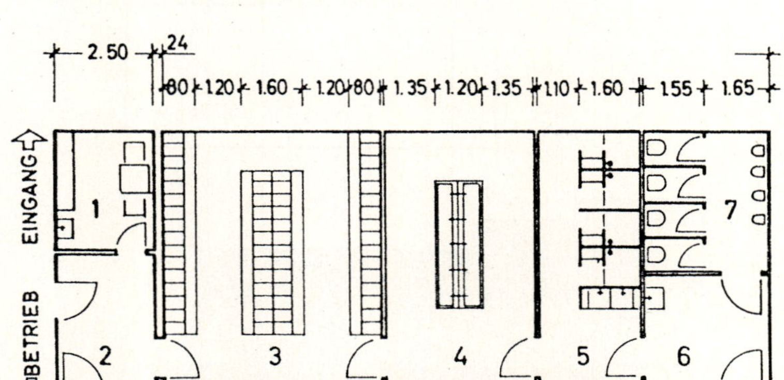

Beispiele

Industriebetriebe

Büro mit Fertigungs- und Lagerhalle
Wien 21
Arch. Manikas
(Lit.: 9 [114])

Empfangshalle, Sozialbereich, Fertigungshalle und Lagerhalle im EG, Verwaltung im 1. OG

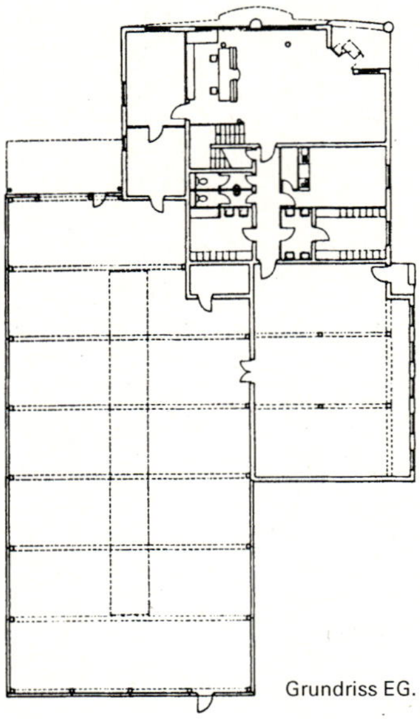

Grundriss EG.

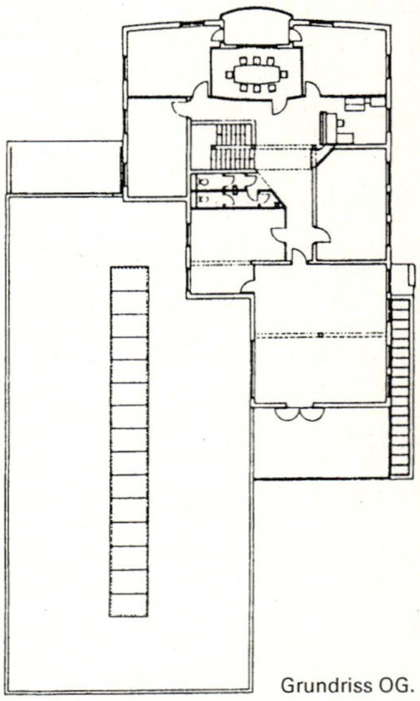

Grundriss OG.

Werkhalle in Reuthe
Arch. Kaufmann 1990
(Lit.: 14)

Gegliederte Gebäudeform, die die Tragkonstruktion nachfühlbar macht. Holz und Faserzement als sichtbare Materialien.

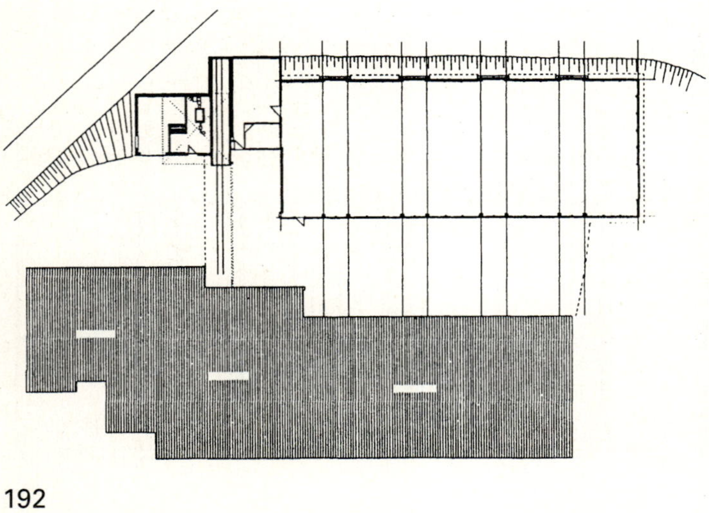

Fertigungsgebäude Sitzmöbelfabrik
Fa. Wilkhahn, Deutschland
Arch. Herzog 1993
(Lit.: 9)

Kombinierte Stahl-Holz-Architektur mit massivem Untergeschoß

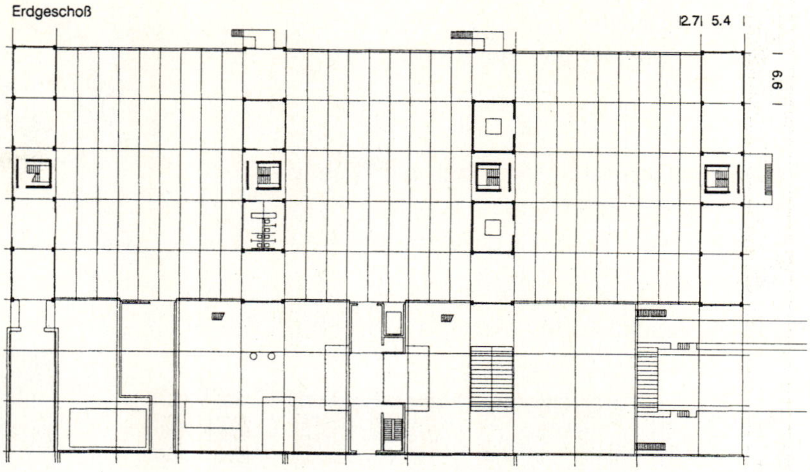

Großwäscherei, Hannover
Architekten Schuwirth, Erman 1983
(Lit.: 1)

Stützenloser Innenraum und bewusste Gliederung des Gesamtbaukörpers durch Verlagerung des Rahmentragwerkes nach außen.

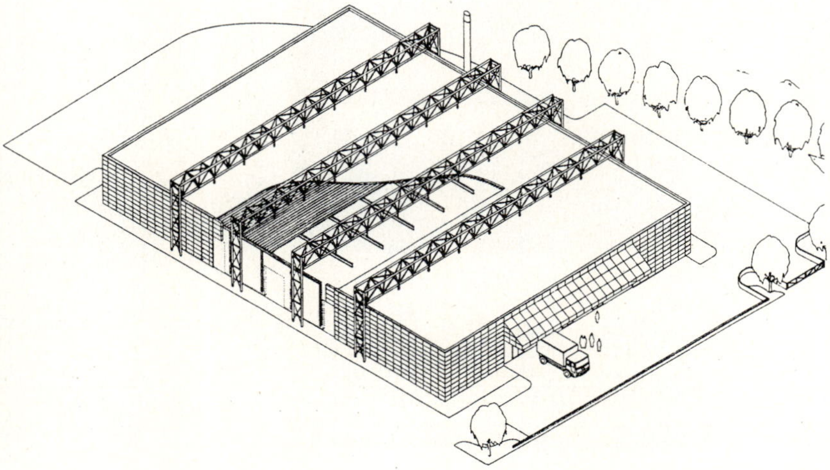

Kofferfabrik, Köln

Architekten Dahlbender, Gatermann
1986
(Lit.: 1)

Zweigeschoßige Halle mit durch ein Gelenk getrenntem Bürotrakt. Die Halle elementiert, sodass Erweiterungen im gleichen Maßstab möglich sind.

Corporate Design: Kofferecken am Baukörper.

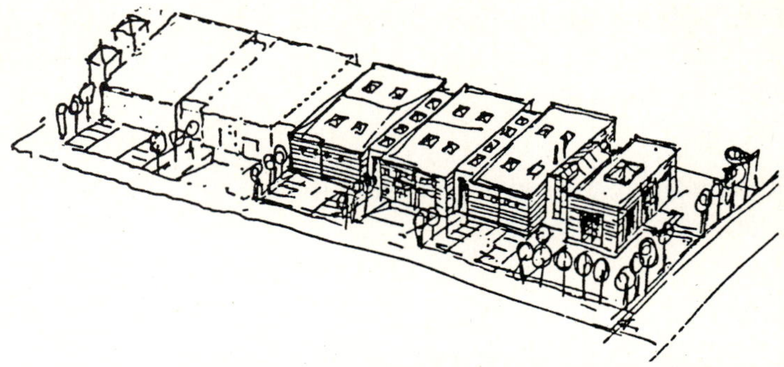

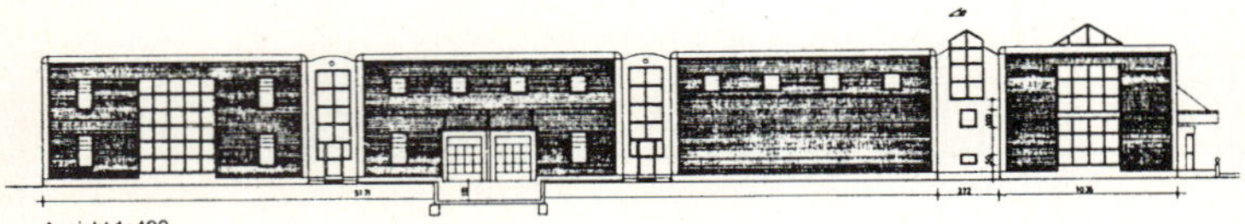

Ansicht 1:400

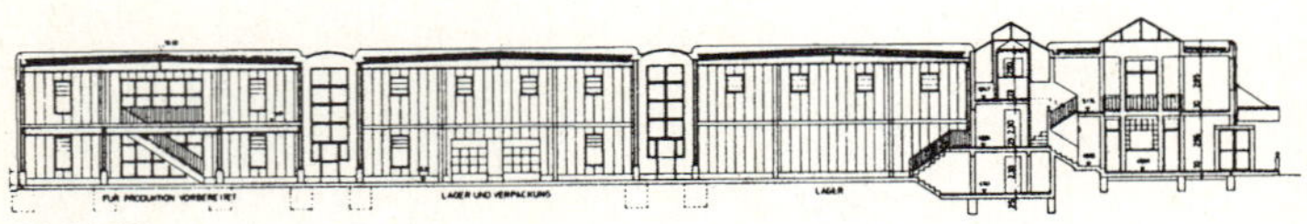

Schnitt 1:400

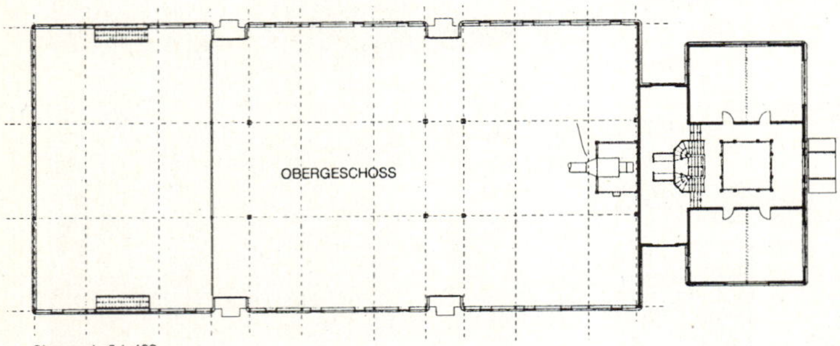

Obergeschoß 1:400

Werk für optische Komponenten

Berlin
Architekten Hecker, Baierer und Fa. Siemens
1987
(Lit.: 1)

Zweigeschoßige Halle mit durchgehender prismatischer Oberlichte und ablesbarem Bindersystem.

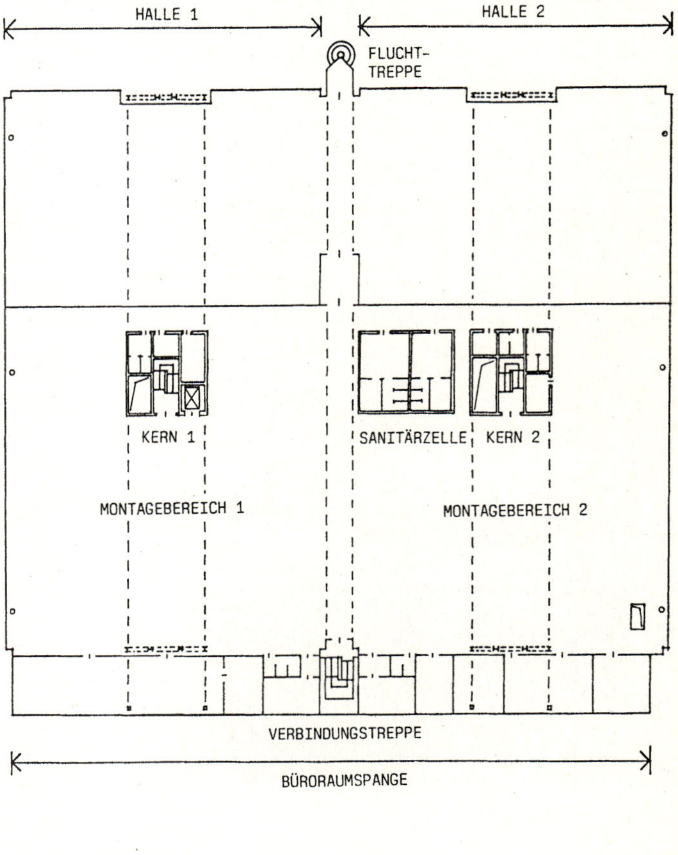

Ansicht

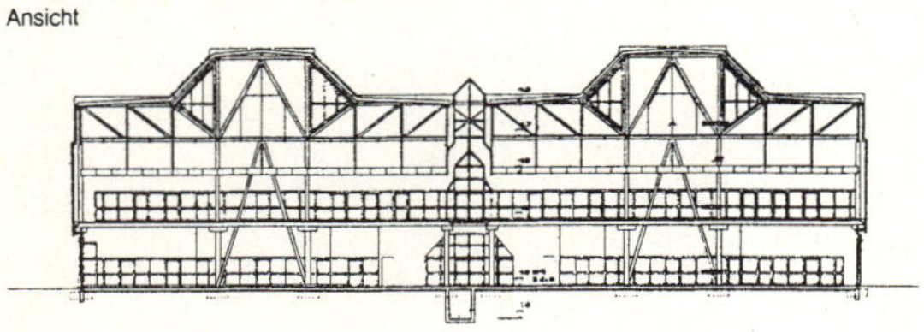

Kombihalle aus Holz
Kaltbrunn, Schweiz
Arch. Kaufmann 1996
(Lit.: 8)

Möbelfabrik, Ausstellungshalle und eine Vierfachtennishalle mit Restaurant auf der Fabrik, verpackt in einer harmonischen dreigeschoßigen Halle, mit Lärchenholz verkleidet.

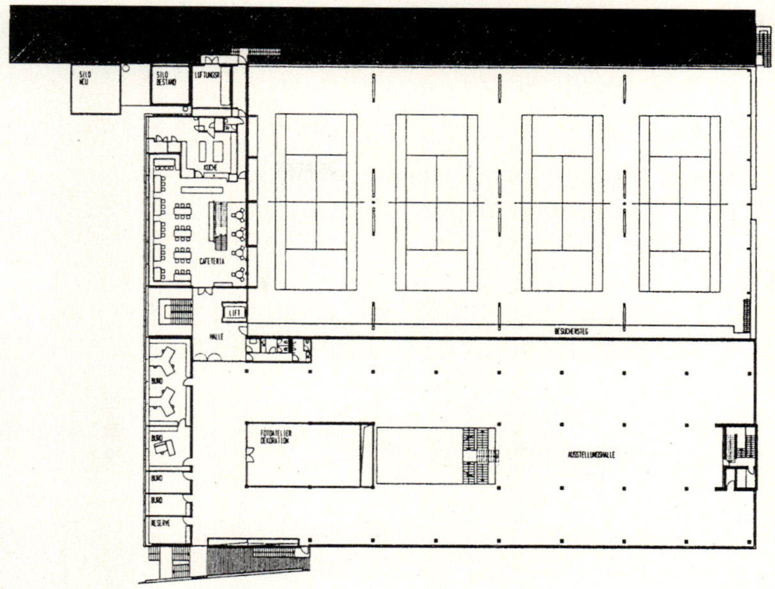

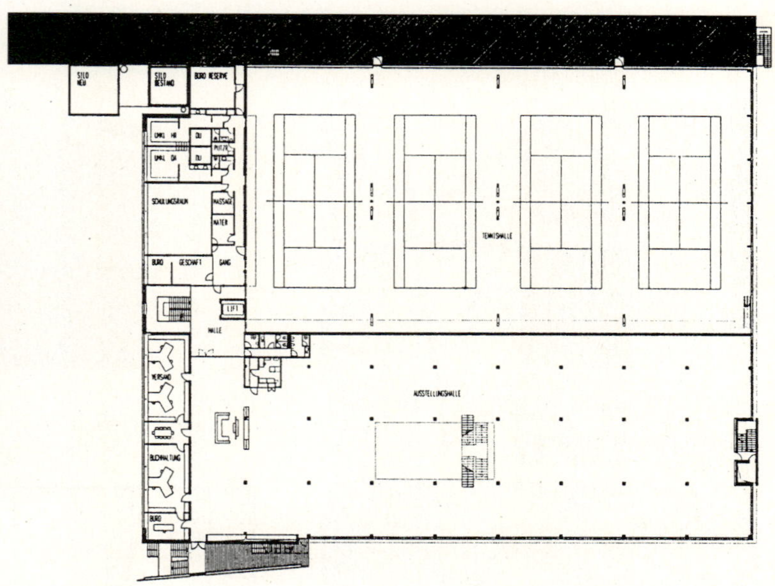

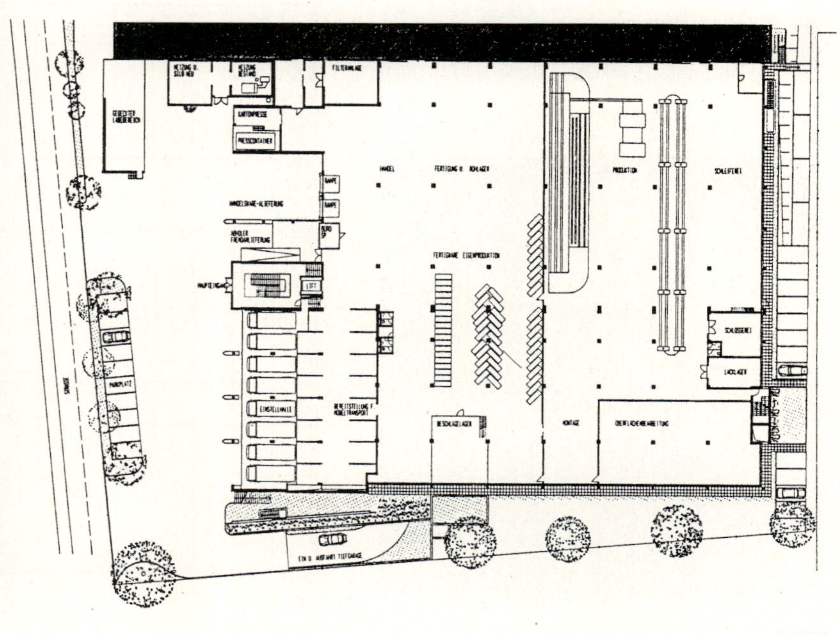

Produktionshalle mit Lager und Büro
Haßmersheim, Schweiz
Arch. Hotz 1985
(Lit.: 1)

Zweigeschoßige Halle mit ablesbarem Grundkonzept, Einheit von Tragwerk und Gestaltung.

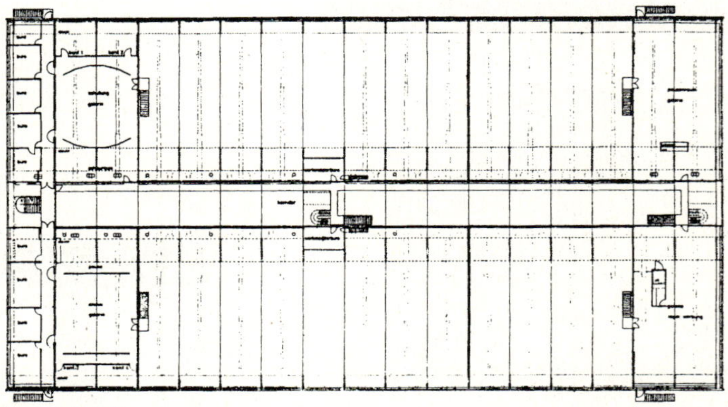

Obergeschoß 1:750

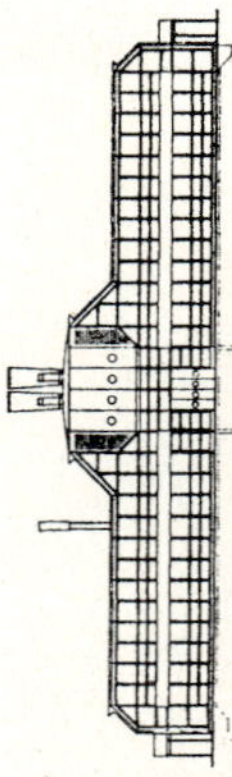

Südost-Ansicht 1:750

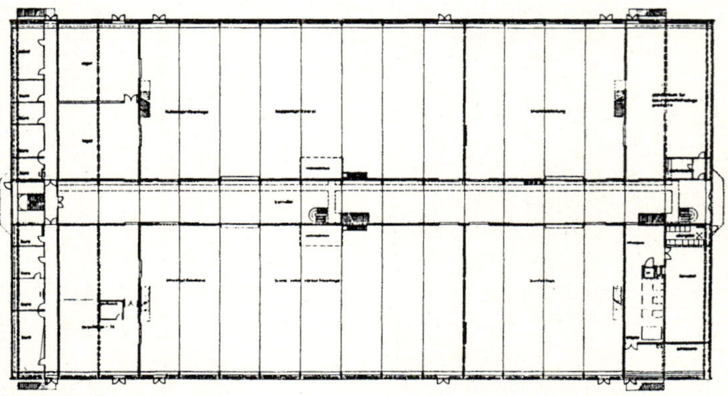

Erdgeschoß 1:750

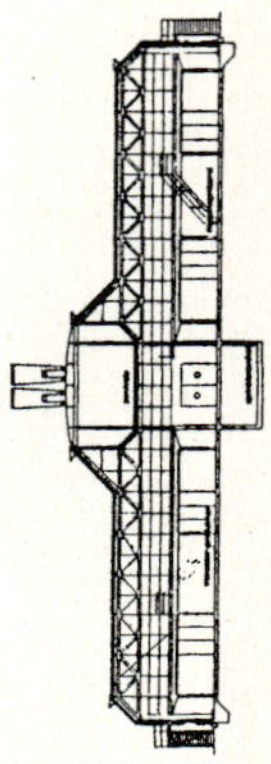

Querschnitt 1:750

Betriebsgebäude Türautomation
Perchtoldsdorf, NÖ
Arch. B+M Architektur 1994
(Lit.: 10)

Produktions- und Lagerhalle mit Schulungsraum, im OG Büros, teilweise in die Halle integriert, kein eigener Baukörper.

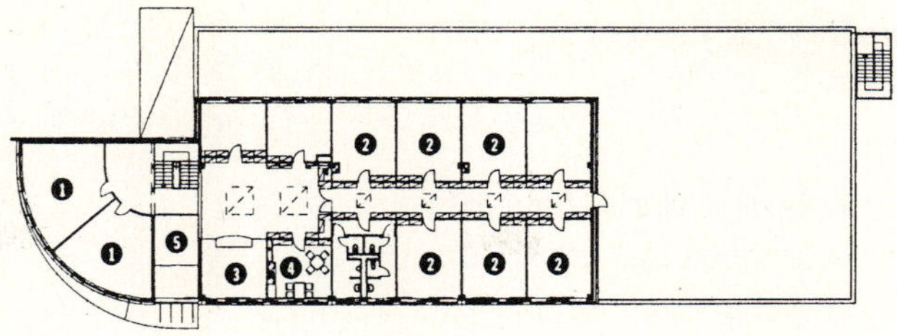

Obergeschoß:
❶ Chefbüro ❷ Büro ❸ Empfang
❹ Küche ❺ Luftraum

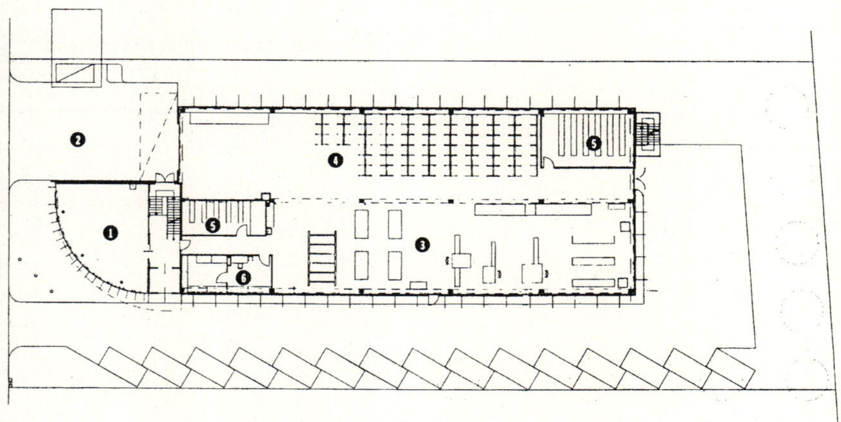

Erdgeschoß:
❶ Schulung ❷ Anlieferung ❸ Produktion ❹ Lager
❺ Handlager ❻ Büro

Forschungszentrum PA Princeton, USA

Arch. Rogers 1984

(Lit.: 15)

Doppelhalle mit mittlerem, durch Säulenstellungen betontem Erschließungsgang, über dem Pylone aufgestellt sind, von denen die beiden Hallendächer von außen abgespannt sind. Stark durch die Konstruktion geprägtes, imagebildendes Erscheinungsbild.

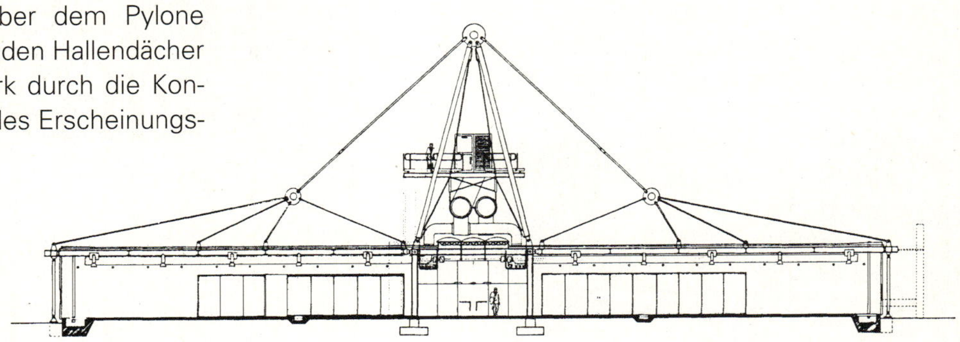

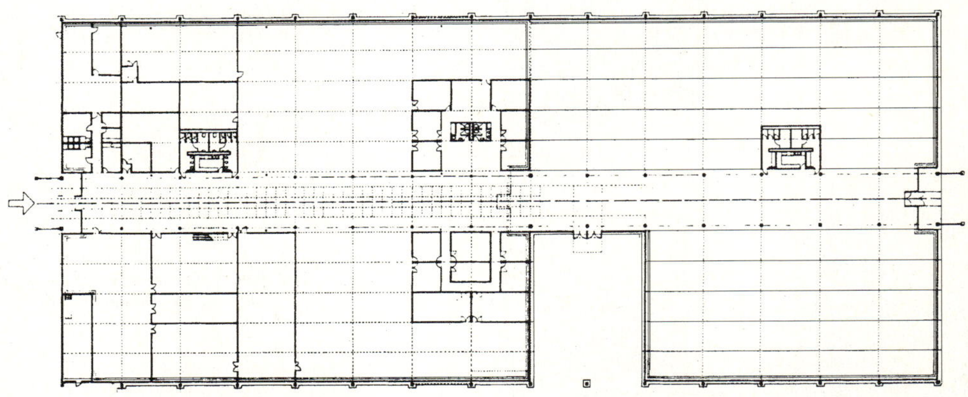

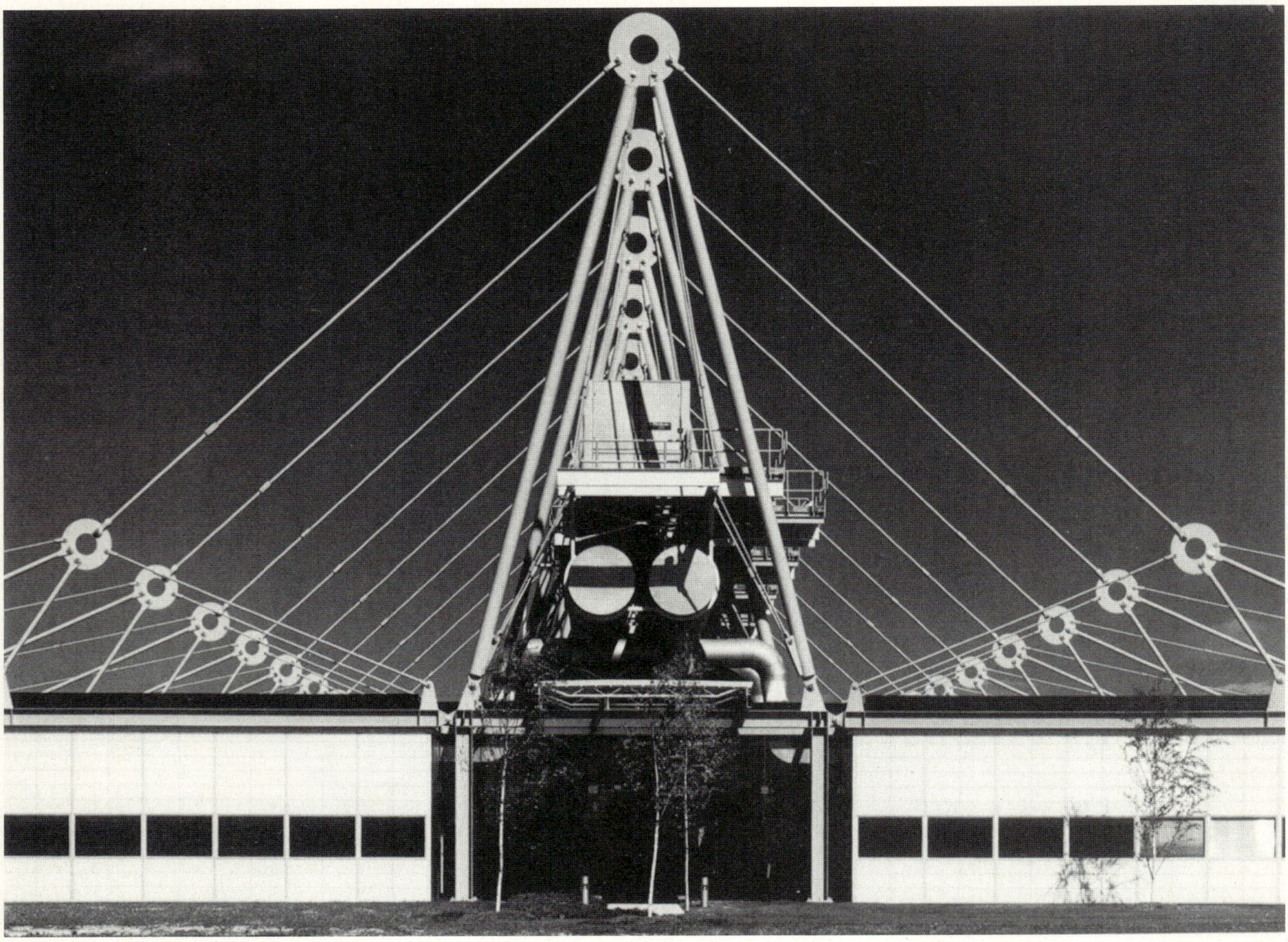

Produktionshalle für einen Metall verarbeitenden Betrieb
Arch. Otto, Augsburg 2000
(Lit.: 20)

Ca. 1000 m² Halle mit Büros, Lager und Sozialräumen (20 Beschäftigte). Einfacher Baukörper, Stahlbauhalle, gewellte Blechfassade, Foliendach.

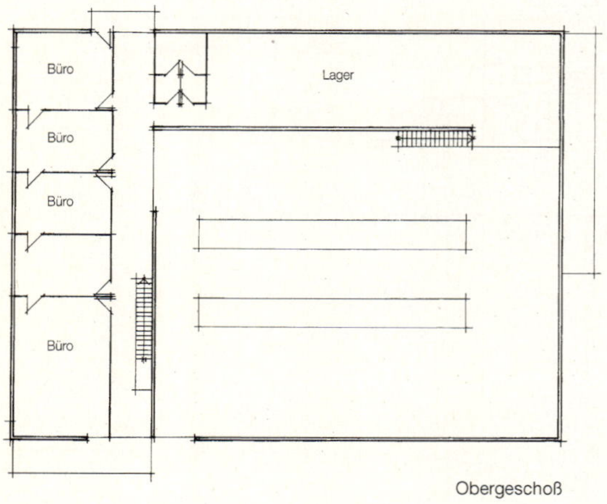

Obergeschoß

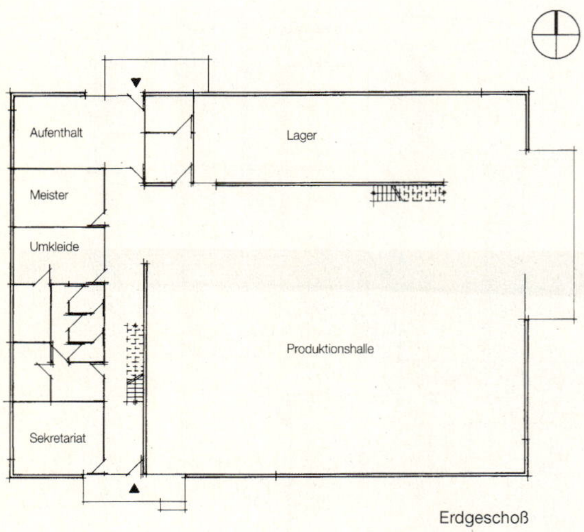

Erdgeschoß

Lagerhallen

Verkaufslager der Austria Tabak
Krems, NÖ
Architekten Suter u. Suter
1984
(Lit.: 9 — Heft 114)

Auslieferung und Palettenlager im Anschluss an die Fabrik, Kundenhalle für Direktabholung und Gleisanschluss für Bahnverladung.

Legende:

1 Eingang
2 Büro
3 Nassräume
4 Archiv
5 Kundenhalle
6 Lieferlager
7 Bereitstellung
8 Palettenlager

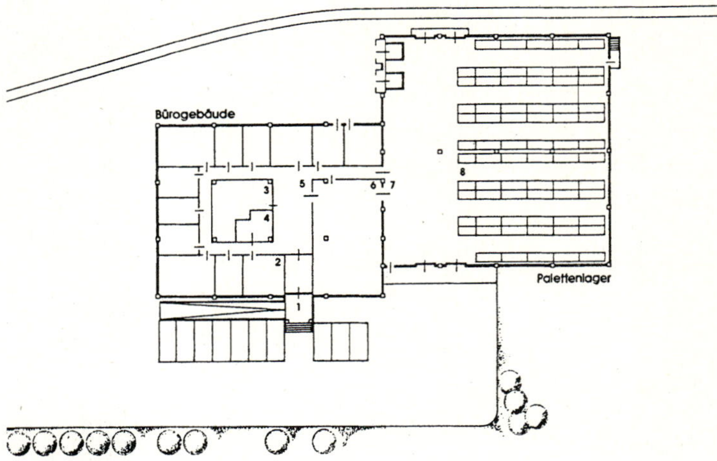

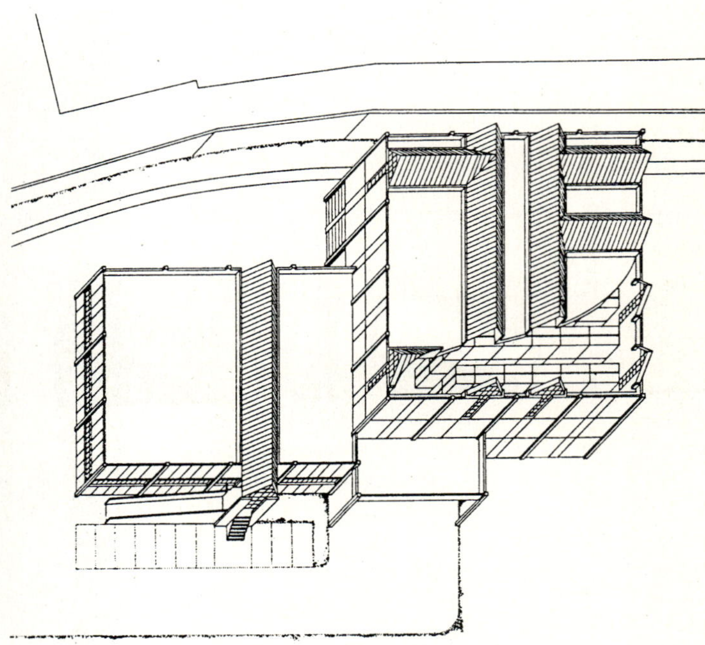

Autohaus Mazda-Lietz

Waidhofen an der Ybbs, NÖ
Arch. Podrecca 1992
(Lit.: 9)

Kundenbereich mit zweigeschoßiger Ausstellungshalle (Autorampe in den ersten Stock), darüber Büros, anschließend Reparaturwerkstatt.

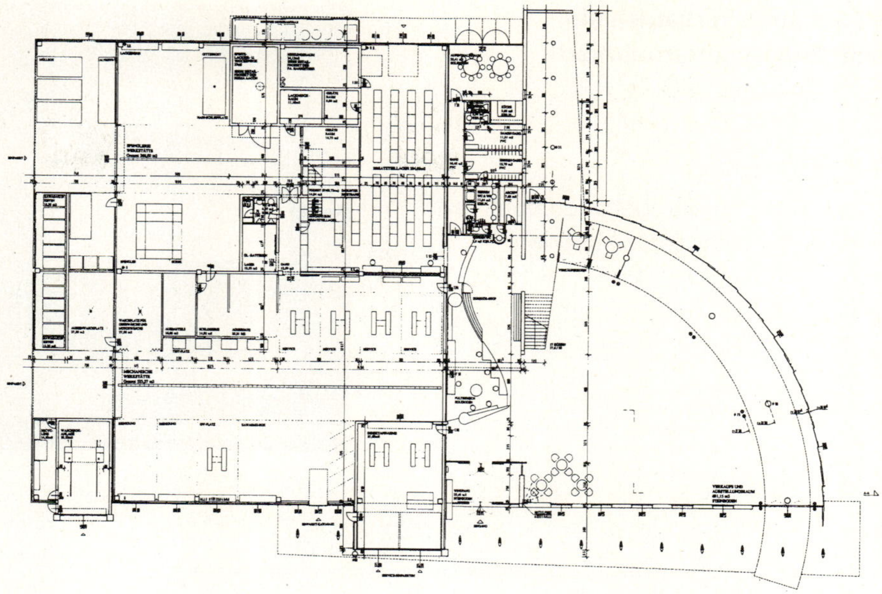

Lager- und Verkaufshalle
Installationsunternehmen
Herzogenburg, NÖ
Arch. Zeitlgruber 1994
(Lit.: 10)

Lagerhalle und Bürogebäude durch ein Gelenk miteinander verbunden.

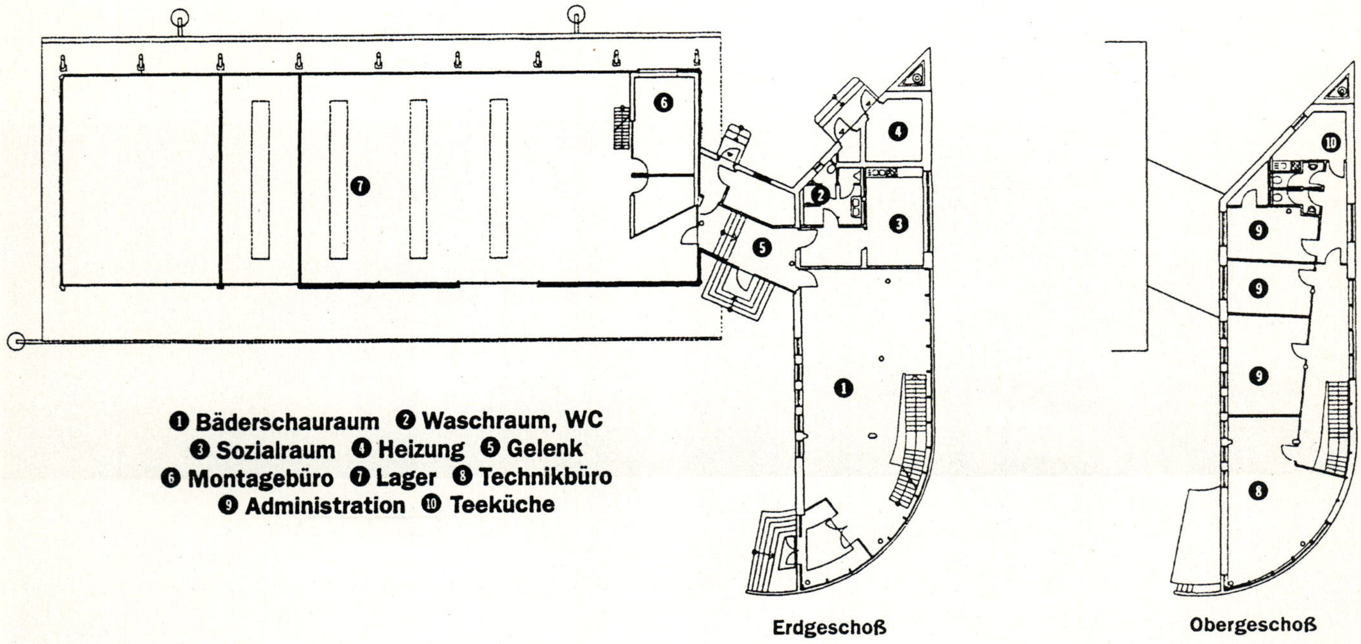

Gewerbebetriebe

Gewerbehallen Ökopark Hartberg, Stmk.
Arch. Konrad Frey 1999
(Lit.: 8 — Heft 6/2002)

Zwei kostengünstige und (auch sichtbar) ökologische Gewerbehallen mit je 700 m² Fläche, dazu Büro- und Servicezonen. Holzkastenträger mit 16 m Spannweite auf Stahlbetonstützen, auf eine Halle ist ein von einem Stahltraggerüst abgehängter „Penthouse"-Sitzungssaal aufgesetzt. Fassaden aus Glas, Holzlatten, Holzwerkstoffplatten und Kokosgeflecht.

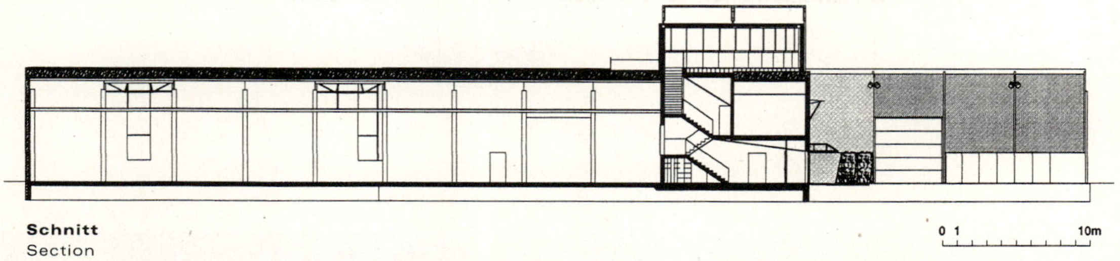

Schnitt
Section

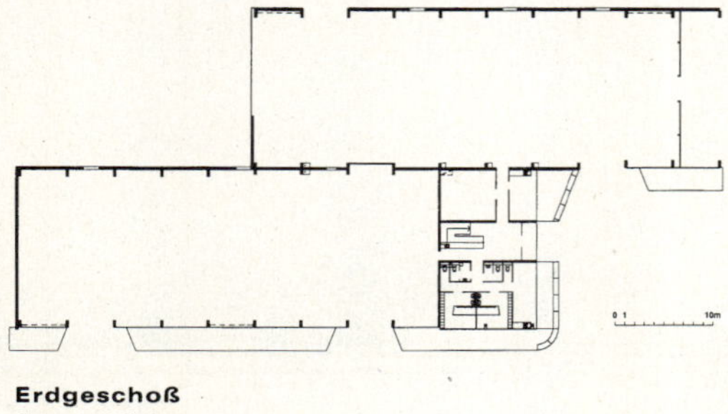

Erdgeschoß
Ground floor

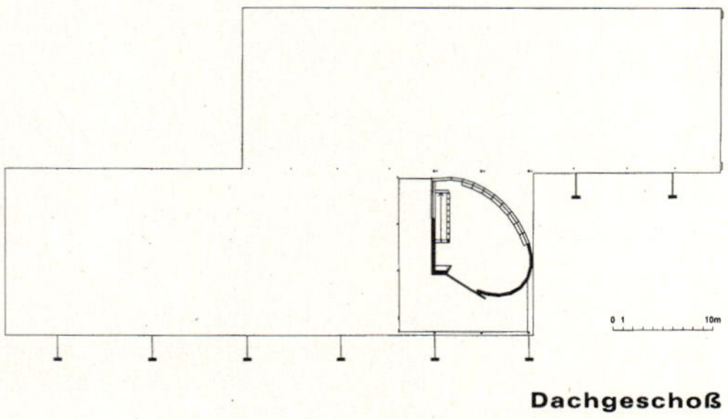

Dachgeschoß
Roof plan

Schreinerei

Gomaringen, Deutschland
Architekten Ackermann + Raff
1986
(Lit.: 1)

Beispiel für eine Holzkonstruktion.

Die Maschinenhalle und das gedeckte Holzlager werden durch eine Mittelzone verbunden, in der auch der Eingang liegt.

Der Holzdreiecksbinder wurde über die verglaste und abgerundete Ausstellungshalle hinaus, quasi als Firmensignet, vorgezogen.

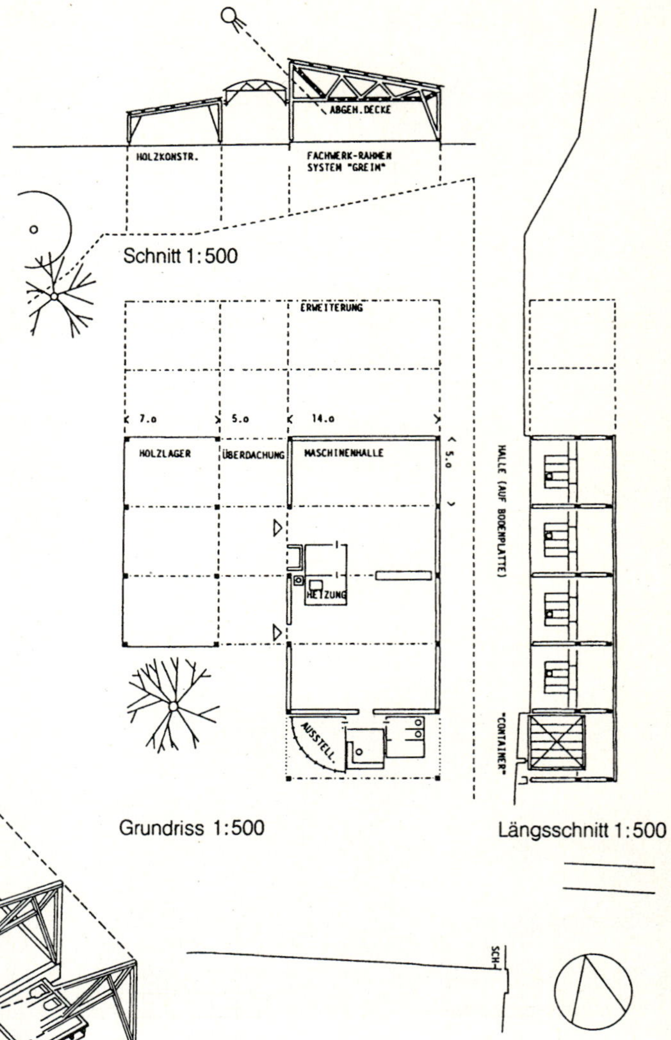

Schnitt 1:500

Grundriss 1:500

Längsschnitt 1:500

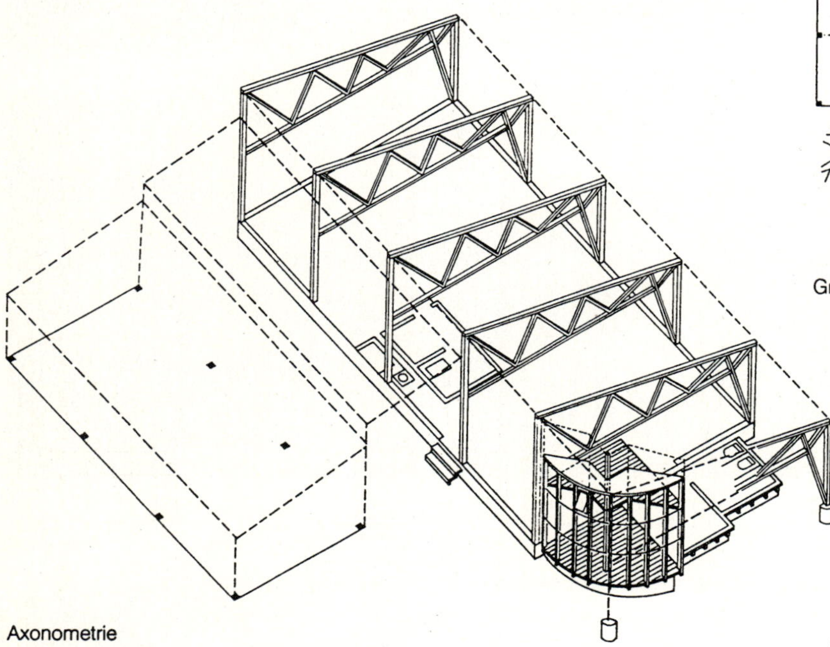

Axonometrie

Gewerbebetrieb Dachdeckerei
Hohenems, Vbg.
Arch. Wäger 1993
(Lit.: 14)

Zwei übereck gestellte Hallen umschließen mit einem separat stehenden Lagergebäude einen Wirtschaftshof.

Holzskelettkonstruktion, mit Faserzement verkleidet. Die Fassade als Werbung für den Bauherrn: Gediegene Handwerksarbeit.

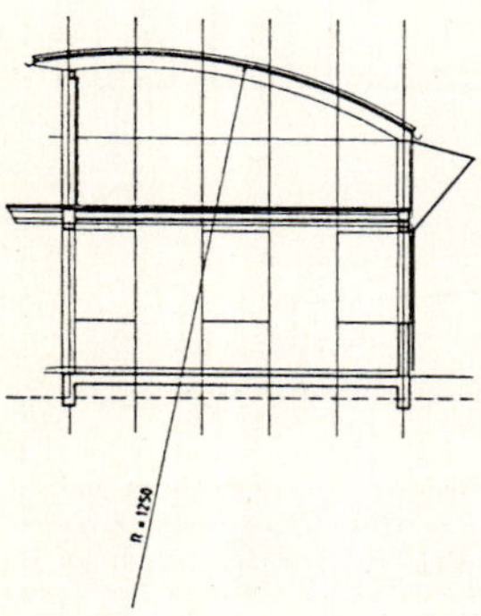

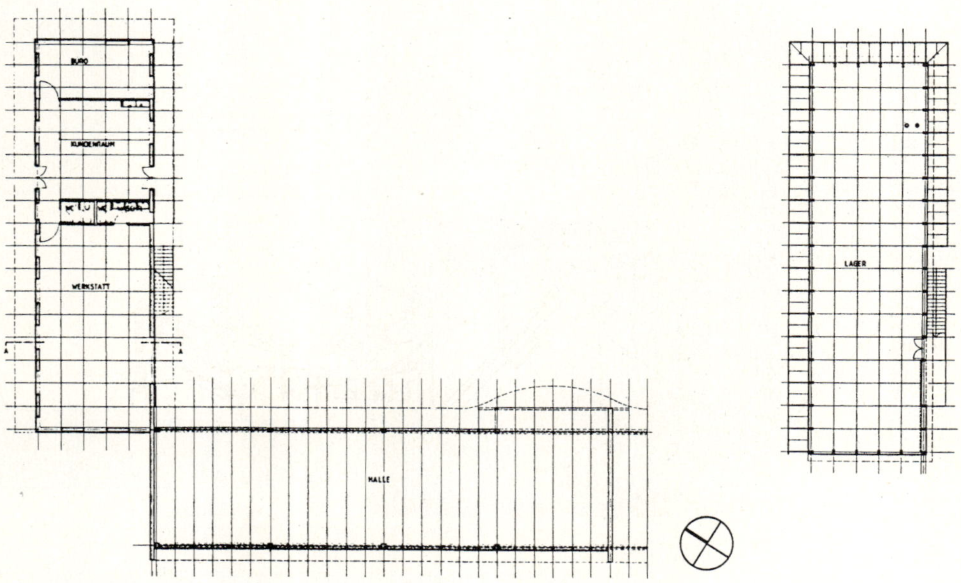

Werkstätten- und Lagergebäude

Scheifling, OÖ
Arch. A. Ortner 1995
(Lit.: 9)

Teilweise zweigeschoßige Halle aus Stahl, die Straßenfront bildet eine Reihe silbriger geschlossener Container, die Eingangstore der Ladezone formal angepasst. Der Verwaltungsteil voll verglast, das kubische Chefbüro und die halbkreisförmigen Erker der Werkstätte durchbrechen die Fassade.

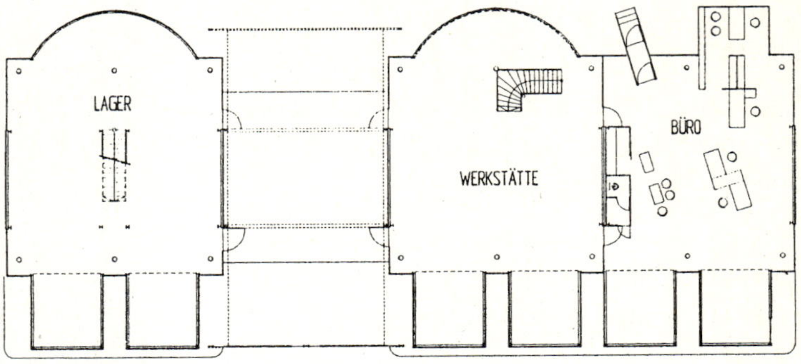

Grundriss Erdgeschoß

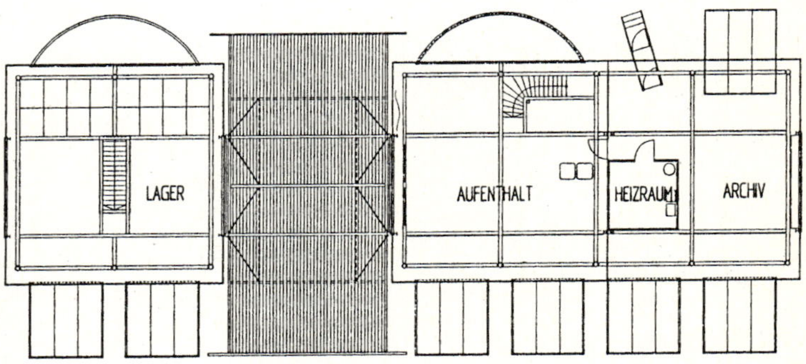

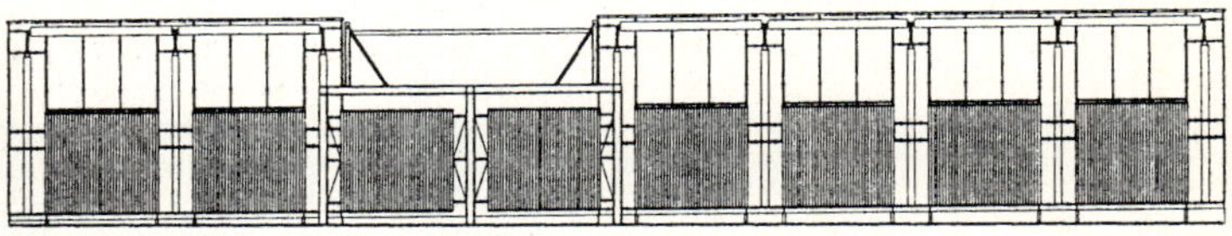

Ansicht von Süden